机械设计课程设计

（第五版）

陈秀宁　顾大强　编著

ZHEJIANG UNIVERSITY PRESS
浙江大学出版社

内 容 提 要

本书是根据高等工业学校机械设计和机械设计基础课程教学的基本要求,结合面向21世纪课程内容体系改革实践和当前科学技术发展,在总结前四版使用经验的基础上修订编写的。

全书通过以减速器为主体的机械传动装置的设计与分析,系统介绍机械设计的内容、方法和步骤。全书包括总论、总体设计及创新、传动件设计、机械结构设计、装配图设计和总成、零件图设计和绘制、设计说明书编写、机械设计常用标准和规范以及智能设计等,共9章。书中提供8套课程设计题目和优化设计建模设计计算示例,便于不同类型学校及不同专业教学选用。

本书将设计指导书、参考图及有关标准、规范和设计资料结合起来编写,并尽量采用最新的和较成熟的数据,同时借助若干实例分析,着意对设计思路和方法加以引导,并对机械创新设计予以适当阐述和拓展。附录列有机械设计课程设计深化巩固思考题40道。

本书可作为高等工业学校机械类和近机类专业机械设计课程设计的教材,也可作为高等成人教育、远程教育有关专业的教材和工程技术人员的参考书。

图书在版编目（CIP）数据

机械设计课程设计/陈秀宁,顾大强编著. —5 版
—杭州:浙江大学出版社,2021.5(2024.8 重印)
ISBN 978-7-308-21248-9

Ⅰ.①机… Ⅱ.①陈… ②顾… Ⅲ.①机械设计—课程设计—高等学校—教材 Ⅳ.①TH122-41

中国版本图书馆 CIP 数据核字（2021）第 060344 号

机械设计课程设计（第五版）

陈秀宁　顾大强　编著

责任编辑	杜希武
责任校对	董雯兰
封面设计	刘依群
出版发行	浙江大学出版社
	（杭州市天目山路 148 号　邮政编码 310007）
	（网址:http://www.zjupress.com）
排　版	杭州青翊图文设计有限公司
印　刷	杭州杭新印务有限公司
开　本	787mm×1092mm　1/16
印　张	23.5
字　数	616 千
版印次	2021 年 5 月第 5 版　2024 年 8 月第 4 次印刷
书　号	ISBN 978-7-308-21248-9
定　价	69.00 元

修订前言

本书第一版自 1995 年出版以来，经多次修订，一直受到广大师生、工程设计人员及有关部门专家和读者的热情支持和鼓励。在培养学生与帮助工程技术人员掌握与从事机械设计的过程中取得成效，得到认可。根据面向 21 世纪课程内容体系改革的有关精神，以及当前教育改革和科学技术的深入发展，特别是培养高素质创新人才的需要，重新进行修订编写的第五版已经与读者们见面。现就修订编写工作的有关问题说明如下。

1. 继承和保持原有版本经使用实践被广泛认同的优点、特色和风格。内容力求保证机械设计的基本知识、基本理论、基本技能和加强设计构思能力的培养，结合设计适当引入现代设计方法的应用；将以齿轮减速器为主体的机械传动装置设计拓宽为一般机械设计。针对目前课程教学中的薄弱环节，增加方案分析和结构设计方面的内容，注意设计思路和方法的引导。

2. 与知识经济时代培养高质量人才的形势要求相适应，修订编写过程中着意增加机械原理方案设计创新和机械机构、机械结构创新等方面内容的阐述与开拓；同时增编智能设计新的一章，提高了现代机械创新设计的含量。

3. 全书对以前版本所列标准、规范和设计资料有很多更新，尽量采用最新颁布的较成熟的数据。

4. 新编机械设计课程设计深化、巩固思考题 35 道列于本书附录中。

5. 更新了原有版本中文字、图表及计算中的疏漏和印刷错误。结合科技发展情况和课程设计需要，对部分内容作了充实和更新。

6. 以往使用实践表明，将本书在课堂教学期间即发给学生能够收到配合课堂教学及学生作业、参加机械设计竞赛，有利于提高课程设计的起点水平与效率的良好效果。

本书第 1～5 章及附录由陈秀宁编写，第 6～9 章由顾大强编写。全书由陈秀宁统稿并整理编目。

施高义先生曾参加本书前期版次的编写，为本书的奠基和发展做出重要贡献。

本书承中国科学院首届海外评审专家、博士生导师陈延伟教授审阅；浙江大学全永昕教授和许多同行专家对本书编写予以热情支持并提出宝贵建议；陈志平博士作了曲线拟合；吴碧琴先生为本书整理书稿并作润色；Autodesk 公司陈文君女士为本书的第 9 章提供了资料和电子版教学案例；研究生陈飘同学绘制了本书中部分插图。编者在此一并致以衷心的感谢。

限于编者水平，书中误漏和不妥之处，殷切期望专家和读者指正。

编　者

2020 年 10 月于杭州

目　　录

目　录

第1章

总　论

1.1　机械设计课程设计的目的

机械设计课程设计是培养学生机械设计设计能力的重要教学环节与设计训练课程。其目的是：

1. 综合运用机械设计课程及其他有关先修课程的理论和生产实际知识进行机械设计训练，从而使这些知识得到进一步巩固、加深和扩展。

2. 在课程设计实践中学习和掌握通用机械零部件、机械传动及一般机械设计的基本方法与步骤，培养学生工程设计能力，分析问题、解决问题的能力以及创新能力。

3. 提高学生在计算、制图、运用设计资料、进行经验估算、考虑技术决策等机械设计方面的基本技能以及机械现代设计有关技术。

1.2　机械设计课程设计的内容

机械设计课程设计是学生第一次进行较为全面的机械设计训练，其性质、内容以及培养学生设计能力的过程均不能与专业课程设计或工厂的产品设计相等同。机械设计课程设计一般选择由机械设计课程所学过的大部分零部件所组成的机械传动装置或结构较简单的机械作为设计题目。现以目前采用较多的以减速器为主体的机械传动装置为例来说明课程设计的内容。如图 1-1 所示胶带输送机的传动装置通常包括以下主要设计内容：

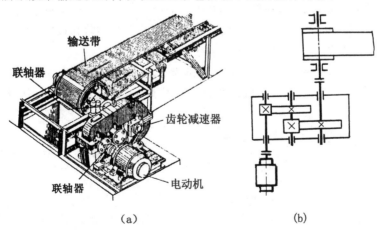

（a）　　　　　　　　　　　　　　（b）

图 1-1　胶带输送机

1. 传动方案的分析和拟订；

2. 电动机的选择与传动装置运动和动力参数的计算；

3. 传动件(如齿轮或蜗杆传动、带传动等)的设计；

4. 轴的设计；

5. 轴承及其组合部件设计；

6. 键联接和联轴器的选择与校核；

7. 润滑设计；

8. 箱体、机架及附件的设计；

9. 装配图和零件图的设计与绘制；

10. 设计计算说明书的编写。

机械设计课程设计一般要求每个学生完成以下工作：

1. 总图和传动装置部件装配图(A1 号或 A0 号图纸)1～2 张；

2. 零件工作图若干张(传动件、轴和箱体、机架等，具体由教师指定)；

3. 设计计算说明书一份。

课程设计完成后应进行总结和答辩。

对于不同专业，由于培养要求和学时数不同，选题和设计内容及份量应有所不同。

本章选列若干套机械设计课程设计题目，可供选题时参考。

1.3　机械设计课程设计的一般步骤

以前述常规设计题目为例，课程设计大体可按以下几个阶段进行。

1. 设计准备(约占总学时的 4%)

①阅读和研究设计任务书，明确设计内容和要求；分析设计题目，了解原始数据和工作条件；②通过参观(模型、实物、生产现场)、看电视录像、参阅设计资料以及必要的调研等途径了解设计对象；③阅读本书有关内容，明确并拟订设计过程和进度计划。

2. 传动装置的总体设计(约占总学时的 10%)

①分析和拟定传动装置的运动简图；②选择电动机；③计算传动装置的总传动比和分配各级传动比；④计算各轴的转速、功率和转矩。

3. 各级传动的主体设计计算(约占总学时的 5%)

设计计算齿轮传动、蜗杆传动、带传动和链传动等的主要参数和尺寸。

4. 装配草图的设计和绘制(约占总学时的 35%)

①装配草图设计的准备工作：主要是分析和选定传动装置的结构方案；②初绘装配草图及轴和轴承的计算：作轴、轴上零件和轴承部件的结构设计；校核轴的强度、滚动轴承的寿命和键、联轴器的强度；③完成装配草图，并进行检查和修正。

5. 装配工作图的绘制和总成(约占总学时的 25%)

①绘制装配图；②标注尺寸、配合及零件序号；③编写零件明细表、标题栏、技术特性及技术要求等。

6. 零件工作图的设计和绘制(约占总学时的 10%)

①齿轮类零件的工作图；②轴类零件的工作图；③箱体、机架类零件的工作图。具体内容由设计指导教师指定。

7. 设计计算说明书的编写(约占总学时的 9%)

8. 设计总结和答辩(约占总学时的 2%)

①完成答辩前的准备工作;②参加答辩。

必须指出,上述设计步骤并不是一成不变的。机械设计课程设计与其他机械设计一样,从分析总体方案开始到完成全部技术设计的整个过程中,由于在拟定传动方案时,甚至在完成各种计算设计时有一些矛盾尚未显露,而待结构形状和具体尺寸表达在图纸上时,这些矛盾才会充分暴露出来,故设计时须作必要修改,才能逐步完善,亦即需要"由主到次、由粗到细","边计算、边绘图、边修改"及设计计算与结构设计绘图交替进行,这种反复修正细化和优化的工作在设计中往往是经常发生的。

1.4 机械设计课程设计时应注意的事项

1. 机械设计课程设计是学生第一次比较全面的设计训练,为提高工程设计能力和以后更为复杂的设计工作打好基础。学生在设计的全过程中必须严肃认真,刻苦钻研,一丝不苟,精益求精,才能在设计思想、方法和技能各方面都获得较好的锻炼与提高。

2. 机械设计课程设计是在教师指导下由学生独立完成的。教师的主导作用在于引导设计思路,启发学生独立思考,解析疑难问题并按设计进度进行阶段审查。学生必须发挥设计的主动性,主动思考问题、分析问题和解决问题,而不应依赖指导教师查资料、给数据、定答案。

3. 设计中要正确处理参考已有资料与创新的关系。设计是一项复杂、细致的劳动,通常设计不可能是由设计者脱离前人长期经验积累的资料而凭空得以完成。熟悉和利用已有的资料,既可避免许多重复工作,加快设计进程,同时也是提高设计质量的重要保证。善于掌握和使用各种资料,如参考和分析已有的结构方案,合理选用已有的经验设计数据,也是设计工作能力的重要方面。然而,任何新的设计任务总是有其特定的设计要求和具体工作条件,因而学生不能盲目地、机械地抄袭资料,而必须具体分析,吸收新的技术成果,注意新的技术动向,创造性地进行设计,鼓励运用现代设计方法,使设计质量和设计能力都获得提高。

4. 学生应在教师的指导下订好设计进程计划,注意掌握进度,按预订计划保质保量完成设计任务。前已述及,机械设计应边计算、边绘图、边修改,设计计算与结构设计绘图交替进行,这与按计划完成设计任务并不矛盾,学生应从第一次设计开始就注意逐步掌握正确的设计方法。

5. 整个设计过程中要注意随时整理计算结果,并在设计草稿本上记下重要的论据、结果、参考资料的来源以及需要进一步探讨的问题,使设计的各方面都做到有理、有据。这对设计的正常进行、阶段自我检查和编写计算说明书都是必要的。

6. 本书附录列有课程设计思考题,建议学生及时认真研阅,予以深化、巩固和拓展。

1.5 机械设计课程设计题目选列

题目Ⅰ 设计一用于胶带输送机卷筒(图1-2)的传动装置。

原始条件和数据:

胶带输送机两班制连续单向运转,载荷平稳,空载起动,室内工作,有粉尘;使用期限10年,大修期3年。该机动力来源为三相交流电,在中等规模机械厂小批生产。输送带速度允许

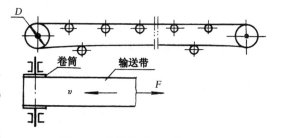

图1-2 胶带输送机工作装置

误差为±5%。

原始数据编号	Ⅰ01	Ⅰ02	Ⅰ03	Ⅰ04	Ⅰ05	Ⅰ06	Ⅰ07	Ⅰ08	Ⅰ09	Ⅰ10
输送带工作拉力 F(N)	1700	1800	2000	2200	2400	2500	2500	2900	3000	2300
输送带速度 v(m/s)	1	1.1	0.9	0.9	1.2	1	1.6	1.5	1.4	1.5
卷筒直径 D(mm)	400	350	300	300	300	300	450	400	400	320

参考方案,见图1-3。

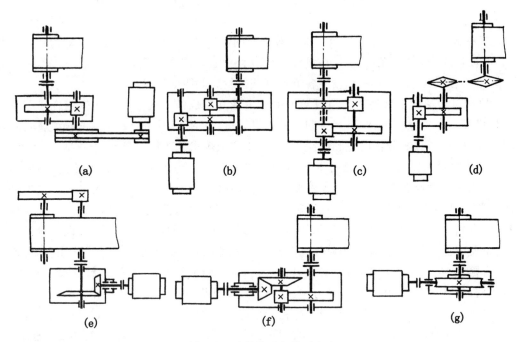

图1-3　胶带输送机传动方案

题目Ⅱ　设计一用于卷扬机卷筒(图1-4)的传动装置。

原始条件和数据:

卷扬机提升的最大重量为 $Q = 10000$N,提升的线速度为 $v = 0.5$m/s,卷筒的直径 $D = 250$mm,钢丝绳直径 $D = 11$mm,卷筒长度 $L = 400$mm。卷扬机单班制室内工作,经常正反转、起动和制动,使用期限 10 年,大修期 3 年。该机动力来源为三相交流电,在中等规模机械厂小批生产,提升速度容许误差为±5%。

参考方案,见图1-5。

题目Ⅲ　设计一用于螺旋输送机工作主轴(图1-6)的传动装置。

原始条件和数据:

螺旋输送机两班制连续单向运转,载荷平稳,空载动起,室内工作,使用期限 10 年,大修期 3 年。该机动力来源为三相交流电,在中等规模机械厂小批生产。工作主轴转速容许误差为±5%。

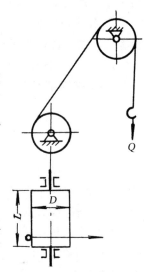

图1-4　卷扬机工作装置

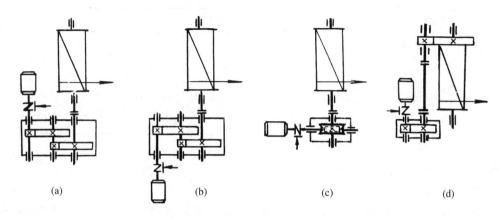

图 1-5　卷扬机传动方案

原始数据编号	Ⅲ01	Ⅲ02	Ⅲ03	Ⅲ04
工作轴输入功率 P(kW)	4	4.5	4.5	6
工作轴转速 n(r/min)	55	55	65	65

参考方案,见图 1-7。

题目Ⅳ　设计一用于驱动试验台主轴的三级变速传动装置(图 1-8)。

原始条件和数据:

单班制、单向运转,载荷较平稳,空载起动,室内工作;使用期限 10 年,大修期 3 年。该传动装

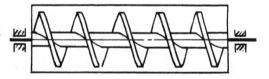

图 1-6　螺旋输送机工作主轴

置的动力来源为三相交流电,在中等规模机械厂小批生产。输出轴转速容许误差为±5%。

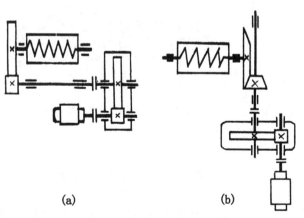

图 1-7　螺旋输送机传动方案

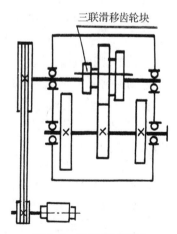

图 1-8　三级变速装置

原始数据编号	Ⅳ01	Ⅳ02	Ⅳ03	Ⅳ04
电动机额定功率(kW)	2.2	3.0	3.0	4.0
电动机同步转速(r/min)	1000	1000	1500	1500
输出轴转速（r/min） n_1	165	225	250	300
n_2	235	320	355	428
n_3	330	450	500	600

题目Ⅴ 设计一用于流水作业装配转台(图1-9)的传动装置。

原始条件和数据：

直径为1000mm,周向均布6工位的装配转台作间歇回转,每个工位最长工作时间(即装配转台的静止时间)不超过4秒钟,装配转台平均所需驱动功率约0.45kW,两班制、室内工作,载荷平稳;使用期限10年,大修期3年。该机动力来源为三相交流电,在中等规模机械厂小批生产。工位时间允许误差为±5%。

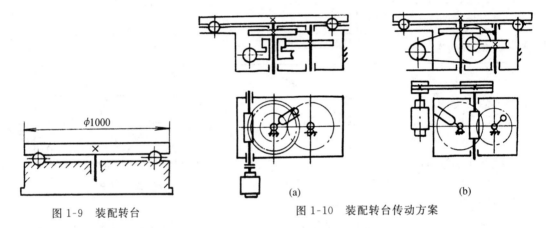

图 1-9 装配转台 · · · 图 1-10 装配转台传动方案

参考方案,见图1-10。

题目Ⅵ 设计一专用剪铁机摆动刀剪的传动装置。

原始条件和数据：

摆动刀剪每分钟剪铁23次(允差±5%),平均所需驱动功率约6kW,空载起动,载荷有中等冲击,两班制、室内工作,使用期限10年,大修期3年。该机动力来源为三相交流电,在中等规模机械厂小批生产。

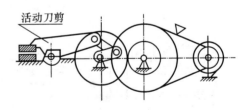

图 1-11 摆动刀剪传动方案

参考方案,见图1-11。

题目Ⅶ 设计一用于压制薄壁铝合金成品的简易专用半自动精压机的传动装置。

原始条件和数据：

工艺要求:①由精压机的送料机构将料槽中的薄铝板坯料推送到精压机的下模待冲压位置,送料机构的推料板推阻力为30N,推送距离为150mm,推送时间为0.5s;②精压机的推送机构回缩以后,其冲压机构的上模冲头先快速向下接近铝板坯、然后减速等速下行冲压拉延铝坯使之成筒形成品,再快速返回,上模移动总行程为280mm,其拉延行程置于总行程的中部,约100mm,上模回程平均速度与下冲平均速度之比不小于1.3,冲头压力为60kN,精压成形制品生产率约每分钟 50 件；③冲压成形后由精压机的顶料机构将成品顶出模腔，顶料杆的推阻力为 10N，顶送距离为 80mm，顶料时间为 0.3s；④顶料杆回程后完成一个总循环，此后送料机构又开始推送薄铝板坯料，同时将已冲压好的成品推送到精压机工作台的斜槽中。

　　参考方案，见图 1-12。

　　工作量安排　本设计由 3 名学生共同完成，除每人必须进行总体方案设计外，一人完成冲压主运动的传动装置设计；一人完成送料运动的传动装置设计；一人完成顶料运动的传动装置设计。

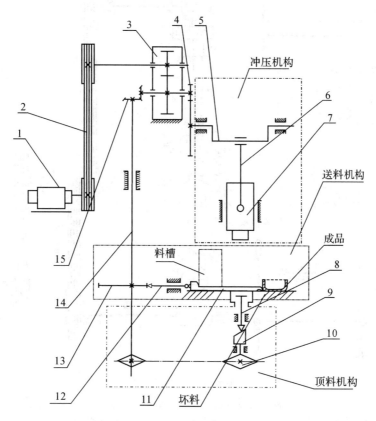

1—电动机；2—V带传动；3—减速器；4—圆柱齿轮传动(大齿轮兼作飞轮)；5—曲轴；
6—连杆；7—上模冲头；8—顶料杆；9—顶料凸轮；10—传动链；11—推料板；
12—凸轮直动推杆；13—盘形凸轮；14—立轴；15—圆锥齿轮传动

图 1-12　精压机传动方案

　　题目Ⅷ　设计一在图 1-13(a) 所示零件上同时加工出三个直径为 8mm 孔的简易专用半自动三轴钻床的传动装置。

　　原始条件和数据：

　　工艺要求：三个钻头以相同的切削速度（圆周速度）$v=12.5\text{m/min}$ 旋转作切削主运动。安装工件的工作台上移作进给运动，先在 t_1 时间内快速趋近钻头，然后减速在 t_2 时间内钻削 A 孔至一定深度、再减速在 t_3 时间内三个钻头同时钻削完毕，最后在 t_4 时间内快速下降回程。工作台降到最低位置后停止不动，由人工拆装工件后进入第二次加工循环。其中单孔钻削时间 t_2 按钻头每转的进给量 $s_2=0.2\text{mm}$、单孔钻削深度为 10mm 计算；三孔同时钻削所需时间 t_3 按钻头每转进给量 $s_3=0.1\text{mm}$，三孔钻削的深度为 10mm，并考虑钻头越程 2mm 计算，且设定工作台上下一次的机动时间 $T=t_1+t_2+t_3+t_4=20\text{s}$。由切削用量资料可得每一个钻头的切削阻力矩约为 $600\text{N}\cdot\text{m}$，每一个钻头轴向进给阻力约为 1280N，工作台的重量约为 450N。速度允许误差为 $\pm5\%$。

该三轴钻床两班制、室内工作，载荷较平稳；使用期限 10 年，大修期 3 年；该机动力来源为三相交流电，在中等规模机械厂小批生产。

参考方案，见图 1-13(b)。

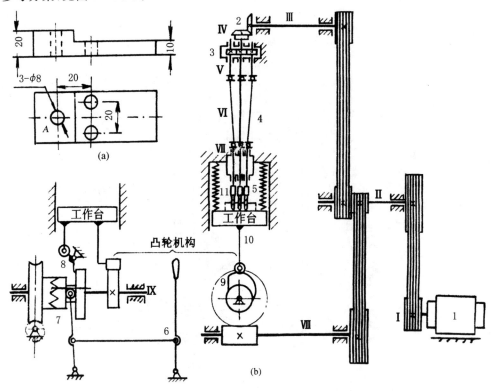

图 1-13　三轴钻床加工的零件及传动方案

工作量安排　本设计由 3 名学生共同完成，除每人必须进行总体方案设计外，一人完成钻削主运动的传动装置设计；一人完成工作台进给运动的传动装置设计；一人完成总装配图设计。

第2章 机械传动装置的总体设计及创新

机械传动装置的总体设计,主要是分析和拟定传动方案、选择原动机、合理分配传动比及计算传动装置的运动和动力参数,为计算各级传动件、设计和绘制装配草图提供条件。本章重点阐述机械传动装置总体设计的基本内容,而后对一般机械功能原理的设计和创新加以拓展介绍。

2.1 分析和拟定传动装置的运动简图

一般工作机器通常由原动机、传动装置和工作装置三个基本职能部分以及操纵控制装置组成。传动装置传送原动机的动力、变换其运动,以实现工作装置预定的工作要求,它是机器的主要组成部分。实践证明,传动装置的重量和成本通常在整台机器中占有很大的比重;机器的工作性能和运转费用在很大程度上也取决于传动装置的性能、质量及设计布局的合理性。由此可见,在机械设计中合理拟定传动方案具有重要意义。

传动方案通常由运动简图表示。它用简单的符号代表一些运动副和机构,能显示机器运动链及运动特征。如图 1-1(a)所示为一胶带输送机传动装置的外形图,图 1-1(b)即为其运动简图;这种简图不仅明确地表示了组成机器的原动机、传动装置和工作装置三者之间运动和力的传递关系,而且也是设计传动装置中各零部件的重要依据。

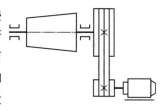

图 2-1 回转筛

机器多以交流电动机作为原动机,它以满载转速 n_m 提供连续的回转运动。倘若机器工作轴需以 n_w 连续回转(如图 2-1 所示的回转筛、图 2-2 所示的混砂机),那么拟定传动装置方案最基本的要求就是选择一个(或串联几个)传递连续回转运动的机构,使其传动比(或总传动比)$i=\dfrac{n_m}{n_w}$;若工作装置所要求的运动不是等速连续回转,这就需要首先选择能将连续回转变换为工作构件所要求的运动特性的机构(此机构实际上为工作装置

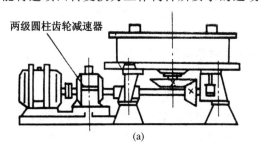

两级圆柱齿轮减速器

(a)

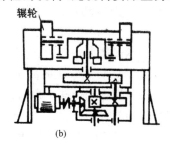

辗轮

(b)

图 2-2 混砂机

的一部分),再以该机构作等速连续回转的主轴作为工作轴,并算出该轴所需转速 n_w,然后按上述方法,在电动机与工作轴之间选择传递连续回转运动的机构,使其总传动比 $i = \dfrac{n_m}{n_w}$,这样最终也实现了工作装置所要求的运动。如图 1-1 所示胶带输送机,采用带传动机构将主动卷筒之等速连续回转运动变换成输送带的等速连续移动。设 v_w 为输送带要求之工作速度(m/s), D 为主动卷筒的直径(mm),则其工作轴(即主动卷筒轴)的转速应为 $n_w = \dfrac{6 \times 10^4 \, v_w}{\pi D}$ r/min。

　　实现工作装置预定的运动是拟定传动方案最基本的要求。但满足这个要求可以有不同的传动方式、不同的机构类型、不同的顺序和布局,以及在保证总传动比相同的前提下分配各级传动机构以不同的分传动比来实现的许多方案。这就需要将各种传动方案加以分析比较,针对具体情况择优选定。合理的传动方案除应满足机器预定的功能外,还要求结构简单、尺寸紧凑、工作可靠、制造方便、成本低廉、传动效率高和使用维护方便。要同时满足这些要求往往是困难的,设计者首先要保证重点要求。如图 2-3 所示是胶带输送机的四种传动方案。显然,方案(a)结构最紧凑,但在长期连续运转的条件下,由于蜗杆传动的效率较低,其功率损失较大;方案(b)的宽度尺寸较方案(c)小,但锥齿轮加工比圆柱齿轮困难;方案(d)的宽度和长度尺寸都比较大,且带传动不适应繁重的工作条件和恶劣的环境,但若用于链式或板式输送机,则带传动将能发挥过载保护的作用。

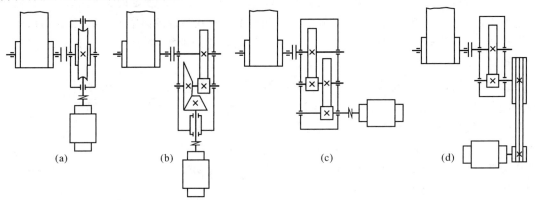

图 2-3　胶带输送机的四种传动方案

　　分析和选择传动机构的类型及其组合是拟定传动方案的重要一环,这时应综合考虑工作装置的载荷、运动以及机器的其他要求,再结合各种传动机构的特点和适用范围,加以分析比较,合理选择。为便于选型,将常用传动机构的特点及其应用列于表 2-1 和表 2-2。传动装置中广泛采用减速器。常用减速器的型式、特点及其应用列于表 2-3。

　　传动系统应有合理的顺序和布局。除必须考虑各级传动机构所适应的速度范围外,下列几点可供参考。

　　1. 带传动承载能力较低,在传递相同转矩时结构尺寸较啮合传动大;但带传动平稳,能缓冲吸震,应尽量置于传动系统的高速级。

　　2. 一般滚子链传动运转不均匀,有冲击,宜布置在低速级。

　　3. 蜗杆传动的传动比大,承载能力较齿轮低,常布置在传动系统的高速级,以获得较小的结构尺寸;同时,由于有较高的齿面相对滑动速度,易于形成液体动压润滑油膜,也有利于提高承载能力及效率。

4. 锥齿轮(特别是大模数锥齿轮)的加工比较困难,一般宜置于高速级,以减小其直径和模数。但需注意,当锥齿轮的速度过高时,其精度也需相应提高,此时还应考虑能否达到所需制造精度以及成本问题。

表 2-1　传递连续回转运动常用机构的性能和适用范围

选用指标	普通平带传动	普通 V 带传动	摩擦轮传动	链传动	普通齿轮传动		蜗杆传动	行星齿轮传动		
								渐开线齿	摆线针轮	谐波齿轮
常用功率(kW)	小(≤20)	中(≤100)	小(≤20)	中(≤100)	大(最大达50000)		小(≤50)	大最大达3500	中≤100	中≤100
单级传动比常用值(最大值)	2~4(6)	2~4(15)	≤5~7(15~25)	2~5(10)	圆柱3~5(10)	圆锥2~3(6~10)	7~40(80)	3~83	11~87	50~500
传动效率	中	中	中	中	高		低	中		
许用的线速度(m/s)	≤25	≤25~30	≤15~25	≤40	6 级精度 直齿≤18 非直齿≤36 5 级精度达 100		≤15~35	基本同普通齿轮传动		
外廓尺寸	大	大	大	大	小		小	小		
传动精度	低	低	低	中等	高		高	高		
工作平稳性	好	好	好	较差	一般		好	一般		
自锁能力	无	无	无	无	无		可有	无		
过载保护作用	有	有	有	无	无		无	无		
使用寿命	短	短	短	中等	长		中等	长		
缓冲吸振能力	好	好	好	中等	差		差	差		
要求制造及安装精度	低	低	中等	中等	高		高	高		
要求润滑条件	不需	不需	一般不需	中等	高		高	高		
环境适应性	不能接触酸、碱、油类、爆炸性气体	一般	好	一般	一般		一般			
成　本	低	低	低	中	中		高	高		

注:1. 传递连续回转运动,还可采用双曲柄机构(一般为不等角速度)和万向联轴器(传递相交轴运动)。

　　2. 表中普通齿轮传动指闭式普通渐开线齿轮传动,蜗杆传动指闭式阿基米德圆柱蜗杆传动。

表 2-2　实现其他特定运动常用机构的特点与应用

运动形式	传动机构	特 点 和 应 用
间歇回转	槽轮机构	运转平稳,工作可靠,结构简单,效率较高,多用来实现不需经常调节转动角度的转位运动。
	棘轮机构	常用连杆机构或凸轮机构组合,以实现间歇回转;冲击较大,但转位角易调节,多用于转位角小于 45°或转动角度大小常需调节的低速间歇回转。
等速直线移动或环形移动	带传动	平稳,传递功率不大,多用于水平运输散粒物料或重量不大的非灼热机件,加装料斗后可作垂直提升。
	链传动	传递功率较大,常用于各种环形移动的输送机。
移　动	连杆机构	常用曲柄滑块机构;结构简单,制造容易,能传递较大载荷,耐冲击,但不宜高速;多用于对构件起始和终止有精确位置要求而对运动规律不必严格要求的场合。
	凸轮机构	结构较紧凑,其突出优点是在往复移动中易于实现复杂的运动规律,如控制阀门的启闭很适宜;行程不能过大,凸轮工作面单位压力不能过大;重载容易磨损。
往复直线运动	螺旋机构	工作平稳,可获得精确的位移量,易于自锁,特别适用于高速回转变成缓慢移动的场合,但效率低,不宜长期连续运转;往复可在任意时刻进行,无一定冲程。
	齿轮齿条机　构	结构简单紧凑,效率高,易于获得大行程,适用于移动速度较高的场合,但传动平稳性和精度不如螺旋传动。
	绳传动	传递长距离直线运动最轻便,特别适用于起升重物之上下升降运动。
往复摆动	连杆机构	常用曲柄摇杆机构、双摇杆机构;其他与作往复直线运动的连杆机构相同。
	凸轮机构	与作往复直线运动的凸轮机构相同。
	齿条齿轮机　构	齿条往复移动,齿轮往复摆动;结构简单、紧凑,效率高;齿条的往复移动可由曲柄滑块机构获得,也可由气缸、油缸活塞杆的往复移动获得。
曲线运动	连杆机构	用实验方法、解析优化设计方法或连杆图谱而获得近似连杆曲线。
振　动	凸轮机构	中等频率,中等负荷,如振动送砂机。
	连杆机构	频率较低,负荷可大些,如振动输送槽。
	旋转偏重惯性机构	频率较高,振幅不大且随负荷增大而减小,如惯性振动筛。
	偏心轴强制振动机　构	利用偏心轴强制振动;频率较高,振幅不大且固定不变,工作稳定可靠,但偏心轴固定轴承受往复冲击易损坏。

表 2-3　常用减速器的型式、特点及应用

名　称		简　图	传动比范围		特点及应用
			一般	最大值	
普通圆柱齿轮减速器	单级圆柱齿轮减速器		直齿≤4 斜齿≤6	10	轮齿可为直齿、斜齿或人字齿。箱体常用铸铁铸造。支承多采用滚动轴承,只有重型或特高速时才采用滑动轴承。
	两级展开式圆柱齿轮减速器		8~40	60	这是两级减速器中应用最广泛的一种。齿轮相对于轴承不对称,要求轴具有较大的刚度。伸出轴上的齿轮常布置在远离轴伸端的一边,以减少因弯曲变形所引起的载荷沿齿宽分布不均现象。高速级常用斜齿,低速级可用斜齿或直齿。建议用于载荷较平稳场合。
	两级分流式圆柱齿轮减速器		8~40	60	低速轴上的齿轮相对于轴承为对称布置,载荷沿齿宽分布较均匀。中间轴危险断面上的扭矩是传递转矩的一半。高速级多用斜齿,一边右旋,另一边左旋,轴向力可抵消。结构较复杂,需多用一对齿轮,轴向尺寸大。建议用于变载荷场合。
	两级同轴线式圆柱齿轮减速器		8~40	60	箱体长度较小,两大齿轮浸油深度可以大致相同。但减速器轴向尺寸及重量较大;高速级齿轮的承载能力不能充分利用;中间轴承润滑困难;中间轴较长,刚度差;仅能有一个输入端和输出端,限制了传动布置的灵活性。
	三级展开式圆柱齿轮减速器		40~200	400	特点是传动比大,其余与两级展开式相同。

续表 2-3

名　称		简　图	传动比范围		特点及应用
			一般	最大值	
圆锥及圆锥—圆柱齿轮减速器	单级圆锥齿轮减速器		直齿≤3 斜齿≤5	10	用于输入轴与输出轴相交的传动。
	两级圆锥—圆柱齿轮减速器		8～15	圆锥直齿 20 圆锥斜齿 40	用于输入轴与输出轴相交而传动比较大的传动。锥齿轮应在高速级，以减小其尺寸，利于加工。轮齿可制成直齿或斜齿。
	三级圆锥—圆柱齿轮减速器		25～75	200	用于输入轴与输出轴相交而传动比很大的传动。其他与两级圆锥—圆柱齿轮减速器相同。
蜗杆减速器	单级蜗杆减速器 （a）蜗杆下置式 （b）蜗杆上置式	(a) (b)	7～40	80	传动比大，结构紧凑，用于中小功率传动。下置式蜗杆减速器润滑条件较好，应优先选用。当蜗杆圆周速度 $v>4$ m/s，搅油损失大，才用上置式，蜗轮轮齿浸油，蜗杆轴承润滑较差。
	两级蜗杆减速器		300～800	3600	传动比很大，结构紧凑，但效率很低，用于小功率、传动比很大而结构紧凑的场合。
蜗杆—齿轮减速器			60～90	480	传动比较单级蜗杆减速器大、较两级蜗杆减速器小，但效率较两级蜗杆减速器高。
行星齿轮减速器	单级NGW型		3～9	12.5	比普通圆柱齿轮减速器尺寸小、重量轻、结构复杂、精度要求高，用于结构紧凑场合。
	双级NGW型		10～60	160	结构紧凑，传动比范围大，效率较低，最好不用于长期动力传动，其余特性同单级 NGW。
	N 型		7～71	100	结构紧凑，传动比范围大，制造精度要求高，目前只用于中小功率短期工作。

5. 斜齿轮传动较直齿轮传动平稳,相对应用于高速级。

6. 开式齿轮传动一般工作环境较差,润滑条件不良,外廓紧凑性可低于闭式传动,应布置在低速级。

7. 制动器通常设在高速轴。传动系统中位于制动装置后面不应出现带传动、摩擦传动和摩擦离合器等重载时可能出现摩擦打滑的装置。

8. 为简化传动装置,一般总是将改变运动形式的机构(如连杆机构、凸轮机构)布置在传动系统的末端或低速处;对于许多控制机构,一般也尽量放在传动系统的末端或低速处,以免造成大的累积误差,降低传动精度。

9. 传动装置的布局应使结构紧凑、匀称,强度和刚度好,并适合车间布置情况和工人操作,便于装拆和维修。图 2-2 所示的两种型式混砂机都是用两对圆柱齿轮和一对锥齿轮减速传动。但布局不一样,效果就不相同。图 2-2(a)所示混砂机的总体布局中,电动机和减速器在机器外面,结构不紧凑;传动装置中一对锥齿轮是开式的,润滑条件差,砂尘易落入,加速齿轮磨损,工作寿命较短;从动锥齿轮较大,制造较难;主动锥齿轮的支承跨距大,对该轴的强度和刚度均不利;且机架、电动机和减速器分别与地基联接,使用单位安装费事,在这几方面不及图 2-2(b)所示改进后的混砂机。

10. 在传动装置总体设计中,必须注意防止因过载或操作疏忽而造成机器损坏和人员工伤,可视具体情况在传动系统的某一环节加设安全保险装置。

11. 在一台机器中可能有几个彼此之间必须严格协调运动的工作构件,如图 2-4(a)所示牛头刨床刀座的往复运动和支持工件的工作台的间歇进给运动,需按图 2-4(b)所示运动循环图协调运动,一般均采用一台原动机驱动同一工作轴(如图 2-4(a)中的 A 轴),再由此通过控制机构(如图 2-4(a)中的凸轮)使传动系统作并联分支。如一台机器中各工作构件的运动彼此无需协调配合,则可由多台原动机分别驱动,也可共用一台原动机通过传动链并联分支驱动各个工作构件。

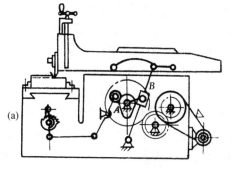

刀座	工作行程	空回行程	
工作台	停止	进给	停止

0　　　　曲柄转角 $\varphi \rightarrow$　　　　2π

图 2-4　牛头刨床简图及运动协调图

此外,尚需指出:在机械设计课程设计的任务书中,若已提供传动方案,则学生应论述该方案的合理性,也可提出改进意见,另行拟订更合理的方案。

2.2　选择原动机

一、原动机的类型及应用

原动机是机器中运动和动力的来源,其种类很多,在机械中常见的有电动机、内燃机、液动机和气动机。

内燃机是将柴油或汽油作为燃料,在汽缸内部进行燃烧,直接将产生的气体所含的热能转变为机械能,其功率范围较宽,操作方便,启动迅速,便于移动,在汽车、飞机、船艇、野外作业的工程机械、农业机械中有广泛地应用;但由于其排气污染和噪声都较大,不宜用于室内机械。

液动机和气动机分别以液体和气体作为工作介质,两类原动机的工作原理也很相似,输出转矩的有液压马达和气动马达、旋转油缸和旋转气缸;作往复移动的有普通油缸和气缸。液动机和气动机工作均较平稳,可无级调速,易实现自动控制;但两者都必须在有液源、气源的场合方可选用。液动机比其他同功率的动力机体积小,重量轻,运动惯性小,低速性能好;但漏油时不能保证精确运动。与液动机相比,气动机介质清结、费用少;但其工作压力较低,且由于空气的可压缩性较大、速度不稳定。

电动机是将电能转换为机械能的原动机。一般来说,较其他原动机有较高的驱动效率,与被驱动的工作机的连接也较为方便,其种类和型号较多、并具有各种机械特性,可满足不同类型工作机械的要求,电动机还具有良好的调速性能,启动、制动、反向和调速以及远程测量与遥控均较方便,便于生产过程自动化管理;因此,生产机械在有动力电源的场合应优先选用电动机作为原动机。

二、选用电动机

电动机已经系列化,通常由专门工厂按标准系列成批或大量生产。机械设计中应根据工作载荷(大小、特性及其变化情况)、工作要求(转速高低、允差和调速要求、起动和反转频繁程度)、工作环境(尘土、金属屑、油、水、高温及爆炸气体等)、安装要求及尺寸、重量有无特殊限制等条件,从产品目录中选择电动机的类型和结构型式、容量(功率)和转速,确定具体型号。

1. 选择电动机的类型和结构型式

按供电电源的不同,电动机有直流电机和交流电机两大类。直流电机结构复杂,同样功率情况下尺寸、重量较大,价格较高,用于调速要求高的场合。交流电机按电机的转速与旋转磁场的转速是否相同可分为同步电机和异步电机两种。同步机结构较异步机复杂,造价较高,而且转速不能调节,但可改善电网的功率因数;用于长期连续工作而需保持转速不变的大型机械(如大功率离心水泵和通风机)。生产单位一般用三相交流电源,如无特殊要求(如在较大范围内平稳地调速,经常起动和反转等),通常都采用三相交流异步电动机。我国已制订统一标准的 Y 系列电动机是一般用途的全封闭自扇冷鼠笼型三相异步电动机,适用于不易燃、不易爆、无腐蚀性气体和无特殊要求的机械,如金属切削机床、风机、输送机、搅拌机、农业机械和食品机械等。由于 Y 系列电动机还具有较好的起动性能,因此也适用于某些对起动转矩有较高要求的机械(如压缩机等)。在经常起动、制动和反转的场合,要求电动机转动惯量小和过载能力大,此时宜选用起重及冶金用的 YZ 型或 YZR 型三相异步电动机。

三相交流异步电动机根据其额定功率(指连续运转下电机发热不超过许可温升的最大功率,其数值标在电动机铭牌上)和满载转速(指负荷相当于额定功率时的电动机转速;当负荷减小时,电机实际转速略有升高,但不会超过同步转速——磁场转速)的不同,具有系列型号。为适应不同的安装需要,同一类型的电动机结构又制成卧式、立式、机座带底脚或端盖有凸缘或既有底脚又有凸缘等若干种安装形式。各型号电动机的技术数据(如额定功率、满载转速、堵转转矩与额定转矩之比、最大转矩与额定转矩之比等)、外形及安装尺寸可查阅产品目录或有关机械设计手册。

2. 确定电动机功率

电动机的容量(功率)选得合适与否,对电动机的工作和经济性都有影响。当容量小于工作要求时,电动机不能保证工作装置的正常工作,或使电动机因长期过载而过早损坏;容量过大则电动机的价格高,能量不能充分利用,且因经常不在满载下运行,其效率和功率因数都较低,造成浪费。

电动机容量主要由电动机运行时的发热条件决定,而发热又与其工作情况有关。电动机的工作情况一般可分为两类:

(1)用于长期连续运转、载荷不变或很少变化的、在常温下工作的电动机(如用于连续输送机械的电动机)。选择这类电动机的容量,只需使电动机的负载不超过其额定值,电动机便不会过热。这样可按电动机的额定功率 P_m 等于或略大于电动机所需的输出功率 P_0,即 $P_m \geqslant P_0$,从手册中选择相应的电动机型号,而不必再作发热计算。通常按 $P_m = (1 \sim 1.3)P_0$ 选择,电动机功率裕度的大小应视工作装置可能的过载情况而定。

电动机所需的输出功率为:

$$P_0 = \frac{P_w}{\eta} \tag{2-1}$$

式中:P_w 为工作装置所需功率,kW;η 为由电动机至工作装置的传动装置的总效率。

工作装置所需功率 P_w 应由机器工作阻力和运行速度经计算求得。机械设计课程设计中,通常可由设计任务书给定参数,按下式计算:

$$P_w = \frac{F_w \cdot v_w}{1000 \eta_w} \tag{2-2}$$

或
$$P_w = \frac{T_w \cdot n_w}{9550 \eta_w} \tag{2-3}$$

式中:F_w 为工作装置的阻力,N;v_w 为工作装置的线速度,m/s;T_w 为工作装置的阻力矩,N·m;n_w 为工作装置的转速,r/min;η_w 为工作装置的效率。

由电动机至工作装置的传动装置总效率 η 按下式计算:

$$\eta = \eta_1 \cdot \eta_2 \cdot \eta_3 \cdots \cdot \eta_n \tag{2-4}$$

式中:$\eta_1, \eta_2, \cdots, \eta_n$ 分别为传动装置中每一级传动副(齿轮、蜗杆、带或链传动等)、每对轴承或每个联轴器的效率,其值可查阅机械设计手册,表 2-4 列出了部分数据。

计算传动装置总效率时应注意以下几点:

①所取传动副的效率是否已包括其轴承效率,如已包括则不再计入轴承效率;

②轴承效率通常指一对轴承而言;

③同类型的几对传动副、轴承或联轴器,要分别计入各自的效率;

④蜗杆传动效率与蜗杆头数及材料有关,设计时应初选头数,估计效率,待设计出蜗杆传动后再确定效率,并修正前面的设计计算数据;

⑤资料推荐的效率值一般有一个范围。如工作条件差、加工精度低、维护不良时,则应取低值;反之,则取高值。

(2)用于变载下长期运行的电动机、短时运行的电动机(工作时间短、停歇时间较长)和重复短时运行的电动机(工作时间和停歇时间都不长)。其容量选择按等效功率法计算,并校验过载能力和起动转矩。需要时可参阅电力拖动等有关专著。

表 2-4　机械传动效率的概略值

类　　别	传　动　型　式	效　　率
圆柱齿轮传动	很好跑合的 6、7 级精度（稀油润滑）	0.98～0.99
	8 级精度的一般齿轮传动（稀油润滑）	0.97
	9 级精度（稀油润滑）	0.96
	加工齿的开式传动（干油润滑）	0.94～0.96
	铸造齿的开式传动	0.90～0.93
圆锥齿轮传动	很好跑合的 6、7 级精度（稀油润滑）	0.97～0.98
	8 级精度的一般齿轮传动（稀油润滑）	0.94～0.97
	加工齿的开式传动（干油滑润）	0.92～0.95
	铸造齿的开式传动	0.88～0.92
蜗杆传动	有自锁性的普通圆柱蜗杆传动（稀油润滑）	0.40～0.45
	单头普通圆柱蜗杆传动（稀油润滑）	0.70～0.75
	双头普通圆柱蜗杆传动（稀油润滑）	0.75～0.82
	三头和四头普通圆柱蜗杆传动（稀油润滑）	0.80～0.92
带　传　动	平带开式传动	0.98
	V 带传动	0.96
链　传　动	滚子链传动	0.96
	齿形链传动	0.97
摩擦传动	平摩擦轮传动	0.85～0.92
	卷绳轮传动	0.95
轴承（一对）	滚动轴承（球轴承取大值）	0.99～0.995
	滑动轴承（液体摩擦取大值，润滑不良取小值）	0.97～0.995
联　轴　器	浮动联轴器（滑块联轴器等）	0.97～0.99
	齿式联轴器	0.99
	弹性联轴器	0.99～0.995
	万向联轴器	0.95～0.98
减（变）速器	单级圆柱齿轮减速器	0.97～0.98
	两级圆柱齿轮减速器	0.95～0.96
	单级 NGW 型行星齿轮减速器	0.95～0.98
	单级圆锥齿轮减速器	0.95～0.96
	两级圆锥—圆柱齿轮减速器	0.94～0.95
	无级变速器	0.92～0.95

3. 确定电动机转速

额定功率相同的同类型电动机有若干种转速可供设计选用。电动机转速越高，则磁极越少，尺寸及重量越小，一般来说价格也越低；但是由于所选用的电动机转速越高，当工作机械低速时，减速传动所需传动装置的总传动比必然增大，传动级数增多，尺寸及重量增大，从而使传动装置的成本增加。因此，确定电动机转速时应同时兼顾电动机及传动装置，对两者加以综合分析比较确定。电动机选用最多的是同步转速为 1000r/min 及 1500r/min 两种，如无特殊要求，一般不选用低于 750r/min 的电动机。

根据选定的电动机类型、结构、容量和转速，从标准中查出电动机型号后，应将其型号、额定功率、满载转速、外形尺寸、电动机中心高、轴伸尺寸、键联接尺寸等记下备用。Y 系列三相异步电动机的技术数据、机座外形尺寸和安装尺寸、轴伸尺寸摘列于表 8-190、表 8-191 和表 8-192、表 8-193、表 8-194。

2.3　计算传动装置的总传动比及分配各级传动比

电动机选定后,根据电动机的满载转速 n_m 及工作轴的转速 n_w 即可确定传动装置的总传动比 $i=\dfrac{n_m}{n_w}$。总传动比数值不大的可用一级传动,数值大的通常采用多级传动而将总传动比分配到组成传动装置的各级传动机构。若传动装置由多级传动串联而成,必须使各级分传动比 i_1、i_2、i_3、$\cdots$、i_k 的乘积与总传动比相等,即

$$i=i_1 \cdot i_2 \cdot i_3 \cdot \cdots \cdot i_k \tag{2-5}$$

合理分配传动比,是传动装置设计中的又一个重要问题。它将影响传动装置的外廓尺寸、重量及润滑等很多方面。具体分配传动比时,应注意以下几点:

1. 各级传动的传动比最好在推荐范围内选取,对减速传动尽可能不超过其允许的最大值。各类传动的传动比常用值及最大值可参见表 2-1。

2. 应注意使传动级数少、传动机构数少、传动系统简单,以提高传动效率和减少精度的降低。

3. 应使各传动的结构尺寸协调、匀称及利于安装,绝不能造成互相干涉。如图 2-3(d)所示的 V 带-单级齿轮减速器的传动中,若带传动的传动比过大,大带轮半径可能大于减速器输入轴的中心高,造成安装不便;又如图 2-5 所示,由于高速级传动比过大,造成高速级大齿轮与低速轴干涉相碰。

4. 应使传动装置的外廓尺寸尽可能紧凑。如图 2-6 所示为两级圆柱齿轮减速器的两种方案,其总中心距相同($a=a'$),总传动比相同($i_f \cdot i_s = i_f' \cdot i_s'$,$i_f$、$i_s$ 和 i_f'、i_s' 分别为两种方案高速级和低速级的传动比),由于速比分配不相同,其外廓尺寸就有差别,图中实线所示方案具有较小的外廓尺寸。

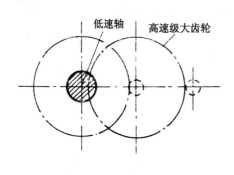

图 2-5　零件互相干涉

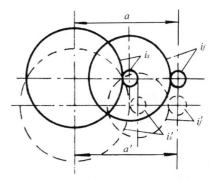

图 2-6　不同速比分配的外廓尺寸

5. 在卧式齿轮减速器中,常设计各级大齿轮直径相近,可使其浸油深度大致相等,便于齿轮浸油润滑。由于低速级齿轮的圆周速度较低,一般其大齿轮直径可大一些,亦即浸油深度可深一些。

6. 总传动比分配还应考虑载荷性质。对平稳载荷,各级传动比可取简单的整数;对周期性变动载荷,为防止局部损坏,各级传动比通常取为质数。

7. 对传动链较长、传动功率较大的减速传动,一般按"前小后大"的原则分配传动比,即自电动机向低速的工作轴各级传动比依次增大较为有利,这样可使各级中间轴有较高的转速及

较小的转矩,从而可以减小中间级传动机构及其轴的尺寸和重量。但从不同侧重点考虑具体问题时,也可能与这个原则有所不同。

此外,对标准减速器,其各级传动比按标准分配;对非标准减速器,可参考下述数据分配传动比:

1. 对于两级展开式圆柱齿轮减速器,一般按齿轮浸油润滑要求,即各级大齿轮直径相近的条件分配传动比,常取 $i_f≈(1.3～1.6)i_s$(式中 i_f、i_s 分别为减速器高速级和低速级的传动比);对同轴线式减速器则常取 $i_f≈i_s≈\sqrt{i}$(i 为减速器总传动比)。

2. 对于圆锥—圆柱齿轮减速器,为使大锥齿轮的尺寸不致过大,应使高速级锥齿轮的传动比 $i_f≤3～4$,一般可取 $i_f≈0.25i$,或 $i_f≈0.9\sqrt[3]{i}$。

3. 对于蜗杆—齿轮减速器,可取低速级齿轮传动比 $i_s≈(0.03～0.06)i$。

4. 对于两级蜗杆减速器,为了总体布置方便,常使两级传动比大致相等,即 $i_f≈i_s=\sqrt{i}$。

传动装置的精确传动比与传动件的参数(如齿数、带轮直径等)有关,故传动件的参数确定以后,应验算工作轴的实际转速是否在允许误差范围以内。如不能满足要求,应重新调整传动比。若所设计的机器未规定转速允差范围,则通常可取±(3～5)%。

2.4 计算传动装置的运动和动力参数

传动装置的运动和动力参数,主要是各轴的转速、功率和转矩,这些是进行传动件设计计算极为重要的依据。现以图 2-7 所示的带式输送机专用两级圆柱齿轮减速传动装置为例,说明机械传动装置的运动和动力参数计算。

设 $n_Ⅰ$、$n_Ⅱ$、$n_Ⅲ$ 和 n_w 分别为Ⅰ、Ⅱ、Ⅲ轴和工作轴(主动卷筒轴)的转速,r/min;$P_Ⅰ$、$P_Ⅱ$、$P_Ⅲ$ 和 P_w 分别为Ⅰ、Ⅱ、Ⅲ轴和工作轴的输入功率,kW;$T_Ⅰ$、$T_Ⅱ$、$T_Ⅲ$ 和 T_w 分别为Ⅰ、Ⅱ、Ⅲ轴和工作轴的输入转矩,N·m;$i_{0Ⅰ}$、$i_{ⅠⅡ}$、$i_{ⅡⅢ}$ 和 $i_{Ⅲw}$ 分别为电动机轴至Ⅰ轴、Ⅰ轴至Ⅱ轴、Ⅱ轴至Ⅲ轴和Ⅲ轴至工作轴之间的传动比(本例 $i_{0Ⅰ}=1$,$i_{Ⅲw}=1$);$η_{0Ⅰ}$、$η_{ⅠⅡ}$、$η_{ⅡⅢ}$ 和 $η_{Ⅲw}$ 分别为电动机轴至Ⅰ轴、Ⅰ轴至Ⅱ轴、Ⅱ轴至Ⅲ轴和Ⅲ轴至工作轴之间的传动效率。

现按电动机轴至工作轴的传动顺序进行计算如下:

1. 各轴转速

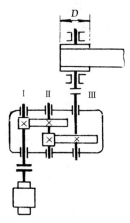

图 2-7 带式输送机
运动简图(一)

$$\left.\begin{aligned}
n_Ⅰ &= \frac{n_m}{i_{0Ⅰ}} \\[4pt]
n_Ⅱ &= \frac{n_Ⅰ}{i_{ⅠⅡ}} = \frac{n_m}{i_{0Ⅰ} \cdot i_{ⅠⅡ}} \\[4pt]
n_Ⅲ &= \frac{n_Ⅱ}{i_{ⅡⅢ}} = \frac{n_m}{i_{0Ⅰ} \cdot i_{ⅠⅡ} \cdot i_{ⅡⅢ}} \\[4pt]
n_w &= \frac{n_Ⅲ}{i_{Ⅲw}} = \frac{n_m}{i_{0Ⅰ} \cdot i_{ⅠⅡ} \cdot i_{ⅡⅢ} \cdot i_{Ⅲw}}
\end{aligned}\right\}$$

(2-6)

式中:n_m 为电动机满载转速,r/min。

2. 各轴输入功率

$$
\left.
\begin{aligned}
P_{\mathrm{I}} &= P_0 \cdot \eta_{0\mathrm{I}} = P_0 \cdot \eta_c \\
P_{\mathrm{II}} &= P_{\mathrm{I}} \cdot \eta_{\mathrm{I\,II}} = P_0 \cdot \eta_c \cdot \eta_r \cdot \eta_g \\
P_{\mathrm{III}} &= P_{\mathrm{II}} \cdot \eta_{\mathrm{II\,III}} = P_0 \cdot \eta_c \cdot \eta_r^2 \cdot \eta_g^2 \\
P_w &= P_{\mathrm{III}} \cdot \eta_{\mathrm{III}\,w} = P_0 \cdot \eta_c \cdot \eta_r^3 \cdot \eta_g^2 \cdot \eta_c{}'
\end{aligned}
\right\} \quad (2\text{-}7)
$$

式中：P_0 为电动机输出功率，kW；η_c 为电动机和 I 轴之间联轴器的效率；η_r 为一对滚动轴承的效率；η_g 为一对齿轮的效率；$\eta_c{}'$ 为 III 轴和工作轴之间联轴器的效率。

3. 各轴输入转矩

$$
\left.
\begin{aligned}
T_{\mathrm{I}} &= 9550\,\frac{P_{\mathrm{I}}}{n_{\mathrm{I}}} = 9550\,\frac{P_0}{n_m} \cdot i_{0\mathrm{I}} \cdot \eta_{0\mathrm{I}} = 9550\,\frac{P_0}{n_m} \cdot i_{0\mathrm{I}} \cdot \eta_c \\
T_{\mathrm{II}} &= 9550\,\frac{P_{\mathrm{II}}}{n_{\mathrm{II}}} = 9550\,\frac{P_0}{n_m} \cdot i_{0\mathrm{I}} \cdot i_{\mathrm{I\,II}} \cdot \eta_c \cdot \eta_r \cdot \eta_g \\
T_{\mathrm{III}} &= 9550\,\frac{P_{\mathrm{III}}}{n_{\mathrm{III}}} = 9550\,\frac{P_0}{n_m} \cdot i_{0\mathrm{I}} \cdot i_{\mathrm{I\,II}} \cdot i_{\mathrm{II\,III}} \cdot \eta_c \cdot \eta_r^2 \cdot \eta_g^2 \\
T_w &= 9550\,\frac{P_w}{n_w} = 9550\,\frac{P_0}{n_m} \cdot i_{0\mathrm{I}} \cdot i_{\mathrm{I\,II}} \cdot i_{\mathrm{II\,III}} \cdot i_{\mathrm{III}\,w} \cdot \eta_c \cdot \eta_r^3 \cdot \eta_g^2 \cdot \eta_c{}'
\end{aligned}
\right\} \quad (2\text{-}8)
$$

需要指出，本例计算是对专用机器，取电动机的实际输出功率 P_0 作为设计功率；如对通用机器，则应取电动机的额定功率 P_m 作为设计功率，即将式(2-7)、式(2-8)中的 P_0 改用 P_m 计算。显然，后者计算偏于安全。

根据以上算得数据，列出表 2-5，供以后设计计算使用。

表 2-5

参　　数	电动机轴	I　　轴	II　　轴	III　　轴	工作轴
转速 n(r/min)					
功率 P(kW)					
转矩 T(N·m)					
传动比 i					
效　率 η					

至此，传动装置的总体设计虽说已臻完成，但在具体传动件设计后，仍有可能发现该总体方案有不合理之处，此时则应修正总体方案，有时对其中某些关键问题还需进行科学实验和模拟试验。实际上，机械设计中常需拟定多种总体方案，加以分析比较择优而定。近来有用评分法选择方案，即对每一个方案用多项指标(如功率、效率、尺寸、重量、寿命、平稳性、工艺性、成本、使用……)按评分分级标准一一评定分值，以总分高的方案为优。设计中还越来越多地采用将设计追求的目标建立数学模型，通过电子计算机优化求解最优方案(参见下节例2-3)。

2.5　传动装置总体设计的分析与计算示例

例 2-1　图 2-8 为一带式输送机传动装置的运动简图。已知输送带的有效拉力 $F_w = 2600\text{N}$，输送带速度 $v_w = 1.6\text{m/s}$，卷筒直径 $D = 450\text{mm}$，在室内常温下长期连续工作，载荷平稳，单向运转，环境有灰尘，无其他特殊要求。有三相交流电源，电压 380V。试按所给运动简图和条件，选择合适的电动机，计算传动装置的总传动比，并分配各级传动比；计算传动装置的运动和动力参数。

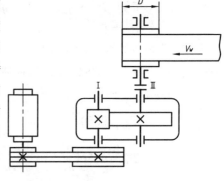

图 2-8　带式输送机运动简图（二）

解：1. 选择电动机

（1）选择电动机类型

按已知工作要求和条件选用 Y 系列一般用途的全封闭自扇冷鼠笼型三相异步电动机。

（2）确定电动机功率

工作装置所需功率 P_w 按式（2-2）计算

$$P_w = \frac{F_w \cdot v_w}{1000 \cdot \eta_w}$$

式中，$F_w = 2600\text{N}$，$v_w = 1.6\text{m/s}$，工作装置的效率本例考虑胶带卷筒及其轴承的效率取 $\eta_w = 0.94$。代入上式得：

$$P_w = \frac{F_w \cdot v_w}{1000\eta_w} = \frac{2600 \times 1.6}{1000 \times 0.94} = 4.43(\text{kW})$$

电动机的输出功率 P_0 按式（2-1）计算：

$$P_0 = \frac{P_w}{\eta}$$

式中，η 为电动机轴至卷筒轴的传动装置总效率。

由式（2-4），$\eta = \eta_b \cdot \eta_g \cdot \eta_r^2 \cdot \eta_c$；由表 2-4，取 V 带传动效率 $\eta_b = 0.96$，滚动轴承效率 $\eta_r = 0.995$，8 级精度齿轮传动（稀油润滑）效率 $\eta_g = 0.97$，滑块联轴器效率 $\eta_c = 0.98$，则

$$\eta = 0.96 \times 0.97 \times 0.995^2 \times 0.98 = 0.90$$

故　　　　　$$P_0 = \frac{P_w}{\eta} = \frac{4.43}{0.90} = 4.92(\text{kW})$$

因载荷平稳，电动机额定功率 P_m 只需略大于 P_0 即可，按表 8-190 中 Y 系列电动机技术数据，选电动机的额定功率 P_m 为 5.5kW。

（3）确定电动机转速

卷筒轴作为工作轴，其转速为：

$$n_w = \frac{6 \times 10^4 v_w}{\pi D} = \frac{6 \times 10^4 \times 1.6}{\pi \times 450} = 67.91(\text{r/min})$$

按表 2-1 推荐的各传动机构传动比范围：V 带传动比范围 $i_b' = 2 \sim 4$，单级圆柱齿轮传动比范围 $i_g' = 3 \sim 5$，则总传动比范围应为 $i' = 2 \times 3 \sim 4 \times 5 = 6 \sim 20$，可见电动机转速的可选范围为：

$$n' = i' \cdot n_w = (6 \sim 20) \times 67.91 = 407.46 \sim 1358.2(\text{r/min})$$

符合这一范围的同步转速有 750r/min 和 1000r/min 两种,为减少电动机的重量和价格,由表 8-190 选常用的同步转速为 1000r/min 的 Y 系列电动机 Y132M2-6,其满载转速 $n_m =$ 960r/min。电动机的安装结构型式以及其中心高、外形尺寸、轴伸尺寸等均可由表 8-192、表 8-193 中查到,这里从略。

2. 计算传动装置的总传动比和分配各级传动比

(1)传动装置总传动比

$$i = \frac{n_m}{n_w} = \frac{960}{67.91} = 14.14$$

(2)分配传动装置各级传动比

由式(2-5),$i = i_b \cdot i_g$,为使 V 带传动的外廓尺寸不致过大,取传动比 $i_b = 3$,则齿轮传动比 $i_g = \frac{i}{i_b} = \frac{14.14}{3} = 4.71$

3. 计算传动装置的运动和动力参数

(1)各轴转速由式(2-6)

Ⅰ轴　$n_\text{I} = \frac{n_m}{i_b} = \frac{960}{3} = 320(\text{r/min})$

Ⅱ轴　$n_\text{II} = \frac{n_\text{I}}{i_g} = \frac{320}{4.71} = 67.91(\text{r/min})$

工作轴　$n_w = n_\text{II} = 67.91$　r/min

(2)各轴输入功率由式(2-7)

Ⅰ轴　$P_\text{I} = P_0 \cdot \eta_b = 4.92 \times 0.96 = 4.72(\text{kW})$

Ⅱ轴　$P_\text{II} = P_\text{I} \cdot \eta_r \cdot \eta_g = 4.72 \times 0.995 \times 0.97 = 4.55(\text{kW})$

工作轴　$P_w = P_\text{II} \cdot \eta_r \cdot \eta_c = 4.55 \times 0.995 \times 0.98 = 4.43(\text{kW})$

(3)各轴输入转矩由式(2-8)

Ⅰ轴　$T_\text{I} = 9550 \frac{P_\text{I}}{n_\text{I}} = 9550 \frac{4.72}{320} = 140.86(\text{N} \cdot \text{m})$

Ⅱ轴　$T_\text{II} = 9550 \frac{P_\text{II}}{n_\text{II}} = 9550 \frac{4.55}{67.91} = 639.85(\text{N} \cdot \text{m})$

工作轴　$T_w = 9550 \frac{P_w}{n_w} = 9550 \frac{4.43}{67.91} = 622.98(\text{N} \cdot \text{m})$

电动机轴输出转矩 $T_0 = 9550 \frac{P_0}{n_m} = 9550 \times \frac{4.92}{960} = 48.94(\text{N} \cdot \text{m})$

将以上算得的运动和动力参数列表如表 2-6:

参　　数	电动机轴	Ⅰ　　轴	Ⅱ　　轴	工作轴
转速 n(r/min)	960	320	67.91	67.91
功率 P(kW)	4.92	4.72	4.55	4.43
转矩 T(N·m)	48.94	140.86	639.85	622.98
传动比 i	3.00		4.71	1.00
效　率 η	0.96		0.965	0.975

例 2-2　试分析图 2-9 所示某剪铁机实现活动刀剪相同运动的 7 种不同方案。已知电动机功率为 7.5kW,满载转速 $n_m = 720\text{r/min}$,要求活动刀剪每分钟往复摆动剪铁约 23 次,亦即工作轴 A 转速 $n_w \approx 23\text{r/min}$,总传动比 $i = \dfrac{n_m}{n_w} \approx \dfrac{720}{23} \approx 31.4$。7 种方案的传动机构、排列顺序、传动比分配均示于图中。

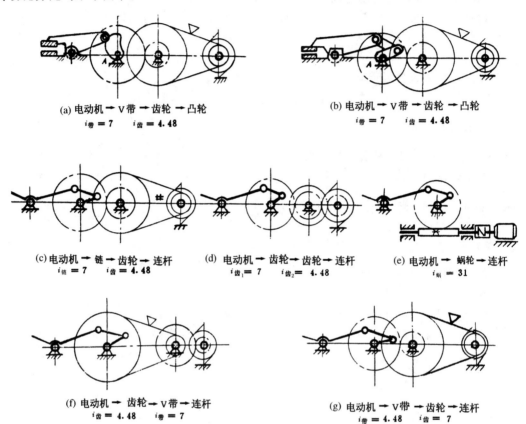

图 2-9　剪铁机传动方案

解:方案(a)和(b)从电动机到工作轴 A 的传动系统完全相同,考虑剪铁机工作速度低、载荷重且有冲击,活动刀剪除要求适当的摆角、急回速比及增力性能外,运动规律并无特殊要求,方案(b)采用连杆机构变换运动形式较方案(a)采用凸轮机构为佳,结构也简单得多。

方案(b)、(c)、(d)、(e)在电动机到工作轴之间采用了不同的传动机构都能满足工作轴每分钟 23 转的要求,但方案(b)采用 V 带传动,可发挥其缓冲吸震的特点,使剪铁时的冲击震动不致传给电动机,且当过载时仅 V 带在带轮上打滑,对机器的其他机件起安全保护作用;虽然方案(b)外廓尺寸大一些,但结构和维护都较方案(c)、(d)、(e)方便。方案(e)采用单级蜗杆传动,虽具外廓尺寸紧凑和传动平稳的优点,但这些对剪铁机而言,显然并非主要矛盾;而传动效率低、能量损失大,使电机功率增大,且蜗杆传动制造费用高,成为突出缺点,另外,蜗轮尺寸较小,固属优点,但转动惯量也因而减小,可能反而还要安装较大的飞轮,才能符合剪切要求,这样就更不合理了,故此方案在剪铁机中很少采用。

方案(f)和方案(b)相比仅排列顺序不同,其齿轮传动在高速级,尺寸虽小些,但速度高、冲击、振动和噪声均大,制造和安装精度以及润滑要求较高,而带传动放在低速级,不仅不能充分发挥缓冲、吸振、平稳性好的特点,且引起带的根数增多,带轮尺寸和重量显著增大,显然不合理。

(b)、(g)两方案所选机构类型、排列顺序、总传动比均相同,但传动比分配不同,方案(b)中 $i_带 > i_齿$,而方案(g)则相反,两者相比,方案(b)较好。这是因为方案(b)中大带轮直径和重量虽较大,但大齿轮尺寸可较小,使大齿轮制造会方便一些;另外,带轮相对大齿轮处于高速位置,其重量增大、转动惯量增大,在剪铁机短时最大负载作用下,可获增加飞轮惯性的效果,权衡之下还是利多于弊。

例 2-3　图 2-10 所示为两级斜齿圆柱齿轮减速器,高速轴输入功率 $P_I = 6.2\text{kW}$,高速轴转速 $n_I = 1450\text{r/min}$,总传动比 $i = 31.5$,齿轮齿宽系数 $\psi_d = 1$。齿轮材料和热处理:大齿轮 45 号钢正火,170～210HBS;小齿轮 40MnB 调质,240～285HBS。要求使用十年,单向传动,工作较平稳。试按总中心距 $a_总$ 最小求最优化总体方案的主要参数。

图 2-10　两级斜齿圆柱齿轮减速器简图

解:总中心距

$$a_总 = \frac{m_{nf} z_1 (1 + i_f)}{2\cos\beta_f} + \frac{m_{ns} z_3 (1 + i_s)}{2\cos\beta_s} \quad \text{mm}$$

其中:m_{nf}、m_{ns} 分别为高速级和低速级的齿轮法面模数,mm;i_f、i_s 分别为高速级和低速级的传动比,显然 $i_s = i/i_f = 31.5/i_f$;z_1、z_3 分别为高速级和低速级的小齿轮齿数;β_f、β_s 分别为高速级和低速级的齿轮分度圆上螺旋角。

1. 选取设计变量

$$\boldsymbol{X} = \begin{bmatrix} x_1 & x_2 & x_3 & x_4 & x_5 & x_6 & x_7 \end{bmatrix}^T = \begin{bmatrix} m_{nf} & m_{ns} & z_1 & z_3 & i_f & \beta_f & \beta_s \end{bmatrix}^T$$

2. 确定目标函数

以总中心距 $a_总$ 最小为目标,则目标函数

$$f(X) = \frac{x_1 x_3 (1 + x_5)}{2\cos x_6} + \frac{x_2 x_4 (1 + 31.5/x_5)}{2\cos x_7}$$

在满足下列约束条件下求 $\min f(X)$。

3. 建立约束条件

(1)按齿面接触强度的简化计算公式[*]:

$$\sigma_H = 590\sqrt{\frac{u+1}{u} \cdot \frac{kT_1}{bd_1^2}} \leq [\sigma_H]$$

得到高速级和低速级的齿面接触强度条件式分别为:

$$[\sigma_H]^2 - \frac{(590)^2 (i_f + 1) k_f T_I \cos^3\beta_f}{i_f m_{nf}^3 \cdot z_1^3 \cdot \psi_d} \geq 0$$

$$[\sigma_H]^2 - \frac{(590)^2 (i_s + 1) k_s \cdot T_{II} \cos^3\beta_s}{i_s \cdot m_{ns}^3 \cdot z_3^3 \cdot \psi_d} \geq 0$$

式中,$[\sigma_H]$ 为许用接触应力,MPa;T_I、T_{II} 分别为高速轴 I、中间轴 II 的转矩,N·mm;k_f、k_s 分别为高速级和低速级载荷系数;$\psi_d = 1$。

(2)按轮齿弯曲强度的简化计算公式[**]:

$$\sigma_F = \frac{1.6 k T_1 Y_{Fs}}{bd_1 m_n} \leq [\sigma_F]$$

---

[*]　计算公式见主要参考书目[4]或[8]

[**]　计算公式见主要参考书目[4]或[8]

得到高速级和低速级小、大齿轮的弯曲强度条件式分别为：

$$[\sigma_F]_1 - \frac{1.6k_f T_{\mathrm{I}} Y_{Fs1} \cos^2\beta_f}{m_{nf}^3 z_1^2 \cdot \psi_d} \geqslant 0$$

$$[\sigma_F]_2 - \frac{1.6k_f T_{\mathrm{I}} Y_{Fs2} \cos^2\beta_f}{m_{nf}^3 z_1^2 \cdot \psi_d} \geqslant 0$$

和

$$[\sigma_F]_3 - \frac{1.6k_s T_{\mathrm{II}} Y_{Fs3} \cos^2\beta_s}{m_{ns}^3 z_3^2 \cdot \psi_d} \geqslant 0$$

$$[\sigma_F]_4 - \frac{1.6k_s T_{\mathrm{II}} Y_{Fs4} \cos^2\beta_s}{m_{ns}^3 z_3^2 \cdot \psi_d} \geqslant 0$$

式中，$[\sigma_F]_1$、$[\sigma_F]_2$、$[\sigma_F]_3$、$[\sigma_F]_4$ 分别为齿轮1、2、3、4的许用弯曲应力，MPa；Y_{Fs1}、Y_{Fs2}、Y_{Fs3}、Y_{Fs4} 分别为齿轮1、2、3、4的复合齿形系数；$\psi_d = 1$。

(3)按高速级大齿轮(齿轮2)与低速轴(轴Ⅲ)不干涉相碰的条件：

$$a_s - l - D_{a2}/2 \geqslant 0$$

得

$$\frac{m_{ns} z_3 (1+i_s)}{2\cos\beta_s} - l - \left(\frac{m_{nf} z_1 i_f}{2\cos\beta_f} + m_{nf}\right) \geqslant 0$$

式中，l 为低速轴轴线与高速级大齿轮齿顶圆之间的距离，mm。为了保证齿轮2与轴Ⅲ不干涉相碰，应使 $l > d_{\mathrm{III}}/2$(d_{III} 为轴Ⅲ的直径，mm)。

(4)综合考虑传动平稳性、轴向力不过大、动力齿轮模数不过小以及高速级与低速级大齿轮浸油深度大致相近等因素，按经验建立显式约束。

$2\mathrm{mm} \leqslant m_{nf} \leqslant 5\mathrm{mm}$；$3.5\mathrm{mm} \leqslant m_{ns} \leqslant 6\mathrm{mm}$；$14 \leqslant z_1 \leqslant 22$；$16 \leqslant z_3 \leqslant 22$；$8° \leqslant \beta_f \leqslant 15°$、$8° \leqslant \beta_s \leqslant 15°$(换算成弧度数：$0.1396 \leqslant \beta_f \leqslant 0.2618$、$0.1396 \leqslant \beta_s \leqslant 0.2618$)；由经验 $i_f = (1.3 \sim 1.6)i_s$，又 $i_f \cdot i_s = i = 31.5$，得 $6.399 \leqslant i_f \leqslant 7.099$。

根据题目所给的数据和条件，求得：$[\sigma_H] = 500\mathrm{MPa}$，$[\sigma_F]_1 = [\sigma_F]_3 = 530\mathrm{MPa}$，$[\sigma_F]_2 = [\sigma_F]_4 = 360\mathrm{MPa}$，$T_{\mathrm{I}} = 40834.5\mathrm{N} \cdot \mathrm{mm}$ 啮合效率 $\eta = 0.97$，$T_{\mathrm{II}} = 39609.5i_f$ N·mm，初取 $k_f = k_s = 1.2$，$l = 50\mathrm{mm}$，对非变位圆柱齿轮复合齿形系数 Y_{FS} 由齿数 $z_v = \dfrac{z}{\cos^3\beta} = 12 \sim 200$ 进行曲线拟合可得 $Y_{FS} = 6.92425 + 5.201102\ln z_v - 4.76945\ln^2 z_v + 1.08188\ln^3 z_v - 0.053827\ln^4 z_v + 0.015287\ln^5 z_v - 0.0074463\ln^6 z_v$

将这些代入上述有关各式，得约束条件如下：

$$g_1(X) = 0.000025 x_5 x_1^3 x_3^3 - 1.70573(x_5+1)\cos^3 x_6 \geqslant 0$$

$$g_2(X) = 0.000025 x_2^3 x_4^3 - 0.0525257(31.5+x_5)x_5\cos^3 x_7 \geqslant 0$$

$$g_3(X) = 0.053 x_1^3 x_3^2 - 7.84022 Y_{FS1}\cos^2 x_6 \geqslant 0$$

$$g_4(X) = 0.036 x_1^3 x_3^2 - 7.84022 Y_{FS2}\cos^2 x_6 \geqslant 0$$

$$g_5(X) = 0.053 x_2^3 x_4^2 - 7.60502 x_5 Y_{FS3}\cos^2 x_7 \geqslant 0$$

$$g_6(X) = 0.036 x_2^3 x_4^2 - 7.60502 x_5 Y_{FS4}\cos^2 x_7 \geqslant 0$$

$$g_7(X) = x_2 x_4(x_5+31.5)\cos x_6 - x_1 x_3 x_5^2\cos x_7 - 2(x_1+50)x_5\cos x_6\cos x_7 \geqslant 0$$

$$g_8(X) = x_1 - 2 \geqslant 0$$

$$g_9(X) = 5 - x_1 \geqslant 0$$

$$g_{10}(X) = x_2 - 3.5 \geqslant 0$$

$$g_{11}(X)=6-x_2\geqslant0$$
$$g_{12}(X)=x_3-14\geqslant0$$
$$g_{13}(X)=22-x_3\geqslant0$$
$$g_{14}(X)=x_4-16\geqslant0$$
$$g_{15}(X)=22-x_4\geqslant0$$
$$g_{16}(X)=x_5-6.399\geqslant0$$
$$g_{17}(X)=7.099-x_5\geqslant0$$
$$g_{18}(X)=x_6-0.1396\geqslant0$$
$$g_{19}(X)=0.2618-x_6\geqslant0$$
$$g_{20}(X)=x_7-0.1396\geqslant0$$
$$g_{21}(X)=0.2618-x_7\geqslant0$$

这样就得到 7 个设计变量、21 个不等式约束的以总中心距最小为目标的非线性最优化问题的数学模型。

4. 选用优化方法程序在电子计算机上迭代求最优解

按建立的数学模型,选用优化程序在电子计算机上运算,求得最优解:

$$\boldsymbol{X}^{*}=\begin{bmatrix} x_1^* \\ x_2^* \\ x_3^* \\ x_4^* \\ x_5^* \\ x_6^* \\ x_7^* \end{bmatrix}=\begin{bmatrix} m_{nf}^* \\ m_{ns}^* \\ z_1^* \\ z_3^* \\ i_f^* \\ \beta_f^* \\ \beta_s^* \end{bmatrix}=\begin{bmatrix} 3.021135 \\ 4.998659 \\ 14.01839 \\ 16.00937 \\ 6.705436 \\ 0.1449652 \\ 0.1803507 \end{bmatrix}$$

$$f(\boldsymbol{X}^*)=396.6362=a_{总}^*。$$

以上所求的最优解中,m_n、$a_{总}$ 的单位为 mm,β 的单位为 rad。

5. 按计算的最优初步总体方案,进行适当的数据处理后,再进行后面的传动件设计。

由本例可见,应用电子计算机进行机械优化设计,能使一项设计在一定的技术物质条件下寻求一个技术经济指标最佳的设计方案,并且是在电子计算机上自动地寻找最优方案的。而传统的设计方法往往是由设计人员做出几个候选方案从中择其最优者,由于时间和费用的关系,这种设计方法所能提供的方案数目是非常有限的,真正最优的方案常不在提供的这些候选方案之中。因而建立在数学规划论的基础上、由电子计算机进行的机械优化设计是在设计方法上的一个重大变革和发展,其取得的效益是十分显著的。

2.6　机械功能原理设计及创新

任何机械都可视为由若干装置、部件和零件组成的并能完成特定功能的一个特定的系统。所谓功能是指产品所具有的能满足用户某种需要的特性的能力。从某种意义上说,人们购置产品,实质是购置所需的功能。

设计机械首先要针对其基本功能和主要约束条件进行原理、方案的构思和拟定,这便是机械的功能原理设计。

例如要设计一种点钞机,先要构思实现将钞票逐张分离这一主要功能的工作原理,图2-11所示就是其功能原理设计的构思示意图。由图可见,进行功能原理性构思时首先要考虑应用某种"物理效应"(如图中的摩擦、离心力、气吹等),然后利用某种"作用原理或载体"(如图中的摩擦轮、转动架、气嘴等)实现功能目的。

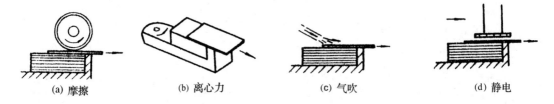

(a) 摩擦　　　　　　(b) 离心力　　　　　　(c) 气吹　　　　　　(d) 静电

图 2-11　分钞功能原理构思图

功能原理设计的重点在于提出创意构思,力求提出较多的解法供比较选优;在功能原理设计阶段,对构件的具体结构、材料和制造工艺等则不一定要有成熟的考虑。但它是对机械产品的成败起决定作用的工作,一个好的功能原理设计应该既有创新构思,又同时考虑适应市场需求,具有市场竞争潜力。

一、功能结构分析

功能是系统的属性,它表明系统的效能及可能实现的能量、物料、信号的传递和转换。系统工程学用"黑箱(Black Box)"来描述技术系统的功能(图2-12)。图 2-13 所示为谷物联合收获机的黑箱示意图。黑箱只是抽象简练地描述了系统的主要"功能目标",突出了设计中的主要矛盾,至于黑箱内部的技术系统则是需要进一步具体构思设计求解的内容。

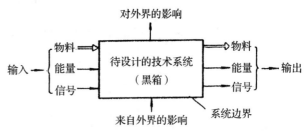

图 2-12　技术系统黑箱示意图

对于比较复杂的技术系统,难以直接求得满足总功能的系统解,而需在总功能确定之后进行功能分解,将总功能分解为分功能、二级分功能……,直至功能元。功能元是可以直接从物理效应、逻辑关系等方面找到解法的基本功能单元。例如,材料拉伸试验机的总功能是:试件拉伸、测量力和相应

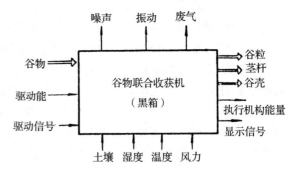

图 2-13　谷物联合收获机黑箱示意图

的变形值,可将其分级分解为图 2-14 所示的树状功能关系图(工程上称为功能树)。功能树中前级功能是后级功能的目的功能,而后级功能则是前级功能的手段功能。

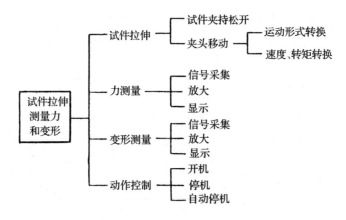

图 2-14　材料拉伸试验机功能分解图

二、功能元求解及求系统原理解

功能元求解是方案设计中的重要步骤。机械中一般把功能元分为物理功能元和逻辑功能元。常用的物理功能元有针对能量、物料、信号的变换、放大缩小、联接、分离、传导、储存等功能，可用基本的物理效应求解。机械仪器中常用的物理效应有：力学效应（重力、弹性力、摩擦力、惯性力、离心力等）、流体效应（巴斯噶效应、毛细管效应、虹吸效应、负压效应、流体动压效应等）、电力效应（静电、电感、电容、压电等效应）、磁效应、光学效应（反射、折射、衍射、干涉、偏振、激光等效应）、热力学效应（膨胀、热储存、热传导等）、核效应（辐射、同位素）等。逻辑功能元为"与"、"或"、"非"三种基本关系，主要用于控制功能。对各种功能元有系统地搜索解法，形成解法目录，如材料分选（图 2-15）、力的放大、物料运送等，供设计人员参考。

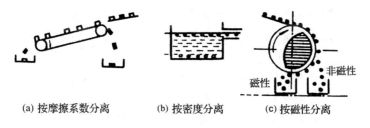

(a) 按摩擦系数分离　　　(b) 按密度分离　　　(c) 按磁性分离

图 2-15　材料分选解法目录

将系统的各个功能元作为"列"而把它们的各种解答作为"行"，构成系统解的形态学矩阵，就可从中组合成很多系统原理解（不同的设计总方案）。例如，行走式挖掘机的总功能是取运物料，其功能树如图 2-16 所示，其系统解形态学矩阵见表 2-7，其可能组合的方案数为 $N = 5 \times 5 \times 4 \times 4 \times 3 = 1200$。如取 $A_4 + B_5 + C_3 + D_2 + E_1$ 就组合成履带式

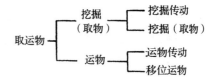

图 2-16　行走式挖掘机功能树

挖掘机；如取 $A_4 \times B_5 + C_2 + D_4 + E_2$ 就组合成液压轮胎式挖掘机。在设计人员剔除了某些不切实际的方案后，再由粗到细、由定性到定量优选最佳原理方案。

表 2-7　行走式挖掘机系统解形态学矩阵

功能元	局　部　解				
	1	2	3	4	5
A. 动力源	电动机	汽油机	柴油机	液动机	气动马达
B. 运物传动	齿轮传动	蜗杆传动	带传动	链传动	液力耦合器
C. 移位运物	轨道及车轮	轮胎	履带	气垫	
D. 挖掘传动	拉杆	绳传动	气缸传动	液压缸传动	
E. 挖掘取物	挖斗	抓斗	钳式斗		

三、功能原理的创新

任何一种机械的创新开发都存在三种途径：①改革工作原理；②改进材料、结构和工艺性以提高技术经济性能；③增强辅助功能，使其适应使用者的不同需求。这三种途径对产品的市场竞争能力的影响均具重要意义。当然，改革工作原理在实现时的难度通常比后两种要大得多，但其意义重大，不可畏难却步。实际上，采用新工作原理的新机械不断涌现，而且由于新工艺、新材料的出现也在很大程度上促进新工作原理的产生，例如液晶材料的实用化促使钟表的工作原理发生了本质的变化。强调和重视工作原理的创新开发非常重要。

现以剖析洗衣机的演变为例，阐述其功能原理的创新开发。早期卧式滚筒洗衣机藉滚筒回转时置于其中的卵石反复压挤衣物以代替人的手搓、棒击、水冲等动作达到去污目的，这是类比移植创新法构思的方案。抓住本质探寻各种加速水流以带走污垢的方法可形成不同原理的洗衣机。机械式的泵水、喷水、转盘甩水等方案中，转盘甩水原理简单且较经济，属转盘甩水原理的有叶片搅拌式洗衣机和波轮回转式洗衣机，后者洗净效果较佳。随着科学技术的发展，又创新开发出许多不用去污剂、节水省电、洗净度高的新型洗衣机，如真空洗衣机（用真空泵将洗衣机筒内抽成真空，衣物和水在筒内转动时水在衣物表面产生气泡，当气泡破裂时产生的爆破力将衣物上污垢微粒弹开并抛向水面）、超声波洗衣机（衣物上污垢在超声波作用下分解，由气泵产生的气泡带出）、电磁洗衣机（在电磁力作用下产生高频振荡使污染与衣物分离）。机电一体化技术的发展创新开发出由微型计算机与多种传感器控制的洗涤、漂洗、脱水全部自动化的全自动洗衣机。随着人工智能技术的发展，一种能进行多种识别和优化处理的全自动智能洗衣机已经问世。

功能原理的创新一方面源于科技的进步，如超导的应用将会使磁悬浮列车产生一个质的飞跃；一方面源于设计者的创新思维，如回转式压缩机和无风叶电扇分别是压缩方式和引起空气分子运动方式上的创新。

第3章

机械传动件的设计及机构创新

3.1 机械传动件设计概述

在机械传动装置总体设计中，拟定传动方案、绘制运动简图是进行装配图设计必不可少的、极为重要的依据。传动装置包含很多机件，以图 2-8 所示较简单的胶带输送机的传动装置而言，其中就包含大小带轮、齿轮、轴、轴承座、机架、联轴器、润滑和密封装置以及各种紧固件等很多机件。这些机件的材料和具体的结构、尺寸并不能从运动简图中反映出来，而必须通过强度或刚度等工作能力计算和结构设计来确定。组成传动装置的各机件，并非彼此孤立，而是相互关联和制约、有机地组合在一起。那么，首先应选择哪些机件进行强度、刚度等工作能力计算和结构设计呢？正确的回答应是"由主到次、由粗到细"。"主"是指对事物有决定意义的环节。本例中机件虽多，但带轮、齿轮等传动件却是影响或决定整机运动特性的，是主要的；而其他机件则是为了支承它们，联接它们，使之具有确定位置和正常工作。因而，在设计次序上，前者应是主导和先行的，后者则是从属的，可以说是必须放在后一步进行。

当然，说传动件在机件设计中应是主导和先行，并不是说其全部结构和尺寸都要在装配草图设计前都加以确定。这是因为一方面传动件与轴以键相联，因而在与之相配的轴的结构尺寸尚未确定之前，其孔径和轮毂尺寸等也就无法确定；另一方面，轮辐、圆角和工艺斜度等结构尺寸对机件间的相对位置、安装及力的分析等关系不大，故无需在装配草图设计以前考虑和完成，而是在装配草图设计、甚至在零件工作图设计过程中"由粗到细"地进行，以便集中精力解决主要矛盾，并减少返回修改的工作量。

各传动件的具体设计计算方法按机械设计教材，本书不再重复。下面仅就课程设计中对传动件设计计算时应注意的一些问题作简要提示和说明。

1. 要明确各传动件与其他机件的配装或协调关系。如各传动件需和轴、键配装；装在电动机轴上的小带轮直径与电动机中心高应相称；大带轮不要过大，以免与机架干涉相碰；展开式两级圆柱齿轮减速器中高速级大齿轮不能过大，以免与低速轴干涉相碰等。

2. 传动系统中如有变换运动形式的机构，如连杆、凸轮等，应先设计计算其运动尺寸；如有减速器、变速器等闭式传动，一般应先作闭式传动外的传动件（如带传动、链传动、开式齿轮传动等）的设计计算，以便于确定闭式传动内的传动比及各轴转速、转矩的准确数值，从而使随后设计闭式传动时的原始条件比较准确。

3. 要明确在装配草图设计前各传动件应确定的内容。如对连杆、凸轮等变换运动形式的传动件为各有关的运动尺寸（回转副间中心距、移动副导路位置、凸轮廓线形状尺寸、摆动和移动的极限位置、运动所及空间和轨迹等）；对 V 带传动为 V 带型号和根数，带轮的材料、直径和轮缘宽度，中心距与中心线倾角；齿轮（蜗杆）传动为材料、模数、齿数（蜗杆头数)、分度圆螺旋角(蜗杆螺旋升角)、旋向、变位系数、分度圆、齿根圆、齿顶圆直径(蜗轮还有最大直径)、齿宽(蜗杆螺旋长度)及中心距等;对锥齿轮还有锥顶距、分度圆锥角及顶锥角。此外,各级传动的速度、作用力也宜在设计装配草图以前确定。

4. 注意材料选择应与设计计算方法、机件工作条件、毛坯制造方法等情况相适应,材料的种类应尽可能少。如开式齿轮传动,由于润滑、密封条件差,应注意材料配对,使其具有较好的耐磨性。选择齿轮材料时,应注意与毛坯制造方法相一致,如当齿轮顶圆直径估计不会超过500mm 时,可采用锻造毛坯,其材料应为锻钢;当顶圆直径大于 500mm 时,多用铸造毛坯,材料相应为铸钢或铸铁,当小齿轮根圆直径与配装轴径相近时,应将齿轮和轴制成整体的齿轮轴,此时材料选择还应兼顾轴的要求。不同的蜗杆副材料,适用的相对滑动速度范围不同,因此选材料时要初估相对滑动速度,对成批生产的直径较大的青铜蜗轮宜做成组合结构。

5. 根据具体设计要求,合理选择参数。如对较高转速的滚子链传动,应尽量选取较小的链节距;当单列链不能满足传动能力要求时,应改选双列或多列链;开式齿轮传动一般支承刚度较小,应选择较小的齿宽系数,以减轻轮齿的载荷集中。齿轮传动设计计算中尚需注意在选择齿数 $z_1(z_2)$、模数 $m(m_n)$ 和分度圆螺旋角 β 时,不能孤立地一个个决定,而应综合考虑。当齿轮传动的中心距一定时,齿数多、模数小,则能增加重合度,改善传动平稳性,又能降低齿高,减小滑动系数,减少磨损和胶合。但是齿数多、模数小又会降低轮齿的弯曲强度。齿数取得太少会发生根切现象。为避免根切,对于标准直齿圆柱齿轮,$z_{\min}=17$;对于标准斜齿圆柱齿轮,$z_{\min}=17\cos^3\beta$,β 为分度圆螺旋角;对于标准直齿锥齿轮,$z_{\min}=17\cos\delta$,δ 为分度圆锥角;开式齿轮传动中,为保证齿根弯曲强度,常取 $z_1=17\sim20$;闭式齿轮传动中,通常可取 $z_1=20\sim40$。为增加传动的平稳性,可在保证齿根弯曲强度的前提下,z_1 取大一些,但要同时兼顾传递动力用的齿轮模数一般不宜小于 $1.5\sim2$mm;在高速传动中,尽量避免大齿轮的齿数为小齿轮齿数的整倍数。关于斜齿圆柱齿轮,分度圆螺旋角 β 的选取既不能太大,也不能太小,太大将使轴向力过大;太小则不能充分体现斜齿轮的优越性。初选 z_1 或 m_n 时,可取 $\beta=8°\sim12°$,然后将 m_n 及中心距 a 圆整后,再确定 β 的精确值。

6. 行星齿轮传动是以普通齿轮传动的工作能力和强度准则作为计算基础,但应注意行星齿轮传动的计算有其特点:如选择行星齿轮传动非变位齿轮的齿数时应满足同心条件、装配条件和邻接条件;要进行效率计算;要按折算行星轮数计算小齿轮上的计算转矩;要用齿轮相对于行星架的转速和圆周速度来计算应力循环次数和动载荷系数;为使载荷分配均匀,应设置均衡载荷的机构;要依次分析每个零件在外力作用下的平衡条件,再求啮合作用力和轴承上的支反力;对重量很大的高速旋转件,除啮合作用力外,还不能忽略行星轮支座上的离心力。

7. 传动件的主要参数确定以后,其结构尺寸有些应按几何关系公式计算,如齿轮和蜗轮的齿顶圆、齿根圆直径,V 带轮的轮缘宽度;有些则是按经验公式或数据来确定,如蜗轮最大直径和宽度、蜗杆螺旋长度、带轮的轮辐尺寸。有些尺寸应在设计装配草图以前给予确定,如减速器中齿轮的中心距、齿轮顶圆直径和宽度;有些则需在装配图或零件图设计的过程中确定,如轮毂、轮辐结构尺寸以及圆角和工艺斜度等细部尺寸。

8. 要正确处理设计计算的尺寸数据。有些数据应标准化,如 V 带的长度、滚子链的节距、齿轮和蜗轮的模数、蜗杆分度圆直径、轮毂孔直径和键槽尺寸等;有些尺寸需圆整,如轮缘内径、轮辐厚度、轮毂长度、轮宽、蜗杆螺旋长度等结构尺寸,以便于制造和测量;有些几何尺寸则必须求出其精确值,如齿轮传动、蜗杆传动的节圆、分度圆和齿顶圆直径、分度圆螺旋角、锥齿轮的分度圆锥角、锥顶角、锥顶距等啮合尺寸。此外还要注意,有些几何尺寸必须彼此协调,如齿轮传动中心距必须等于相啮合齿轮的节圆半径之和,带传动中心距、带轮直径应与带的周长相符合。

3.2　常用传动件的结构

一、齿轮的结构

齿轮结构按其毛坯制造方法的不同有锻造、铸造和焊接三大类。

锻造毛坯适用于齿轮顶圆直径 $d_a \leqslant 500$mm 时,材料为锻钢。铸造毛坯适用于齿轮直径较大(一般,圆柱齿轮 $d_a > 400$mm,锥齿轮 $d_a > 300$mm)时,常用材料为铸钢或铸铁。对单件或小批生产的大齿轮,为缩短生产周期和减轻齿轮重量,有时也采用焊接齿轮结构。

齿轮结构尺寸主要按经验公式确定,对常见的齿轮的结构及尺寸在设计时可参见表 3-1、表 3-2。

二、蜗杆和蜗轮的结构

蜗杆通常和轴制成一体,称为蜗杆轴,如表 3-3 所示,对于车削的蜗杆,轴径 d 应比蜗杆根圆直径 d_{f1} 小 2~4mm;铣削的蜗杆轴径 d 可大于 d_{f1},以增加蜗杆刚度。只有在蜗杆直径很大($d_{f1}/d \geqslant 1.7$ 时),则可将蜗杆齿圈和轴分别制造,然后再套装在一起。蜗轮的结构型式有整体式、轮箍式、螺栓联接式和镶铸式,其典型结构及尺寸参见表 3-3。

三、滚子链链轮的结构

滚子链链轮的主要尺寸和结构型式参见表 3-4。

四、V 带轮的结构

V 带轮的结构型式及尺寸参见表 3-5,中等直径的可用腹板式(图 3-1(a)),直径大于 300mm 时可用椭圆轮辐式(图 3-1(b)),直径很小的用实心式(图 3-1(c))。

五、连杆传动件的结构

连杆传动机构设计确定其回转副中心距、移动件导路位置等运动尺寸后进行结构设计。连杆常设计成"杆"状,短杆有时设计成偏心轮或曲轴形状。回转副的结构有滑动铰链(见图 3-1(a)和图 3-1(b))和滚动铰链(见图 3-1(c))。移动副的结构如图 3-2 所示之多种形式接触面的导轨,其中圆柱形导轨应有防止相对转动的结构和措施(见图 3-3)。连杆传动件结构设计中常要考虑避免轨迹干涉和行程、位置调节问题,如图 3-4 中连杆设计成弯形杆是为了避免在其摆动范围内与轴毂 M 轴干涉,图 3-1(c)中杆件通过螺纹可调节其长度。

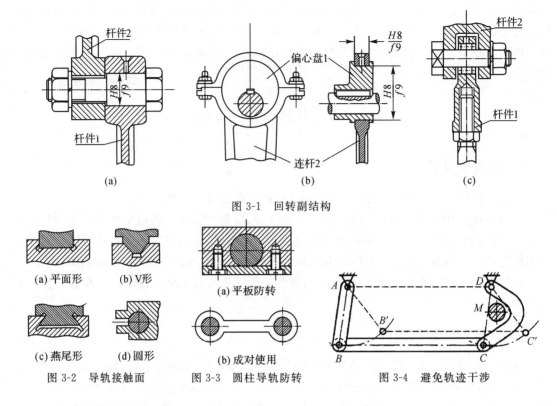

图 3-1 回转副结构

(a) 平面形 (b) V形

(c) 燕尾形 (d) 圆形

(a) 平板防转

(b) 成对使用

图 3-2 导轨接触面   图 3-3 圆柱导轨防转   图 3-4 避免轨迹干涉

六、凸轮传动件的结构

最简单、最常见的是整体式凸轮,不需要经常更换的凸轮、较小的凸轮一般均常用这种结构。在需要经常更换凸轮的场合(如自动机)可采用镶块式凸轮,如图 3-5 所示,其凸轮廓线由若干镶块通过与鼓轮上的螺纹组合拼接而成。

图 3-6 所示为滚子从动件上滚子结构及其联接方式,其中图 3-6(a)直接采用滚动轴承作为滚子,图 3-6(b)为滑动摩擦滚子结构,图 3-6(c)为滚动轴承的外圈上再压配一个套圈,套圈磨损后可

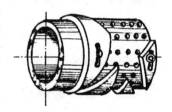

图 3-5 镶块式凸轮

以更换。图 3-7 为回转式凸轮平底从动件的结构,其平底采用圆盘形工作面。上述滚子和平底圆盘的半径均需与凸轮廓线相适应。

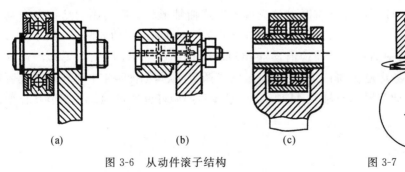

(a) (b) (c)

图 3-6 从动件滚子结构

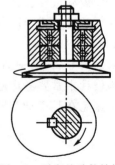

图 3-7 平底从动件结构

表 3-1　圆柱齿轮的结构及尺寸

锻造齿轮

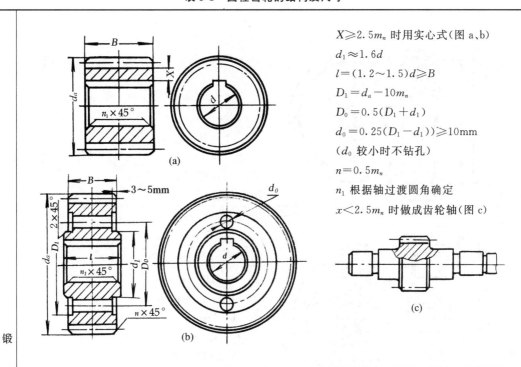

(a)

(b)

$X \geqslant 2.5m_n$ 时用实心式（图 a、b）

$d_1 \approx 1.6d$

$l = (1.2 \sim 1.5)d \geqslant B$

$D_1 = d_a - 10m_n$

$D_0 = 0.5(D_1 + d_1)$

$d_0 = 0.25(D_1 - d_1)) \geqslant 10\text{mm}$

（d_0 较小时不钻孔）

$n = 0.5m_n$

n_1 根据轴过渡圆角确定

$x < 2.5m_n$ 时做成齿轮轴（图 c）

(c)

$d_a > 200 \sim 500\text{mm}$

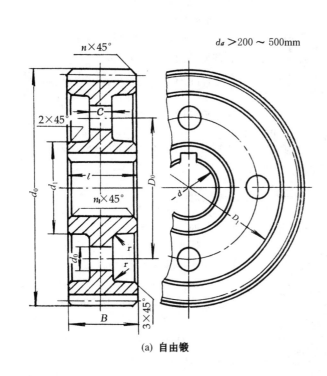

(a)　自由锻

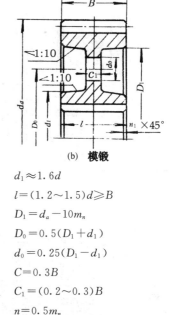

(b)　模锻

$d_1 \approx 1.6d$

$l = (1.2 \sim 1.5)d \geqslant B$

$D_1 = d_a - 10m_n$

$D_0 = 0.5(D_1 + d_1)$

$d_0 = 0.25(D_1 - d_1)$

$C = 0.3B$

$C_1 = (0.2 \sim 0.3)B$

$n = 0.5m_n$

n_1 根据轴过渡圆角确定

$r \approx 5\text{mm}$

续表 3-1

铸造齿轮	$d_a \leqslant 400\text{mm}$ 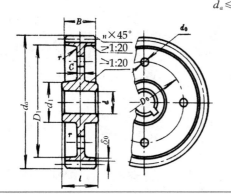 $d_1 \approx 1.6d$；(铸钢) $d_1 \approx 1.8d$；(铸铁) $l = (1.2 \sim 1.5)d \geqslant B$； $\delta_0 = (2.5 \sim 4)m_n$，但不小于 8mm； $n = 0.5m_n$； $D_0 = 0.5(D_1 + d_1)$； $d_0 = 0.25(D_1 - d_1)$； $C = 0.2B$，但不小于 10mm； r 由结构确定
	$d_a = 400 \sim 1000\text{mm}, B \leqslant 200\text{mm}$ 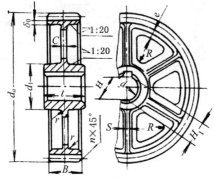 $d_1 \approx 1.6d$；(铸钢) $d_1 \approx 1.8d$；(铸铁) $l = (1.2 \sim 1.5)d \geqslant B$； $\delta_0 = (2.5 \sim 4)m_n$，但不小于 8mm； $n = 0.5m_n$；$e = 0.8\delta_0$； $C = H/5$ 但不小于 10mm； $S = H/6$，但不小于 10mm； $H = 0.8d$；$H_1 = 0.8H$ r、R 根据结构确定
	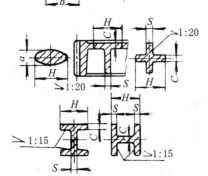 铸造齿轮的轮辐剖面形状 椭圆形(用于轻载齿轮)：$a = (0.4 \sim 0.5)H$ T 字形(用于中等载荷齿轮)：$c = \dfrac{H}{5}$；$S = \dfrac{H}{6}$ 十字形(用于中等载荷齿轮)：$c = \dfrac{H}{5}$；$S = \dfrac{H}{6}$ 工字形(用于重载齿轮)：$C = S = \dfrac{H}{5}$
焊接齿轮	$d_a \leqslant 1000\text{mm}, B \leqslant 240\text{mm}$ 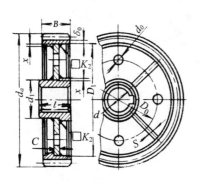 $d_1 \approx 1.6d$； $l = (1.2 \sim 1.5)d$； $\delta_0 = 2.5m_n$，但不小于 8mm； $x = 5\text{mm}$； $C = (0.1 \sim 0.15)B$，但不小于 8mm； $S = 0.8C$； $D_0 = 0.5(D_1 + d_1)$； $d_0 = 0.25(D_1 - d_1)$ 焊缝高度 $K_1 = 0.1d$；$K_2 = 0.05d$ 但不小于 4mm； 筋板采用 K_2 焊缝

表 3-2　锥齿轮的结构及尺寸

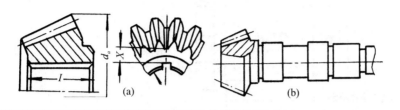

$d_a \leqslant 200\text{mm}$

小端 $X \geqslant 1.6m$ 时用实心式(图 a)，$X < 1.6m$ 时做成齿轮轴(图 b)。

m 为大端模数

锻造齿轮

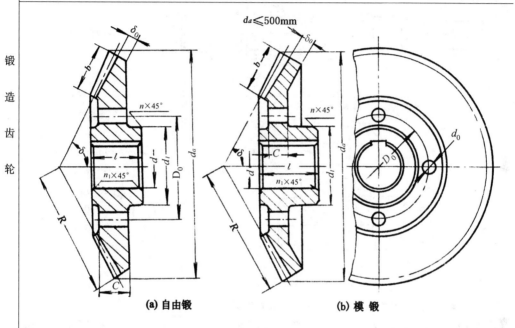

$d_a \leqslant 500\text{mm}$

(a) 自由锻　　　　**(b) 模锻**

$d_1 \approx 1.6d$；$l = (1 \sim 1.2)d$；$\delta_0 = (3 \sim 4)m \geqslant 10\text{mm}$；$C = (0.1 \sim 0.17)R$；$D_0$、$d_0$ 按结构确定

铸造齿轮

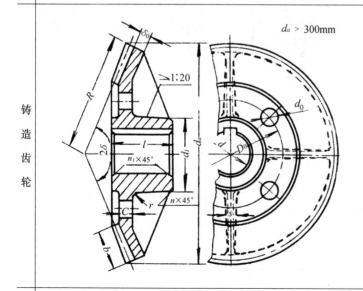

$d_a > 300\text{mm}$

$d_1 \approx 1.6d$(铸钢)

$d_1 \approx 1.8d$(铸铁)

$l = (1 \sim 1.2)d$

$\delta_0 = (3 \sim 4)m \geqslant 10\text{mm}$

$C = (0.1 \sim 0.17)R \geqslant 10\text{mm}$

$S = 0.8C \geqslant 10\text{mm}$

D_0、d_0 按结构确定。

表 3-3　蜗杆、蜗轮的典型结构

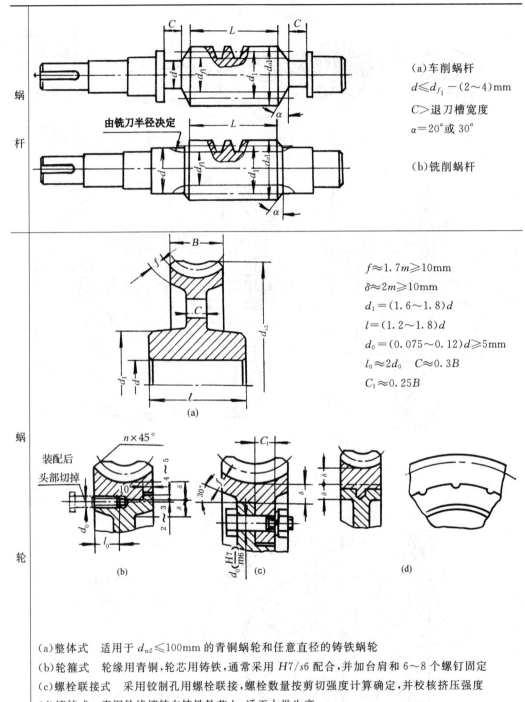

蜗杆

(a)车削蜗杆

$d \leqslant d_{f_1} - (2\sim4)\text{mm}$

$C >$ 退刀槽宽度

$\alpha = 20°$ 或 $30°$

(b)铣削蜗杆

由铣刀半径决定

蜗轮

$f \approx 1.7m \geqslant 10\text{mm}$

$\delta \approx 2m \geqslant 10\text{mm}$

$d_1 = (1.6\sim1.8)d$

$l = (1.2\sim1.8)d$

$d_0 = (0.075\sim0.12)d \geqslant 5\text{mm}$

$l_0 \approx 2d_0 \quad C \approx 0.3B$

$C_1 \approx 0.25B$

(a)

装配后头部切掉

$n \times 45°$

(b)

(c)

(d)

(a)整体式　适用于 $d_{w2} \leqslant 100\text{mm}$ 的青铜蜗轮和任意直径的铸铁蜗轮

(b)轮箍式　轮缘用青铜,轮芯用铸铁,通常采用 $H7/s6$ 配合,并加台肩和 $6\sim8$ 个螺钉固定

(c)螺栓联接式　采用铰制孔用螺栓联接,螺栓数量按剪切强度计算确定,并校核挤压强度

(d)镶铸式　青铜轮缘镶铸在铸铁轮芯上,适于大批生产

表 3-4　滚子链链轮的主要尺寸和结构型式

主要尺寸	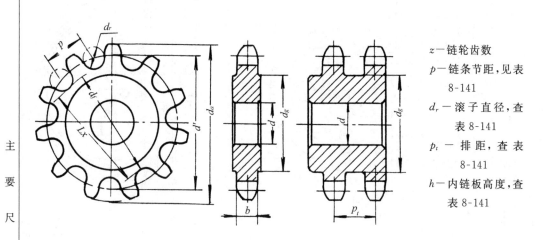

z—链轮齿数

p—链条节距,见表 8-141

d_r—滚子直径,查表 8-141

p_t—排距,查表 8-141

h—内链板高度,查表 8-141

分度圆直径 $d' = \dfrac{p}{\sin\dfrac{180°}{z}}$；齿顶圆直径 $d_a = p(0.54 + \cot\dfrac{180°}{z})$；齿根圆直径 $d_f = d' - d_r$

最大齿根距离 L_x：偶数齿 $L_x = d_f$，奇数齿 $L_x = d'\cos\dfrac{90°}{z} - d_r$；

齿侧凸缘或多列链排间槽直径 $d_g \leqslant p\cot\dfrac{180°}{z} - 1.04h - 0.76$

结构型式

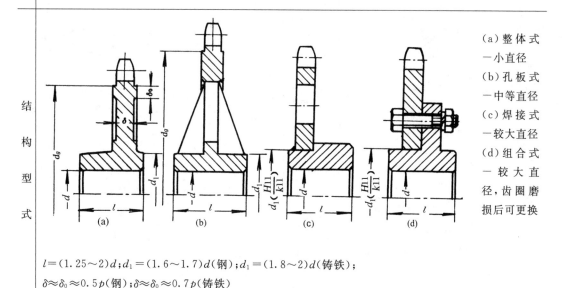

(a)整体式—小直径

(b)孔板式—中等直径

(c)焊接式—较大直径

(d)组合式—较大直径,齿圈磨损后可更换

$l = (1.25\sim2)d$；$d_1 = (1.6\sim1.7)d$(钢)；$d_1 = (1.8\sim2)d$(铸铁)；

$\delta \approx \delta_0 \approx 0.5p$(钢)；$\delta \approx \delta_0 \approx 0.7p$(铸铁)

注：当链轮采用三圆弧一直线标准齿形时,链轮工作图上不必画出其端面齿形,只须注明"齿形按 3RGB/T 1244—1997 规定制造"即可,但在工作图上应画出轴面齿形及尺寸(查表 8-142),并标出或列表注出 p、D_r、z、L_x 等。

表 3-5　普通 V 带轮的结构及尺寸

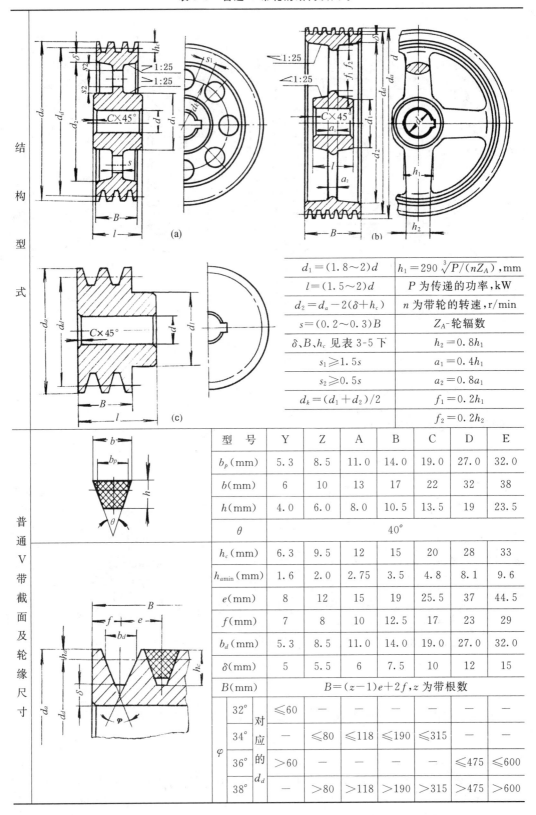

$d_1 = (1.8 \sim 2)d$	$h_1 = 290\sqrt[3]{P/(nZ_A)}$，mm
$l = (1.5 \sim 2)d$	P 为传递的功率，kW
$d_2 = d_a - 2(\delta + h_c)$	n 为带轮的转速，r/min
$s = (0.2 \sim 0.3)B$	Z_A-轮辐数
δ、B、h_c 见表 3-5 下	$h_2 = 0.8h_1$
$s_1 \geqslant 1.5s$	$a_1 = 0.4h_1$
$s_2 \geqslant 0.5s$	$a_2 = 0.8a_1$
$d_k = (d_1 + d_2)/2$	$f_1 = 0.2h_1$
	$f_2 = 0.2h_2$

型　号	Y	Z	A	B	C	D	E
b_p(mm)	5.3	8.5	11.0	14.0	19.0	27.0	32.0
b(mm)	6	10	13	17	22	32	38
h(mm)	4.0	6.0	8.0	10.5	13.5	19	23.5
θ				40°			
h_c(mm)	6.3	9.5	12	15	20	28	33
$h_{a\min}$(mm)	1.6	2.0	2.75	3.5	4.8	8.1	9.6
e(mm)	8	12	15	19	25.5	37	44.5
f(mm)	7	8	10	12.5	17	23	29
b_d(mm)	5.3	8.5	11.0	14.0	19.0	27.0	32.0
δ(mm)	5	5.5	6	7.5	10	12	15
B(mm)	$B = (z-1)e + 2f$，z 为带根数						

φ		对应的 d_d						
	32°		≤60	—	—	—	—	—
	34°		—	≤80	≤118	≤190	≤315	—	—
	36°		>60	—	—	—	—	≤475	≤600
	38°		—	>80	>118	>190	>315	>475	>600

3.3　机构创新

　　人类最初创造的是各种工具和简单的机构,它们所实现的功能属于简单动作功能,例如杠杆、斜面、滚轮、弓箭等,都成功地用来实现运动和力的简单的转换。东汉初期中国的水排(水力鼓风机的发明)通过水轮——传动带——连杆把轮轴旋转变为风扇拉杆直线运动不断启闭鼓风,人们开始创造出了连杆机构、齿轮机构等几种基本机构,这些机构及它们的组合,能够实现复杂动作功能。在执行机构和传动机构设计中所涉及的条件和要求是多方面的,而且情况也千变万化,有时仅采用简单的常用机构无法满足要求,因此,需要根据实际需求设计创新新机构。然而新机构不可能凭空想象出来,而是在已有机构的基础上(包括各种手册、期刊及专利资料中介绍的机构和图例),通过组合、变异、演绎和再创造等途径获得。

　　为了满足设计要求,可将若干个子机构联合起来构成一个新的组合机构,它具有单一子机构难以实现的运动和动力特性。通常以前一子机构的从动件作为后一子机构的主动件组合而成新机构,如图 3-8 所示手动冲床、图 3-9 所示筛料机的主体机构分别由两个四杆机构 ABCD 和 DEFG、双曲柄机构 ABCD 和曲柄滑块机构 DCEF 组合而成新机构,分别得到两次放大增力和使筛子产生更不均匀的运动,以达到更好的筛料效果。

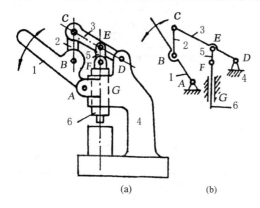

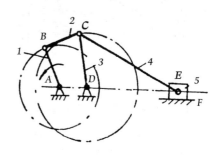

图 3-8　手动冲床组合机构　　　　　　　　　　　　图 3-9　筛料机组合机构

　　通过改变已知机构的结构、构件的数量或构件间的联接关系,也可发展出新的机构。如图 3-10(a)中导杆 CD 由直槽改为圆弧槽,而且圆弧的半径恰好等于曲柄半径,圆弧槽的中心与曲柄轴心 A 重合,滑块改成滚子(图 3-10(b)),则当滚子处于导杆 CD 圆弧槽内的位置时,曲柄滑块机构得到准确的停歇,这是一种机构的变异。

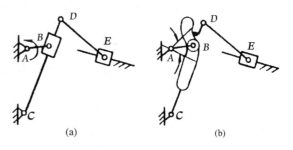

图 3-10　机构的变异

　　图 3-11(a)中铰链四杆机构的摇杆与滑块机构的连接改为图 3-11(b)中连杆、导杆与滑块机构连接,只要滑块与连杆的连接点 E 的轨迹有一段直线,且此直线段恰好与通过导杆轴心 F 的导轨平行,则该点走在直线段上时,摇杆 GF 停歇,滑块也停歇,这是一种机构的演绎。

　　在设计新机构时,除了上述方法外,灵活地运用机构学、物理学、数学的原理,创造新的机构也是一个重要的途径。如在许多机械中,惯性力与重力属消极因素,但也可设法使它们转为

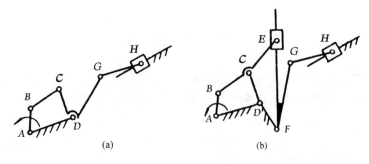

图 3-11　机构的演绎

积极作用,形成有用的机构。图 3-12 所示的蛙式打夯机就是利用重锤的离心惯性力进行工作。如图 3-12(a)所示,重锤转动中,当离心惯性力向上时使夯头抬起;如图 3-12(b)所示,当离心惯性力向下时,在夯头和重锤的重力及离心惯性力的作用下夯实地面。打夯机上转动的离心惯性力还使整个机器间歇向前运动。

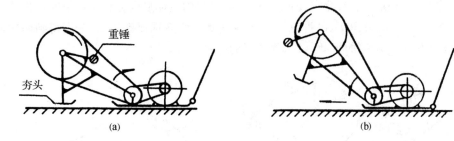

图 3-12　蛙式打夯机

　　工程技术不断发展和进步,各种机械的自动化、高效能化程度愈来愈高,如自动进给、自动切削、自动装配、自动检测等等,单纯的机械机构已无法满足要求,随着科学技术的发展,出现光、机、电、磁、液、气等综合应用的广义机构,并且获得日益广泛的应用。如图 3-13 所示钻孔和割削顺序动作功能的实现即应用了机、电、液结合的广义机构。广义机构在机构创新中具有重要意义和广阔发展前途。

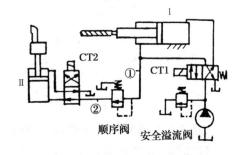

图 3-13　实现钻孔、割削顺序动作的
机电液广义机构

　　当前不少学者在机构创新设计的研究中取得较好的成果,如颜鸿森教授提出的机构创新设计的运动链再生方法,Hoeltzel 教授提出的基于知识的机构选型设计智能化方法,Yang B 博士完成的 DOMES 机构创新设计专家系统等,均表明机构创新设计不仅有章可循,而且正向更高的理论和实践阶段迈进。

第4章

机械结构设计及创新

4.1　机械结构设计概述

结构设计是在总体方案、主要参数或若干主要尺寸已经拟定的基础上,确定机械各部分几何形状、尺寸、配合要求、制造精度和表面粗糙度等细节的过程。机械设计的成果都是以一定的结构形式通过装配工作图、零件工作图表现出来,按照所设计的结构进行加工、装配、制成产品以满足使用要求。结构设计也是在充分了解产品计划和总体方案所考虑的设计意图和全部结论的基础上进一步创造的过程,必要时可能需要修改甚至推翻前阶段的结论。结构设计的好坏,不仅会影响机械的工作质量,而且直接影响到制造、装配和维修是否方便,成本是否低廉。正确、合理、有创意地设计结构,可以显著地提高设计质量。

在整个机械设计过程中,平均约有70%～80%的时间用于结构设计。结构设计涉及面较广且相当灵活,是机械设计师必备的基本技能。本章以减速器为例,通过其结构分析,阐述机械结构设计及创新方面的一些共性问题。

4.2　减速器的结构

一、减速器的组成

减速器的基本结构由传动零件(齿轮或蜗杆、蜗轮等)、轴和轴承、箱体、润滑和密封装置以及减速器附件等组成。根据不同要求和类型,减速器有多种结构型式。

图4-1为一普通单级直齿圆柱齿轮减速器。

图中,箱体为剖分式结构,其剖分面通过齿轮传动的轴线,箱盖和箱座由两个圆锥销精确定位,并用一定数量的螺栓联成一体。这样,齿轮、轴、滚动轴承等可在箱体外装配成轴系部件后再装入箱体,使装拆方便。起盖螺钉是便于由箱座上揭开箱盖,吊环螺钉是用于提升箱盖,而整台减速器的提升则应使用与箱座铸成一体的吊钩。减速器用地脚螺栓固定在机架或地基上。轴承盖用来封闭轴承室和固定轴承、轴组机件相对于箱体的轴向位置。

该减速器齿轮传动采用油池浸油润滑,滚动轴承利用齿轮旋转溅起的油雾以及飞溅到箱盖内壁上的油液汇集到箱体接合面上的油沟中,经油沟再导入轴承室进行润滑。箱盖顶部所开检查孔用于检查齿轮啮合情况及向箱内注油,平时用盖板封住。箱座下部设有排油孔,平时用油塞封住,需要更换润滑油时,可拧去油塞排油。杆式油标用来检查箱内油面的高低。为防止润滑油渗漏和箱外杂质浸入,减速器在轴的伸出处、箱体结合面处以及轴承盖、检查孔盖、油塞与箱体的接合面处均采取密封措施。通气器用来及时排放箱体内因发热温升而膨胀的空气。

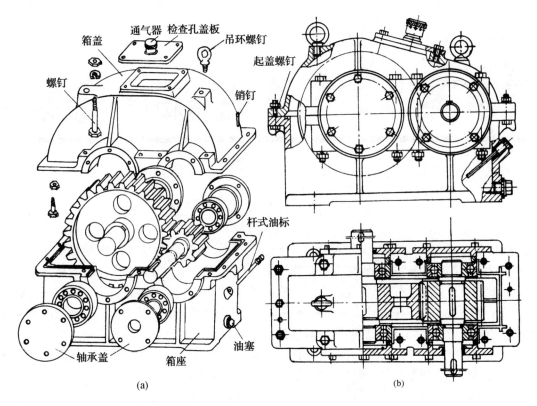

图 4-1　单级直齿圆柱齿轮减速器

图 4-2 为一普通蜗杆减速器。

该减速器为蜗杆下置的结构,蜗杆传动及蜗杆轴的轴承采用浸油润滑,蜗轮轴轴承则为利用刮油板从蜗轮端面刮下润滑油、并使其通过油沟流进轴承进行润滑。在蜗杆轴轴承室内侧装有挡油环,避免刚从蜗杆啮合区挤出的油(通常较热并带有磨屑)过多地涌入轴承室。此外,该减速器采用管状油标,并用吊耳代替吊环螺钉。

图 4-3 至图 4-12 展示常见的几种普通减速器的结构。

为满足一定需要,还有一些减速器将某些零部件设计成特殊的结构型式,这里列举几种于图 4-13 至图 4-17 中。

图 4-13 所示为立式圆柱齿轮减速器。图 4-14 为绞车卷筒的立式蜗杆减速器。图 4-15 所示为能起超载保护作用的行星齿轮减速器,壳体 1 是一个制动轮,支在滑动轴承 4 上,安装时由抱闸将制动轮 1 闸住,抱闸力的大小根据传动要求可由弹簧控制。因此在正常工作时,制动轮 1 是不动的,这时行星轮传动就变为定轴传动,相当于两级同轴线式齿轮减速器;当超载时,则内齿轮 3 不动,而主动轴 2 继续转动,制动轮克服抱闸的摩擦力开始转动,这时行量轮绕中心轮转动,成为行星齿轮减速器。图 4-16 为同一种减速器本体用不同形式的底脚构成多种安装方式的多安装式蜗杆减速器。图 4-17 为两级同轴线式电动机减速器,电动机直接固定在减速器壳体上,该减速器的输入轴即为电动机轴。

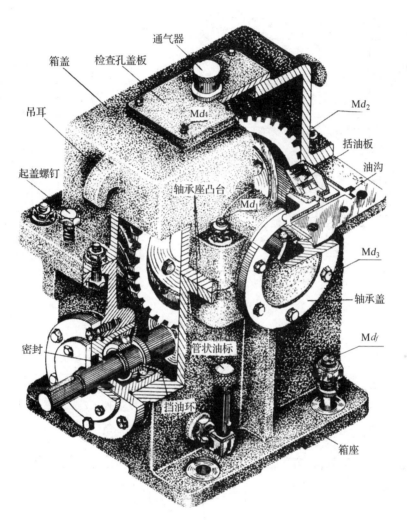

图 4-2　蜗杆减速器

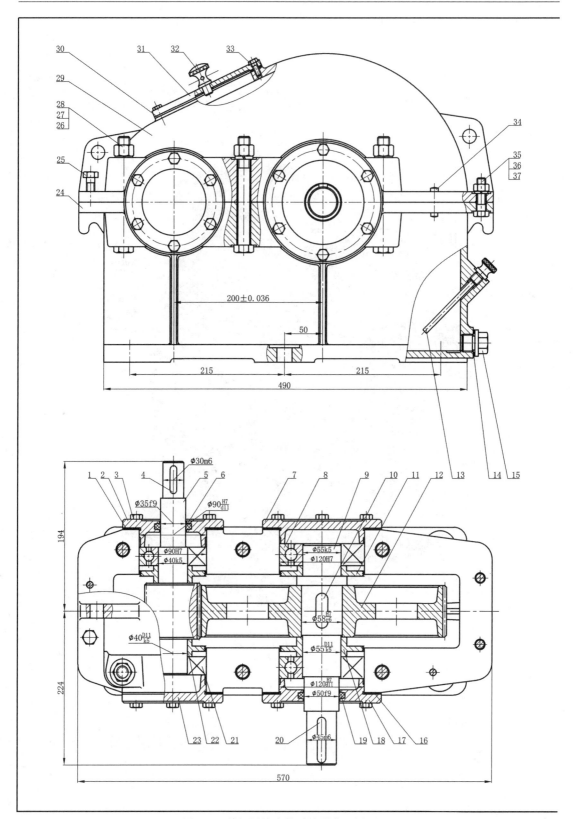

图 4-3　单级圆柱齿轮减速器装配图(左)

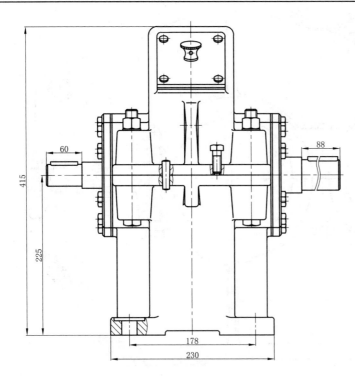

减速器特性

P_1 (kW)	n_1 (r/min)	i	η	z_1	z_2	m_n	β
4.92	320	4.71	0.96	28	132	2.5	0°

技术要求

1. 装配前,滚动轴承用汽油清洗,其他零件用煤油清洗,箱体内壁涂耐油油漆;
2. 轴承安装时通过调整垫片获得 0.25～0.4mm 的热补偿间隙;
3. 齿轮啮合侧隙用铅丝检验,法向极限啮合侧隙为 0.204～0.318mm;
4. 用涂色法检验齿面接触斑点,按齿高不少于 40%,按齿长不少于 60%;
5. 剖分面涂密封胶,不允许使用任何填料,检查减速器剖分面、各接合面、密封处均不许漏油;
6. 齿轮采用 220 工业闭式齿轮油润滑,装至规定油面高度;轴承采用润滑脂润滑,油脂填入量为轴承室空间的 1/3～1/2;
7. 在额定转速下空载试验,正反转各 1 小时,要求运转平稳,响声小而均匀,联接不松动,油不渗漏;在额定转速及额定功率下负载试验至油温稳定为止,油池温升不得超过 35℃,轴承温升不得超过 40℃;
8. 减速器外表面涂灰色油漆。

37	垫　　圈	2	65Mn	GB/T 93－1987	12		15	排油螺塞	1	Q235		M20×1.5
36	螺　　母	2	Q235	GB/T 6170－2000	M12		14	封油垫	1	石棉橡胶纸		
35	螺　　栓	2	Q235	GB/T 5782－2000	M12×38		13	杆式油垫	1	Q235		组合件
34	圆锥销	2	35	GB/T 117－2000	8×30		12	大齿轮	1	45		
33	螺　　栓	4	Q235	GB/T 5783－2000	M8×18		11	封油环	1	Q235		
32	通气器	1	Q235				10	键	1	45	GB/T 1096－2003	18×65
31	检查孔盖	1	Q215				9	轴	1	45		
30	封油垫片	1	石棉橡胶纸				8	深沟球轴承	2		GB/T 276－1994	6311
29	箱　　盖	1	HT200				7	轴承闷盖	1	HT150		
28	垫　　圈	6	65Mn	GB/T 93－1987	16		6	毡圈油封	1	半粗羊毛毡		
27	螺　　母	6	Q235	GB/T 6170－2000	M16		5	齿轮轴	1	45		
26	螺　　栓	6	Q235	GB/T 5782－2000	M16×120		4	键	1	45	GB/T 1096－2003	8×50
25	起盖螺钉	1	35		M12×28		3	螺　　栓	24	Q235	GB/T 5783－2000	M8×25
24	箱　　座	1	HT200				2	轴承透盖	1	HT150		
23	轴承闷盖	1	HT150				1	调整垫片	2组	08F		
22	封油环	1	Q235				序号	名　　称	数量	材料	标准	备注
21	深沟球轴承	2		GB/T 276－1994	6308		单级圆柱齿轮减速器				图号	共　张
20	键	1	45	GB/T 1096－2003	14×80						比例	第　张
19	毡圈油封	1	半粗羊毛毡				设计		(日期)	机械设计课程设计		(校名、班号)
18	封油环	1	Q235				绘图					
17	轴承透盖	1	HT150				审阅					
16	调整垫片	2组	08F									

图 4-3　齿轮减速器装配图(右)

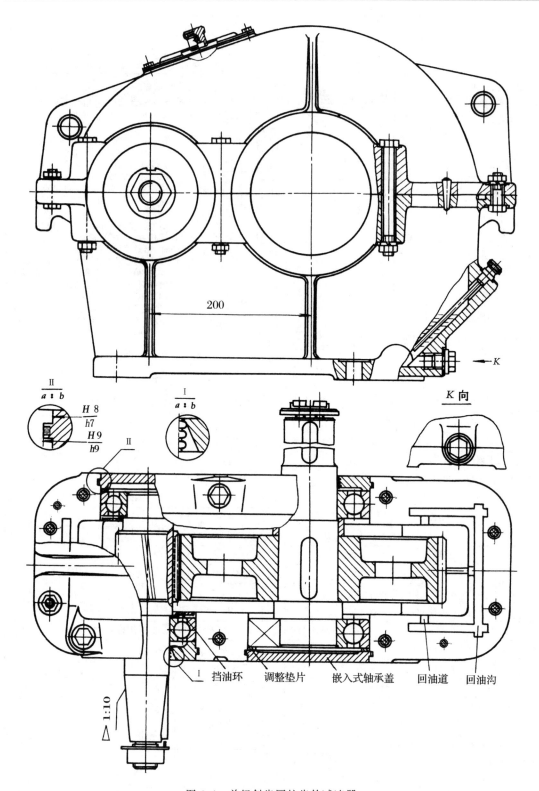

图 4-4　单级斜齿圆柱齿轮减速器

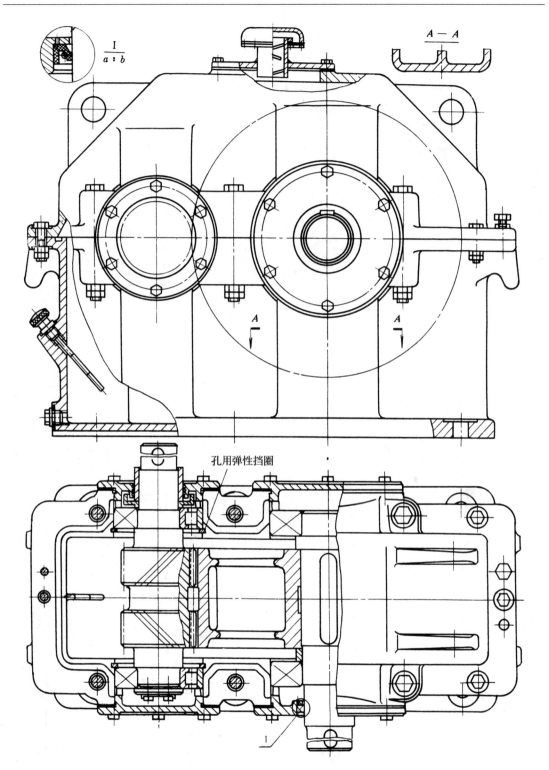

图 4-5 单级人字齿轮减速器

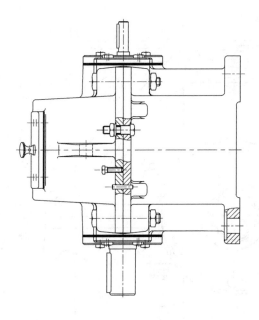

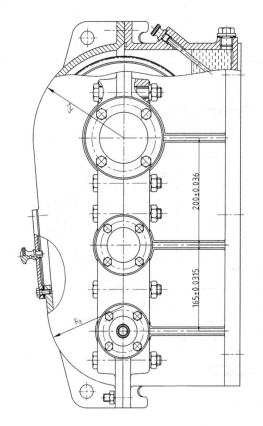

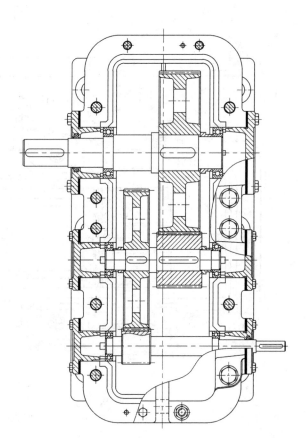

图 4-6 两级展开式圆柱齿轮减速器

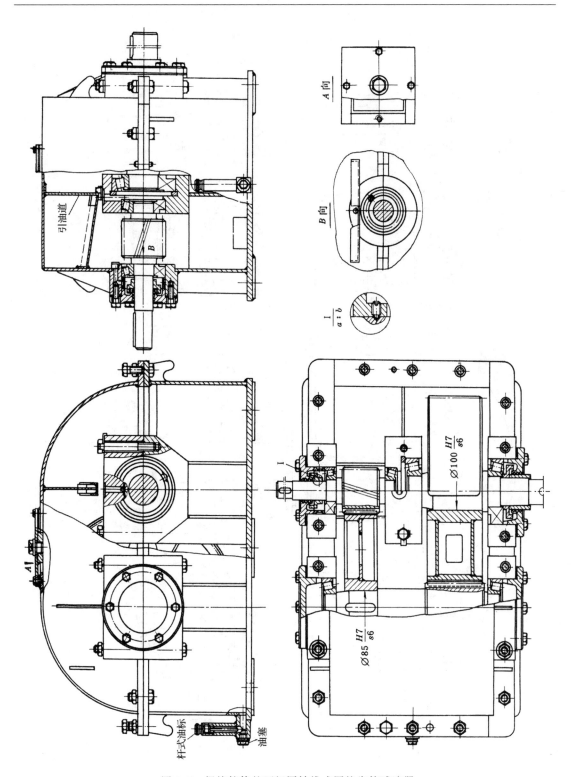

图 4-7　焊接箱体的两级同轴线式圆柱齿轮减速器

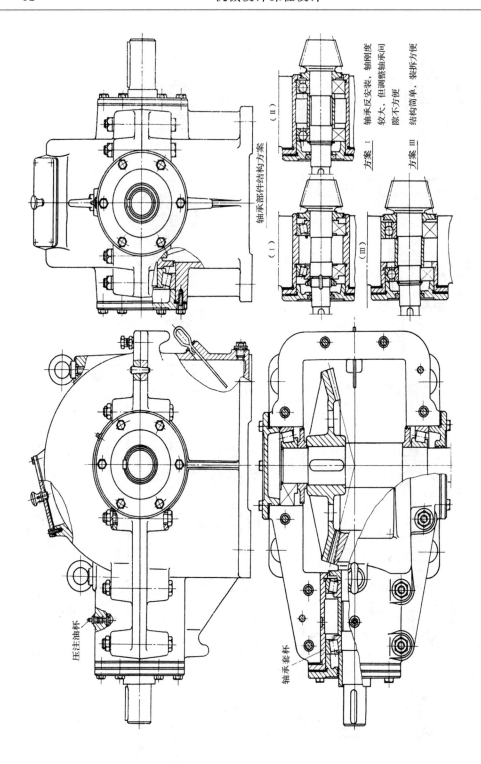

图 4-8　单级锥齿轮减速器

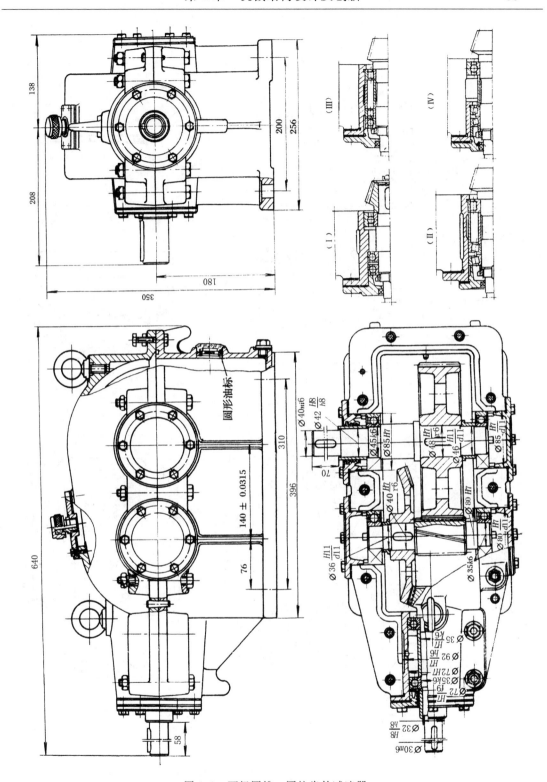

图 4-9　两级圆锥—圆柱齿轮减速器

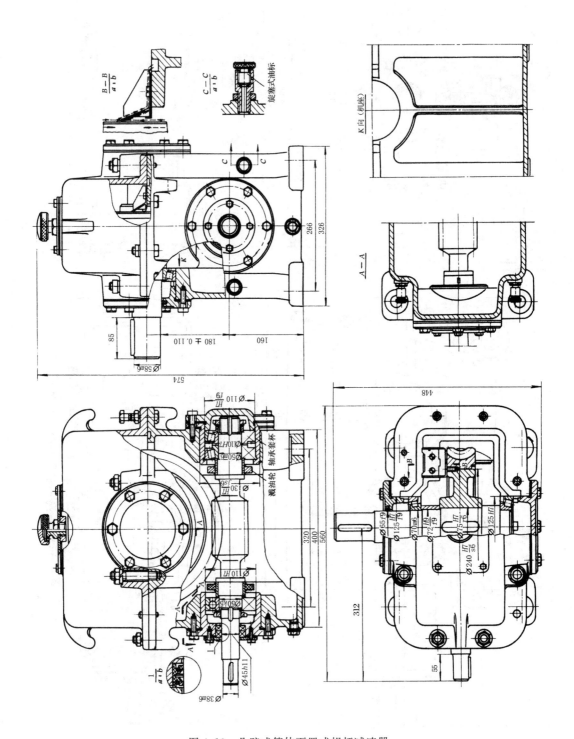

图 4-10　凸壁式箱体下置式蜗杆减速器

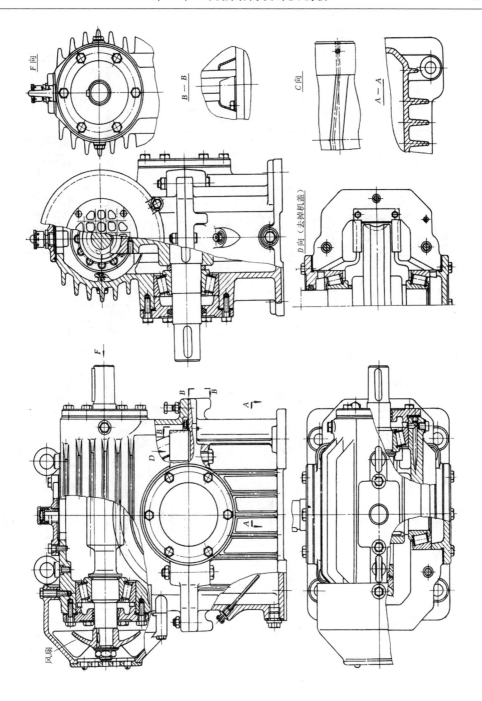

图 4-11　上置式蜗杆减速器

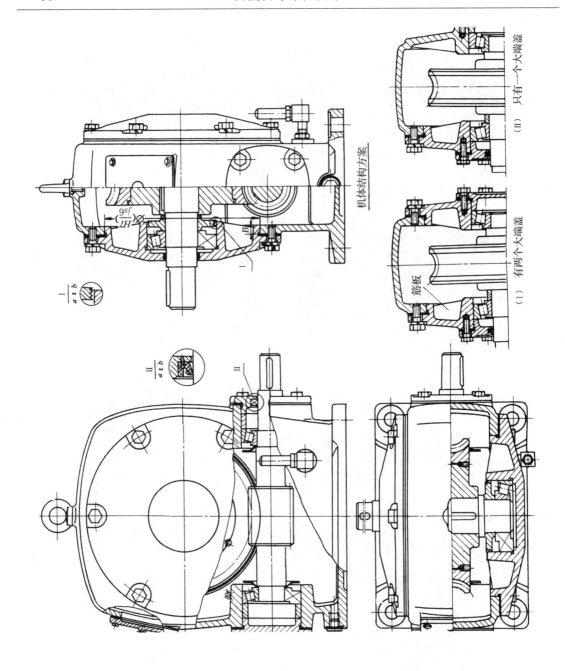

图 4-12　整体式箱体下置式蜗杆减速器

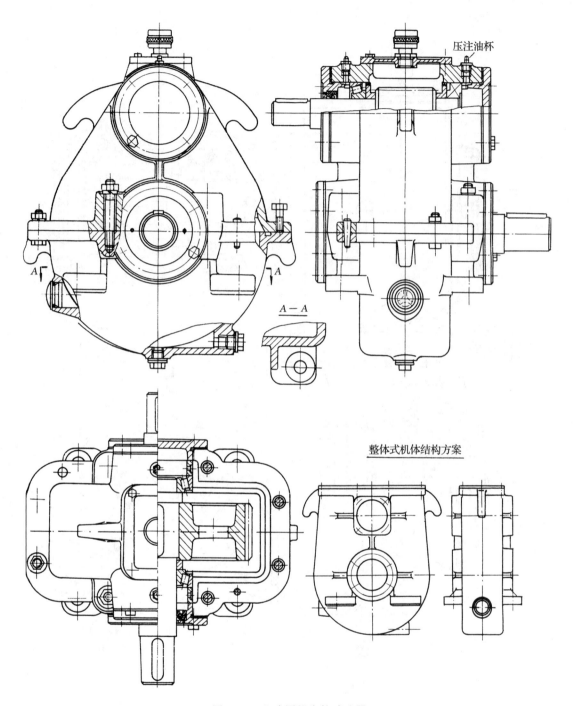

压注油杯

A—A

整体式机体结构方案

图 4-13　立式圆柱齿轮减速器

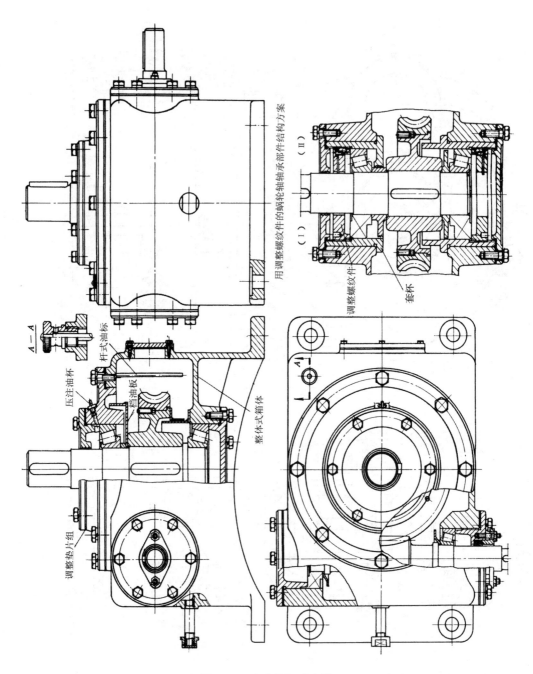

图 4-14　立式蜗杆减速器

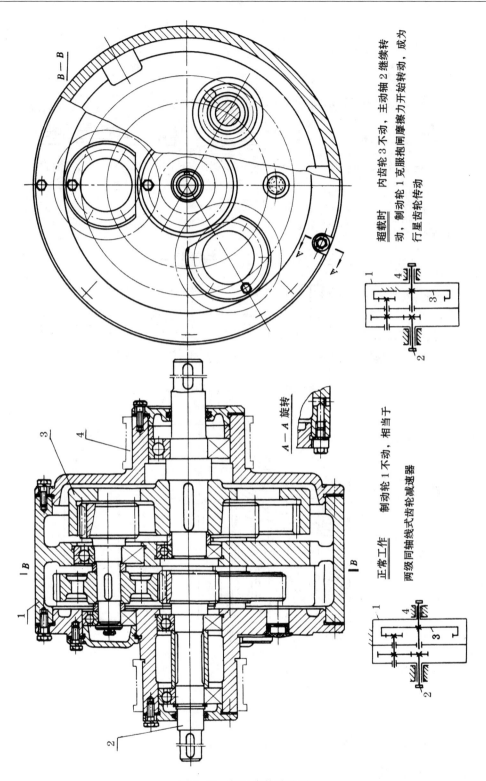

超载时　内齿轮 3 不动，主动轴 2 继续转
动，制动轮 1 克服抱闸摩擦力开始转动，成为
行星齿轮传动

正常工作　制动轮 1 不动，相当于
两级同轴线式齿轮减速器

图 4-15　行星齿轮减速器

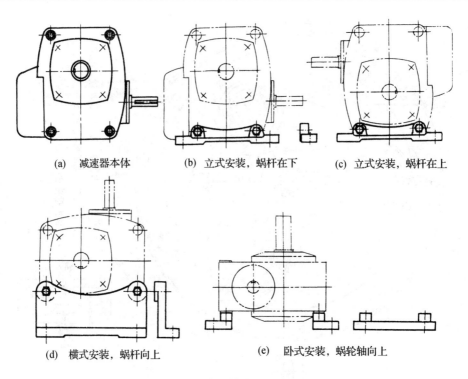

(a) 减速器本体　　(b) 立式安装，蜗杆在下　　(c) 立式安装，蜗杆在上

(d) 横式安装，蜗杆向上　　　　(e) 卧式安装，蜗轮轴向上

图 4-16　多安装式蜗杆减速器

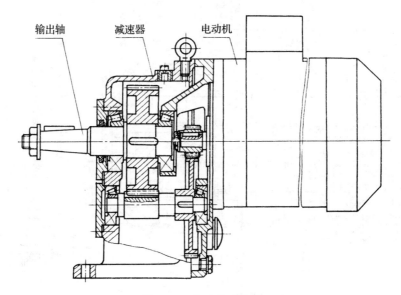

图 4-17　电动机减速器

二、轴及其支承的结构

1. 轴上零件的固定

(1)周向固定

为传递运动和转矩,轴上零件应与轴做周向固定,其常见形式列于表4-1。

表 4-1　零件在轴上的周向固定形式

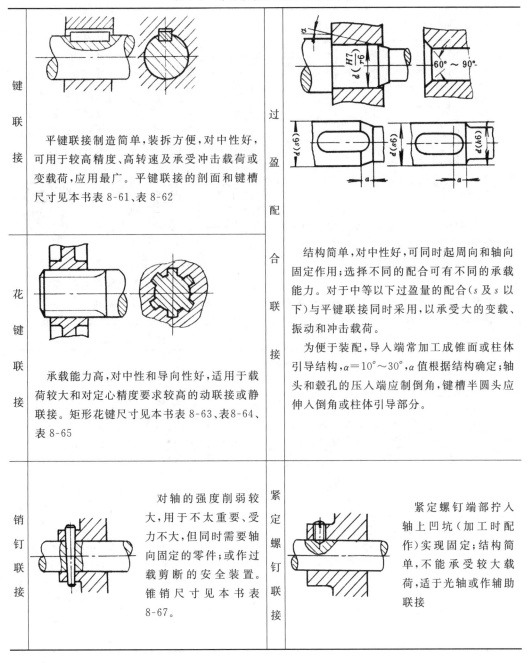

键联接	平键联接制造简单,装拆方便,对中性好,可用于较高精度、高转速及承受冲击载荷或变载荷,应用最广。平键联接的剖面和键槽尺寸见本书表 8-61、表 8-62	过盈配合联接	结构简单,对中性好,可同时起周向和轴向固定作用;选择不同的配合可有不同的承载能力。对于中等以下过盈量的配合(s 及 s 以下)与平键联接同时采用,以承受大的变载、振动和冲击载荷。 为便于装配,导入端常加工成锥面或柱体引导结构,α=10°~30°,α 值根据结构确定;轴头和毂孔的压入端应制倒角,键槽半圆头应伸入倒角或柱体引导部分。
花键联接	承载能力高,对中性和导向性好,适用于载荷较大和对定心精度要求较高的动联接或静联接。矩形花键尺寸见本书表 8-63、表8-64、表 8-65		
销钉联接	对轴的强度削弱较大,用于不太重要、受力不大,但同时需要轴向固定的零件;或作过载剪断的安全装置。锥销尺寸见本书表 8-67。	紧定螺钉联接	紧定螺钉端部拧入轴上凹坑(加工时配作)实现固定;结构简单,不能承受较大载荷,适于光轴或作辅助联接

(2)轴向固定　为防止零件在运转时产生轴向移动,零件在轴线方向需要固定,其常见固定形式列于表 4-2。

表 4-2　零件在轴上的轴向固定形式

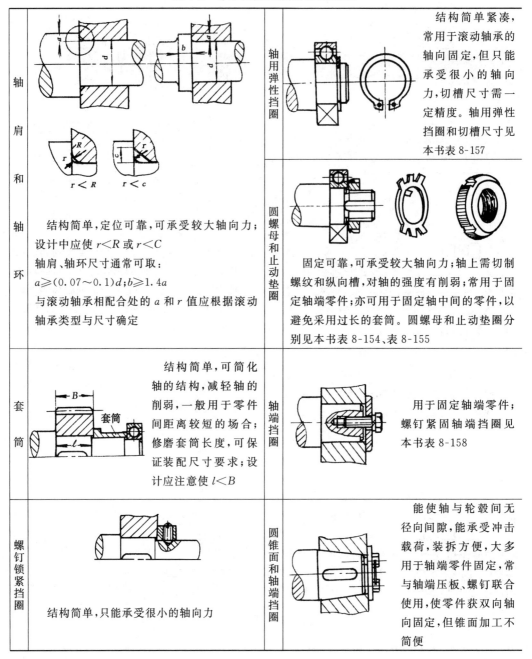

轴肩和轴环	结构简单,定位可靠,可承受较大轴向力;设计中应使 $r<R$ 或 $r<C$ 轴肩、轴环尺寸通常可取: $a\geqslant(0.07\sim0.1)d$;$b\geqslant1.4a$ 与滚动轴承相配合处的 a 和 r 值应根据滚动轴承类型与尺寸确定	轴用弹性挡圈 结构简单紧凑,常用于滚动轴承的轴向固定,但只能承受很小的轴向力,切槽尺寸需一定精度。轴用弹性挡圈和切槽尺寸见本书表 8-157
		圆螺母和止动垫圈 固定可靠,可承受较大轴向力;轴上需切制螺纹和纵向槽,对轴的强度有削弱;常用于固定轴端零件;亦可用于固定轴中间的零件,以避免采用过长的套筒。圆螺母和止动垫圈分别见本书表 8-154、表 8-155
套筒	结构简单,可简化轴的结构,减轻轴的削弱,一般用于零件间距离较短的场合;修磨套筒长度,可保证装配尺寸要求;设计应注意使 $l<B$	轴端挡圈 用于固定轴端零件;螺钉紧固轴端挡圈见本书表 8-158
螺钉锁紧挡圈	结构简单,只能承受很小的轴向力	圆锥面和轴端挡圈 能使轴与轮毂间无径向间隙,能承受冲击载荷,装拆方便,大多用于轴端零件固定,常与轴端压板、螺钉联合使用,使零件获双向轴向固定,但锥面加工不简便

2. 轴的支承

减速器中轴的支承大多采用滚动轴承。

(1)轴系的轴向固定

为使轴和轴上零件在机器中有正确的位置,防止轴系轴向窜动和正常传递轴向力,轴系应予轴向固定。常见的轴系固定方式有三种:

①两端单向固定的支承结构

如图 4-3 中齿轮轴 5 籍轴肩通过封油环 22 顶住两侧轴承 21 的内圈,两侧的轴承盖 2、23

则分别顶住轴承外圈,每个支承各限制轴系单方向轴向移动,两个支承组合便使该轴系位置固定。为补偿轴的受热伸长,轴承安装应留有约 0.25～0.4mm 的热补偿间隙(间隙很小,图中一般不画出)。间隙量在装配时通过增减轴承盖与箱体间调整垫片组 1 的厚度来获得。这种型式结构简单、安装方便,但仅适用于温度变化不大的短轴(轴承跨距 $l \leqslant 400\text{mm}$)。

②一端双向固定、一端游动的支承结构

如图 4-10 中蜗杆轴右端为由两个成对的圆锥滚子轴承组成的一个双向固定支承,其两个内圈由轴肩和圆螺母固定,两个外圈由轴承套杯的凸肩和轴承盖固定,可承受和传递双向轴向载荷;左端轴承为深沟球轴承构成的游动支承,其内圈与轴作双向固定,外圈两侧均未固定,外圈与套杯座孔为间隙配合,轴承可在轴承盖套杯座孔中轴向移动。当温度变化时,轴可以自由伸缩,显然,游动支承不能承受并传递轴向载荷。这种结构型式适用于温度变化较大的长轴。

③两端游动的支承结构

如图 4-5 中由于人字齿轮两侧螺旋角不易做到完全对称,为使轮齿受力均匀、正确啮合,需允许高速轴轴系双向小量游动。这里采用内外圈可以游动的外圈无挡边圆柱滚子轴承,内圈与轴由轴肩和轴端挡圈等作双向固定,可随轴连同滚动体一起沿外圈内表面游动;其外圈由孔用弹性挡圈和轴承盖作双向固定、以避免内外圈同时游动造成过大的错位。与游动轴系相啮合的齿轮轴系,如图 4-5 中的低速轴系,则必须两端固定,以便两轴轴向定位。

由上述可见,轴系不论采用哪种固定方式,都是根据具体情况通过选择轴承的内圈与轴、外圈与轴承座孔的固定方式来实现的。轴承内外圈的周向固定主要由配合来保证,轴承内圈和轴的轴向固定其原则及方法与一般轴系零件的轴向固定基本相同,外圈与轴承座孔的轴向固定形式主要是利用轴承盖、孔用弹性挡圈、套杯的凸肩以及轴承座孔的凸肩。具体选择时要考虑轴向载荷的大小、方向(单向和双向)、转速高低、轴承的类型、支承的固定型式(游动或固定)等情况。

(2)滚动轴承组合的调整

①轴承间隙的调整

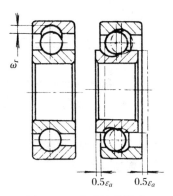

图 4-18　滚动轴承游隙

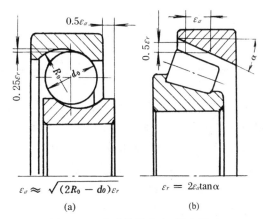

$$\varepsilon_a \approx \sqrt{(2R_0 - d_0)\varepsilon_r}$$

(a)

$$\varepsilon_r = 2\varepsilon_a \tan\alpha$$

(b)

图 4-19　滚动轴承径向、轴向游隙

滚动轴承当其一个套圈固定不动,另一套圈在径向和轴向的最大可能移动量分别称为径向游隙 ε_r 和轴向游隙 ε_a(图 4-18)。当轴承存在径向游隙 ε_r 时,则必有相应的轴向游隙 ε_a,反之亦然。ε_r 和 ε_a 的对应关系可由几何关系求得,如图 4-19 所示。

轴承游隙对工作温升、噪声、轴承寿命和旋转精度等均有很大的影响,应根据工作要求和使用条件选择适当的游隙量。轴承可按其游隙可调与否分为不可调式轴承和可调式轴承。深沟球轴承、圆柱滚子轴承、调心球轴承及调心滚子轴承等均属不可调式轴承,这类轴承在制造时已按不同游隙组级留有规定范围的径向游隙(相应存在轴向游隙),安装时不再调整游隙,仅在设计时合理选用游隙组级。各种不可调式轴承的径向游隙值需要时可查阅有关资料。角接触球轴承、圆锥滚子轴承和推力球轴承等属可调式轴承,这类轴承的径向游隙应在安装时通过调整轴向游隙(图 4-19(b))而得,各种可调式轴承在不同固定方式时的轴向游隙值可查阅有关资料,表 4-3、表 4-4 摘列了部分数据。

表 4-3　角接触球轴承和圆锥滚子轴承的轴向游隙

轴承内径 d(mm)		角接触球轴承							圆锥滚子轴承						
		允许轴向游隙的范围(μm)						l	允许轴向游隙的范围(μm)						l
		α=15°				α=25°、40°			α=10°~16°				α=25°~29°		
		Ⅰ型		Ⅱ型		Ⅰ型			Ⅰ型		Ⅱ型		Ⅰ型		
超过	到	最小	最大	最小	最大	最小	最大		最小	最大	最小	最大	最小	最大	
—	30	20	40	30	50	10	20	8d	20	40	40	70	—	—	14d
30	50	30	50	40	70	15	30	7d	40	70	50	100	20	40	12d
50	80	40	70	50	100	20	40	6d	50	100	80	150	30	50	11d
80	120	50	100	60	150	30	50	5d	80	150	120	200	40	70	10d

注:Ⅰ型——一端固定、一端游动结构型式的固定端轴承;Ⅱ型——两端固定式支承;
　　α—接触角;l—Ⅱ型轴承间允许的最大距离(大概值)

表 4-4　双向推力球轴承和双联单向推力球轴承的轴向游隙

轴承内径 d(mm)		允许轴向游隙的范围(μm)					
		轴承系列					
		51100		51200、51300、52200、52300		51400、52400	
超过	到	最小	最大	最小	最大	最小	最大
—	50	10	20	20	40	—	—
50	120	20	40	40	60	60	80
120	140	40	60	60	80	80	120

　　图 4-20 为一种常见的使用调整垫片组调整轴向间隙方法,先将轴承盖顶住轴承外圈,使轴向间隙基本消除,测出轴承盖与轴承座外端面之间的间隙 δ(图 a),再用厚度为 δ+Δδ 的调整垫片组(由若干片厚度不同的软钢或薄铜片组成,见表 4-9)填入此间隙中(图 b),拧紧轴承盖螺钉,即可获得所需间隙 Δδ。图 4-8 结构方案 Ⅰ 则是采用圆螺母调整轴向游隙。调整时先拧紧螺母,使轴向间隙消除,而后反转至所需游隙 Ⅰ 的位置,最后锁紧防松装置。

　　②轴系轴向位置的调整

　　调整轴系轴向位置的目的是保证轴上某些零件获得准确的工作位置。如图 4-21(a)所示的直齿锥齿轮传动,要求两分度圆锥顶重合以保证其正确啮合,应使两个锥齿轮轴系按图示方向调整至实线位置,图 4-8 中增减套杯端面与机座之间调节垫片组的厚度,即可调整锥齿轮轴系的轴向位置;又如图 4-21(b)所示蜗杆传动,要求蜗轮主平面通过蜗杆的轴线,为此需调整蜗轮轴系的轴向位置,图 4-10 所示为通过蜗轮轴轴承盖垫片组进行调节。

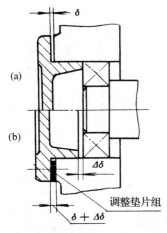

图 4-20　用调整垫片组调整轴向间隙

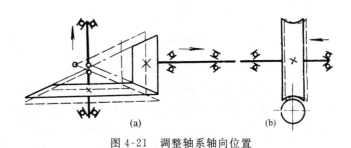

图 4-21　调整轴系轴向位置

（3）滚动轴承的配合与装拆

①滚动轴承的配合

滚动轴承的内圈与轴颈、外圈与座孔均需合适的配合，它将影响轴承的周向和径向固定、轴承游隙和旋转精度等。滚动轴承是标准件，规定轴承内孔与轴颈的配合取（特殊的）基孔制，外圈与座孔的配合取基轴制。配合的松紧应根据载荷的大小与性质、转速高低、旋转精度以及使用条件等来选择。转动的套圈一般采用有过盈的配合，固定的圈常采用有间隙或过盈不大的配合。转速越高、载荷和振动越大、旋转精度越高，应采用紧一些的配合；游动的圈和经常拆卸的轴承，则要采取松一些的配合。具体可按表 8-168、表 8-169、表 8-170 选择。

②滚动轴承的装拆

图 4-22 和图 4-23 分别为常见的安装和拆卸滚动轴承的情况。装拆时不允许通过滚动体来传递装拆压力，以免损伤轴承。为便于拆卸，应留有足够的拆卸高度 h 和空间，如图4-24所示，轴肩和座孔挡肩的高度应适当，设计时需要控制安装尺寸 D_1、D_2，各类轴承有关的安装尺寸摘列于表 8-161～表 8-167 中。如拆卸高度不够，可在轴肩上开轴槽（图 4-25（a））以便放入拆卸器的钩头，或在机体上制出拆卸用螺纹孔（图 4-25（b））以便用拆卸螺钉顶出外圈。

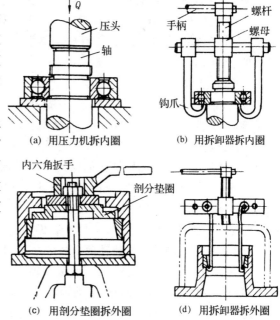

(a) 用压力机拆内圈　　(b) 用拆卸器拆内圈

(c) 用剖分垫圈拆外圈　　(d) 用拆卸器拆外圈

图 4-23　拆卸滚动轴承

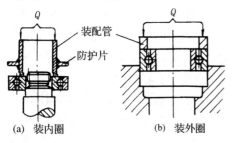

(a) 装内圈　　(b) 装外圈

图 4-22　安装滚动轴承

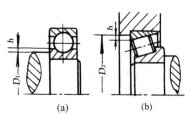

图 4-24　轴肩、挡肩的拆卸高度

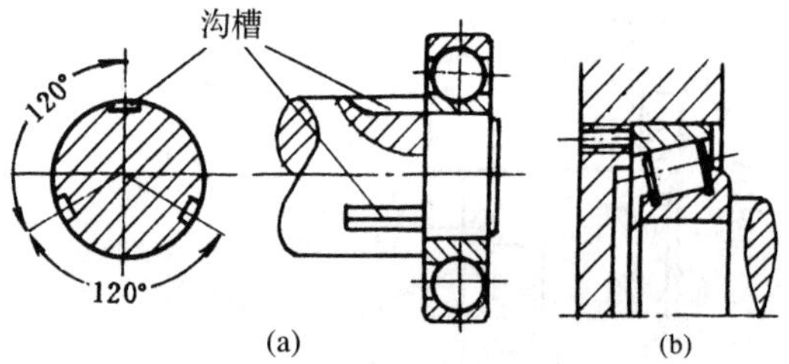

图 4-25　轴槽和拆卸孔结构

（4）保证支承的刚度和同轴度

轴和安装轴承的机座以及轴系组合中的受力零件必须具有足够的刚度，否则会因这些零件的变形，阻滞滚动体的滚动、缩短轴承寿命，影响轴承旋转和正常工作。为此支承点应布局合理；轴承座孔处的悬臂长度 x 应尽量缩短，轴承座孔处的壁厚 $a、\delta$ 应适当加大或设肋（图 4-26）。此外还需注意到同样的轴承作不同的排列，轴承组合的刚性也将不同；如图 4-8 中高速轴一对圆锥滚子轴承正安装，调整装配均较反安装（如图中结构方案Ⅰ）方便，但由于其两轴承法向反力在轴上作用点间的距离较反安装为小，致使轴的刚性较小。

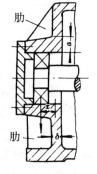

同一轴上各轴承座孔需保证必要的同轴度，否则轴安装后会产生较大的变形，同样会影响轴承正常运转与寿命。为此应尽可能采用整体铸造的机架，并使轴承座孔直径相同，以便一次装夹镗出同一轴线上的各轴承孔，

图 4-26　保证支承刚度

减少同轴度误差。如果一根轴上有不同外径的轴承，可在直径小的轴承处加套杯（图 4-27），使各轴承座孔仍可一次镗出。若不能确保各轴承座孔的同轴度，则应采用调心轴承。

以上是关于滚动轴承支承的阐述，只有在载荷很大、工作条件繁重和转速很高的减速器中才采用滑动轴承。

3. 轴的结构

轴的结构主要取决于：轴在机器中的安装位置及形式；轴上零件的类型、尺寸及配置、定位和固定方式；载荷的性质、大小、方向及分布情况；轴的加工和装配工艺性等。由于影响轴结构的因素较多，其结构随具体条件不同而灵活变化，所以轴一般并无标准的

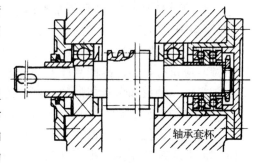

图 4-27　采用套杯一次镗出轴承座孔

结构形式；但不论何种具体条件，轴的结构均须满足：足够的强度和刚度；轴和装在轴上的零件应有准确的工作位置；轴上的零件应便于装拆和调整；轴应具有良好的制造工艺性。现以图 4-28 所示单级圆柱齿轮减速器高速轴两个结构方案Ⅰ、Ⅱ（分别绘制于轴线上、下方）加以分析和说明。

方案Ⅰ表示输入端安装 V 带轮，滚动轴承为脂润滑，轴承室内侧设置封油环；方案Ⅱ表示输入端安装弹性套柱销联轴器，滚动轴承为油雾飞溅润滑，不设封油环。轴制成阶梯形主要的目的是便于轴上零件装拆、区分加工表面和利用轴肩、轴环定位。其径向尺寸（直径）变化是根据轴上零件的受力情况、安装和固定以及对轴的表面粗糙度、加工精度等要求而定。当轴径变化是为了固定轴上零件（如图中直径 d_1 和 d_2、d_5 和 d_6、d_6 和 d_7）或承受轴向力时，其半径差 a（即轴肩高度）应稍大于该处轴上零件轮毂孔的圆角半径 R 或倒角深度 c（见表 4-2），通常取 $a \geq (0.07 \sim 0.1)d$，d 为形成阶梯的较小直径。对安装滚动轴承的轴肩高度不能太大，而应受

拆卸滚动轴承的安装尺寸限制。当轴径变化仅是为了装配方便(如图中 d_2 和 d_3、方案 I 的 d_3 和 d_5、方案 II 的 d_4 和 d_5)或区分加工表面、并不承受轴向力亦不对轴上零件起定位和固定作用时,则相邻直径的变化差可以较小,一般可取直径差为 1～3mm 即可。与滚动轴承相配的轴颈直径(如图中 d_3、d_7)应符合滚动轴承内圈孔径。与密封件相配的轴径(如图中 d_2)应符合密封件标准(如见表 8-179)的要求。对与其他零件轴孔相配的轴头直径(如图中 d_1、d_5 等)应为标准直径(见表 8-3)。各轴段直径有的彼此有着密切联系和制约,如图中所示,E 处 d_6 可同时适应 d_5、d_7 的要求;而当 d_6 适应 d_5 的要求但超过轴承 d_7 的安装尺寸,则另设 d_6' 的阶梯轴段(见 E')。

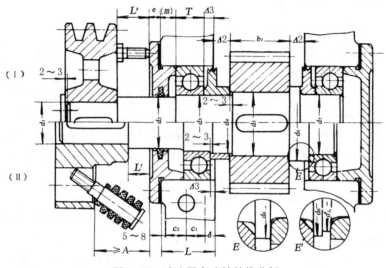

图 4-28　减速器高速轴结构分析

　　阶梯轴的轴向尺寸(各轴段长度)根据轴上零件的位置、配合长度、轴伸距离以及便于装拆等情况确定。采用套筒、螺母、轴端挡圈作轴向固定时,应把配装处的轴段长度做得比配装零件轮毂短 2～3mm,以确保套筒、螺母或轴端挡圈能紧靠配装零件端面。图 4-28 所示两轴承到齿轮端面之间的距离为 Δ2＋Δ3,其中 Δ2 为齿轮端面到箱体内壁的距离,常取 $\Delta 2 \geqslant \delta$($\delta$ 为箱座壁厚,见表 4-6),确定 Δ2 时应考虑铸造和安装精度;Δ3 为箱体内壁至轴承端面的距离,一般可按轴承的润滑情况而定:当轴承为油雾飞溅润滑时(图 4-28 方案 II),取 Δ3＝3～5mm;当轴承为脂润滑并设封油环时(图 4-28 方案 I),取 Δ3＝5～10mm。图中 T 为轴承宽度;L 为轴承座宽度,对剖分式箱体一般由轴承座两旁的联接螺栓的扳手空间位置确定,即 $L \geqslant \delta + c_1 + c_2 + (5 \sim 8)$mm,式中 δ 为箱座壁厚,c_1、c_2 可查表 4-6;e 为螺钉联接式轴承盖的厚度(见表 4-7);L' 为外伸轴上旋转零件的端面至相邻轴承盖外端面的距离,其值取决于外接零件、轴承盖以及密封装置的结构要求,如方案 I 中 L' 有时需考虑轴承盖螺钉的装拆要求,方案 II 中 L' 应保证联轴器柱销的装拆要求(尺寸 A 可由联轴器标准查得,见表 8-184),如无特殊要求,L' 可考虑约取为 5～10mm。

　　轴的结构工艺要求主要是指轴的结构应便于加工、装配、拆卸、检测和维修。为便于选用刀具和量具,各配合处直径如前所述应圆整为标准值。对磨削加工(粗糙度 $R_a \leqslant 0.8 \mu m$)或车制螺纹的轴表面,应分别留出砂轮越程槽及螺尾退刀槽,其结构尺寸分别见表 8-8 和表 8-47。为便于装配,轴端应制成倒角(表 8-6);对过盈配合表面的压入端,最好有倒锥面或柱体引导结构(见表 4-1)。为减少应力集中,轴径过渡处应制有圆角;对配合表面处,为保证零件端面紧靠轴肩定位,其圆角半径 r 应小于该处轴上零件轮毂孔的圆角半径 R 或倒角深度 c(见表 4-2)。圆角半径大小可按表 8-5 和表 8-6 确定。各倒角和圆角应尽可能一致,以便减少刀具数目和加工时的换刀次数。

不同配合性质、加工精度和粗糙度的轴表面应予区分。一般采用阶梯轴结构区分表面,必要时也可采取名义轴径相同、但轴径偏差不同来区分表面(如表 4-1 所示过盈配合联接中轴的过盈配合段与柱体引导段)。为减少应力集中源和便于加工,目前在某些场合还有出现设计光轴的趋势。

关于轴与零件的配合、轴的形位公差、轴的表面粗糙度等将在装配工作图设计和零件工作图设计中再予阐述。

三、减速器的润滑和密封

1. 减速器的润滑

减速器中齿轮、蜗轮、蜗杆等传动件以及轴承在工作时都需要良好的润滑。

(1)齿轮和蜗杆传动的润滑

除少数低速($v<0.5m/s$)小型减速器采用脂润滑外,绝大多数减速器的齿轮都采用油润滑。

对于圆周速度 $v\leqslant12m/s$ 的齿轮传动可采用浸油润滑。即将齿轮浸入油中,当齿轮回转时粘在其上的油液被带到啮合区进行润滑,同时油池的油被甩上箱壁,有助散热。

为避免浸油润滑的搅油功耗太大和保证轮齿啮合区的充分润滑,传动件浸入油中的深度不宜太深或太浅,一般浸油深度以浸油齿轮的一个齿高为适度,速度高的还可浅些(约为 0.7 倍齿高),但不应少于 10mm;锥齿轮则应将整个齿宽(至少是半个齿宽)浸入油中。对于多级传动,若低速级大齿轮的圆周速度 $v<0.5\sim0.8m/s$ 时,为使各级传动的大齿轮都能浸入油中,低速级大齿轮浸油深度可允许大一些,当其圆周速度 $v=0.8\sim12m/s$ 时,可达 1/6 齿轮分度圆半径;当 $v<0.5\sim0.8m/s$ 时,可达 1/6～1/3 齿轮分度圆半径。如果为使高速级的大齿轮浸油深度约为一个齿高而导致低速级大齿轮的浸油深度超过上述范围时,可采取下列措施:低速级大齿轮浸油深度仍约为一个齿高,可将高速级齿轮采用带油轮蘸油润滑(图 4-29),带油轮常用塑料制成,宽度约为其啮合齿轮宽度的 1/3～1/2,浸油深度约为 0.7 个齿高,但不小于 10mm;也可把油池按高低速级隔开(如图 4-30(a))以及减速箱体剖分面与底座倾斜(图 4-30(b))。

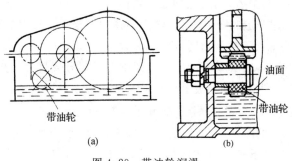

图 4-29　带油轮润滑

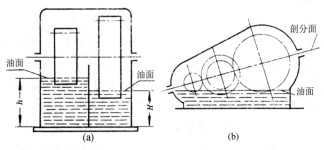

图 4-30　分隔式油池与倾斜剖分面减速器

蜗杆圆周速度 $v \leqslant 10\text{m/s}$ 的蜗杆减速器可以采用浸油润滑。当蜗杆下置时,油面高度约为浸入蜗杆螺纹的牙高,但一般不应超过支承蜗杆的滚动轴承的最低滚珠(柱)中心,以免增加功耗。但如果因满足后者而使蜗杆未能浸入油中(或浸油深度不足)时,则可在蜗杆轴两侧分别装上溅油轮(图 4-31),使其浸入油中,旋转时将油甩到蜗轮端面上(参见图 4-10),而后流入啮合区进行润滑。当蜗杆在上时,蜗轮浸入油中,其浸入深度以一个齿高(或超过齿高不多)为宜。

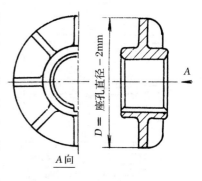

图 4-31　溅油轮结构

对蜗杆减速器,当蜗杆圆周速度度 $v \leqslant 4 \sim 5\text{m/s}$ 时,建议蜗杆置于下方(下置式);当 $v > 25\text{m/s}$ 时,建议蜗杆置于上方(上置式)。

浸油润滑的油池应保持一定的深度和贮油量。油池太浅易激起箱底沉渣和油污。一般齿顶圆至油池底面的距离不应小于 $30 \sim 50\text{mm}$。为有利于散热,每传递 1kW 功率的需油量约为 $0.35 \sim 0.7\text{L}$(大值用于粘度较高、传递功率较小时)。

当齿轮圆周速度 $v > 12\text{m/s}$ 或蜗杆圆周速度 $v > 10\text{m/s}$ 时,则不宜采用浸油润滑,因为粘在齿轮上的油会被离心力甩出而送不到啮合区,而且搅动太甚会使油温升高、油起泡和氧化等降低润滑性能。此时宜用喷油润滑,即利用油泵(压力约 $0.05 \sim 0.3\text{MPa}$)借助管子将润滑油从喷嘴直接喷到啮合面上(图 4-32),喷油孔的距离应沿齿轮宽度均匀分布。喷油润滑也常用于速度并不很高但

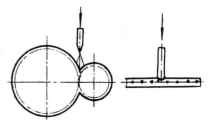

图 4-32　喷油润滑

工作条件相当繁重的重型减速器中和需要大量润滑油进行冷却的减速器中。由于喷油润滑需要专门的管路、滤油器、冷却及油量调节装置,因而费用较贵。

齿轮减速器的润滑油粘度可按高速级齿轮的圆周速 v 选取:$v \leqslant 2.5\text{m/s}$ 可选用 320 工业闭式齿轮油;$v > 2.5\text{m/s}$ 或循环润滑可选用 220 工业闭式齿轮油。若工作环境温度低于 $0℃$,使用润滑油须先加热到 $0℃$ 以上。

蜗杆减速器的润滑油粘度可按滑动速度 v_s 选择:$v_s \leqslant 2\text{m/s}$ 可选用 680 蜗轮蜗杆油;$v_s > 2.5\text{m/s}$ 可选用 220 蜗轮蜗杆油。蜗杆上置的,粘度应增大 30%。

(2)轴承的润滑

减速器中的滚动轴承常用减速器内用于润滑齿轮(或蜗轮)的油来润滑,其常用的润滑方式有:

①飞溅润滑

减速器中只要有一个浸油齿轮的圆周速度 $v \geqslant 1.5 \sim 2\text{m/s}$,即可采用飞溅润滑。当 $v > 3\text{m/s}$ 时,飞溅的油可形成油雾并能直接溅入轴承室。有时由于圆周速度尚不够大或油的粘度较大,不易形成油雾,此时为使润滑可靠,常在箱座接合面上制出输油沟,让溅到箱盖内壁上的油汇集在油沟内,而后流入轴承室进行润滑,如图 4-1(b)、图 4-6 所示,在箱盖内壁与其接合面相接触处制出倒棱,以便于油液流入油沟。有关油沟及倒棱的尺寸可参见图 4-49。在难以设置输油沟汇集油雾进入轴承室时,也有采用引油道润滑(如图 4-7 中向减速器中间轴承滴油润滑)或导油槽润滑(如图 4-33 中润滑上置式蜗杆的轴承)。

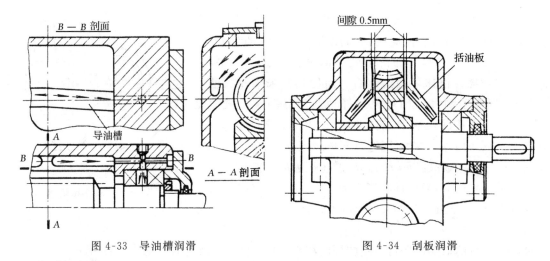

图 4-33　导油槽润滑　　　　　　　　　图 4-34　刮板润滑

②刮板润滑

当浸油齿轮的圆周速度 $v<1.5\sim2m/s$ 时,油飞溅不起来;下置式蜗杆的圆周速度即使大于 $2m/s$,但因蜗杆的位置太低且与蜗轮轴线成空间垂直交错,飞溅的油难以进入蜗轮轴轴承室,此时可采用刮板润滑。图 4-2、图 4-10 为利用刮油板将油从蜗轮轮缘端面刮下后经输油沟流入蜗轮轴轴承。图 4-34 则把刮下的油直接送入轴承。刮板润滑装置中,刮油板与轮缘之间应保持一定的间隙(约 0.5mm),因而轮缘端面跳动和轴的轴向窜动也应加以限制。

③浸油润滑

下置式蜗杆的轴承常浸在油中润滑,如图 4-10 所示。如前所述,此时油面一般不应高于轴承最下面滚动体的中心。

减速器中当浸油齿轮的圆周速度太低难以飞溅形成油雾,或难以导入轴承,或难以使轴承浸油润滑时,可采用润滑脂润滑。润滑脂通常在装配时填入轴承室,其装填量一般不超过轴承室空间的 $1/3\sim1/2$,以后每年添加 $1\sim2$ 次。添置时可拆去轴承盖,也可如图 4-35 所示采用旋盖式油杯(表8-178)或如图 4-8、图 4-13 所示采用压力脂枪从压注油杯(表 8-175、表 8-176、表 8-177)向轴承室注入润滑脂。采用脂润滑时,一般应在轴承室内侧设置封油环或其他内部密封装置,以免油池中的油进入轴承室稀释润滑脂。

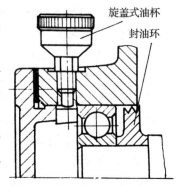

图 4-35　旋盖式油杯

脂润滑轴承在低速、工作温度 70℃ 以下时可选钙基脂,较高温度时选钠基脂或钙钠基脂,dn 值(d 为轴颈直径,mm;n 为工作转速,r/min)高(>40000mm·r/min)或负荷工况复杂时可选用二硫化钼锂基脂,潮湿环境可采用铝基脂或钡基脂而不宜选用遇水分解的钠基脂。

常用润滑脂的牌号、性能和用途可参见表 8-174。

如果减速器采用滑动轴承,由于传动用油的粘度太高不能在其中使用,而需采用独自的润滑系统。这时应根据滑动轴承的受载情况、滑动速度等工作条件选择合适的润滑方法和油液。

2. 减速器的密封

减速器需要密封的部位一般有轴伸出处、轴承室内侧、箱体接合面和轴承盖、检查孔和排油孔接合面等处。

(1)轴伸出处的密封

①毡圈式密封

如图 4-36(a)所示,利用矩形截面的毛毡圈嵌入梯形槽中所产生的对轴的压紧作用,获得防止润滑油漏出和外界杂质灰质等侵入轴承室的密封效果。毡圈和槽的尺寸见表 8-179。图 4-36(b)所示为用压板压在毛毡圈上,便于调整径向密封力和更换毡圈。毡圈式密封简单、价廉,但对轴颈接触面的摩擦较严重,主要用于脂润滑以及密封处轴颈圆周速度较低(一般不超过 4～5m/s)的油润滑。

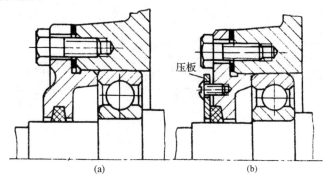

图 4-36　毡圈式密封装置

②皮碗式密封

图 4-37 所示为利用断面形状为 J 形的密封圈唇形结构部分的弹性和螺旋弹簧圈的扣紧力,使唇形部分紧贴轴表面而起密封作用。图 4-37(a)、(b)所示为密封圈内装有金属骨架,靠外圈与孔的配合实现轴向固定;图 4-37(c)、(d)是无骨架式密封圈,使用时必须轴向固定。内包骨架旋转轴唇形密封圈及槽的尺寸见表 8-181。

密封圈两侧的密封效果不同,如果主要是为了封油,密封唇应对着轴承(图 4-37(d)、图 4-13);如果主要是为了防止外物侵入,则密封唇应背着轴承(图 4-37(a)、(b)、(c));若要同时具备防漏和防尘能力,最好使用两个反向安置的密封圈(如图 4-10 蜗杆轴伸的密封)。

皮碗式密封工作可靠,密封性能好,便于安装和更换,可用于油润滑和脂润滑,对精车的轴颈,圆周速度 $v \leqslant 10m/s$;对磨光的轴颈,$v \leqslant 15m/s$。

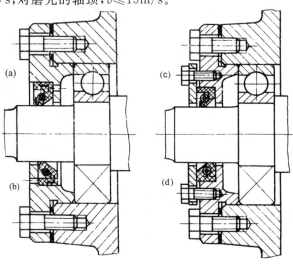

图 4-37　皮碗式密封装置

③间隙式密封

图 4-38 为利用圆形间隙(图 4-38(a))或沟槽(图 4-38(b))填满润滑脂获得密封。图(a)为圆形间隙式密封装置,其密封性能主要取决于间隙大小,一般取间隙为 $0.2\sim0.5\mathrm{mm}$。图(b)和图(c)为沟槽式密封装置,沟槽数应不少于3,其密封性能比间隙式好,图(c)开有回油槽,可进一步提高密封效果。油沟式间隙密封槽的尺寸见表 8-182。

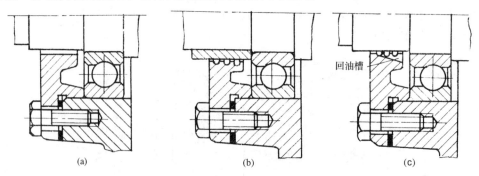

图 4-38　间隙式密封装置

间隙式密封装置结构简单、轴颈圆周速度一般并无特定限制,但密封不够可靠,适用于脂润滑、油润滑且工作环境清洁的轴承。

④离心式密封

图 4-39 所示为在轴上安装甩油环(图 4-39(a))以及在轴上开出沟槽(图 4-39(b))、利用离心力把欲向外流失的油沿径向甩开而流回。这种结构常和间隙式密封联合,只适用于圆周速度 $v\geqslant5\mathrm{m/s}$ 的油润滑。

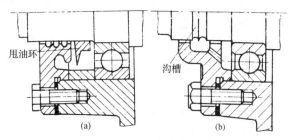

图 4-39　离心式密封装置

⑤迷宫式密封

图 4-40 为利用转动元件与固定元件间所构成的曲折、狭小缝隙及缝隙内充满油脂实现密封。迷宫式密封对油润滑和脂润滑均同样有效,但结构较复杂,适用于高速。

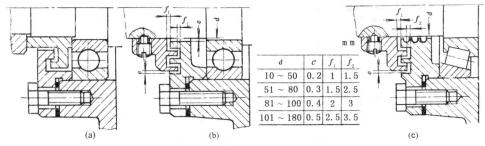

d	e	f_1	f_2
$10\sim50$	0.2	1	1.5
$51\sim80$	0.3	1.5	2.5
$81\sim100$	0.4	2	3
$101\sim180$	0.5	2.5	3.5

图 4-40　迷宫式密封装置

⑥联合式密封

上述各密封方式可以联合使用,使密封更为有效和可靠。图 4-5 中高速轴轴伸处为迷宫式和间隙式密封联合；图 4-9 中输入和输出轴轴伸处为毡圈式和间隙式密封联合。

（2）轴承室内侧的密封

①封油环

图 4-41 为脂润滑常用的封油环密封装置，其作用是使轴承室与箱体内部隔开，防止油脂漏进箱内及箱内润滑油溅入轴承室而稀释和带走油脂。图 4-41(a)、(b) 是固定式封油环，其结构尺寸可参照上述轴伸处的密封装置确定。图 4-41(c)、(d) 是旋转式封油环，利用离心力作用甩掉油及杂质，其封油效果比固定式好，图(d) 所示的封油环制成齿状，封油效果更好，其结构尺寸和安装方式列于右侧(e)图。

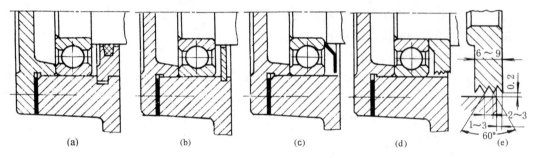

图 4-41　封油环密封装置

②挡油环

图 4-42 所示为两种挡油环装置，挡油环与轴承座孔之间留有不大的间隙，以便让一定量的油能溅入轴承室进行润滑，但却防止过多的油涌入轴承室。如图 4-4 所示小的斜齿轮直径小于座孔直径且轴承采用飞溅润滑或图 4-2 所示下置式蜗杆轴采用浸油润滑时，由于螺旋齿的轴向泵油作用，会出现过多的油涌向轴承室，而此油刚从啮合处挤出，温度高并带有磨屑等杂物。

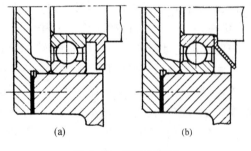

图 4-42　挡油环装置

（3）箱盖与箱座接合面的密封

在箱盖与箱座接合面上涂密封胶密封最为普遍，也有在箱座接合面上同时开回油沟（如图 4-4 和图 4-49(b)），让渗入接合面间的油通过回油沟及回油道流回箱内油池以增加密封效果。

（4）其他部位的密封

检查孔盖板、排油螺塞、油标与箱体的接合面间均需加纸封油垫或皮封油圈。螺钉式轴承端盖与箱体之间需加密封垫片，嵌入式轴承端盖与箱体间常用 O 形橡胶密封圈密封防漏（见图 4-4、表 8-180）。

四、减速器箱体的结构

1. 箱体的结构型式

（1）铸造箱体和焊接箱体

箱体一般用灰铸铁 HT150 或 HT200 制造。对重型减速器，为提高其承受振动和冲击的能力，也可用球墨铸铁 QT500－7 或铸钢 ZG270－500、ZG310－570 制造。图 4-3～图 4-6 以及图 4-8～图 4-13 所示减速器箱体皆为铸造箱体。铸造箱体适宜成批生产，其刚性好，易获得合理和复杂的外形，易于切削（特别是灰铸铁制造的箱体），但较重。在单件生产中，特别是大型减速器,为了减轻重量或缩短生产周期,箱体也可用 Q215 或 Q235 钢板焊接而成(如图 4-7),其轴承座部分可用圆钢、锻钢或铸钢制造。焊接箱体的壁厚可以比铸造箱体减薄 20%～30%,但焊接时易产生热变形,要求较高的焊接技术及焊后作退火处理。

(2)剖分式箱体和整体式箱体

剖分式箱体具有接合面,除为了有利于多级齿轮传动的等油面浸油润滑作成剖分面倾斜式(图 4-30(b))外,一般均为水平式(如图 4-1、图 4-2),且接合面多数通过各轴的中心线。

图 4-12 所示小型蜗杆减速器为整体式箱体,蜗轮轴承支承在与整体箱体配合的两个大端盖中。图 4-13 右下角表示小型立式单级圆柱齿轮减速器采用整体式箱体结构的方案,顶盖与箱体接合。这种整体式箱体尺寸紧凑,刚度大,重量较轻,易于保证轴承与座孔的配合要求,但装拆和调整往往不如剖分式箱体方便。

(3)平壁式箱体和凸壁式箱体

图 4-2 为平壁式箱体,常设外筋;图 4-10 为凸壁式箱体,常设内筋。凸壁式箱体的刚性、油池容量和散热面积等都比较大,且外表光滑、美观;但高速时油的阻力大,铸造工艺也较为复杂,且外凸部分只能采用螺钉或双头螺柱联接,箱座上须制出螺纹孔。

2. 铸造箱体的结构分析

箱体是支撑和固定减速器零件及保证传动件啮合精度的重要机件,其重量约占减速器总重量的 50%,对减速器的性能、尺寸、重量和成本均有很大影响。箱体的具体结构与减速器传动件、轴系和轴承部件以及润滑密封等密切相关,同时还应综合考虑使用要求、强度、刚度及铸造、机械加工和装拆工艺等多方面因素。今以图 4-1 所示单级圆柱齿轮减速器箱体结构的形成加以综述和分析。

图 4-43 表示一对圆柱齿轮的中心距、齿宽和齿顶圆直径确定以后,箱体结构最原始的构思:上下箱做成具有一定壁厚 δ_1、δ,接合面相应设两排半圆形轴承座孔的长方体;箱体内侧壁与小齿轮两端面有间距 Δ_2,与齿顶圆有间距 Δ_1(小齿轮处有时因总体结构需要而放大);上箱内顶壁与大齿轮齿顶圆亦有间距 Δ_1;下箱内底壁与大齿轮顶圆的间距应不小于30～50mm,按结构或油的容量确定。

为使上下箱可靠地定位和联接,其接合面均向外做出一定厚度的凸缘,凸缘宽度由其联接螺栓所需的扳手空间等尺寸 c_1、c_2(见表 4-6)而定。

为适应轴承宽度和安放轴承盖,不是加大箱体两侧壁厚而是采取在座孔周围箱壁外扩成具有一定宽度 L 的轴承座(见图 4-1、图 4-28),并在轴承座两旁设置凸台结构,使联接螺栓能紧靠座孔以提高联接刚性。图 4-44 表示设置凸台(方案I)比不设置凸台(方案II)联接的刚性好。凸台的结构如图 4-45 所示,两旁螺栓的距离宜尽量靠近,但对有输油沟的箱体(见图 4-1),应注意螺栓孔不能与油沟相通,以免漏油和油沟失去供油作用,常取 $S \approx D_2$(D_2 为轴承座外径,按图 4-51 和表 4-6 确定);对于无输油沟的箱体,可取 $S < D_2$,但应注意联接螺栓不要与端盖螺钉发生干涉。凸台高度 H 应以保证足够的扳手空间为原则,具

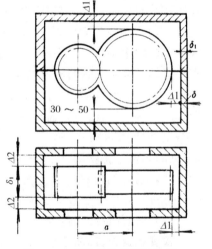

图 4-43　箱体结构的原始构思

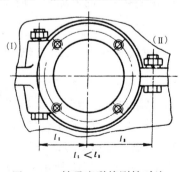

图 4-44　轴承座联接刚性对比

体可由 S 和凸台联接螺栓的 c_1 绘图确定。各轴承座的凸台高度最好一致,为此可统一于最大轴承座的凸台尺寸。若相邻轴承座间两凸台相距太近(图 4-46a),形成狭缝结构因而铸造砂型易碎裂、浇注时铁水亦难流进,以采用连成一片的结构(图 4-46b)为宜。

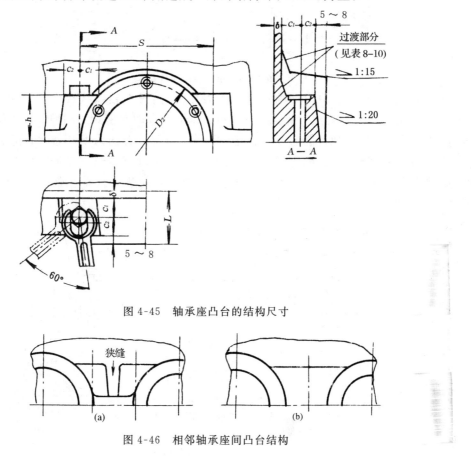

图 4-45　轴承座凸台的结构尺寸

图 4-46　相邻轴承座间凸台结构

为使下箱座与其他座架联接,下箱座亦需做出凸缘底座。图 4-47 为箱座底面的一些结构形式:图(a)的结构不合理,因加工面积太大,且难于支承平整;图(b)是较合理的结构;当底面较短时也可采用图(c)或图(d)的结构。常用的底部凸缘截面是矩形截面(图 4-48(a)),对大型减速器为减轻重量可采用梯形截面(图 4-48(b))的结构。底部凸缘宽度由其地脚螺栓直径所需的 c_1、c_2 决定,为保证箱座刚性,底部凸缘的接触宽度应超过箱座内壁位置,即 $B \geqslant c_1 + c_2 + \delta$。

为增加轴承座的刚性,轴承座处可设肋板(图 4-1、图 4-2),肋板的厚度通常取壁厚的 0.85 倍。

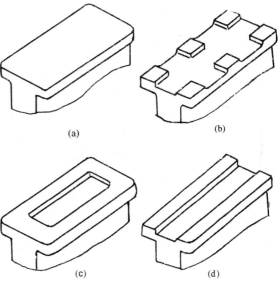

图 4-47　箱座底面结构

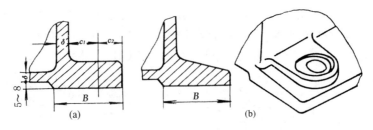

图 4-48　箱座底部凸缘结构

前已述及，当减速器中滚动轴承采用飞溅润滑时，常在箱座接合面上制出输油沟。输油沟的制造方法及其结构尺寸见图 4-49(a)。作为接合面间密封用的回油沟见图 4-49(b)，其剖面尺寸与输油沟相同，但需开回油道，且在与箱盖接合面内壁相接触的边缘处不应制倒棱。为保证密封性，接合面应精刨，重要的还须刮研；此外，还需控制凸缘接合面联接螺栓的间距，对中小型减速器一般不大于 $100\sim150\text{mm}$，大型减速器可取 $150\sim200\text{mm}$，并尽量对称布置。

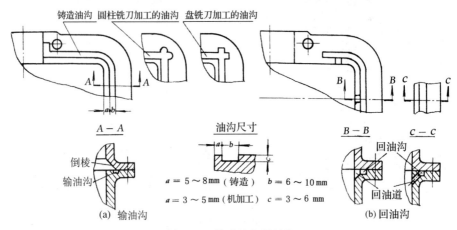

图 4-49　输油沟与回油沟

箱盖目前较多采用两圆弧及切线的形式，如图 4-6 所示，大齿轮所在一侧箱盖的外表面圆弧以大齿轮轴心为圆心、半径 $R_2=\dfrac{d_{a2}}{2}+\Delta 1+\delta_1$，在一般情况下轴承座凸台均在圆弧内侧；而小齿轮所在一侧箱盖的外表面圆弧（圆弧中心不一定是小齿轮轴）位于该处轴承座凸台以外较好，也可以不全在其外（如图 4-3 和图 4-4）。按照现代工业美学的要求，箱体造型设计如图 4-50 所示，出现了下列趋势：外表几何形状简单，限于直线平面，箱体没有外凸部分（轴承座、筋板、接合面凸缘芷于箱内，测油、排油、通气及箱盖箱座联接均采用内六角扳手装拆，安装地脚螺栓的底部凸缘亦不伸出箱体的外表面），箱体内贮油空间增大，外貌比较整齐美观，在传动的总体布局中便于配置；这种结构也存在某些公认的缺点：重量稍有增加，铸造较复杂，内部清理较困难。

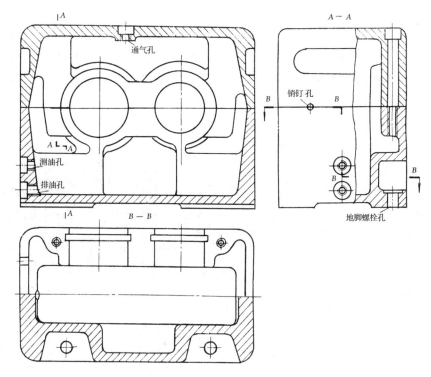

图 4-50　单级圆柱齿轮减速器箱体新型结构

　　以上所述是铸造箱体主体结构的形成,箱体还需在适当的部位设置检查孔、油面指示装置、通气器、排油孔、起吊装置等,这些将与减速器附件的结构结合一起分析和阐述。

　　箱体结构应具良好的工艺性。铸造箱体应力求形状简单,为便于造型时取模,铸件表面沿拔模方向应有斜度,对长度为 25～500mm 的铸件,拔模斜度为 1∶10～1∶20(详见表 8-9)。铸造箱体壁厚不可太薄,否则易出现铸件充填不满的缺陷,砂型铸件的最小壁厚参见表 4-5。铸造箱体还应力求壁厚均匀和防止金属积聚,以免铸件因冷却不均而造成内应力、裂纹或气孔等;箱壁从较厚过渡到较薄部分时,应采用平缓过渡结构,铸造过渡尺寸参见表 8-10。铸造外圆角和铸造内圆角分别参见表 8-11 和表 8-12。

表 4-5　砂型铸件的最小壁厚　　　　　　　　　　　　mm

铸件尺寸	铸钢	灰铸铁	球墨铸铁	铝合金	铜合金
～200×200	8	6	6	3	3～5
>200×200～500×500	>10～12	>6～10	12	4	6～8
>500×500	15～20	15～20		6	

　　箱体结构应尽可能减少机械加工面,以提高劳动生产率和减少刀具的磨损。箱体上各轴承座的端面应位于同一平面内,且箱体两侧轴承座端面应与箱体中心平面对称,以便加工和检验。

　　箱体上任何一处加工表面与非加工表面必须严格分开,不要使它们处于同一表面上,其凸出或凹入则根据加工方法而定。例如箱体表面在螺钉式轴承端盖处、检查孔处采取凸出加工面,凸起高度一般为 5～8mm;上下箱与联接螺栓的头部及螺母的接触表面一般多采用沉头座的结构。沉头座用锪刀锪削,沉头座及通孔尺寸见表 8-48。

3. 箱体的结构尺寸

由于箱体的结构和受力情况比较复杂,目前尚无对箱体进行强度和刚度计算的成熟的方法,箱体的结构尺寸通常根据其中的传动件、轴和轴系部件的结构按经验设计关系在减速器装配草图的设计和绘制过程中确定。图 4-51 和图 4-52 分别为常见的齿轮和蜗杆减速器铸造箱体的结构尺寸,表 4-6 为其尺寸的经验关系。

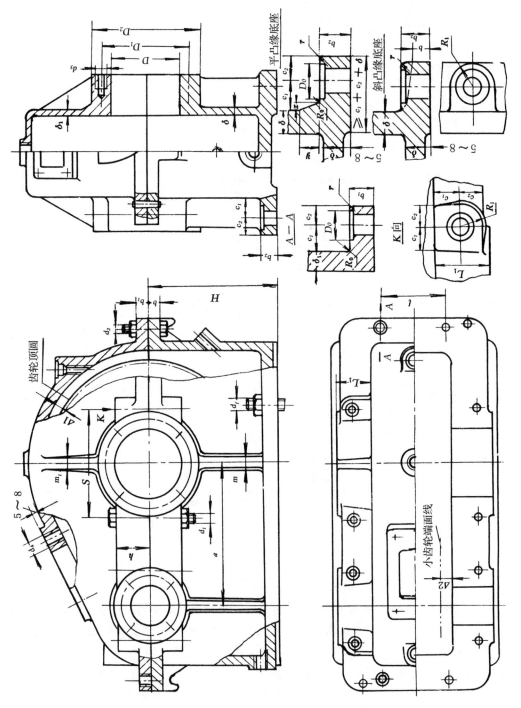

图 4-51　齿轮减速器箱体结构尺寸

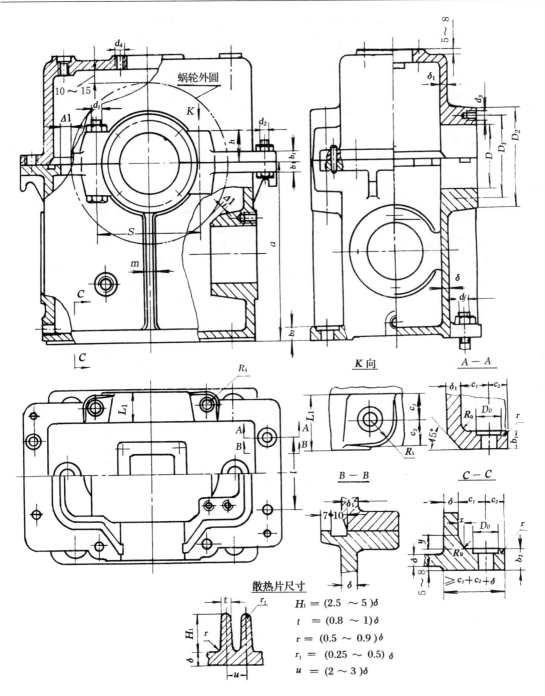

图 4-52　蜗杆减速器箱体结构尺寸

表 4-6　减速器铸铁箱体主要结构尺寸关系（图 4-51、图 4-52）　　　　mm

名　称	符号	减速器型式及尺寸关系			
		齿轮减速器		蜗杆减速器	
箱座（体）壁厚	δ	$0.025a+\Delta\geqslant 8$		$0.04a+\Delta\geqslant 8$	
箱盖壁厚	δ_1	$0.85\delta\geqslant 8$		蜗杆上置:$\approx\delta$ 蜗杆下置:$0.85\delta\geqslant 8$	
箱座、箱盖、箱座底 凸缘厚度	$b、b_1、b_2$	$b=1.5\delta$;　$b_1=1.5\delta_1$;　$b_2=2.5\delta$			
地脚螺栓直径及数目	$d_f、n$	a	$\leqslant 100$	~ 200	>200
					$;n=\dfrac{底座凸缘周长之半}{(200\sim 300)}\geqslant 4$
		d_f	12	$0.04a+8$	$0.047a+8$
轴承旁联接螺栓直径	d_1	$0.75d_f$			
箱盖、箱座联接螺栓直径	d_2	$(0.5\sim 0.6)d_f$;螺栓的间距:$150\sim 200$			
轴承端盖螺钉直径	d_3	轴承座孔（外圈）直径 D	45~65	70~100	110~140	150~230
		d_3	8	10	12	16
		螺钉数目	4	4	6	6
检查孔盖螺钉直径	d_4	单级减速器:$d_4=6$;　双级减速器:$d_4=8$			
$d_f、d_1、d_2$ 至箱外壁距离	c_1	螺栓直径	M8	M10	M12	M16	M20	M24	M30
$d_F、d_2$ 至凸缘边缘距离	c_2	$c_{1\min}$	14	16	18	22	26	34	40
		$c_{2\min}$	12	14	16	20	24	28	35
轴承座外径	D_2	$D+(5\sim 5.5)d_3$;　$D-$轴承外圈直径			
轴承旁联接螺栓距离	S	以 Md_1 螺栓和 Md_3 螺钉互不干涉为准尽量靠近,一般取 $S\approx D_2$			
轴承旁凸台半径	R_1	c_2			
轴承旁凸台高度	h	根据低速轴轴承座外径 D_2 和 Md_1 扳手空间 c_1 的要求由结构确定			
箱外壁至轴承座端面距离	L_1	$c_1+c_2+(5\sim 8)$			
箱盖、箱座肋厚	$m_1、m$	$m_1>0.85\delta_1$;　$m\geqslant 0.85\delta$			
大齿轮顶圆（蜗轮外 圆）与箱内壁间距离	$\Delta 1$	$\geqslant 1.2\delta$			
齿轮（锥齿轮或蜗轮 轮毂）端面与箱内壁距离	$\Delta 2$	$\geqslant\delta$			
铸造斜度、过渡尺寸、 铸造外圆角、内圆角	$x、y、R_0、$ $R_1、r$ 等	见表 8-9、表 8-10、表 8-11、表 8-12			

注:1. 对于圆柱齿轮传动,a 为低速级中心距;对于锥齿轮传动,a 为大小齿轮平均分度圆半径之和;对于圆锥—圆
柱齿轮传动,a 为圆柱齿轮传动的中心距;

2. Δ 与减速器的级数有关;对于单级减速器 $\Delta=1$mm;对于两级减速器,$\Delta=3$mm;

3. 表中所列 D_2 的尺寸关系适用螺钉联接式轴承盖,对嵌入式轴承盖 $D_2=1.25D+10$mm。

五、减速器附件的结构

1. 轴承盖、套杯和调整垫片组

（1）轴承盖

轴承盖的结构型式可分为螺钉联接式（图 4-3）和嵌入式（图 4-4）两类。每一类又有透盖
（有通孔,供轴穿出）和闷盖（无通孔）之分。其材料一般为铸铁（HT150）或钢（Q215、Q235）。

螺钉联接式轴承盖的结构尺寸见表 4-7，设计时需注意：尺寸 m 由结构确定，当 m 较大时，为减缩配合和加工表面，应在端部铸出（或车出）一段较小直径 D'，但必须保留足够的配合长度 e_1，以免拧紧螺钉时轴承盖歪斜。当轴承采用输油沟飞溅润滑时（图 4-6）为使油沟中的油能顺利进入轴承室，需在轴承盖端部车出一段小直径 D' 和铣出尺寸为 $b \times h$ 的径向对称缺口。

表 4-7　螺钉联接式轴承盖的结构尺寸　　　　　　　　　　　　　　　　mm

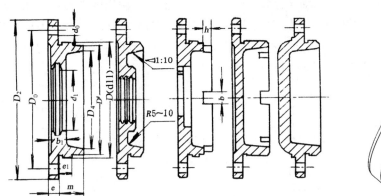

$d_0 = d_3 + 1\text{mm}$

d_3—轴承盖联接螺钉直径，

　　直径大小及螺钉数见表 4-6

$D_0 \approx D + 2.5 d_3$

$D_2 \approx D_0 + 2.5 d_3$

$D_4 = D - (10 \sim 15)\text{mm}$

$D' = D - (3 \sim 4)\text{mm}$

$e \approx 1.2 d_3$

$e_1 = (0.10 \sim 0.15)D \geqslant e$

D—轴承外径

b_1、d_1 由密封尺寸确定，m 由结构确定

$b = (5 \sim 10)\text{mm}$，$h = (0.8 \sim 1)b$

表 4-8　嵌入式轴承盖的结构尺寸　　　　　　　　　　　　　　　　mm

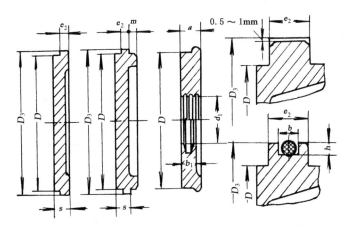

$e_2 = 5 \sim 10\text{mm}$

$s = 10 \sim 15\text{mm}$

m 由结构确定

$D_3 = D + e_2$，装有 O 形密封圈的，按 O 形密封圈公称外径选取（见表 8-180）

D—轴承外径

b、h 按 O 形圈沟槽尺寸取（见表 8-180）

d_1、b_1、a 由密封尺寸确定

嵌入式轴承盖与轴承座孔接合处有带 O 形橡胶密封圈（图 4-4）和不带 O 形橡胶密封圈

两种结构型式,其结构尺寸见表 4-8。与螺钉联接式轴承盖相比,嵌入式轴承盖结构简单、紧凑,无需固定螺钉、重量轻及外伸轴的伸出长度短,常用于要求重量轻及尺寸紧凑的场合;但座孔上需开环形槽,加工费时,且易漏油(尤其是不带 O 形橡胶密封圈),轴承游隙或间隙的调整(见图 4-4)较麻烦。

(2)轴承套杯

前已述及,套杯可用作固定轴承的轴向位置(图 4-8),同一轴线上两端轴承外径不相等时使座孔可一次镗出(图 4-27),调整支承(包括整个轴系)的轴向位置(图 4-8)。有时为避免因轴承座孔的铸造或机械加工缺陷而造成整个箱体的报废,也可使用套杯。套杯的结构及尺寸可根据轴承部件的要求自行设计,图 4-53 可供设计时参考。

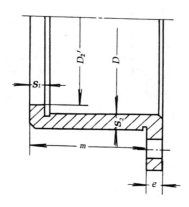

$e \approx S_1 \approx S_2 \approx 7 \sim 12\text{mm}$;

D:滚动轴承的外径;

D_2':应考虑滚动轴承外圈的拆卸

(图 4-24b);

m:由结构确定。

图 4-53　轴承套杯

(3)调整垫片组

调整垫片组的作用是调整轴承游隙及支承(包括整个轴系)的轴向位置。垫片组由若干种厚度的垫片根据调整需要的厚度(见图 4-20)叠合而成,其材料为冲压铜片或 08F 钢抛光。调整垫片组的片数及厚度可参见表 4-9,亦可自行设计。

表 4-9　调整垫片组的结构尺寸　　　　　　　　　　　　　　　　mm

		A 组			B 组			C 组		
厚度 b		0.5	0.2	0.1	0.5	0.15	0.1	0.5	0.15	0.125
片数 Z		3	4	2	1	4	4	1	3	3

用于螺钉式轴承盖:$d_2 = D + (2 \sim 4)\text{mm}$,$D$ 为轴承外经;D_0、D_2、d_0 同轴承盖;

用于嵌入式轴承盖:$D_2 = D - 1\text{mm}$;d_2 按轴承外圈的安装尺寸;无需 d_0 孔。

注:建议准备 0.05mm 厚度的垫片若干,以备微调时用。

2. 油标

油标用来指示箱内油面高度,种类很多,杆式油标(油标尺)在减速器中应用最广,其结构和安装方式可参见表 4-10。

杆式油标上有按最高和最低油面确定的刻度线,观察时拔出杆式油标,由其上的油痕判断油面高度是否适当。油标应安置在油面稳定及便于观测之处;对于多级传动则需安置在低速级传动件附近。长期连续工作的减速器,在杆式油标的外面常装有油标尺套,可以减轻油的搅动干扰,以便能在不停车的情况下随时检测油面。图 4-8 中所示则是由钢丝制成的简易杆式油标。

表 4-10　杆式油标的结构尺寸　　　　　　　　　　　mm

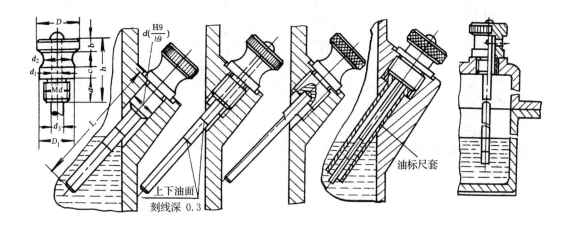

$\mathrm{M}d\left(d\dfrac{H9}{h9}\right)$	d_1	d_2	d_3	h	a	b	c	D	D_1
M12(12)	4	12	6	28	10	6	4	20	16
M16(16)	4	16	6	35	12	8	5	26	22
M20(20)	6	20	8	42	15	10	6	32	26

注:上、下油面刻线位置及尺寸由结构确定。

表 4-11 中所示旋塞式油标应分别在箱座的最高和最低油面处各装一只(见图 4-10),其结构尺寸摘列于表中。观测油面时拧松有滚花旋钮的螺塞,察看有无油液流出判断油面高度。旋塞式油标结构较复杂,但所占空间位置小,安装部位较灵活。

表 4-11　旋塞式油标的结构尺寸　　　　　　　　　　　mm

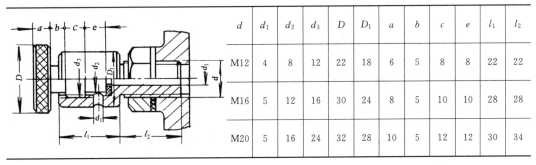

d	d_1	d_2	d_3	D	D_1	a	b	c	e	l_1	l_2
M12	4	8	12	22	18	6	5	8	8	22	22
M16	5	12	16	30	24	8	5	10	10	28	28
M20	5	16	24	32	28	10	5	12	12	30	34

以上均为非直接观察式油标。在较为重要的减速器中还应用各种直接观察式油标,如管状油标(图 4-2、图 4-12)、圆形油标(图 4-9)和长形油标,其尺寸规格多有标准系列,现部分摘列于表 4-12 中。

表 4-12　管状油标、圆形油标和长形油标的结构尺寸　　　　mm

管状油标(JB/T 749.1—1995)

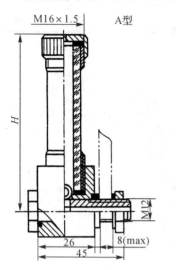

标记示例：$H=200$、A 型管状油标的标记为：

油标 A200 JB/T 749.4—1995

H：80、100、125、160、200

O 型橡胶密封圈 11.8×2.65(GB/T 3452.1—2005)

螺母 M12(GB/T 6172—2000)

压配式圆形油标(JB/T 749.1—1995)

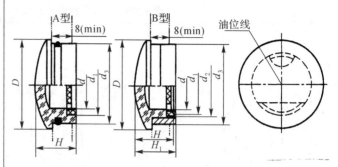

标记示例　视孔 $d=32$mm、A 型压配式圆形油标的记标为：

油标 A32 JB/T 749.1—1995

d	D	d_1	d_2	d_3	H	H_1	O 形橡胶密封圈 (GB/T 3452.1—2005)
12	22	12	17	20	14	16	15×2.65
16	27	18	22	25			20×2.65
20	34	22	28	32	16	18	25×3.55
25	40	28	34	38			31.5×3.55
32	48	35	41	45	18	20	38.7×3.55
40	58	45	51	55			48.7×3.55

A 型

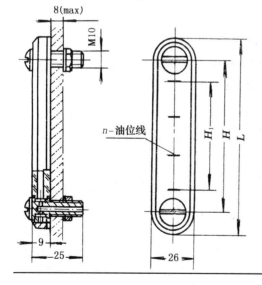

长形油标(JB/T 749.1—1995)

标记示例 $H=80$、A 型长形油标的标记为：

油标 A80　JB/T 749.3—1995

H	H_1	L	n(条数)
80	40	110	2
100	60	130	3
125	80	155	4
160	120	190	5

O 形橡胶密封圈 10×2.65(GB/T 3452.1—2005)

螺母 M10(GB/T 6172—2000)

3. 排油孔螺塞

为了换油及清洗箱体时排出油污,如图 4-3 所示在箱座底部油池最低处设有排油孔,平时排油孔用螺塞及封油垫封住。排油孔螺塞材料一般采用 Q235,封油垫材料可用防油橡胶、工业用革或石棉橡胶纸,其结构尺寸参见表 4-13,排油孔螺塞的直径可按箱座壁厚 δ 的 2～3 倍选取。近年来常用具圆锥螺纹的螺塞取代圆柱螺纹的螺塞,这样就无需附加封油垫。此外,排油孔应设在便于排油的一侧,必要时可在不同位置设置两个排油孔以适应总体布局之需。

表 4-13　排油孔螺塞及封油垫的结构尺寸　　　　　　　　　mm

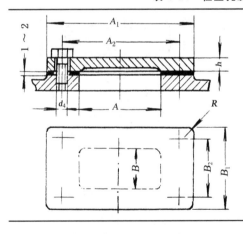

d	M16×1.5	M20×1.5	M24×1.5
D_0	26	30	34
L	23	28	31
l	12	15	16
a	3	4	4
D	19.6	25.5	25.4
S	17	22	22
D_1	≈0.95S		
d_1	17	22	26
H	2～3		

4. 检查孔盖板

为了检查传动件啮合情况、润滑状态以及向箱内注油,在箱盖上部便于观察传动件啮合区的位置开足够大的检查孔,平时则将检查孔盖板盖上并用螺钉予以固定,盖板与箱盖凸台接合面间加装防渗漏的纸质封油垫片。盖板材料可用钢板、铸铁或有机玻璃,中小尺寸检查孔及其盖板的结构尺寸可参见表 4-14。

表 4-14　检查孔及其盖板的结构尺寸　　　　　　　　　mm

A：100,120,150,180,200;

$A_1 = A + (5\sim6)d_4$；$A_2 = (A + A_1)/2$；

$B_1 =$ 箱体宽$-(15\sim20)$mm；

$B = B_1 - (5\sim6)d_4$；

$B_2 = (B + B_1)/2$；

d_4 为检查孔盖螺钉直径,M6～M8；

$R = 5\sim10$mm；h：自行设计

5. 通气器

为沟通箱体内外的气流使箱体内的气压不会因减速器运转时的温升而增大、从而造成减速器密封处渗漏,在箱盖顶部或检查孔盖板上安装通气器。通气器结构应具防止灰尘进入箱体以及足够的通气能力。表 4-15 中列出几种通气器的结构和尺寸。其中(a)、(b)、(c)的防尘和通气能力都较小,适用于发热少和环境清洁的小型减速器中;(d)和(e)设有过滤金属网,可防止停机后灰尘吸入箱内,其中寸也较大,通气能力较好,适用于比较重要的减速器中。通气器(a)为钢制并焊接在钢制检查孔盖板上,通气器(b)为钢制并铆接在薄的金属检查孔盖板上,通气器(c)、(d)、(e)则用螺纹联接在箱盖或检查孔盖板上。

表 4-15　通气器的结构和尺寸　　　　　　　　　　　　mm

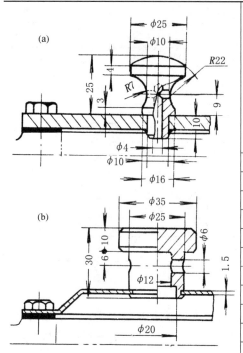

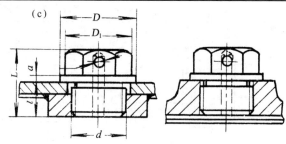

d	D	D_1	S	L	l	a	d_1
M10×1	13	11.5	10	16	8	2	3
M12×1.25	18	16.2	14	19	10	2	4
M16×1.5	22	19.6	17	23	12	2	5
M20×1.5	30	25.4	22	28	15	4	6
M24×1.5	34	27.7	24	29	15	4	7
M27×1.5	38	31.2	27	34	18	4	8
M30×2	42	36.9	32	36	18	4	8
M33×2	50	41.6	36	38	20	4	8
M36×3	58	47.3	41	46	25	5	8

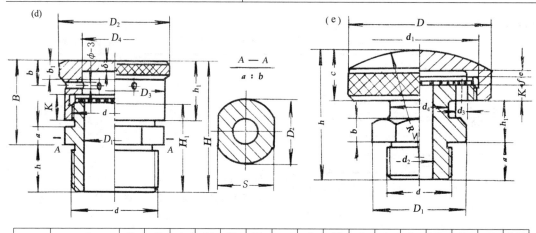

(d)图结构尺寸	d	D_1	B	h	H	D_2	H_1	a	δ	K	b	h_1	b_1	D_3	D_4	S	孔数
	M27×1.5	15	≈30	15	≈45	36	32	6	4	10	8	22	6	32	18	30	6
	M36×2	20	≈40	20	≈60	48	42	8	4	12	11	29	8	42	24	41	6
	M48×3	30	≈45	25	≈70	62	52	10	5	15	13	32	10	56	36	50	8

(e)图结构尺寸	d	d_1	d_2	d_3	d_4	h	D	a	b	c	h_1	R	D_1	S	K	e	f
	M24	M48×1.5	12	5	22	50	55	15	8	20	22	60	36.9	32	7	2	2
	M36	M64×2	20	8	30	60	75	20	12	20	28	120	57.7	50	8	2	2

注：S—扳手宽度

6. 起吊装置

吊环螺钉装在箱盖上(图 4-1、图 4-8、图 4-9),用来拆卸和吊运箱盖,也可用来吊运轻型减速器。吊环螺钉为标准件,按起重量选取(见表 8-57)。采用吊环螺钉,增加了机工加工量;为此常在箱盖上直接铸出吊耳(图 4-2)或吊耳环(图 4-3)起吊箱盖。为吊运整台减速器,在箱座两端凸缘下面铸出吊钩。吊耳、吊耳环和吊钩的形状及尺寸可参见表 4-16。

表 4-16　起重吊耳、吊耳环和吊钩的结构尺寸　　　　　　　　　mm

吊耳(在箱盖上铸出)	吊耳环(在箱盖上铸出)

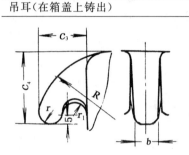 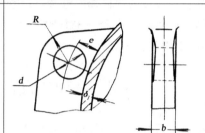

吊耳(在箱盖上铸出):

$c_3 = (4 \sim 5)\delta_1; c_4 = (1.3 \sim 1.5)c_3;$
$b = (1.8 \sim 2.5)\delta_1; R = c_4;$
$r_1 \approx 0.2c_3; r \approx 0.25c_3$
δ_1—箱盖壁厚

吊耳环(在箱盖上铸出):

$d = b = (1.8 \sim 2.5)\delta_1;$
$R = (1 \sim 1.2)d;$
$e = (0.8 \sim 1)d;$
δ_1—箱盖壁厚

吊钩(在箱座上铸出)

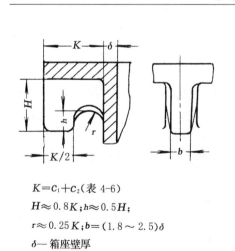 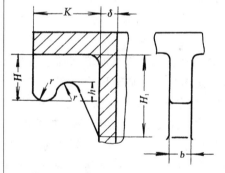

$K = c_1 + c_2$(表 4-6)
$H \approx 0.8K; h \approx 0.5H;$
$r \approx 0.25K; b = (1.8 \sim 2.5)\delta$
δ—箱座壁厚

$K = c_1 + c_2$(表 4-6)
$H \approx 0.8K; h \approx 0.5H;$
$r \approx K/6; b = (1.8 \sim 2.5)\delta;$
δ—箱座壁厚;
H_1—按结构确定

7. 定位销

为确定箱座与箱盖的相互位置。保证轴承座孔的镗孔精度与装配精度,应在箱体的联接凸缘上距离尽量远处安置两个定位销(图 4-3 中序号为 34 的零件),并尽量设置在不对称位置。

常用定位销为圆锥销,其公称直径(小端直径)可取 $d \approx (0.7 \sim 0.8)d_2$, d_2 为箱座、箱盖凸缘联接螺栓的直径;其长度应稍大于箱体联接凸缘的总厚度,以利装拆。圆锥销为标准件,可按表 8-67 选取。

　　定位销孔是在箱盖和箱座剖分面加工完毕并用螺栓固联后进行配钻和配铰的。

　　8. 起盖螺钉

　　箱盖、箱座装配时在剖分面上所涂密封胶给拆卸箱盖带来不便,为此常在箱盖的联接凸缘上加工出螺孔,拆卸时,拧动装于其中的起盖螺钉(图 4-3 中序号为 25 的零件)便可方便地顶起箱盖。

　　起盖螺钉的直径一般与箱体凸缘联接螺栓直径相同,其螺纹长度应大于箱盖凸缘的厚度,钉杆端部制成直径较细的圆柱端或锥端,以免经常拧动时损坏杆端螺纹。起盖螺钉材料为 35 号钢并通过热处理使硬度达 28～38HRC。起盖螺钉的数目一般为 1～2 只;对小型减速器,因起盖不难,亦可不用起盖螺钉。

4.3　结构的合理设计及创新

　　在以上对减速器具体结构分析的基础上,将结构合理设计及创新方面所应注意的几个共性问题作些归纳、充实和拓展。

　　1. 零件结构应与生产条件、批量大小及获得毛坯的方法相适应。

　　零件毛坯有铸件、锻件(自由锻件、热模锻件)、冷冲压件、焊接件及轧制型材件等多种。零件结构的复杂程度、尺寸大小和生产批量,往往决定了毛坯的制作方法(如批量很大的钢制零件,当其尺寸大而形状复杂时常用铸造,尺寸小形状简单的则适于冲压或模锻),而毛坯的种类又反过来影响着零件的结构设计。表 4-17～表 4-19 摘列了铸件、锻压件及焊接件结构设计注意事项示例,供学习和设计时参考。各种坯件结构设计规范可查阅机械设计手册和有关资料。

　　2. 零件结构应便于机械加工、装拆、调整与检测

　　在满足使用要求的前提下,零件结构应尽量简单,外形力求用最易加工的表面(如平面和圆柱面)及其组合来构成,并使加工表面的数量少和面积小,从而减少机械加工的劳动量和加工费用。结构应注意加工、装拆、调整与检测的可能性、方便性,尽量采用标准化、系统化、通用化和优先数系。表 4-20、表 4-21 分别摘列了机械加工件和装配件结构设计注意事项示例。

　　3. 零件结构应有利于提高强度、刚度、精度,延长寿命,节省材料

　　在外载相同时,改善零件的结构常可得以减载、分载和充分利用材料的性能。如图 4-54(a)所示的卷筒轮毂很长,如果把轮毂分成两段(图 4-54(b)),不仅减小了轴的弯矩,还能得到更好的轴、孔配合。图 4-55 所示两板受横向载荷用紧螺栓联接,结构由(a)改为(b),则横向载荷由两板凸榫分担,螺栓所需之预紧力将大为减小。

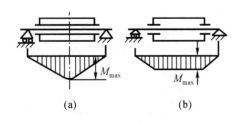

　　(a)　　　　　　　　(b)

图 4-54　轮毂分段减载

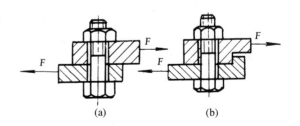

　　(a)　　　　　　　　(b)

图 4-55　凸榫分载

表 4-17　铸件结构设计注意事项示例

注意事项	不好的设计	改进后的设计
铸件的壁厚不应小于铸件材料和工艺水平所允许的最小壁厚	δ<铸件最小壁厚	δ≥铸件最小壁厚
为便于造型和减小应力集中,铸件两壁交界处应做铸造圆角		铸造圆角
不同壁厚的交界处,应做出过渡结构,以减小应力集中		过渡斜度
同一铸件各处壁厚不要相差太大,以免收缩不均、裂纹、缩孔,为补偿壁厚减薄可适当加肋	裂纹　缩孔	
铸件垂直于分型面的表面应做有铸造斜度,以利造型		铸造斜度　铸造斜度
为了便于起模和捣固砂型,尽可能避免内凹形状	内凹	
凸台距离很近,应减少凸台数量以便造型		
尽量减少沿拔模方向的凸起部位,否则在模型上须设置活块,而使拔模复杂	取模方向	取模方向

表 4-18 锻压件结构设计注意事项示例

注意事项	不好的设计	改进后的设计
锻件 自由锻件毛坯,外形应尽可能简单		
避免带有锥形和楔形		
一般不允许有加强肋		
不允许在叉形件内部设置凸台		
冲压件 工件的形状在可能的情况下应使其在板料上紧密排列以节约金属		
要考虑到冲压件的回弹,90°角不易获得		
冲裁件轮廓最好倒圆,以提高模具寿命		
各部分尺寸的比例关系要恰当,否则难于成形	 $D > 2.5d$	 $D < 1.5d$

表 4-19　焊接件结构设计注意事项示例

注意事项	不好的设计	改进后的设计
要考虑焊接操作时的方便		
应避免焊接坡口的过分集中,以减少变形和防止裂纹		
避免将焊缝布置在容易形成应力集中的地方		
焊缝不应布置在焊后需要加工的面上		
不同厚度的钢板进行焊接时,要有一定的斜度 $L \geqslant 3(\delta_2 - \delta_1)$		
尽可能使焊缝的排列对称于剖面的重心		
在焊件的端部不应有锐角,应尽量使角度变钝些		
不宜用薄而带锐角的板料作为加强肋;同时注意加筋过多,反而易形成裂纹		
承受弯曲作用的接头,焊缝应布置在受拉区		
焊缝十字相交,内应力大;焊缝错开,减少内应力		

表 4-20　机械加工件结构设计注意事项示例

注意事项	不好的设计	改进后的设计
被加工面的面积和数量应尽可能减少		
要磨削的表面最好不是整片的,以减少磨削量		
被加工面应力求布置在同一平面上,以便一次加工		
加工面和不加工面应截然分开,铸铁件 $a \geqslant 3\text{mm}$		
加工面应有足够的刚性,以利高速切削加工和防止变形		
留出退刀槽和孔		

注意事项	不好的设计	改进后的设计
在可能情况下统一同一零件的切槽、圆角、键槽、模数等尺寸以简化加工		
避免采用特殊刀具		
避免使钻头沿着铸造硬皮、斜面或单边进行加工		
避免在工具难以达到的部位加工,不应有过深的孔		
箱体同一轴线中部的孔径不宜大于两端的孔径		
螺纹孔无法加工,采用在轮缘上开工艺孔		

表 4-21　装配件结构设计注意事项示例

注意事项	不好的设计	改进后的设计
无定位基准，不能满足同轴度要求；要避免两个平面同时接触		
嵌入端部都应做成倒角；静配合处应有引导部分，以便于装配		
要有足够装卸的空间		
倾斜安放，重力有导致下滑倾向；水平安放，靠重力支撑，以便于精确制造和装配调整		
圆柱面配合较紧时拆卸不便，可增设拆卸螺钉		
要便于零件装卸时施力。销钉孔一般应钻通		
定位销对角布置 $a=b$，易导致误转 $180°$ 安装错误		

图 4-56 所示铸铁支架的结构由(a)改为(b),则能充分利用铸铁抗压强度高的特点。零件采用组合结构(如图 4-57),可使贵重材料只用在必需的部位。对形状不对称的高速回转零件常加设平衡重或钻削平衡孔,以减少不平衡力引起的振动,图 4-58 即为带平衡重的曲轴结构形状。

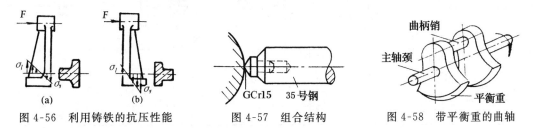

图 4-56　利用铸铁的抗压性能　　　图 4-57　组合结构　　　图 4-58　带平衡重的曲轴

零件上任何地方都不宜有形状的急剧突变(图 4-59(a)),采用圆角等过渡曲线(图 4-59(b))或用切口(图 4-59(c))可以减缓应力集中;在剖面中应力集中较小处制出孔洞或缺口,可以减小作用于同一平面上主要应力源处的应力峰值(图 4-60)。

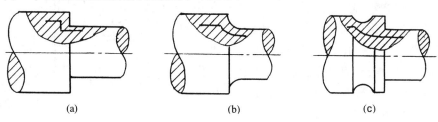

图 4-59　缓和应力集中源力流变化

为避免零件经热处理后因内应力而引起的翘曲、断裂或裂缝,必须对结构的壁厚不均、弯角或筋的位置及其构造形状作周密考虑。图 4-61 所示机件上设置圆孔就是为了使壁厚大致均匀,以减少热处理后产生的翘曲变形而降低精度。

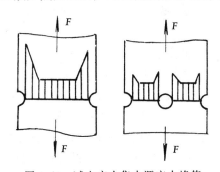
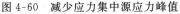
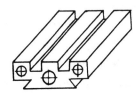

图 4-60　减少应力集中源应力峰值　　　图 4-61　设圆孔减少热处理后的变形

零件在承受弯曲和扭转时,截面形状对其强度和刚度影响很大,合理选用截面形状不仅可以节省材料、减轻重量,还可增大刚度。对于机壳、机架等大型零件的截面形状更应予以特别重视。表 4-22 列出的不同截面形状的面积基本相等,然而允许承受的弯矩及扭矩则极为悬殊。由表中可以看出,工字形截面弯曲强度最高,空心矩形截面的弯曲刚度最高。因此,应根据不同要求选取合适的截面形状;一般来说,空心矩形截面所能承受的弯矩、扭矩及抗弯、扭的刚度较高,大件通常多宜采用。

表 4-22　当截面积基本相同时各种不同截面形状能承受弯矩及扭矩的相对比值

截面形状		⌀100 29	10 100	10 10 100 75	10 10 100 100
能受弯矩	按应力	1.00	1.20	1.40	1.80
	按挠度	1.00	1.15	1.60	1.00
能受扭矩	按应力	1.00	43.00	38.50	4.50
	按扭角	1.00	8.80	31.40	1.90

4. 完善人机关系改进和创新结构设计

机械供人使用,结构设计中必须完善机械和人的关系。其基本要求为:①结构布置应与人体尺寸相适应,操纵方便省力,减轻疲劳;②显示清晰,易于观察监控;③安全舒适,使操作者情绪稳定,心情舒畅。人机工程学对照度、噪声、灰尘、振幅、操作时身体作用力以及身体的倾斜等都做了舒适、不舒适以及生理界限的规定。结构造型设计应使产品在实现物质功能的同时必须具备精神功能。应用美学法则(比例与尺

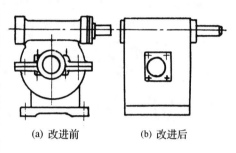

(a) 改进前　　　(b) 改进后

图 4-62　蜗杆减速器造型的改进

度、均衡与稳定、统一与变化、节奏与韵律以及色彩调谐原则等)进行机械产品造型设计,实现技术与艺术的融合、提高产品的竞争能力应予重视。图 4-62 所示蜗杆减速器结构造型由(a)改进为(b),简洁明快、美观,便于不同安装和布置。

在结构的改进与创新中日益凸显绿色产品设计的理念,节约能源和材料,尽量避免采用有害的材料,减少或消除有害物质对人类环境的污染,减少排污、避免泄漏,考虑材料和零部件的报废与回收。

5. 重视新材料、新工艺、新技术和新的能源与动力的发展

新材料、新工艺、新技术和新的能源动力的采用能显著地提高机械结构设计的水平。如发展很快的新型塑料在某些零件中成功地取代金属材料,人工合成多相的复合材料更可根据机件材料性能的要求进行材料设计,功能材料、智能材料将使机械的结构和功能产生质的飞跃。调速电机、直线电机、步进电机、伺服电机的发展使机械传动装置结构得以简化,太阳能、原子能、清洁能源、绿色能源、生物能源、可再生能源等的开发和应用引发机械结构的改进和创新;新型的特种加工、柔性加工、3D打印技术、虚拟制造和装配等新工艺解决超高硬度、超精细、复杂形状等结构工艺难题;运用价值设计对机械结构进行技术经济评价与分析,运用优化设计寻找结构的最佳方案,运用有限元设计、计算机辅助设计能准确地计算复杂机件的强度、刚度,自动地、合理地确定和创新机件的结构。智能设计将使机械结构设计更加省时、优化、高质量。

6. 正确规定零件的精度、公差、配合与表面粗糙度等技术要求

零件在加工过程中,不可避免地会产生不同程度的尺寸偏差、表面形状偏差、位置偏差以及微观不平度。这些偏差过大,将影响零件间的配合性质,降低工作质量,且不利于零件的互换与维修。偏差的大小反映零件的准确程度,称为精度。精度愈高、公差数值就愈小,技术要

求和加工费用就愈高。圆柱体公差与配合、表面形状和位置公差、粗糙度的分级等都分别有规定的国家标准,在生产中最常遇到。其配合种类主要根据配件间的结合要求(传力大小、相对速度、对中精度、是否经常装拆等)选定。零件精度、表面粗糙度和配合都应在满足使用要求的同时经济合理地加以确定,通常是参照经过实践检验的同类机械的资料并考虑现有加工条件来决定。表 4-23 摘列了常用优先配合及其应用举例供设计时参考。只有对某些特别重要零件的配合(如轴与轴上零件靠过盈配合传递大的转矩以及轴与滑动轴承配合实现液体摩擦)才需要通过计算求出配合所需的过盈量或间隙数值,据此来选定配合种类。对于机械中广泛应用的滚动轴承、齿轮传动、蜗杆传动、键联接、花键联接、螺纹联接等,都有专用的公差与配合,设计时应根据工作条件,分别从相应的标准中选用。

表 4-23　常用优先配合及其应用举例

	间隙配合			过渡配合		过盈配合		
基孔制	$\dfrac{H8}{f7}$	$\dfrac{H7}{g6}$	$\dfrac{H8}{h7}$	$\dfrac{H7}{k6}$	$\dfrac{H7}{n6}$	$\dfrac{H7}{p6}$	$\dfrac{H7}{s6}$	$\dfrac{H7}{u6}$
基轴制	$\dfrac{F8}{h7}$	$\dfrac{G7}{h6}$	$\dfrac{H8}{h7}$	$\dfrac{K7}{h6}$	$\dfrac{N7}{h6}$	$\dfrac{P7}{h6}$	$\dfrac{S7}{h6}$	$\dfrac{U7}{h6}$
应用及举例	间隙不大的转动配合,用于中等转速与中等轴颈压力的转动,如滑动轴承	间隙很小的不转动的滑动配合,如活塞及滑阀、滚动轴承、花键联接等	不转动的定位配合和精密滑动配合,如滚动轴承等	精密定位配合,如低速齿轮、蜗轮、带轮和轴的配合,滚动轴承等	更精密定位配合,如齿轮、蜗轮、带轮和轴的配合,铰制孔用联轴器、圆柱销、滚动轴承等	特别重要的定位配合,如较高速的齿轮、蜗轮和轴的配合、联轴器等	中等压入配合,能传递外载荷,如齿轮孔和轴的配合、薄壁件的冷缩配合等	压入配合,适用于可以承受大压入件的零不受压入的冷缩配合

7. 通过构形变异、实物反求设计进行结构改进及创新

零件的功能表面是决定机械功能的重要因素,通过改变零部件功能面的形状、大小、数量、位置顺序以及联接状况,可以得到多种结构方案。如将图 4-63(a)的摇杆 1 与挺杆 2 的功能面互换成如图 4-63(b)所示,则不产生横向推力;将圆柱面向心动压

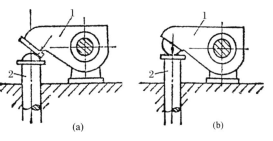

图 4-63　摇杆与挺杆的球面位置变换

滑动轴承通过功能面变异如图 4-64 所示得椭圆轴承(图(a))、单向三油楔轴承(图(b))、双向三油楔轴承(图(c))和可倾式多瓦轴承(图(d))。再如轴和轮毂圆柱面过盈联接通过功能面变异而得各种成形联接,非调心轴承通过圆柱面变换为球面而成调心轴承,将沿圆周布置的转子

和定子改为沿直线方向布置,则旋转电机演变为直线电机。

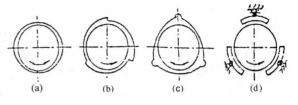

图 4-64　动压滑动功能面变异

实物反求设计是对先进的机械通过参数、形体、材料等测检,进行系统地分析和研究,在消化吸收的基础上开发设计出价值更高的机械结构,实物反求和构形变换都是结构改进和创新的重要途径。

8. 运用逻辑推理和直觉感悟获取结构创新

应用基本理论逻辑推理是创新结构的重要渠道。如从楔槽摩擦原理可获梯形螺纹、V 带传动、楔槽摩擦轮、楔槽摩擦离合器的应用;从液体动压原理可以拓展出液体和空气动压轴承、高速凸轮平底从动件润滑问题的解决;从啮合理论导致各种新型齿廓的诞生;力学原理引发各种减载、均载、载荷抵消、截面选择、抗振、激振、降噪声、防失稳、预紧、自补偿结构的创新。

直觉感悟或顿悟获得创新结构并不鲜见。从鸟在天空中飞、鱼在水底里游萌发出飞机、潜艇的遐思构想;哈威研究缝纫机陷于困境却从工人用梭子在纬线中间灵活地穿来穿去织布,豁然顿悟突破人用针尾引线上下穿刺手工缝衣的思维定式,而创造出用针尖引线结构的家用缝纫机。

上述机件结构及创新需注意的几个共性问题,在学习和课程设计中应认真领会,并在今后的实际工作中不断充实和拓展。由于机械结构设计的多样性和复杂性,对结构设计理论与规律性的总结远不如强度、耐磨性等。近年来国内外发表了一些文章和著作,反映了这方面的发展,读者如对结构设计有更高的要求,可参阅书目[11]、[13]、[14]。

第 5 章

机械装配图的设计和绘制

5.1　机械装配图设计概述

图 5-1 所示为一胶带输送机的运动简图,图 5-2 和图 4-3 分别为总装配图及其减速器部件装配图。机械装配图表达各零部件之间的相互位置、尺寸关系和各零件的结构形状,是绘制零件工作图、进行机械组装和调试的技术依据。

装配图设计是在总体方案、主要参数和尺寸等初步拟定的基础上设计具体的结构;这时要综合考虑工作要求、强度、刚度、寿命、加工、装拆、调整、润滑、检测、维修及经济等多方面因素,采用"由主到次、由粗到细"、"边绘图、边计算、边修改"的方法逐步完成,才能得到较好的结构。由于装配图设计过程常较复杂,一般先用细线、轻线进行装配草图设计,待检查、修改完毕而后进行装配工作图总成设计。

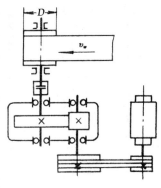

图 5-1　胶带输送机运动简图

5.2　装配草图的设计和绘制

一、装配草图设计的基本任务和准备工作

装配草图设计的基本任务是通过绘图考察初拟的运动参数、各传动件的结构和尺寸是否协调、是否干涉;定出轴的结构、跨距和受力点的位置以计算轴和轴承;确定出所有部件和零件的结构与尺寸,为零件工作图设计和装配图总成设计提供必须的结构尺寸和依据。

装配草图设计包括结构设计、绘图和计算,在其交替进行中常需修改某些零件的结构和尺寸,所以绘制草图着笔要轻、线条要细,由主到次,由粗到细,按选定的图样比例进行。对于已标准化(或规格化)了的零件(如螺栓、螺母、滚动轴承等)可先用示意法仅表示其外形轮廓尺寸,对一些倒圆、倒角等细部尺寸以及剖面线均无需画出。

装配草图设计的准备工作主要有两方面:

1. 由运动简图划分部件,明确各部件运动、动力和主要参数及尺寸。

如图 5-1 所示运动简图可以划分为电动机、V 带传动、减速器、联轴器、驱动卷筒轴系部件及机架等部件。由总体设计、传动件设计可获电动机的型号、额定功率、输出功率、满载转速、各轴的转速、输入功率和转矩,减速器两齿轮的模数、齿数、轮宽、中心距和圆周速度,V 带传动的型号、带长、根数、两 V 带轮的宽度、基准直径和中心距等主要参数和尺寸数据。

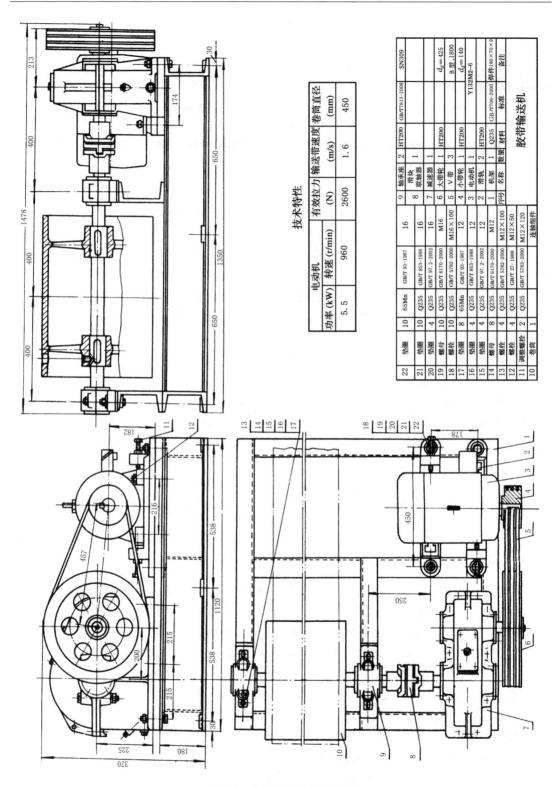

技术特性				
电动机		有效拉力(N)	输送带速度(m/s)	卷筒直径(mm)
功率(kW)	转速(r/min)			
5.5	960	2600	1.6	450

序号	名称	数量	材料	备注
9	轴承座	2	HT200	SN309
8	消块	1		
7	联轴器	1		
6	减速器	1	HT200	
5	大带轮	3		d_d=425
4	V带	1		B型 1800
3	小带轮	2	HT200	d_d=140
2	电动机	1		Y132M2-6
1	消轨	1	Q235	
10	机架	1		GB/T706-2000 焊件180×70×9
序号	名称	数量	材料	备注

胶带输送机

22	垫圈	10		
21	垫圈	10	65Mn	GB/T 93-1987 16
20	垫圈	4	Q235	GB/T 853-1988 16
19	螺母	4	Q235	GB/T 97.2-2002 16
18	螺栓	10	Q235	GB/T 6170-2000 M16
17	垫圈	8	65Mn	GB/T 5782-2000 M16×100
16	垫圈	4	Q235	GB/T 93-1987 12
15	螺母	4	Q235	GB/T 853-1988 12
14	螺母	8	Q235	GB/T 97.2-2002 12
13	螺栓	4	Q235	GB/T 6170-2000 M12
12	调整螺栓	2	Q235	GB/T 5782-2000 M12×100
11	调整螺栓	2	Q235	GB/T 27-1988 M12×50
10	卷筒	1		GB/T 5783-2000 M12×120 连轴组件

图 5-2　胶带输送机总装配图

2. 考虑选择结构方案

运动简图通常仅表示机械传动系统和布局大意,进行装配草图设计时应进一步考虑选择结构方案。如按图 5-1 所示胶带输送机的工作要求、运动简图及其主要参数和尺寸数据,可考虑为:V 带传动——用平键和电动机、齿轮减速器相联,并由电动机在滑轨上调整张紧力;减速器——水平剖分式、平壁式、铸造箱体,齿轮浸油润滑、轴承脂润滑并设封油环,采用深沟球轴承、两端单向固定,螺钉联接式轴承盖并用调整垫片组调整轴系位置和间隙,轴伸出处采用毡圈密封;驱动卷筒轴系部件——铸造卷筒用平键、紧定螺钉与轴固定,剖分式滚动轴承座支承;机架——槽钢焊接结构机架,用螺栓分别与电动机滑轨、减速器、卷筒轴轴承座联接;联轴器——滑块联轴器,用平键与减速器输出轴、驱动卷筒主轴联接。

二、部件装配草图的设计和绘制

在组成机械的各部件中应选择对机械总体关联和影响最大的部件先行设计,如在图 5-1 所示胶带输送机中考虑为齿轮减速器。现以该直齿圆柱齿轮减速器为例,说明部件装配草图设计和绘制的大致步骤。

1. 选择视图、图纸幅面、图样比例及布置图面位置

装配图所选视图应以能简明表达各零件的基本外形及其相互位置关系为原则。一般减速器选用正视图、俯视图和侧视图三个视图来表达,结构简单者也可选用两个视图;必要时应加剖视图和局部向视图来表达。

图纸幅面应符合标准规定(见表 8-1),课程设计中建议采用 A1 或 A0 号图纸绘制装配图。

在选择图样比例和布置图面之前,应根据传动件的中心距、顶圆直径及轮宽等主要结构尺寸及参考相近似的装配图,估计出外廓尺寸,并考虑零件序号、尺寸标注、明细表、标题栏、技术特性表及技术要求的文字说明等所需图面空间,选择图样比例、合理布置图面。通常将正视图、和俯视图布置在图纸左侧,明细表、标题栏和技术特性布置在图纸右侧(参见图 4-3)。图样比例须符合标准规定(见表 8-2),为增强设计的真实感,应优先采用 1 : 1 的图样比例,若视图相对图纸尺寸过大或过小时,也可选用其他合适且常用的图样比例。

视图、图纸幅面、图样比例的选择和图面位置的布置,彼此密切相关,绘图时应全盘考虑、统筹兼顾、合理选定。

2. 画传动件的中心线及轮廓线、箱体的内壁线

传动件、轴和轴承是减速器的主要零件,其他零件的结构和尺寸通常均需随后设计才能确定。绘图时先画主要零件,后画其他零件;由箱内零件画起,内外兼顾,逐步向外展开。为此,应先画传动零件的中心线(在图面上也起到基准定位的作用)、齿顶圆、节圆、齿根圆、轮缘及轮毂宽等轮廓线,如图 5-3(a)所示,按箱体内壁与小齿轮端面应留有一定间距 $\Delta 2 \geqslant \delta$($\delta$ 为箱座壁厚)的关系画出沿箱体长度方向的两条内壁线,再按箱体内壁与大齿轮顶圆应留有一定间距 $\Delta 1 \geqslant 1.2\delta$ 的关系画出沿箱体宽度方向的一条内壁线,画图时应以一个视图为主,兼顾几个视图。对于圆柱齿轮减速器,小齿轮顶圆与箱体内壁间的距离 $\Delta 4$ 暂不定,待进一步设计结构时,再由正视图上箱体结构的投影确定。

3. 初估轴的外伸端直径;通过绘图进行轴和轴承部件结构的初步设计;定出轴的支承距离及轴上零件作用力的位置

轴的直径可按下式进行估算:

$$d \geqslant C\sqrt[3]{\frac{P}{n}} \qquad\qquad (5-1)$$

式中,P 为轴传递的功率,kW;n 为轴的转速,r/min;C 为系数,按轴的材料确定其取值范围:Q235、20 钢可取为 160～135,35 钢可取 135～118,45 钢可取 118～107,40Cr、35SiMn 钢可取 107～98,按上式估算的轴径圆整为标准直径后常作为轴伸出端的最小直径,此时式中系数 C 宜取较小值;若该轴段开有键槽,轴径应增大 4%～5%。

　　如果轴的外伸端上安装带轮或链轮,则按上述方法确定的直径即作为带轮或链轮轮毂的孔径。当外伸端通过联轴器与电动机或工作机的主动轴(如卷筒轴)相联时,外伸端的轴径与电动机的轴径或工作机的主动轴端直径不得相差很大,均应在按计算转矩校核所选联轴器毂

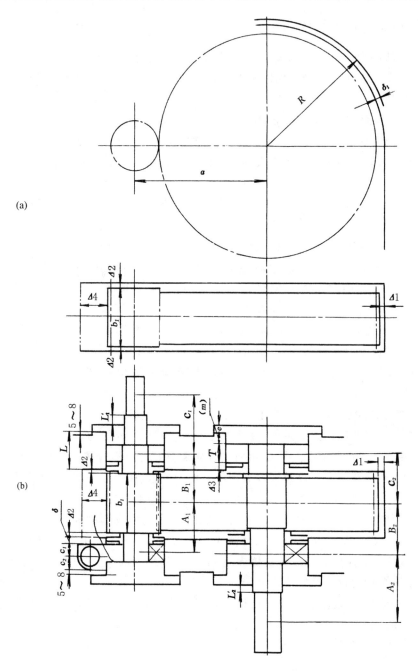

图 5-3　单级圆柱齿轮减速器草图绘制过程及主体部分

孔最大和最小直径的允许范围内,否则应重选联轴器或改变轴径。

　　轴的外伸端可做成圆柱形或圆锥形,前者制造简单,适合于单件和小批量生产中采用;后者装拆方便,定位精度高且轴向定位无需轴肩,适合于成批和大量生产中采用。

　　在上述初定轴的外伸端直径的基础上,可初定轴颈直径、选择轴承类型,考虑轴上所装的零件、轴承的布置、润滑密封要求以及箱体内壁线位置等情况,如图 5-3(b)所示,通过绘图进行轴和轴承部件结构的初步设计,有关这些零部件结构的分析、尺寸关系、设计资料等已在本书 4.2 有关部分(特别是轴及其支承结构)中作了较详尽的叙述。图 5-3(b)中,并不画出细部结构,但可确定轴上零件受力点的位置和轴承支点间的距离 A_1、B_1、C_1 及 A_2、B_2、C_2 等尺寸。轴上传动零件的作用力以及支承反力一般当作集中力作用于轮缘及轴承宽度的中点。但对角接触球轴承、圆锥滚子轴承在计算精度要求比较高时,应取为轴承法向反力在轴上的作用点,该点到轴承端面的距离为 a,可见表 8-164、表 8-165。

　　4. 轴、轴承及键联接的校核计算

　　根据以上初绘草图阶段所定的轴的结构、支点和轴上零件的力作用点,分析轴所受的力,按适当比例绘制弯矩图、扭矩图及当量弯矩图,并在其上标出特征点的数值;同时在结构图上判定并标出轴的若干危险截面,参照教材对各危险截面校核轴的强度。校核时若发现轴的强度不够,则应加大轴径,或修改轴的结构参数(如加大圆角半径等),以降低应力及应力集中程度。若轴的强度富裕,且其计算应力或安全系数与许用值相差不大,则以轴结构设计时确定的轴径为准,一般不再修改。对强度裕量过大的情况,也应在综合考虑刚度、结构要求以及轴承和键联接等的工作能力后决定是否修改,以防顾此失彼。

　　滚动轴承的寿命最好与减速器的使用寿命或减速器的检修期(2～3 年)大致相符。若计算结果表明轴承的寿命达不到上述要求,可不改变原选轴承而改用 5000～10000 小时作为设计寿命,而在使用过程中需定时更换轴承。在轴承寿命达不到规定要求时,宜先考虑选用另一种直径系列的轴承,其次再考虑改换轴承类型,提高轴承基本额定动载荷。

　　平键联接主要校核挤压强度,计算时需注意许用挤压应力应按键、轴、轮毂三者材料最弱的选取,并注意正确计算键长。若强度不够,则可通过加大键的长度,改用双键、花键,加大轴径等措施来满足强度要求。

　　5. 进一步绘图,进行传动件、固定装置、密封装置、箱体及附件的结构设计

　　上述设计的具体结构和尺寸关系可参阅本书 3.2、4.2 和 4.3 之阐述与分析,学生应在融会贯通的基础上发挥创造性,独立进行本阶段的设计工作,并注意绘图时应先主件后附件,先主体后局部,先轮廓后细部同时在三个视图上交替进行。

　　图 5-4 即为图 4-3 所示减速器经上述设计以后所得的装配草图。

　　6. 装配草图的检查和修正

　　上述工作完成之后,应对装配草图仔细检查,认真修正,检查次序亦如绘制装配草图"由主到次"进行,检查的主要内容如下:

　　(1)装配草图是否与传动方案(运动简图)一致。如轴伸出端的位置、电动机的布置及外接零件(带轮和联轴器等)的匹配是否符合传动方案的要求。

　　(2)传动件、轴、轴承及轴上其他零件的结构是否合理,定位、固定、加工、装拆、调整、润滑及密封是否可靠和方便。

　　(3)箱体的结构与工艺性是否合理,附件的布置是否恰当,结构是否正确。

　　(4)重要零件(如传动件、轴、轴承及箱体等)是否满足强度、刚度、耐磨等要求,其计算是否

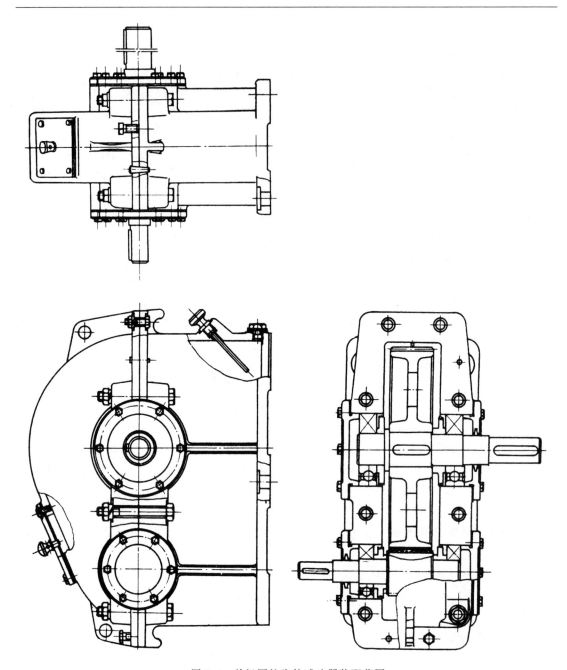

图 5-4　单级圆柱齿轮减速器装配草图

正确,计算出的尺寸(如中心距、传动件与轴的结构尺寸、轴承尺寸与支点跨距)是否与设计计算相符。

　　(5)图纸幅面、图样比例、图面布置等是否合适。视图选择(包括局部视图)是否完全而不多余。视图表达是否符合机械制图标准的规定,投影是否正确。可重点检查三个视图的投影关系是否协调一致,啮合轮齿、螺孔及滚动轴承等的规定画法和简化画法是否正确。为帮助学生自己检查和修正装配草图,在图 5-5 所示采用浸油飞溅润滑的单级斜齿圆柱齿轮减速器装配草图中列举结构与绘图错误 40 例,供参考、分析、领会。图 5-6、图 5-7 所示的投影关系学生应正确掌握,以免视图表达出错。

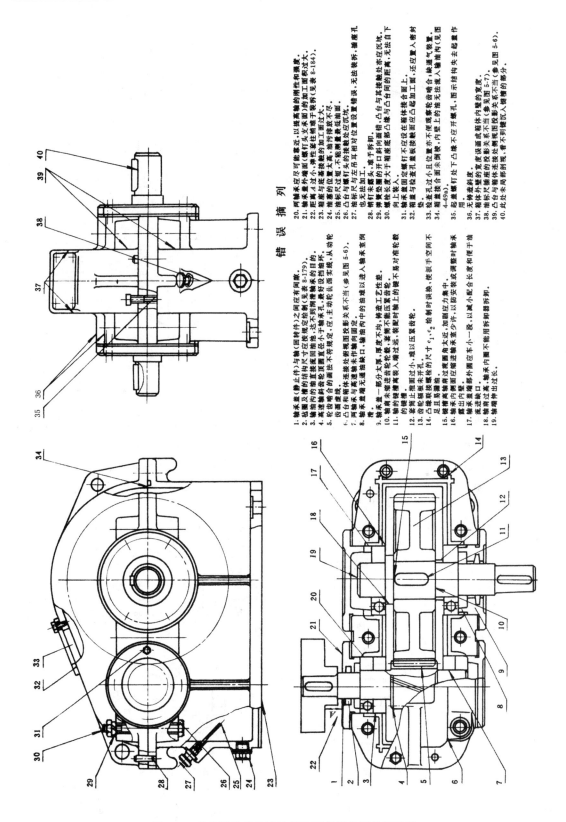

错　误　摘　列

1. 轴承盖（静止件）与轴（回转件）之间应有间隙。
2. 粘圈及槽的结构尺寸应规定并绘制（见表 8-179）。
3. 轴向内的油直接被回油槽挡住，这不到回油的目的。
4. 高速轴斜齿轮直径应小于轴孔，热好设该档油。
5. 轮齿啮合的面应不符规定，应与主动轮良距实现，从动轮轮齿应留适隙。
6. 凸台与箱体连接处群视图投影关系不当（参见图 5-6）。
7. 两轴承孔与高速轴无通油缺口，轴向轮中的油难以进入轴承室间隙。
8. 轴承盖与挡油盘无缺口，轴向轮上的键平时难以压紧套轮。
9. 轴承盖一部分太厚，厚度不均，转应应工艺性差。
10. 轴承室宽过齿轮轮数，套筒无法压紧轴齿。
11. 轴向键槽装入螺过近，装配时键不易压紧轮齿，的错错。
12. 窒筒壁面过小，难以压紧轮。
13. 螺钉无支座孔开孔。
14. 凸缘联接螺钉太少，加器应力集中，且且易漏油。
15. 键螺两轴间过滚圆角太近，绘制时误换，使板空间不足且易漏油。
16. 轴承内侧油封过窄轴承室少本一段，以防安装时轴承置不正。
17. 轴承盖端部外圆凸台太近，以减小配合长度和便于油封。
18. 轴承盖螺孔内螺面不能用不当。
19. 油塞外出过油。
20. 两轴承应尽可能靠近，以减两轴的附性和刚度。
21. 轴承盖外端面螺钉头太不露面的加工面积过大。
22. 箱内 4 太过小，冲杆接触处，这不到设计的加工面过大。
23. 箱底与底面接触处小于轴孔，热好设该档油。（见表 8-184）。
24. 油塞的位置太高，油污得表不高油面。
25. 油标尺的位置太短，不能测量低油面。
26. 凸台与螺钉头的接触处应凹凸沉。
27. 油标尺与左右吊耳相对位置设置错误，无法装杆，增座孔也无法加工。
28. 螺钉未露头，难于拆却。
29. 弹簧垫圈的开口斜向面错，凸台与其接触处应在同一面上。
30. 螺栓长度大于箱座凸台与凸台间的箱内应凸起自下向上装入。
31. 轴承盘固定螺钉不应位置太凸装置。
32. 螺盖与检查孔盖板接触面应凸起加工面，还应置入轴向内（见图 4-49d）。
33. 检查孔盖过小且位置不便观察轮齿接合啮置。
34. 箱盖与盘面未钩应应凸台起的靠面。
35. 起盖螺钉处于下凸缘不应开螺孔，图示结构中失油将箱身去起查作用。
36. 无铸造斜度。
37. 箱体外壁尺寸的宽度误差面观箱面的复度。
38. 油标插座处应有内型的复度。
39. 凸台与箱体连接处测视图投影关系不当（参见图 5-7）。
40. 此处未局部剖视，看不到键镶凹入处情的部分。

图 5-5　单级圆柱齿轮减速器装配草图常见错误示例

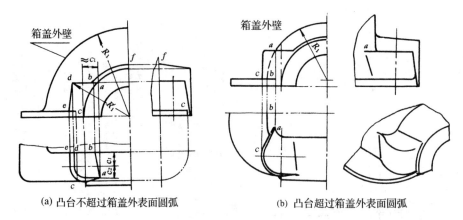

(a) 凸台不超过箱盖外表面圆弧   (b) 凸台超过箱盖外表面圆弧

图 5-6 减速器箱盖凸台结构的投影关系

以上较详细地阐述了单级圆柱齿轮减速器装配草图的设计和绘制,读者可以由此得到启迪进行两级圆柱齿轮、圆锥—圆柱齿轮以及蜗杆等减速器装配草图的设计与绘制;设计与绘制装配草图的步骤和方法基本相同,现仅就其中若干特点作些说明和提示。

图 5-8 为两级展开式圆柱齿轮减速器装配草图的主体部分,中间轴用式(5-1)初估确定的轴径作为与齿轮相配的轴头直径,式中系数 C 值可取大些;中间轴上

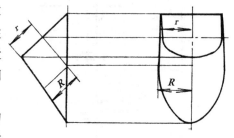

图 5-7 油标插座结构的投影关系

两齿轮间的轴环宽度可取 $8\sim15\mathrm{mm}$;画出沿箱体长度方向两条箱体内壁线后再画出箱体对称线利于设计和绘图;要检查中间轴上大齿轮顶圆与低速轴之间是否具有足够的间距,在正视图上两只大齿轮浸油深度是否合适,并画出最低和最高油面线以确定油标的位置。

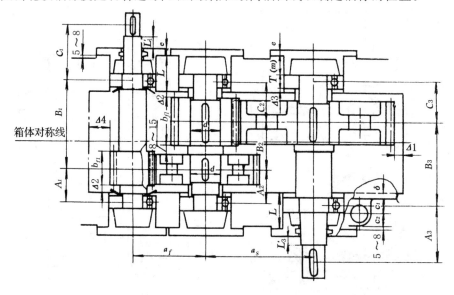

图 5-8 两级展开式圆柱齿轮减速器装配草图的主体部分

图 5-9 所示为圆锥—圆柱齿轮减速器装配草图的主体部分,其中间轴的设计注意点与图 5-8 所示中间轴一致,并多以小锥齿轮的中心线作为箱体的对称线,这样亦便于大锥齿轮调头安装时可改变轴的伸出方向。

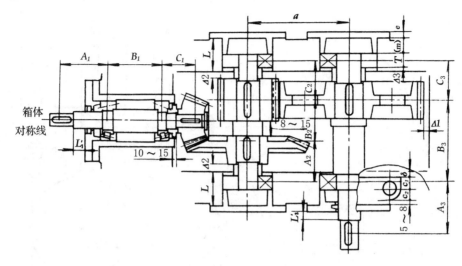

图 5-9　圆锥—圆柱齿轮减速器装配草图的主体部分

在锥齿轮减速器中,对于悬臂的小锥齿轮轴系,要求具有良好的刚性,并且能调整轴系的位置,以达到两齿轮锥顶重合。因此常将整个轴系装于套杯内而形成一个独立组件(参看图 5-9),套杯凸缘与轴承座外端面间以及轴承盖和套杯间均有调整垫片组,分别用来调节轴系位置和调整轴承间隙。为了使小锥齿轮轴具有较大的刚度,其两轴承支点距离 B_1 不宜过小,一般取 $B_1 \approx 2.5d$,式中 d 为轴颈直径;小锥齿轮的悬臂长度 $C_1 \approx 0.5B_1$。轴承套杯的结构尺寸参见图 4-53。

锥齿轮轴系常采用圆锥滚子轴承或角接触球轴承,轴承有正装和反装两种布置方案。图 5-9 所示小锥齿轮与轴分开制造,而图 4-8 所示小锥齿轮却与轴制成一体,两者轴承均为正装布置,这种结构支点跨距较小,刚度较差,但用垫片调整轴承间隙则较方便;还需注意,采取小锥齿轮连轴的结构宜用于小锥齿轮大端顶圆直径(即外径)小于轴承套杯凸肩孔径的场合,否则安装很不方便。图 4-8 所示结构方案 I 的轴承为反装布置,这种结构轴刚度较大,但调整轴承间隙不方便。图 4-9 所示 I～IV 的结构方案则为一端固定、一端游动的结构。

图 5-10 所示为一下置式蜗杆减速器装配草图的主体部分,由于蜗杆与蜗轮的轴线呈空间交错,所以不能在一个视图上表达出蜗杆与蜗轮的结构关系,绘制草图时要在正视图与左视图上同时进行。

为了提高蜗杆轴的刚度,应尽量缩小其支点距离。为此,如图所示蜗杆轴的轴承座常向箱体内延伸,内伸部分的凸台直径一般取为螺钉联接式轴承盖的凸缘外径。在设计内伸部分时,要注意使轴承座与蜗轮外圆之间的距离不小于 $\Delta 1$(查表 4-6);在结构上可将轴承座内端做成斜面以满足上述要求。当蜗杆轴较长时,热膨胀伸长量大,常采用一端固定、一端游动的支承方案,固定端一般选在非外伸端并常采用套杯的结构,以便固定和调整轴承。为了便于加工,游动端也常采用套杯或选用外径与座孔尺寸相同的轴承。设计套杯时,应注意使其外径大于蜗杆的外径,否则无法装配蜗杆。当蜗杆轴较短(支点距离小于 300mm)时,可采用两端单向固定的支承方案(参见图 4-11、图 4-12)。

图 4-12 所示蜗杆减速器采用蜗轮轴支承在大轴承盖上的整体式箱体结构,设计时要注意使大轴承盖与箱体孔的配合直径大于蜗轮外径,否则无法装配。为保证蜗杆传动的啮合精度,大轴承盖与箱体孔之间的配合荐用 $H7/js6$(要求低时可用 $H7/g6$),并要求有一定的配合宽度 B(一般可取箱体壁厚的 2.5 倍)。此外,为提高支承刚度,在轴承盖的内侧还要设置筋板。

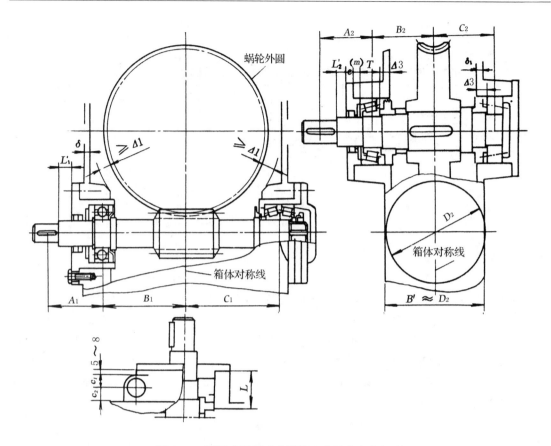

图 5-10　下置式蜗杆减速器装配草图的主体部分

对于连续工作的蜗杆减速器,需进行热平衡计算。当热平衡要求满足不了时,应增大散热面积,如在箱体上加设散热片(与箱体一道铸出,见图 4-11)。散热片一般垂直于箱壁布置,其形状和结构尺寸可参见图 4-52。当蜗杆减速器的散热面积增大后仍满足不了散热要求时,则可考虑在蜗杆轴上加设风扇,如图 4-11 所示。

三、总装配草图的设计和绘制

总装配草图的设计和绘制通常在各部件装配草图完成的基础上进行,其原则和步骤与部件装配草图的设计与绘制大同小异。现以图 5-11 来说明图 5-2 所示胶带输送机设计和绘制总装配草图的过程。

(1)按传动简图、部件装配草图选择视图、图纸幅面、图样比例及布置图面位置。

(2)画主体中心线。

如图 5-11 所示,画减速器低速轴、高速轴中心线①、②,在俯视图上画减速器箱体对称线①′;在正视图上画减速器剖分面线②′和底面线③′。

(3)画减速器外廓、联轴器、大 V 带轮及驱动卷筒轴系部件,注意大带轮半径最好不要超过减速器底座高度。

(4)按电动机(机座外形及安装尺寸见表 8-193、表 8-194)装在滑轨上的高度、在正视图上画电动机轴中心高度线④′,按 V 带传动的中心距定电动机轴心(即小 V 带轮轴心),得电动机轴心线③。画电动机及其滑轨外廓,观察是否和减速器、联轴器等适应,否则 V 带传动的中心

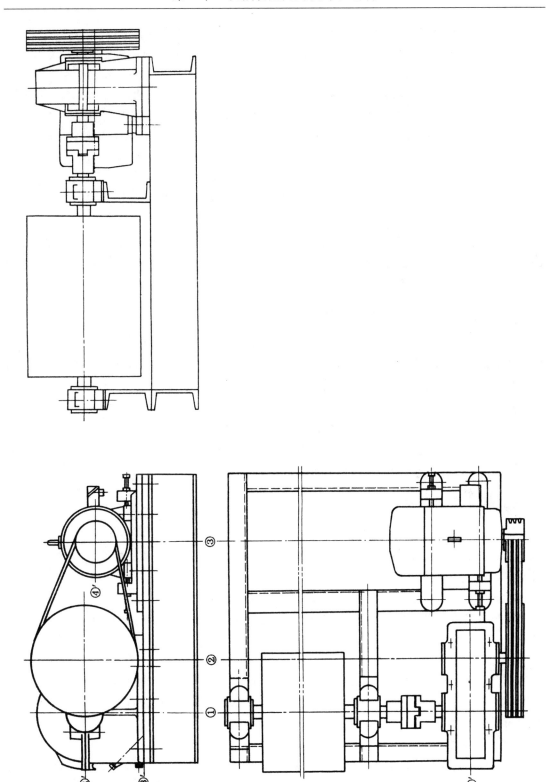

图 5-11　胶带输送机总装配图的设计和绘制过程

距、带长要重新调选；出入很大时，原计算带传动在轴上的作用力还需相应修正。

（5）选用合适的槽钢设计绘制机架，并选联接件。显然，该机架的结构形状和尺寸必须到绘制总装配图时才能确定。

总装配草图设计和绘制，要注意整体结构紧凑、匀称，各部件是否协调，工作和维修是否方便，如减速器排油孔和油标位置以及调整 V 带传动张紧力的调节螺栓位置等在部件装成整机以后是否合适等等。有时在设计和绘制总装配草图的过程中还会对原设计的部件装配草图作交替修改。

5.3　装配工作图的绘制和总成设计

在完成装配草图的基础上应进一步绘制与总成为可供生产用的、正式的、完整的装配工作图。其上应包括必要的结构视图与尺寸、零部件序号、明细表、标题栏以及技术特性和技术要求等内容。现仍以减速器为例，对以上内容分别提示如下。

一、按机械制图标准绘制结构视图

装配工作图各视图都应完整、清晰，避免采用虚线表示零件的结构形状，对必须表达的内部结构或细部结构，可以用局部剖视或向视图表示。装配图上某些结构可用机械制图标准规定的简化画法，例如螺栓、螺母、滚动轴承可以采用简化画法；对于类型、尺寸、规格、材料均相同的螺栓联接，可以只画一个，其他则用中心线表示。

装配工作图也应先用轻线绘制，待零件工作图设计完成后可能尚需进行某些必要的修改后再予加浓。如果装配草图质量良好，无需作较多的或重大的改动，也可以在原装配草图上继续进行装配工作图的绘制与总成设计工作。

二、标注主要尺寸和配合

1. 特性尺寸

反映技术性能、规格或特征的尺寸；如传动零件的中心距及其极限偏差（偏差值查表 8-91、表 8-135）等。

2. 外形尺寸

表明占有的空间尺寸；如减速器的总长、总宽和总高等，可供包装、运输和布置安装场所作参考。

3. 安装尺寸

为设计支承件（如机架、电动机座）、外接零件提供联系的尺寸；如减速器箱体底面的尺寸，地脚螺栓孔的直径与中心距，地脚螺栓孔的定位尺寸，轴外伸端的配合直径、配合长度、中心高及端面定位尺寸等。

4. 配合尺寸

表明各配合零件之间装配关系的尺寸；如传动件与轴头，轴承内孔与轴颈，轴承外圈与轴承座孔的配合尺寸。标注这些尺寸的同时应认真考虑并注明选用何种基准制、配合性质及精度等级。

常用优先配合及其应用举例已摘列于表 4-23。表 5-1、图 4-3、图 4-7、图 4-9、图 4-10 均可供参考。

表 5-1　减速器主要零件的荐用配合

配 合 处	荐 用 情 况		装 配 方 式
传动零件与轴 联轴器与轴	一般情况	$\dfrac{H7}{r6}$，$\dfrac{H7}{n6}$	用压力机
	要求对中良好 及很少装拆	$\dfrac{H7}{n6}$	用压力机（较紧的 过渡配合）
	较常装拆	$\dfrac{H7}{m6}$，$\dfrac{H7}{k6}$	用手锤打入 （一般的过渡配合）
滚动轴承内孔与轴、 外圈与座孔	见表 8-162～表 8～165		见 4.2 之二、2、（3）
轴承套杯与座孔	$\dfrac{H7}{h6}$，$\dfrac{H7}{js6}$		
轴承盖与座孔（或套 杯孔）	$\dfrac{H7}{d11}$，$\dfrac{H7}{h8}$，$\dfrac{H7}{f9}$，$\dfrac{J7}{f7}$		徒手装拆
嵌入式轴承盖与座 孔凹槽	$\dfrac{H11}{d11}$		
套筒、溅油轮、封油 环、挡油环等与轴	$\dfrac{H7}{h6}$，$\dfrac{E8}{k6}$，$\dfrac{E8}{js6}$，$\dfrac{D11}{k6}$		

　　一般均应优先采用基孔制，但滚动轴承是标准件，其外圈与座孔相配用基轴制，内孔与轴颈相配用（特殊的）基孔制；轴承配合的标注方法也与其他零件不同，只需标出与轴承相配合的座孔和轴颈的公差带符号，如图 4-3 中的配合尺寸 $\varnothing 90H7$、$\varnothing 120H7$ 和 $\varnothing 40k5$、$\varnothing 55k5$。当零件的一个表面同时与两个（或更多）零件相配合且配合性质又互不相同，往往采用不同基准制的配合，如图 4-3 中的配合尺寸 $\varnothing 90\dfrac{H7}{d11}$、$\varnothing 120\dfrac{H7}{d11}$ 和 $\varnothing 40\dfrac{D11}{k5}$、$\varnothing 55\dfrac{D11}{k5}$。

三、编制零件序号、明细表和标题栏

　　装配工作图上所有零件均应标出序号，但对形状、尺寸及材料完全相同的零件只需标一个序号。各独立部件，如滚动轴承、通气器和油标等，虽然是由几个零件所组成，也只编一个序号。对于装配关系清楚的零件组（如螺栓、螺母及垫圈）可如图 5-12 所示用一个公用指引线，但各零件仍应分别给予编号。

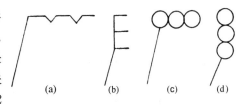

(a)　　(b)　　(c)　　(d)

图 5-12　公用指引线编号

　　序号应安排在视图外边，并沿水平方向及垂直方向以顺时针或逆时针顺序整齐排列，不得重复和遗漏。各序号引线不应相交，并尽可能不与视图的剖面线平行。

　　明细表和标题栏在装配工作图上的布置可参见图 4-3，标题栏应布置在图纸的右下角。本课程设计采用的明细表和标题栏的格式可参见表 5-2。对装配图中每一个序号均应在明细表中由下向上顺序编填，各标准件应按规定方式标记。材料应注明牌号，外购件一般应在备注栏内写明。编制明细表也是最后确定材料及标准件的过程，应当认真对待。要注意尽量减少材料和标准件的品种和规格。

表 5-2　装配图的明细表和标题栏格式(本课程设计用)

	序号	名　　称	数量	材料	标　　准	备注	
明细表	...	......					(由序号数量确定)
	05	杆式油标	1	Q235		组合件	
	04	滚动轴承	2		GB/T 276—1994	6308,外购	
	03	螺栓	6	Q235	GB/T 5782—2000	M12×90	
	02	齿轮	1	45		$m=2,z=120$	
	01	箱座	1	HT200			7
	序号	名　　称	数量	材料	标　　准	备注	7
	10	45	10	20	40	(25)	

150

标题栏

		40		25	
(装配图名称)	图号		第( )张		
	比例		共( )张		7
设计	(签名)	(日期)			35
绘图			机械设计课程设计	(校名班号)	
审阅					
15	35	20	40	(40)	

150

注:主框线为粗实线;分格线为细实线。。

四、标明技术特性

通常采用列表形式在装配图上的适当位置标明技术特性,如图 4-3 所示,减速器的技术特性所列项目一般为输入功率和转速、传动效率、总传动比和传动特性(各级传动比及各级传动的主要参数、精度等级)等。

五、撰写技术要求

装配工作图上的技术要求是用文字来说明在视图上难以标出的有关装配、调整、检验、润滑、维护等方面的内容,具体则与设计要求有关。在减速器装配图上通常写出的技术要求有如下几方面:①装配前的零件表面要求;②安装和调整要求;③润滑要求;④密封要求;⑤试验要求;⑥包装和运输要求等。图 4-3 中所列各项具体的技术要求是根据该直齿圆柱齿轮减速器的设计要求编写的。现对其中若干项作些说明:关于滚动轴承组合的调整、润滑和密封要求可参见本书 4.2 中之阐述。啮合传动的侧隙量和接触斑点是根据传动件精度确定的,齿轮副的最小和最大法向侧隙应根据齿厚极限偏差和传动中心距极限偏差等通过计算来确定,具体计算方法和步骤可参见本书例 6-1。用涂色法检查齿面接触斑点是在主动轮齿面上涂色,主动轮转动 2～3 周,观察从动轮齿面的着色情况,并分析沿齿高和齿长接触区位置以及接触面积大小,其规范可查阅表 8-93、表 8-116 及表 8-133。若侧隙及接触斑点不符合要求时,可对齿面进行刮研、跑合或调整传动件的啮合位置。

待上述工作完成之后,应对装配工作图的质量逐项仔细检查,使之正确无误。

关于总装配图的绘制与总成设计,其工作内容和前述减速器部件装配图的绘制与总成设计基本类似。图 5-2 所示胶带输送机的总装配图中,由于减速器、滑块联轴器、驱动卷筒连轴组件等均另行绘制了部件装配图,在总装配图的序号和明细表中则将它们分别作为一个单元编制,其外形和配合尺寸等一般均无需在总装配图中标注。总装时用的螺栓、螺母及垫片等标准件常集中一起编写序号。

第6章

零件工作图的设计和绘制

6.1 零件工作图设计概述

机器或部件中每个零件的结构尺寸和加工等方面的要求在装配图中没有完全反映出来，因此，要把装配图中的各个零件制造出来（除标准件外），还必须绘制出每一零件的工作图。合理设计和正确绘制零件工作图也是设计过程中的一个重要环节，只有完成零件工作图的绘制，制造产品所需的设计图纸才算齐备。

零件工作图是零件制造、检验和制订工艺规程的基本技术文件，它既要反映设计的意图，又要考虑制造的可能性和合理性。一张正确设计的零件工作图可以起到减少废品、降低生产成本、提高生产率和机械使用性能的作用。

在机械设计课程设计中，绘制零件工作图的目的主要是锻炼学生的设计能力及掌握零件工作图的内容、要求和绘制方法。由于时间限制，只要求绘制由教师指定的2～3个典型零件的工作图。

零件工作图的要求如下：

1. 正确选择和合理布置视图

零件工作图必须根据机械制图中规定的画法并以较少的视图和剖视合理布置图面，清楚而正确地表达出零件内、外各部分的结构形状和尺寸。为了方便起见，零件工作图应以较大的比例绘制，对于局部的细小结构，还可以再用更大的比例画出局部放大图。

2. 合理标注尺寸

要认真分析设计要求和零件的制造工艺，正确选择尺寸基准面，做到尺寸齐全，标注合理，尽可能避免加工时再作任何计算，不遗漏，不重复，更不能有差错。

零件的结构尺寸应从装配图中得到、并与装配图一致，不得任意更改，以防发生矛盾。但当装配图中零件的结构从制造和装配的可能性与合理性角度考虑，认为不十分合适时，也可在保持零件工作性能的前提下，修改零件的结构，但是在修改零件结构的同时，也要对装配图作相应的改动。

对装配图中未曾标明的一些细小结构，如退刀槽、圆角、倒角和铸件壁厚的过渡尺寸等，在零件工作图中都应完整、正确地绘制出来。

另外，有一些尺寸不应从装配图上推定，而应以设计计算为准，例如齿轮的齿顶圆直径等，零件工作图上的自由尺寸应加以圆整。

3. 标注公差及表面粗糙度

对于配合尺寸和精度要求较高的几何尺寸，应标注出尺寸的极限偏差，并根据不同要求标注零件的表面形状和位置公差。自由尺寸的公差一般可不标注。

形位公差值可用类比法或计算法确定，一般可凭经验类比。但要注意各公差值的协调，应

使 $T_{形状} < T_{位置} < T_{公差}$。对于配合面,当缺乏具体推荐时,通常可取形状公差为尺寸公差的 $25\% \sim 63\%$。

零件的所有加工表面都应注明表面粗糙度数值,遇有较多的表面采用相同的表面粗糙度数值时,为了简便起见可集中标注在图纸的标题栏上方。

4. 编写技术要求

技术要求是指一些不便在图上用图形或符号标注,但在制造或检验时又必须保证的条件和要求。它的内容比较广泛多样,需视具体零件的要求而定。

有关轴、齿轮、蜗杆和蜗轮等通用零件应标注的技术要求,详见以下各节。

5. 画出零件工作图标题栏(本课程设计用)

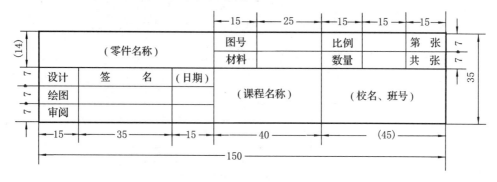

6.2　轴类零件工作图的设计和绘制

一、视　图

轴类零件的工作图,一般只需一个按轴线水平布置的主视图,在有键槽和孔的地方,可增加必要的局部剖面或断面图,对于退刀槽、中心孔等细小结构必要时应绘制局部放大图,以便确切地表达出形状并标注尺寸。

二、标注尺寸

轴类零件一般都是回转体,因此主要是标注直径尺寸和轴向长度尺寸。标注直径尺寸时,应特别注意有配合关系的部位。当各轴段直径有几段相同时,都应逐一标注,不得省略。即使是圆角和倒角等细部结构尺寸也应标注无遗,或者在技术要求中说明。标注长度尺寸时,既要按照零件尺寸的精度要求,又要符合机械加工的工艺过程,不致给机械加工造成困难或给操作者带来不便。因此需要考虑基准面和尺寸链问题。

轴类零件的表面加工主要在车床上进行,因此轴向尺寸的标注形式和选定的定位基准面也必须与车削加工过程相适应。现以图 6-1 所示的轴为例来说明如何选择基准面和标注轴向尺寸。从图所示分析其装配关系可知,与两轴承端面接触的两轴肩之间的距离 l 对尺寸精度有一定的要求,而外形长度 L 和其余各轴段长度可按自由尺寸公差加工。如果轴向尺寸采用图 6-2(a)所示都是以轴的一端面作基准的标注方式,则形成并列的尺寸组。这种标注方式从图面上看虽然也能确定各轴段的长度,但却与轴的实际加工过程不相符(因为一般车削加工需要调头装夹两次,分别加工出中部较大直径两侧的各轴段直径)。因而,加工时测量不便,同时也降低了尺寸 l 的精度(因这时要由尺寸 L_2 和 L_5 共同确定尺寸 l 的精度)。如改为图 6-2(b)

所示逐段标注出轴的各段长度,则形成串联式的尺寸链。由于这种标注各尺寸线首尾相接,即前一尺寸线的终止处是后一尺寸线的基准。这样,实际加工的结果,只有当每一尺寸都精确时,才能使各轴段的长度之和保持一定,并使各轴段的相对位置符合设计要求。由此可知,图 6-2 所示的两种尺寸标注方式都是不合理的。

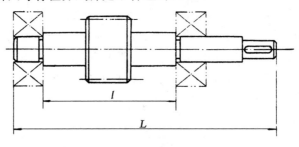

图 6-1　齿轮轴

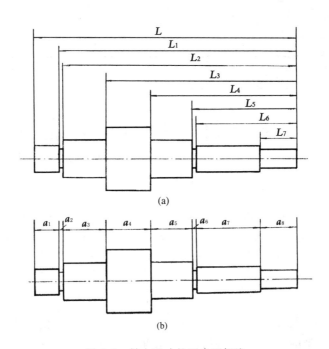

图 6-2　轴向尺寸的不合理标注

为了使轴的轴向长度尺寸标注比较合理,设计都应对轴的车削过程有所了解。但车削过程与机床类型(普通车床、多刀车床、液压靠模车床和数控车床等)有关。故标注轴向尺寸时,首先应根据零件的批量确定机床类型。图 6-3 所示为按小批生产采用普通车床加工时轴向尺寸的标注方式。图 6-3(a)表示按轴总长 L 截取直径稍大于最大轴的直径的一段棒料。先打好两端面的中心孔(尺寸见表 8-4),并以此为基准从右端开始车削,由于与两轴承端面相靠的轴肩之间距离有精度要求,故应先车出 L_5,然后以端面①和轴肩②为基准,依次车出两轴段长度 a_5 和 a_8,并切槽和倒角。如图 6-3(b)所示,调头重新装夹后,先车出最大直径,再以轴肩②为基准量出尺寸 l 定出另一轴肩的位置,从而车出轴段 a_3 和安装轴承处的轴颈。完整的轴向尺寸标注方式,如图 6-3(c)所示。

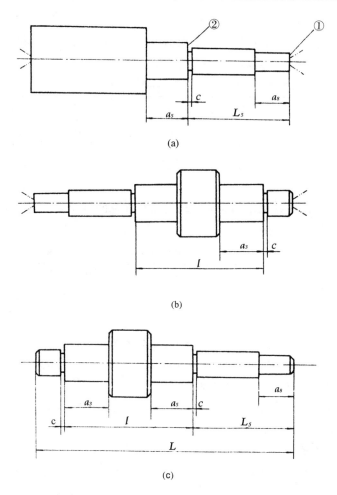

图 6-3　轴的车削过程及轴向尺寸的标注

三、标注尺寸公差和形位公差

轴类零件工作图有以下几处需要标注尺寸公差和形位公差:

(1)安装传动零件(齿轮、蜗轮、带轮、链轮等)、轴承以及其他回转件与密封装置处轴的直径公差。公差值按装配图中选定的配合性质从公差配合表中查出。

(2)键槽的尺寸公差。键槽的宽度和深度的极限偏差按键联接标准规定可从表 8-61 中查出。为了检验方便,键槽深度一般改注尺寸 $d-t$ 的极限偏差(此时极限偏差值取负值)。

(3)轴的长度公差。在减速器中一般不作尺寸链的计算,可以不必标注长度公差。自由公差按 $h12$、$h13$ 或 $H12$、$H13$ 决定(一般不标出)。

(4)各重要表面的形状公差和位置公差。根据传动精度和工作条件等,可标注以下几方面的形位公差:

①配合表面的圆柱度

与滚动轴承或齿轮(蜗轮)等配合的表面,其圆柱度公差约为轴直径公差的 1/4,或取圆柱度公差等级为 6~7 级。

与联轴器和带轮等配合的表面,其圆柱度公差约为轴直径公差的(0.6~0.7)倍,或取圆柱度公差等级为 7~8 级。

②配合表面的径向跳动度

轴与齿轮、蜗轮轮毂的配合部位相对滚动轴承配合部位的径向跳动度可按表6-1确定,也可按径向跳动度为6级或7级选取。

表 6-1　轴与齿轮、蜗轮配合部位的径向跳动度

精度等级		6	7、8	9
轴在安装轮毂部位的径向跳动度	圆柱齿轮和锥齿轮	$2IT3$	$2IT4$	$2IT5$
	蜗杆、蜗轮	—	$2IT5$	$2IT6$

注:IT 为轴配合部分的标准公差值,见表 8-27

轴与联轴器、带轮的配合部位相对滚动轴承配合部位的径向跳动度可按表6-2确定,或取径向跳动度公差等级为6～8级。

表 6-2　轴与联轴器、带轮配合部位的径向跳动度

转　速　r/min	300	600	1000	1500	3000
径向跳动度　mm	0.08	0.04	0.024	0.016	0.008

轴与两滚动轴承的配合部位的径向跳动度,其公差值:

对球轴承为 $IT6$;对滚子轴承为 $IT5$,或取径向跳动度公差等级为5～7级。

轴与橡胶油封接触部位的径向跳动度:

轴转速 $n \leqslant 500 r/min$,取 $0.1 mm$;$n > 500 \sim 1000 r/min$,取 $0.07 mm$;$n > 1000 \sim 1500 r/min$,取 $0.05 mm$;$n > 1500 \sim 3000 r/min$,取 $0.02 mm$。

(3)轴肩的端面跳动度

与滚动轴承端面接触:对球轴承约取 $(1 \sim 2)IT5$;对滚子轴承约取 $(1 \sim 2)IT4$;或选取端面跳动度公差等级为6～7级。

与齿轮、蜗轮轮毂端面接触:当轮毂宽度 l 与配合直径 d 的比值 $l/d < 0.8$ 时,可按表6-3确定端面跳动;当比值 $l/d \geqslant 0.8$ 时,可不标注端面跳动度。

表 6-3　轴与齿轮、蜗轮轮毂端面接触处的轴肩端面跳度

精度等级	6	7、8	9
轴肩的端面跳动度	$2IT3$	$2IT4$	$2IT5$

(4)与滚动轴承配合的两表面同轴度

当轴与两滚动轴承配合的圆柱表面不注径向跳动度时,可改注同轴度。对普通精度的滚动轴承,可取同轴度精度等级为6～7级。

(5)平键键槽两侧面相对轴线的平行度和对称度

对称度公差约为键槽宽度公差的 $\frac{1}{2}$,或取对称度公差等级为7～9级;对联接精度要求较高时,才应注出键槽表面对轴线的平行度公差,一般可取键槽宽度公差的 $\frac{1}{2}$,或取平行度公差等级为6～8级。

图 6-4 为轴的尺寸公差和形位公差查注指示图。表6-4归纳了轴上应标注的形位公差项

目及其对工作性能的影响。

按以上推荐确定的形位公差数值,应圆整至表 8-35～表 8-37 中相近的标准公差值。

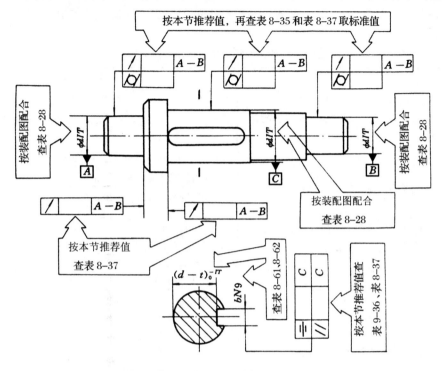

图 6-4　轴的尺寸公差和形位公差查注指示图

表 6-4　轴的形位公差推荐项目

内　容	项　目	符　号	对工作性能影响
形状公差	与传动零件相配合表面的 圆　度 圆柱度 与轴承相配合表面的 圆　度 圆柱度	○ ○	影响传动零件与轴配合的松紧及对中性 影响轴承与轴配合的松紧及对中性
位置公差	齿轮和轴承的定位端面相对其配合表面的 端面圆跳动 同轴度 全跳动	／ ◎ ∥	影响齿轮和轴承的定位及其受载的均匀性
位置公差	与齿轮等传动零件相配合的表面以及与轴承相配合的表面相对于基准轴线的径向圆跳动或全跳动	／ ∥	影响传动零件和轴承的运转偏心
位置公差	键槽相对轴中心线的 对称度 平行度 (要求不高时不注)	＝ ∥	影响键受载的均匀性及装拆的难易

四、标注表面粗糙度

轴的各个表面都要进行加工,其表面粗糙度数值可按表 6-5 推荐的数值,或查阅其他有关手册确定。

表 6-5　荐用的轴加工表面粗糙度数值

加　工　表　面	表面粗糙度 Ra 值(μm)		
与齿轮等传动零件及联轴器等轮毂相配合的表面	3.2;1.6;0.8;0.4		
与普通精度等级滚动轴承相配合的表面	0.8(当轴承内径 $D\leqslant80$mm) 1.6(当轴承内径 $D>80$mm)		
与传动件及联轴器相配合的轴肩表面	6.3;3.2;1.6		
与滚动轴承相配合的轴肩表面	3.2;1.6		
平键键槽	3.2～1.6(工作面),6.3(非工作面)		
与轴承密封装置相接触的表面	毡圈油封	橡胶油封	间隙或迷宫式
	与轴接触处的圆周速度(m/s)		3.2～1.6
	$\leqslant3$	$>3～5$	$>5～10$	
	3.2～1.6	0.8～0.4	0.4～0.2	
螺纹牙工作面	0.8(精密精度螺纹),1.6(中等精度螺纹)		
其他表面	6.3～3.2(工作面),12.5～6.3(非工作面)		

注:Ra 的标准值见表 8-38

五、撰写技术要求

轴类零件工作图中的技术要求主要包括下列几个方面:

(1)对材料的机械性能和化学成分的要求及允许代用的材料等。

(2)对材料表面性能的要求,如热处理方法、热处理后的硬度、渗碳层深度及淬火深度等。

(3)对机械加工的要求,如是否要保留中心孔(留中心孔时,应在图中画出或按国家标准加以说明)。若与其他零件一起配合加工(如配钻或配铰等),也应予以说明。

(4)对图中未注明的圆角、倒角的说明,个别部位的修饰加工要求,以及对较长的轴要求毛坯校直等。

六、轴的零件工作图示例

图 6-5 为轴的工作图示例。为了使图上表示的内容层次分明,便于辨认和查找,对于不同的内容应分别划区标注,例如在轴的主视图下方集中标注轴向尺寸和代表基准的符号,如图中的 $\boxed{A}$ 、$\boxed{B}$ 、$\boxed{C}$;在轴的主视图上方标注形位公差以及表面粗糙度和需作特殊检验部位的引出线等。

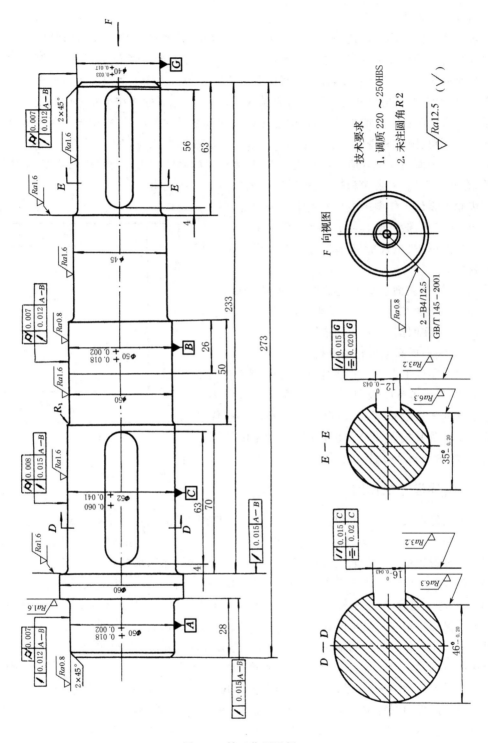

图 6-5　轴工作图示例

6.3　齿轮类零件工作图的设计和绘制

齿轮类零件包括齿轮、蜗杆和蜗轮等。这类零件的工作图中除了零件图形和技术要求外，还应有啮合特性表。

　　齿轮类零件的图形应按照国家的有关标准规定绘制,要求完整地表示出零件的几何形状及轮坯的各部分尺寸和加工要求。这类零件工作图一般需要有两个主要视图,但可按规定对视图作某些简化。齿轮轴和蜗杆轴的视图与轴类零件相似。图上的尺寸可按回转件的尺寸标注方式进行标注,径向尺寸可标注在垂直轴线的视图上,也可标注在齿宽方向的视图上。齿轮类零件的分度圆虽然不能直接测量,但它是设计的基本尺寸,应标注在图上或写在啮合特性表中。对于倒角、圆角和铸(锻)造斜度等都应逐一标注在图上或写在技术要求中。尺寸公差、形位公差以及表面粗糙度等应标注在视图上,具体数值的确定与齿轮类零件的精度、工作条件等有关,在圆柱齿轮、锥齿轮和蜗杆、蜗轮工作图中再作具体说明。

　　齿轮类零件工作图中的技术要求一般内容有:

　　(1)对铸件、锻件或其他类型坯件的要求。

　　(2)对材料机械性能和化学成分的要求及允许代用的材料。

　　(3)对材料表面机械性能的要求,如热处理方法、热处理后的硬度、渗碳层深度及淬火深度等。

　　(4)对未注明倒角、圆角的说明。

　　(5)对大型或高速齿轮的平衡校验的要求。

　　齿轮类零件工作图上的啮合特性表应安置在图纸的右上角(见图 6-6)。表中内容由两部分组成。第一部分是基本参数及精度等级,第二部分是齿轮和传动的检验项目及其偏差或公差值,详细内容见以下圆柱齿轮、锥齿轮和蜗杆、蜗轮工作图。

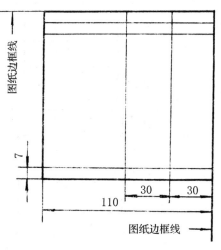

图 6-6　啮合特性表的位置和尺寸

一、圆柱齿轮工作图

　　齿轮的轴向尺寸标注比较简单,对于小齿轮(见图 6-7a)只有齿宽 b 和轮毂长度 l 两个尺寸。前者为自由尺寸,后者为轴系组件装配尺寸链中的一环。当齿轮尺寸较大时,为了减轻重量可采用盘形辐板结构。如辐板用车削方法形成时,则标注凹部的深度 C_1,以便于加工时测量,如图 6-7(b)所示。对于用锻、铸方法形成的辐板,则宜直接标注辐板的厚度 C,如图 6-7(c)所示。对于轮缘厚度、辐板厚度、轮毂及辐板开孔等尺寸,为便于测量,均应进行圆整。

　　为了保证齿轮加工的精度和有关参数的测量,标注尺寸时要考虑到基准面,并规定基准面的尺寸和形位公差。齿轮的轴孔和端面既是工艺基准也是测量和安装的基准。为了保证安装质量和切齿精度,对端面与孔中心线的垂直度和端面跳动度均应有要求。齿轮的齿顶圆作为测量基准时有两种情况:一是加工时用齿顶圆定位或找正,此时要控制齿顶圆的径向跳动;另一种情况是用齿顶圆定位检验齿厚或基节尺寸公差,此时要控制齿顶圆公差和径向跳动。

　　对于齿轮轴,不论车削加工还是切制轮齿都是以中心孔作为基准。当零件刚度较低或齿轮轴较长时,就要以轴颈作为基准。轴颈本身同时也是装配基准。

　　齿轮基准面的尺寸公差和形位公差的项目以及相应数值的确定都与传动的工作条件有关。通常按齿轮的精度等级确定其公差数值。以下分别说明齿轮工作图上需标注的尺寸公差和形位公差项目。

　　(1)齿顶圆直径的极限偏差。其值可查表 8-85。

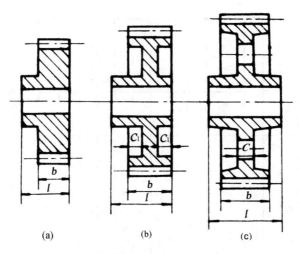

图 6-7　齿轮轴向尺寸的标准

（2）轴孔或齿轮轴轴颈的公差。其值可查表 8-85。

（3）键槽宽度 b 的极限偏差和尺寸（$d-t_1$）的极限偏差。其值可查表 8-61、表 8-62。

（4）齿轮齿顶圆的径向跳动度公差。其值可查表 8-85。

（5）齿轮端面的端面跳动度公差。其值可查表 8-88 和表 8-87。

（6）齿轮轴孔的圆柱度公差。其值约为轴孔直径尺寸公差的 0.3 倍，或参考表 8-86 并圆整至表 8-35 的标准值。

（7）键槽的对称度公差，其值可取轮毂键槽宽度公差的 1/2 或取对称度公差等级为 7～9 级；键槽的平行度公差，一般可不注，精度要求较高时，可取轮毂键槽宽度公差的 0.5 倍。所取公差值应圆整至表 8-36 和表 8-37 的标准值。

圆柱齿轮的各个主要表面都应标明粗糙度，粗糙度的数值应与齿轮的精度相适应。表 6-6 列出圆柱齿轮主要表面粗糙度的推荐值，也可参见表 8-89、表 8-90。

表 6-6　圆柱齿轮主要表面粗糙度

加　工　表　面		粗　糙　度　R_a　值　（μm）				
		齿轮精度等级				
		6	7	8	9	10
轮齿工作面	法面模数≤8	0.4	0.8	1.6	3.2	6.3
	法面模数＞8	0.8	1.6	3.2	6.3	6.3
齿轮基准孔（轮毂孔）		0.8	1.6～0.8	1.6	3.2	3.2
齿轮基准轴颈		0.4	0.8	1.6	1.6	3.2
与轴肩相靠的端面		1.6	3.2	3.2	3.2	6.3
齿　顶　圆	作为基准	1.6	3.2～1.6	3.2	6.3	12.5
	不作为基准	6.3～12.5				
平　键　键　槽		3.2（工作面），6.3（非工作面）				

圆柱齿轮啮合特性表应列入的基本参数及检验项目，见图 6-8 和图 6-9。这两图中的啮合特性表分别适用于直齿圆柱齿轮和斜齿圆柱齿轮。检验项目与齿轮的精度等级有关，详细说明见表 8-73。在图 6-8 啮合特性表中所列的检验项目是以 8 级精度的齿轮为例。

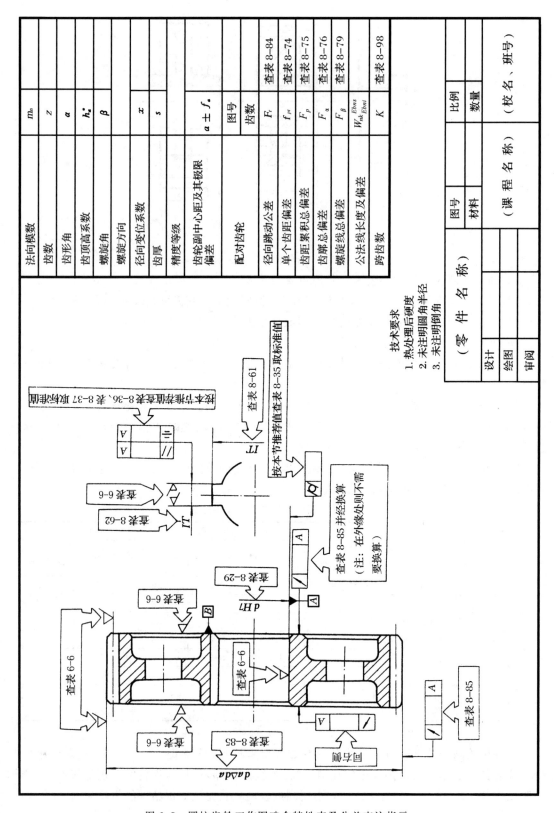

图 6-8　圆柱齿轮工作图啮合特性表及公差查注指示

齿数	z	79
法向模数	m_n	3
齿形角	α	20°
齿顶高系数	h_a^*	1.0
中心距及基准极限偏差 $a \pm f_a$		150±0.0315
螺旋角	β	8° 6′ 34″
螺旋方向		右旋
径向变位系数	x	0
全齿高	h	6.75
精度等级 8 $(f_{pt}, F_p, F_\alpha, F_\beta, F_r)$(GB/T 10095—2008)		
相啮合齿轮图号		
径向跳动公差	F_r	0.056
齿距累积总公差	F_p	0.070
齿廓总偏差	F_α	0.025
螺旋线总偏差	F_β	0.029
单个齿距偏差	f_{pt}	±0.018
公法线长度及偏差	$W_{k}{}^{E_{bns}}_{E_{bni}}$	$85.55^{-0.097}_{-0.183}$
跨齿数	K	10

技术条件

1. 正火处理 170~190HBS
2. 未注明圆角 $R5$
3. 未注明倒角 $2.5 \times 45°$

$\sqrt[6.3]{\ (\sqrt{\ })}$

（标题栏）

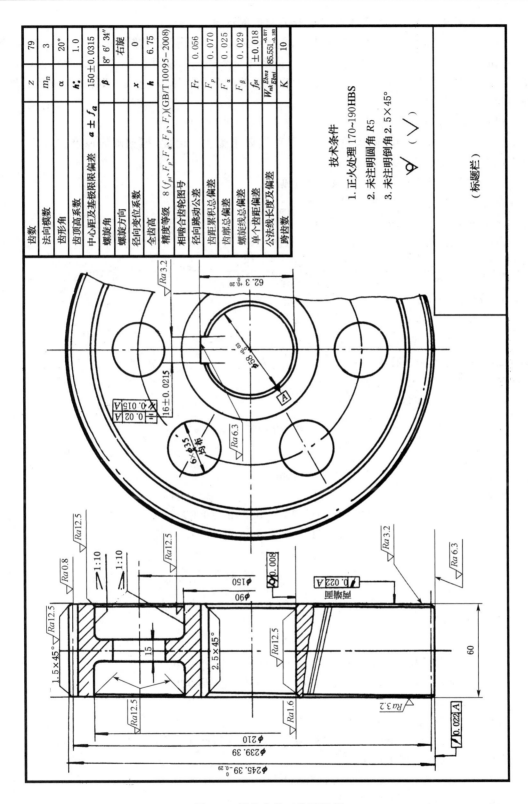

图 6-9 圆柱齿轮工作图示例

以下举例说明齿轮精度等级的确定及公差值的计算。

例 6-1　有一对用于传动装置的斜齿圆柱齿轮,大、小齿轮的齿数为 $z_2=79,z_1=20$,模数 $m_n=3\text{mm}$,齿宽 $b=60\text{mm}$,螺旋角 $8°6'34''$,齿形角 $\alpha=20°$,中心距 $a=150\text{mm}$,齿轮齿面硬度 HBS>350,齿轮圆周速度约 9.5m/s,试确定齿轮的侧隙和齿厚偏差及齿部各检验项目的极限偏差和公差值等。

解:1. 确定齿轮精度等级

由齿轮的工作条件可知,齿轮以工作平稳性要求为主。因此,根据圆周速度查表 8-71 可以确定齿轮的精度为 8 级。

2. 确定齿轮传动的最小侧隙及齿厚上偏差

查表 8-94 或表 8-96,取

最小侧隙 $j_{n\min}=155\mu\text{m}=0.155\text{mm}$

齿厚上偏差 E_{sns} 由表 8-95 计算式

$$E_{sns}=E_{sns1}=E_{sns2}=-\frac{j_{n\min}}{2\cos\alpha_n}=-\frac{155}{2\cos20°}=-82\mu\text{m}=-0.082\text{mm}$$

3. 齿厚公差 T_{sn}

由表 8-95 计算式

$$T_{sn}=2\tan\alpha_n\sqrt{F_r^2+b_r^2}$$

两齿轮的分度圆直径为

$$d_1=\frac{z_1m_n}{\cos\beta}=\frac{3\times20}{\cos8°6'34''}=60.61\text{mm}$$

$$d_2=\frac{z_2m_n}{\cos\beta}=\frac{3\times79}{\cos8°6'34''}=239.39\text{mm}$$

查表 8-84

$$F_{r1}=0.043\text{mm};F_{r2}=0.056\text{mm}$$

查表 8-95 注

$$b_{r1}=1.261\times IT9=1.261\times74=93.3\mu\text{m}=0.0933\text{mm}$$

$$b_{r2}=1.261\times IT9=1.261\times115=145\mu\text{m}=0.1450\text{mm}$$

故

$$T_{sn1}=2\tan\alpha_n\sqrt{F_{r1}^2+b_{r1}^2}=2\tan20°\sqrt{0.043^2+0.093^2}=0.075\text{mm}$$

$$T_{sn2}=2\tan\alpha_n\sqrt{F_{r2}^2+b_{r2}^2}=2\tan20°\sqrt{0.056^2+0.145^2}=0.113\text{mm}$$

4. 齿厚下偏差 E_{sni}

查表 8-95

$$E_{sni1}=E_{sns}-T_{sn1}=-0.082-0.075=-0.157\text{mm}$$

$$E_{sni2}=E_{sns}-T_{sn2}=-0.082-0.113=-0.195\text{mm}$$

5. 公法线长度偏差 E_{bns}、E_{bni}

齿轮 z_1 公法线长度上偏差 E_{bns1}

$$E_{bns1}=E_{sns}\cos\alpha_n=-0.082\cos20°=-0.077\text{mm}$$

齿轮 z_1 公法线长度下偏差 E_{bni1}

$$E_{bni1}=E_{sni}\cos\alpha_n=-0.157\cos20°=-0.148\text{mm}$$

齿轮 z_2 公法线长度上偏差 E_{bns2}

$$E_{bns2}=E_{bns}\cos\alpha_n=-0.082\cos20°=-0.077\text{mm}$$

齿轮 z_2 公法线长度下偏差 E_{bni2}

$$E_{bni2} = E_{sni2}\cos\alpha_n = -0.195\cos20° = -0.183\text{mm}$$

6. 公法线长度 W_{nk}

$$W_{nk1} = (W'_{k1} + \Delta W'_{n1})m_n$$

由表 8-98 及注

$$z'_1 = K_\beta z_1 \quad \beta = 8°6'34''; K_\beta = 1.0291$$
$$z'_1 = 1.0291 \times 20 = 20.58$$
$$\Delta W'_{n1} = 0.0081$$
$$W'_{k1} = 7.6604$$
$$W_{nk1} = (7.6604 + 0.0081) \times 3 = 23.006\text{mm}$$
$$z'_2 = 1.0291 \times 79 = 81.30$$
$$\Delta W'_{n2} = 0.0042$$
$$W'_{k2} = 29.1797$$
$$W_{nk2} = (29.1797 + 0.0042) \times 3 = 87.551\text{mm}$$

故

$$W_{nk1} = 23.006^{-0.077}_{-0.148}$$
$$W_{nk2} = 87.551^{-0.077}_{-0.183}$$

7. 选择检验项目及公差值

参考表 8-73 取第 2 检验组,并查表 8-74～表 8-91 得

单个齿距偏差 f_{pt} 　　　　$f_{pt1} = \pm0.017\text{mm}$
　　　　　　　　　　　　$f_{pt2} = \pm0.018\text{mm}$

齿距累积总偏差 F_p 　　　　$F_{p1} = 0.053\text{mm}$
　　　　　　　　　　　　$F_{p2} = 0.070\text{mm}$

齿廓总偏差 F_α 　　　　　$F_{\alpha1} = 0.022\text{mm}$
　　　　　　　　　　　　$F_{\alpha2} = 0.025\text{mm}$

螺旋线总偏差 F_β 　　　　$F_{\beta1} = 0.028\text{mm}$
　　　　　　　　　　　　$F_{\beta2} = 0.029\text{mm}$

径向跳动公差 F_r 　　　　　$F_{r1} = 0.043\text{mm}$
　　　　　　　　　　　　$F_{r2} = 0.056\text{mm}$

中心距极限偏差别 f_a 　　　$f_a = \pm0.0315\text{mm}$

8. 确定齿坯公差与表面粗糙度

设齿轮轴孔直径为 58mm,分度圆直径 $d = 239.39\text{mm}$,齿顶圆直径 $d_a = 245.39\text{mm}$。

按齿轮最高的精度等级为 8 级,从表 8-85 或表 8-86 中查出齿坯的各项公差:

(1)齿轮轴孔的尺寸公差和形状公差均为 $IT7$。即取轴孔直径公差为 $H7$;形状公差为圆柱度公差,其值按本节推荐约为轴孔公差的 0.3 倍,取标准为 0.008mm。

(2)齿顶圆的直径公差。作为测量齿厚的基准,取 $IT8$,即 $d_a = 245.39h8 = 245.39^{-0}_{-0.072}$;不作为测量齿厚的基准,取 $IT11$,即, $d_a = 245.39h11 = 245.39^{-0}_{-0.29}$,如图 6-9 所示。

(3)齿顶圆和齿坯端面跳动公差。查表 8-87、表 8-88,齿顶圆的径向跳动公差和端面的端面跳动公差均取圆跳动,其值为 0.022mm。

(4)表面粗糙度。可参考表 6-6 或表 8-89、表 8-90 确定各主要表面粗糙度值。

将选取的齿轮精度等级、齿厚极限偏差代号、齿部检验项目及其公差值或极限偏差值、形状公差和表面粗糙度以及齿坯技术要求等,标注在零件工作图上,如图 6-9 所示。

图 6-10 为齿轮轴工作图示例。

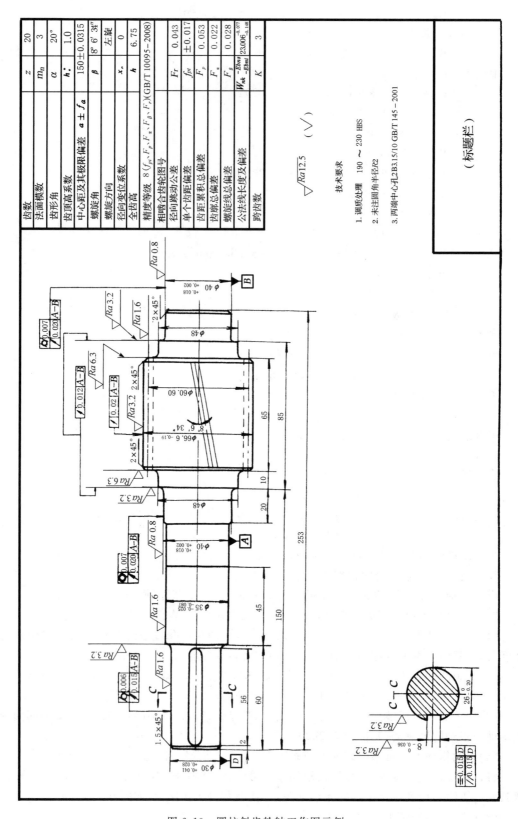

齿数	z	20
法面模数	m_n	3
齿形角	α	20°
齿顶高系数	h_a^*	1.0
中心距及其极限偏差 $a \pm f_a$		150 ± 0.0315
螺旋角	β	8° 6′ 34″
螺旋方向		左旋
径向变位系数	x_r	0
全齿高	h	6.75
精度等级 8 $(f_{pt}, F_p, F_a, F_\beta, F_r)$(GB/T 10095—2008)		
相啮合齿轮图号		
径向跳动公差	F_r	0.043
单个齿距偏差	f_{pt}	±0.017
齿距累积总偏差	F_p	0.053
齿廓总偏差	F_a	0.022
螺旋线总偏差	F_β	0.028
公法线长度及其偏差	$W_{nk}{}^{-Ebns}_{-Ebnt}$	$23.006^{-0.077}_{-0.148}$
跨齿数	K	3

$\sqrt{Ra12.5}$ (√)

技术要求

1. 调质处理 190 ~ 230 HBS
2. 未注圆角半径R2
3. 两端中心孔B2.5/10 GB/T 145—2001

（标题栏）

图 6-10 圆柱斜齿轮轴工作图示例

二、锥齿轮工作图

锥齿轮的视图选择与圆柱齿轮相似。从制造和装配观点来看,轴孔(轴颈)和支承端面是锥齿轮的重要基准面,应取较高的精度等级。锥齿轮轴向尺寸的标注要比圆柱齿轮稍复杂一些,除了齿宽 b、轮毂长度 l 和轮辐厚度 C(对车出轮辐用凹入深度 c_1、c_2 表示)外,还应标注定位尺寸、外形尺寸和锥角等,如图 6-11、图 6-12 所示,主要有:

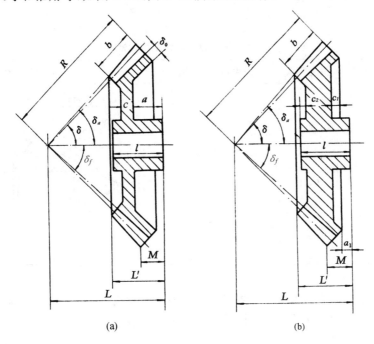

图 6-11　锥齿轮轴向尺寸的标注

(1)齿顶圆直径及其公差。

(2)从分锥(或节锥)顶至定位面的距离及其公差。

(3)定位面(安装基准面)。

(4)从齿尖(或称齿冠)至定位面的距离及其公差。

(5)从前锥端面至定位面的距离。

(6)轮辐至定位端面的距离、锥距 R 等。

(7)分锥角 δ、根锥角 $\delta_f = \delta - Q_f$(Q_f—齿根角,$Q_f = \tan^{-1} \dfrac{h_f}{R}$,$h_f$—齿根高)、顶锥角 $\delta_a = \delta + Q_a$。

对等顶隙收缩齿,$Q_a = Q_f$;对不等顶隙收缩齿,$Q_a = \tan^{-1} \dfrac{h_a}{R}$($h_a$—齿顶高)。

(8)齿面粗糙度(若需要,可包括齿根表面及齿根圆角处的表面粗糙度)。

锥齿轮的齿坯公差应标注在齿轮工作图上,推荐使用的齿坯公差见表 8-104、表 8-105、表 8-106 和表 8-107。锥齿轮精度等级按表 6-9 确定,锥齿轮精度等级与公差按 GB/T 11365 —1989 规定,详见第 8 章锥齿轮精度。

锥齿轮基准孔、基准轴的偏差和表面粗糙度数值见表 6-7,其余主要表面的粗糙度数值见表 6-8。

表 6-7　锥齿轮基准孔、基准轴的偏差和表面粗糙度数值

第 II 公差组精度等级	偏差数值	表面粗糙度 R_a 值(μm)
8	不低于 IT7	1.6
9	不低于 IT8	3.2
10	不低于 IT11	6.3

注:标准公差 IT 见表 8-27。

表 6-8　锥齿轮的表面粗糙度数值

名称	公差组	精度等级	表面粗糙度 R_a 值(μm)	示　意　图
齿(侧)面	I	7	0.8	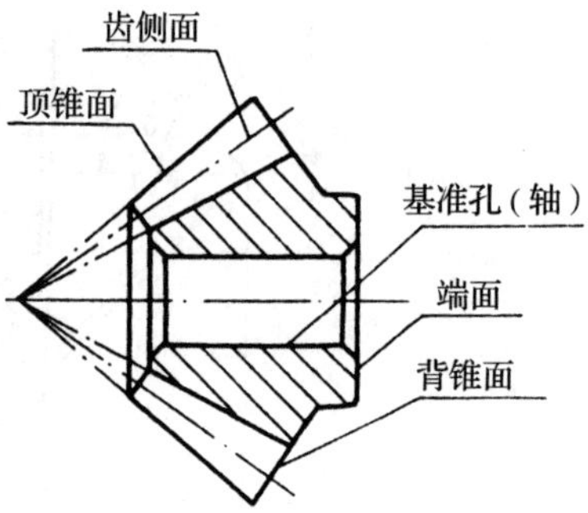
		8	1.6	
		9	3.2	
		10	6.3	
端　面	II	8	1.6	
		9,10	3.2	
顶锥面		8	1.6	
		9,10	3.2	
背锥面		8	1.6	
		9,10	3.2	

锥齿轮工作图上啮合特性表的内容及其公差查注指示见图 6-12。

图 6-13、图 6-14 为锥齿轮工作图示例。

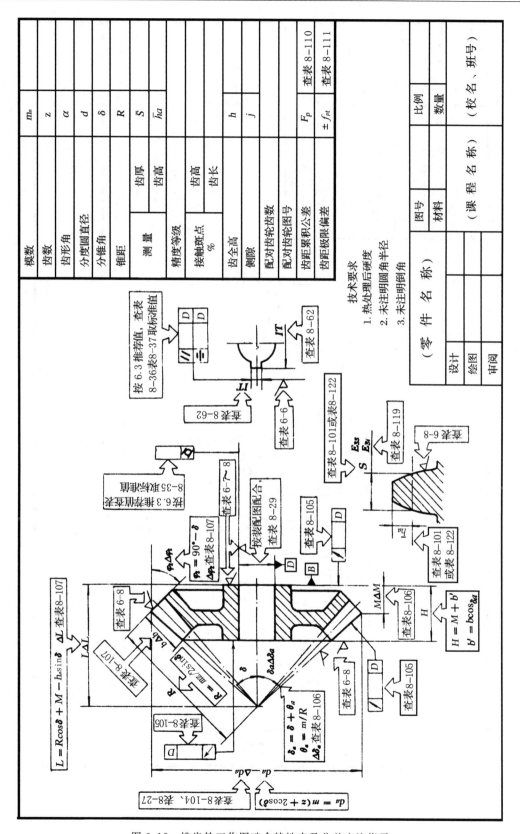

图 6-12　锥齿轮工作图啮合特性表及公差查注指示

齿数	z	25
模数	m	4
分锥角	δ	16° 02′
锥距	R	181.031
齿形角	α	20°
侧隙	j	0.064
接触斑点 %	齿高	40~70
接触斑点 %	齿长	35~65
全齿高	h	8.8
精度等级	8DD(GB/T 11365−1989)	
配对齿轮图号		
齿距累积公差	F_p	0.090
齿距极限偏差	$±f_{pt}$	0.020

技术要求

1. 调质处理后齿面硬度 180~210HBS
2. 未注明倒角 2×45°
3. 未注明圆角 R2
4. 两端中心孔 B3.15/10（GB/T 145−2001）

（标题栏）

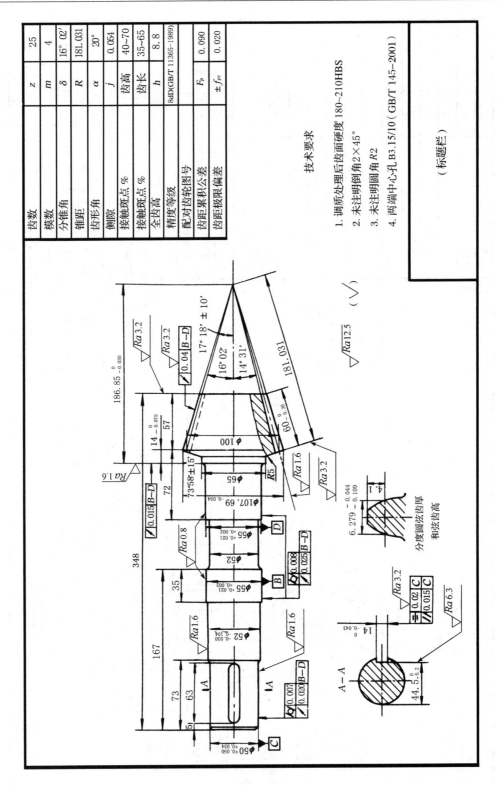

图 6-13　锥齿轮轴工作图示例

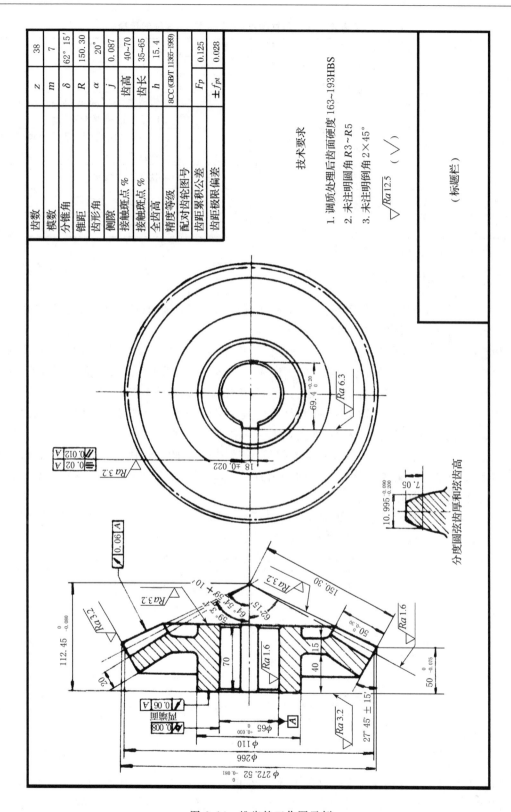

齿数	z	38
模数	m	7
分锥角	δ	62°15′
锥距	R	150.30
齿形角	α	20°
侧隙	j	0.087
接触斑点 %	齿高	40~70
接触斑点 %	齿长	35~65
全齿高	h	15.4
精度等级	8CC(GB/T 11365—1989)	
配对齿轮图号		
齿距累积公差	F_p	0.125
齿距极限偏差	$±f_{pt}$	0.028

技术要求

1. 调质处理后齿面硬度 163~193HBS
2. 未注明圆角 R3~R5
3. 未注明倒角 2×45°

$\sqrt{Ra\,12.5}$ （√）

（标题栏）

分度圆弧齿厚和弦齿高

图 6-14　锥齿轮工作图示例

表 6-9　锥齿轮工作平稳性精度(第Ⅱ公差组)等级的选择

工作平稳性精度等级	直　齿		非　直　齿		用　　途
	HBS≤350	HBS>350	HBS≤350	HBS>350	
	圆周速度(m/s)≤				
6	10	9	24	19	运动精度要求高的,如范成、分度等传动链的重要齿轮
7	7	6	16	13	主运动链,如机床、刀具传动链的重要齿轮
8	4	3	9	7	一般机床用齿轮
9	3	2.5	6	5	低速、传递动力用齿轮
10	0.8	0.8	1.5	1.5	辅助、手动机构传动用齿轮

注:表中的圆周速度按锥齿轮平均直径计算。

三、蜗杆、蜗轮工作图

　　蜗杆工作图与齿轮轴工作图相似,但应画出蜗杆螺旋面的轴向(或法向)剖面,标注出螺旋的轴向齿距,并需注明法向或轴向齿厚及齿高等。

　　蜗轮的结构除铸铁蜗轮和尺寸较小的青铜蜗轮外,多数采用装配式结构,即青铜齿圈装在铸铁轮芯上。对齿圈式蜗轮,加工轮齿的工序是在轮缘与轮芯压配后,其余部分则分开加工。因此,除画出配合后的蜗轮工作图外,还应分别画出轮缘和轮芯的毛坯工作图。

　　蜗杆的尺寸标注可参考轴类零件,其尺寸公差与形位公差也与轴基本相似。不同之处是增加了蜗杆外径(齿顶圆直径)公差(查表 8-125)和外圆径向跳动公差(查表 8-126)。

　　蜗轮工作图上的尺寸标注与齿轮基本相同,只是轴向增加蜗轮中心平面至蜗轮轮毂基准端面的距离;在直径方向增加蜗轮轮齿的外圆直径 d_w。对于装配式蜗轮,还应标注蜗轮轮缘与轮芯配合部分的尺寸。

　　圆柱蜗杆、蜗轮的尺寸公差和形位公差按 GB/T 10089-1988 规定,查第八章圆柱蜗杆、蜗轮精度表 8-128～表 8-139。蜗杆传动精度等级选择见表 6-10。

表 6-10　蜗杆传动精度等级的适用范围

精　度　等　级		7	8	9
应用范围	蜗杆圆周速度(m/s)	≤7.5	≤3	≤1.5
	使用条件	高速动力传动	一般动力传动	低速传动或手动机构
切齿方法	蜗　杆	渗碳淬火、螺牙齿面需磨光或抛光	车削加工	
	蜗　轮	用滚刀铣切,并用蜗杆形剃齿刀精切或加载跑合	用滚刀铣切或飞刀加工并加载跑合	用滚刀铣切或飞刀加工

　　蜗杆工作图中啮合特性表应包括的基本内容和公差查注指示见图 6-15。蜗轮工作图中的啮合特性表及公差查注指示见图 6-17。由于加工蜗轮轮齿所用的滚刀参数相当于与蜗轮相啮合的蜗杆,因此,为选用滚刀,在啮合特性表中还应列出蜗杆的基本参数。

　　图 6-16、图 6-18、图 6-19 和图 6-20 为蜗杆及蜗轮工作图示例。

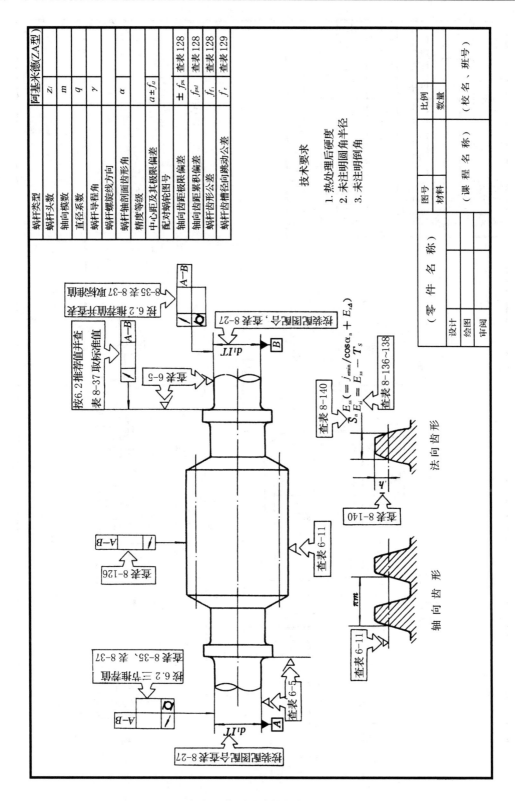

图 6-15　蜗杆工作图啮合特性表及公差查注指示

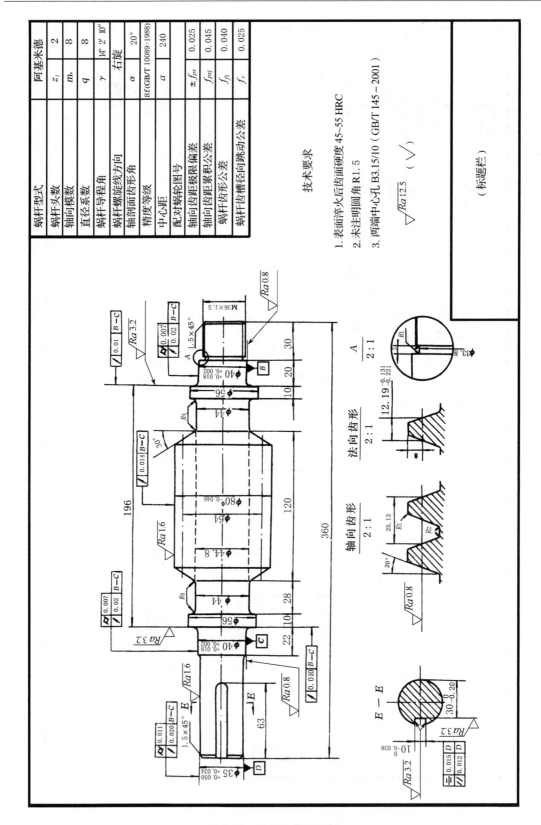

蜗杆型式	阿基米德		
蜗杆头数	z_1	2	
轴向模数	m_s	8	
直径系数	q	8	
蜗杆导程角	γ	14° 2′ 10″	
蜗杆螺旋线方向		右旋	
轴剖面齿形角	α	20°	
精度等级	8f(GB/T 10089—1988)		
中心距	a	240	
配对蜗轮图号			
轴向齿距极限偏差	$\pm f_{px}$	0.025	
轴向齿距累积公差	f_{pxl}	0.045	
蜗杆齿形公差	f_{fl}	0.040	
蜗杆齿槽径向跳动公差	f_r	0.025	

技术要求

1. 表面淬火后齿面硬度 45~55 HRC
2. 未注明圆角 R1.5
3. 两端中心孔 B3.15/10（GB/T 145—2001）

$\sqrt{Ra12.5}$ （ $\sqrt{}$ ）

（标题栏）

图 6-16　蜗杆工作图示例

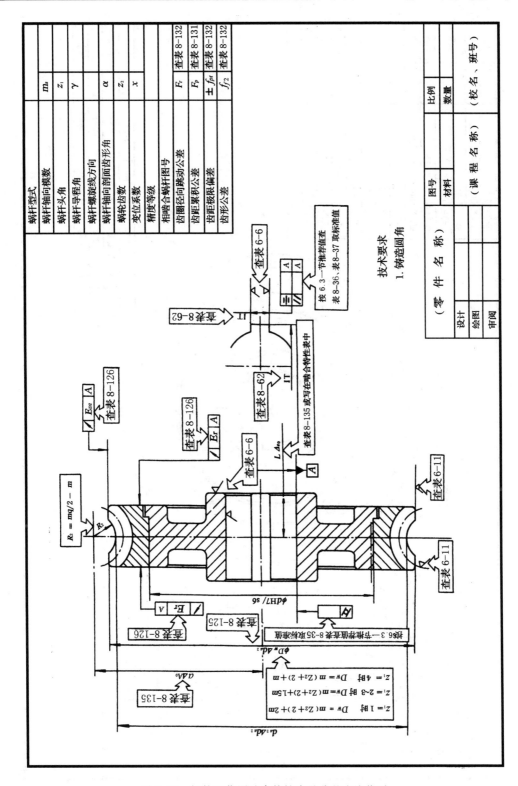

图 6-17　蜗轮工作图啮合特性表及公差查注指示

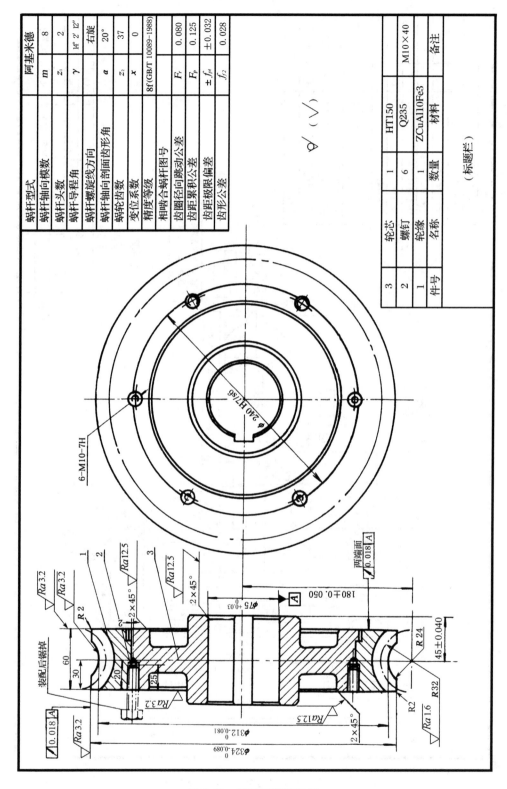

蜗杆型式		阿基米德
蜗杆轴向模数	m	8
蜗杆头数	z_1	2
蜗杆导程角	γ	14° 2′ 12″
蜗杆螺旋线方向		右旋
蜗杆轴向剖面齿形角	α	20°
蜗轮齿数	z_2	37
变位系数	x	0
精度等级		8f(GB/T 10089—1988)
相啮合蜗杆图号		
齿圈径向跳动公差	F_r	0.080
齿距累积公差	F_p	0.125
齿距极限偏差	$\pm f_{pt}$	±0.032
齿形公差	f_{f2}	0.028

3	轮芯	1	HT150	
2	螺钉	6	Q235	M10×40
1	轮缘	1	ZCuAl10Fe3	
件号	名称	数量	材料	备注

(标题栏）

图 6-18　蜗轮工作图示例

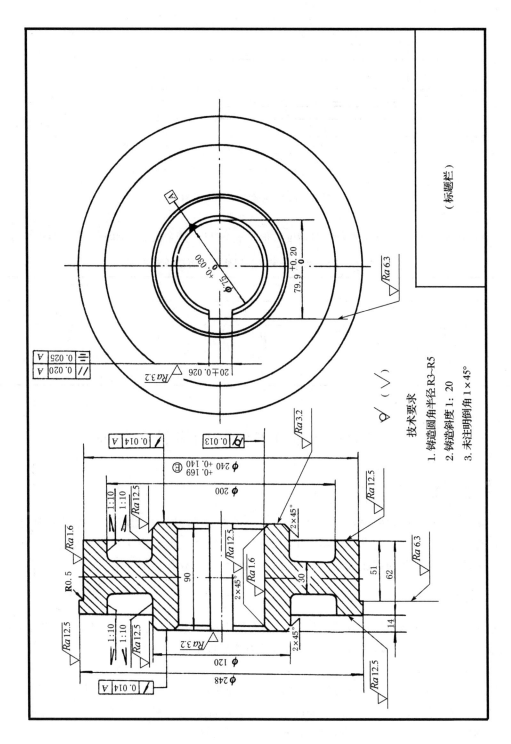

图 6-19　蜗轮轮芯工作图示例

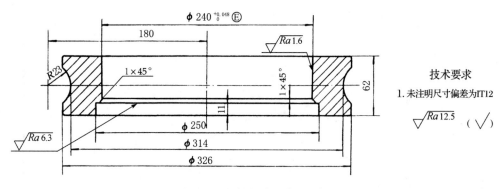

图 6-20　蜗轮轮缘工作图示例

蜗杆、蜗轮齿面及顶圆处的表面粗糙度数值见表 6-11。其余表面的粗糙度数值可查表 6-6。

表 6-11　蜗杆、蜗轮齿面及顶圆处的表面粗糙度 R_a 值　　　　　μm

精度等级	齿　　面		顶　　圆	
	蜗　杆	蜗　轮	蜗　杆	蜗　轮
7	0.8	0.8	1.6	3.2
8	1.6	1.6	1.6	3.2
9	3.2	3.2	3.2	6.3

6.4　箱体(铸造)工作图的设计和绘制

一、视　图

箱体(箱盖和箱座)是机器中结构较为复杂的零件,现以减速器的箱体为例,为了清楚地表明各部分的结构和尺寸,通常除采用三个主要视图外,还要根据结构的复杂程度增加一些必要的局部视图、向视图及局部放大图,例如排油孔、油标孔、检查孔等细部结构。

二、标注尺寸

箱体尺寸繁多,标注尺寸时,既要考虑铸造(或焊接)、加工工艺及测量和检验的要求,又要多而不乱,不重复,不遗漏,一目了然。为此,必须注意以下几点:

1. 部位的形状尺寸

形状尺寸即表明箱体各部分形状大小的尺寸,如箱体的壁厚、长、宽、高、孔径及其深度、螺纹孔尺寸、凸缘尺寸、圆角半径、加强筋的厚度和高度、曲线的曲率半径、槽的深度和宽度、各倾斜部分的斜度等。这类尺寸应直接标出,不应经任何运算。

2. 相对位置尺寸及定位尺寸

这是确定箱体各部分相对于基准的位置尺寸,如孔的中心线、曲线的曲率中心位置、孔的轴线及斜度的起点等与相应基准间的距离及夹角。这些尺寸最易遗漏,应特别注意。标注尺寸时所选的基准面,最好以加工基准面作为基准,这样对加工和测量有利。如剖分式箱体的箱座和箱盖高度方向的相对位置尺寸最好以底面和剖分面 A(图 6-21)作为基准面,即定位尺寸都从箱座和箱盖的剖分面和底面注起,这些尺寸如箱座高度、排油孔、油标孔位置高度、底座厚度、凸缘厚度、轴承螺栓凸缘的高度等。其中以底座底面为主要基准,因为它是剖分面、轴承座孔等加工的工艺基准。对于圆柱齿轮减速器的箱体,沿箱体长度方向作为基准面的还有轴承座孔中心线,可标注轴承孔位置、轴承座孔中心距、轴承座螺栓孔位置、地脚螺栓孔位置尺寸等。沿箱体宽度方向的基准面可以纵向对称中心线作为基准,标注箱体宽度、螺栓孔沿宽度方向的位置尺寸以及地脚螺栓孔位置尺寸等,如图 6-21、图 6-22 和图 6-23 所示。此外,检查孔、加强筋、油沟、吊钩等尺寸可按具体结构选择相应的合适基准进行标注,详见图 6-28、图 6-29。

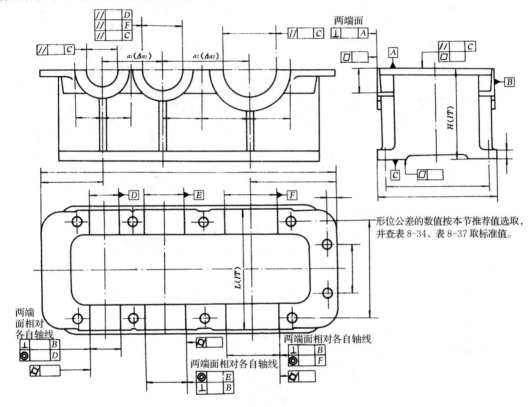

形位公差的数值按本节推荐值选取,并查表 8-34、表 8-37 取标准值。

图 6-21　圆柱齿轮减速器箱座的基准面和形位公差标注

对于锥齿轮减速器箱体,作为标注尺寸的基准面有底面 $\boxed{C}$ 和剖分面 $\boxed{A}$、各轴承座端面 $\boxed{B}$ 和 $\boxed{D}$(见图 6-24)。

对于蜗杆蜗轮减速器箱体,一般也是以底面 $\boxed{C}$、剖分面 $\boxed{A}$ 和轴承座外端面 $\boxed{B}$ 作为基准面(见图(6-25)。

另外,在箱体工作图上还应标出对机械工作性能有影响的尺寸,以保证加工准确性。如传动件的中心距及其偏差;又如采用嵌入式端盖结构时,因箱体上沟槽位置影响轴承的轴向定位和固定,故也应按图 6-26 所示的方式标注。

三、标注尺寸公差、形位公差及表面粗糙度

标注尺寸公差、形位公差及表面粗糙度可参见图 6-21、图 6-24 和图 6-25,并说明如下:

1. 箱座底面至剖分面高度 H 的偏差

加工剖分式箱体时,先用刨削或铣切将剖分面加工至规定的高度,然后再将箱盖与箱座合

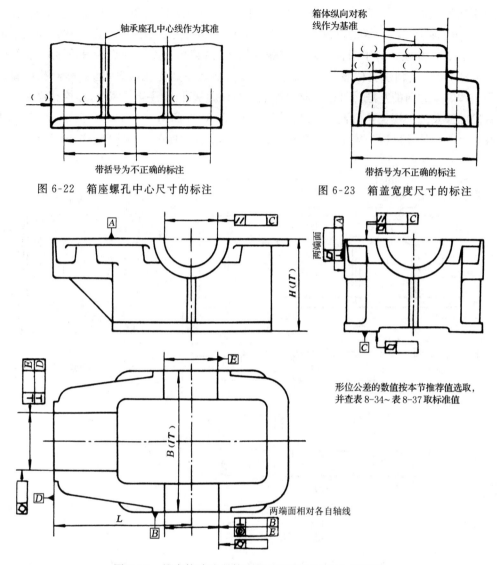

图 6-22　箱座螺孔中心尺寸的标注　　　　　图 6-23　箱盖宽度尺寸的标注

形位公差的数值按本节推荐值选取，
并查表 8-34～表 8-37 取标准值

图 6-24　锥齿轮减速器箱座的基准面和形位公差标注

上，镗出轴承座孔。由于制造上的误差，轴承座孔中心线可能与剖分面不重合，以致底面与轴承座孔中心的高度不等于箱座高度 H。一般要求高度的公差按 $h11$ 确定。

2. 两轴承座孔外端面之间的距离 $L(B)$

当有尺寸链要求时，距离 L 的偏差可按 $\frac{1}{2}IT11$ 确定；当没有尺寸链要求时，则按 $h14$ 制造。

3. 箱体轴承座孔中心距偏差 Δa

$$\Delta a = (0.7 \sim 0.8) f_a$$

式中，f_a 为中心距极限偏差，可查表 8-91 和表 8-135。该系数是考虑滚动轴承误差和因配合间隙而引起轴线偏移的补偿系数。

4. 箱体接触面的平面度

对底面　　　　　　　取平面度不大于 0.05/100mm/mm

对剖分面　　　　　　取平面度不大于 0.02/100mm/mm

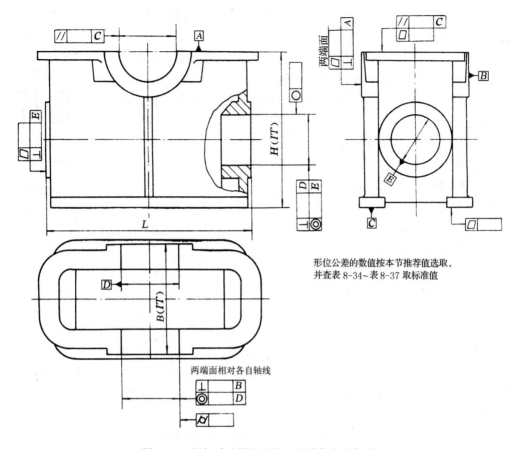

形位公差的数值按本节推荐值选取，
并查表 8-34～表 8-37 取标准值

图 6-25　蜗杆减速器的基准面和形位公差标准

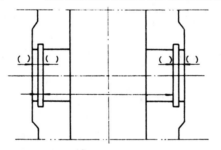

图 6-26　轴承孔沟槽尺寸的标注

对轴承座孔端面　　取平面度不大于 0.03/100mm/mm

5. 基准平面的平行度和垂直度

底面与剖分面的平行度不大于 0.05/100mm/mm

剖分面与轴承座端面的垂直度不大于 0.05/100mm/mm

6. 轴承座孔轴线与底面的平行度为 h11

7. 箱体宽度 L（图 6-27）内轴承座孔的轴线在两个相互垂直面内的平行度 T_X 和 T_Y

$$T_X = (0.3～0.4) f_x \frac{L}{b}$$

$$T_Y = (0.3～0.4) f_y \frac{L}{b}$$

式中：f_x、f_y 分别表示在 X 和 Y 方向轴线的平行度公差（可查表 8-92）；b 为齿轮宽度（图 6-27）。

计算确定的 T_X 值应满足 $T_X \leqslant 0.8 f_a$，式中 f_a 为中心距的极限偏差（见表 8-91、表 8-135，该系数也是考虑制造误差和配合间隙而引入的补偿量）。

8. 轴承座孔（基准孔）轴线对端面的垂直度。其极限偏差由计算确定，通常可取：

普通级滚子轴承　垂直度为

$T = 0.03 \sim 0.04$

普通级球轴承　垂直度为

$T = 0.08 \sim 0.1$

或取垂直度公差为 7～8 级。

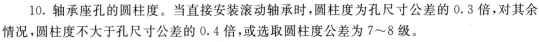

图 6-27　齿轮宽度
与箱体宽度

9. 两轴承座孔的同轴度，一般可取：

非调心球轴承　同轴度为 $IT6$

非调心滚子轴承　同轴度为 $IT5$

或取同轴度公差为 7～8 级。

10. 轴承座孔的圆柱度。当直接安装滚动轴承时，圆柱度为孔尺寸公差的 0.3 倍，对其余情况，圆柱度不大于孔尺寸公差的 0.4 倍，或选取圆柱度公差为 7～8 级。

11. 锥齿轮减速器箱体零件图上还应标注齿轮副轴间距极限偏差 f_a 和齿轮副轴交角极限偏差 E_Σ。其中 E_Σ 为保证传动中的侧隙值，f_a 为控制传动的接触精度。两者定义见表 8-102。数值见表 8-113。

12. 蜗杆减速器箱体零件图上还应标注蜗杆轴承座孔的轴线相对蜗轮轴承座孔轴线的传动轴交角极限偏差 f'_Σ：

$$f'_\Sigma = (0.7 \sim 0.8) f_\Sigma \frac{L}{B}$$

式中：f_Σ 为蜗杆和蜗轮传动轴交角极限偏差，可查表 8-134；B 为蜗轮宽度；L 为蜗杆轴承座孔外端面之间的距离，见图 6-25。

13. 箱体各加工表面荐用的粗糙度数值见表 6-12。

表 6-12　减速器箱体加工荐用的表面粗糙度数值

加 工 表 面	表面粗糙度 R_a 值（μm）
减速器剖分面	3.2～1.6（研刮）
与普通精度等级滚动轴承相配的轴承座孔	1.6（轴承孔径 $D>80$mm） 0.8（轴承孔径 $D\leqslant80$mm）
轴承座凸缘的外端面	3.2～1.6
螺栓孔、螺栓或螺钉沉头座	12.5～6.3
轴承端盖及套杯的其他配合面	6.3～1.6
油沟及检查孔的联接面	12.5～6.3
减速器的底面	12.5～6.3
圆锥销孔	1.6～0.8

四、撰写技术要求

箱体的技术要求包括下列几个方面：

1. 箱座和箱盖的轴承座孔应合起来进行镗孔。

2. 剖分面上的定位销孔加工应将箱座和箱盖合起来配钻、配铰。

3. 剖分面上的螺栓孔用模板分别在箱座和箱盖上钻孔，也可采用箱座和箱盖一起配钻。

4. 齿（蜗）轮减速器上，轴承座孔轴线间的平行度和偏斜度等按齿（蜗）轮传动公差标准规定。

5. 铸件的时效处理及清砂，天然时效不少于六个月。

6. 铸件不得有裂纹和超过规定的缩孔等缺陷。

7. 剖分面上应无蜂窝状缩孔，单个缩孔深度不得大于 3mm，直径不得大于 5mm，其位置距外缘不得超过 15mm，全部缩孔面积不得大于剖分面总面积的 5%。

8. 轴承座孔外端面的缺陷，其尺寸不大于加工表面的 15%，深度不大于 2mm，位置应在轴承盖的螺钉孔外面。

9. 装检查孔盖的支承面上，缺陷深度不大于 1mm，宽度不大于凸台宽度的 1/3；总面积不大于加工面的 5%。

10. 内表面用煤油洗净并涂漆。

11. 铸件的圆角及斜度。

12. 箱座不得有渗漏现象。

以上技术要求不一定全部列出，有时只需将其中重要的项目列出即可。

五、箱体工作图示例

图 6-28 和图 6-29 为圆柱齿轮箱座和箱盖工作图示例。

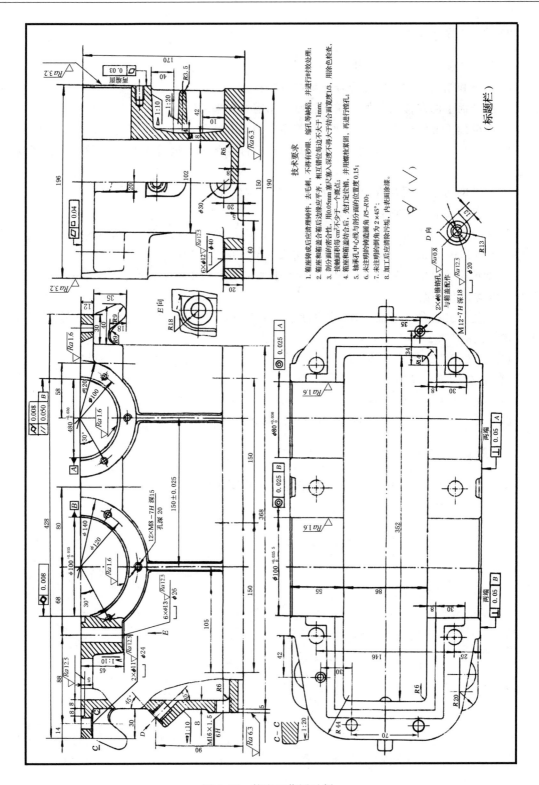

图 6-28　箱座工作图示例

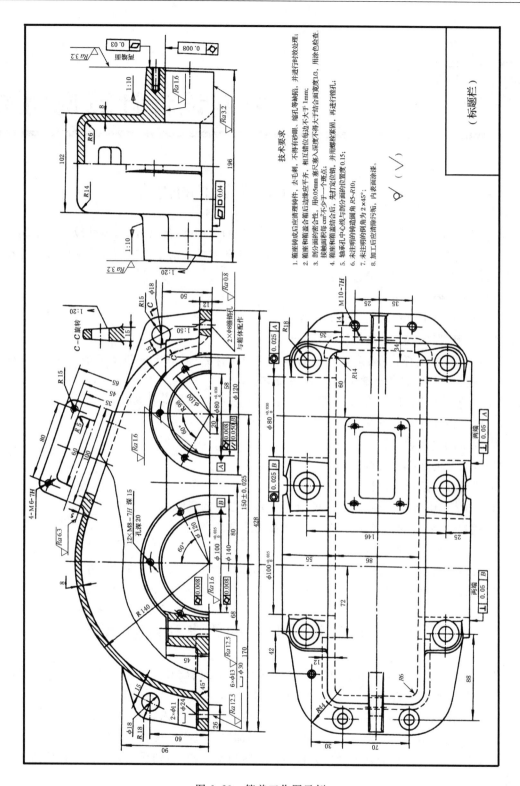

图 6-29　箱盖工作图示例

第 7 章

编制设计计算说明书

7.1 设计计算说明书的内容

机械设计课程设计的设计计算说明书是对设计的合理性、经济性、可靠性以及关于润滑密封和其他附件选择的说明。说明书的内容与设计任务有关。对于以减速器为主的机械传动装置设计,其说明书的内容大致包括:

(1)目录(标题、页次);

(2)设计任务书(设计题目);

(3)前言(题目分析、传动方案的拟定等);

(4)电动机的选择,传动系统的运动学和动力学计算(计算电动机所需的功率,选择电动机,分配各级传动比,计算各轴转速、功率和转矩);

(5)传动零件的设计计算(确定带传动、齿轮或蜗杆传动的主要参数);

(6)轴的设计计算及校核;

(7)轴承的选择和计算;

(8)键联接的选择和校核;

(9)联轴器的选择和校核;

(10)箱体的设计(主要结构尺寸的设计计算及必要的说明);

(11)润滑和密封的选择,润滑剂的牌号及装油量计算;

(12)传动装置(减速器)的附件及说明;

(13)设计小结(简要说明课程设计的体会,本设计的优缺点及改进意见等);

(14)参考资料(资料的编号[　]、作者、书名、出版单位和出版年、月)。

7.2 设计计算说明书的要求和注意事项

设计计算说明书除系统地说明设计过程中所考虑的问题和全部的计算项目外,还应阐明设计的合理性、经济性以及装拆方面的有关问题。同时还应注意下列事项:

(1)计算正确完整,文字简洁通顺,书写整齐清晰。对计算内容应先写出计算公式,再代入有关数据,然后得出最后结果,可不写出中间的详细演算过程。说明书中还应包括与文字叙述和计算有关的必要简图(如轴的受力分析、弯矩、转矩及结构图,轴承受力分析图和箱体主要结构简图等)。

(2)说明书中所引用的重要计算公式和数据,应注明出处(注出参考资料的统一编号、页次、公式号、图号或表号等)。对所得的计算结果,应有简要的结论列入结果栏。

(3)说明书须用设计专用纸(相当于 A4)按上述推荐的顺序及规定格式用钢笔或圆珠笔等

缮写,标出页次,编好目录,最后装订成册。

7.3　设计计算说明书的书写格式参考示例*

取某设计课题中一对闭式直齿圆柱齿轮减速传动(电机驱动,工况平稳,连续单向;小齿传递功率 $P_1 = 7.5\mathrm{kN}$,转速 $n_1 = 970\mathrm{r/min}$,减速比 4.5)的设计计算为例,书写成如下格式,以供参考。

设计内容	计算及说明	结　果
(1)选择齿轮材料	…… …… 　　　　　齿轮传动设计计算 参考[4]表 6-5 或[8]表 5-5 小齿轮选用 45MnB 调质 241～286HBS 大齿轮选用 45 钢正火 169～217HBS	小齿轮 45MnB 调质 260HBS 大齿轮 45 钢正火 200HBS
(2)按齿面接触强度设计	应用公式按[4]式(6-32)或[8]式(5-32)为 $d_1 \geqslant \sqrt[3]{\left(\dfrac{671}{[\sigma_H]}\right)^2 \cdot \dfrac{u+1}{u} \cdot \dfrac{KT_1}{\Psi_d}}\,(\mathrm{mm})$	
1)确定式中各系数参数数值 ①许用接触应力$[\sigma_H]$	长期工作齿轮应用公式按[4]式(6-33)或[8]式(5-33)为 $[\sigma_H] = \dfrac{\sigma_{H\lim}}{S_{H\min}}$ 由[4]图 6-28 或[B]图 5-28 查得 $\sigma_{H\lim1} = 720\mathrm{MPa}$,$\sigma_{H\lim2} = 460\mathrm{MPa}$ 由[4]表 6-8 或[8]表 5-8 查得 $S_{H\min1} = 1$,$S_{H\min2} = 1$, 故 $[\sigma_{H1}] = \dfrac{720}{1} = 720\,(\mathrm{MPa})$, $[\sigma_{H2}] = \dfrac{460}{1} = 460\,(\mathrm{MPa})$ 取 $[\sigma_H] = [\sigma_{H2}] = 460\mathrm{MPa}$,	$[\sigma]_{H1} = 720\mathrm{MPa}$ $[\sigma]_{H2} = 460\mathrm{MPa}$ $[\sigma]_H = 460\mathrm{MPa}$
②计算小齿轮传递的转矩 T_1	$T_1 = 9.55 \times \dfrac{P_1}{n_1} = 9.55 \times \dfrac{7.5}{970} = 73840\,(\mathrm{N \cdot mm})$	$T_1 = 73840\mathrm{N \cdot mm}$
③载荷系数 K	载荷平稳,对称布置,轴的刚度较大,由[4]表 6-6 或[8]表 5-6,取 $K = 1.2$	$K = 1.2$
④齿数比 u	按减速比要求,取齿数比 $u = 4.5$	$u = 4.5$
⑤定齿数 z	选小齿轮齿数 $z_1 = 26$,则大齿轮齿数 $z_2 = uz_1 = 4.5 \times 26 = 117$	$z_1 = 26$,$z_2 = 117$
⑥齿宽系数 Ψ_d	由[4]表 6-9 或[8]表 5-9,取 $\Psi_d = 0.9$	$\Psi_d = 0.9$
2)由接触强度计算小齿轮所需分度圆直径 d_1 和模数 m	$d_1 \geqslant \sqrt[3]{\left(\dfrac{670}{460}\right)^2 \cdot \dfrac{4.5+1}{4.5} \cdot \dfrac{1.2 \times 73840}{0.9}} \geqslant 63.5\,(\mathrm{mm})$ 计算 $m = \dfrac{d_1}{z_1} = \dfrac{63.5}{26} = 2.44\,(\mathrm{mm})$,由[4]表 6-1 或[8]表 5-1 取标准模数 $m = 2.5\mathrm{mm}$, 故 $d_1 = mz_1 = 2.5 \times 26 = 65\,(\mathrm{mm})$	$m = 2.5\mathrm{mm}$ $d_1 = 65\mathrm{mm}$

设计内容	计算及说明	结　果
(3)验算圆周速度 v	$v=\dfrac{\pi d_1 n_1}{60\times1000}=\dfrac{\pi\times65\times970}{60\times1000}=3.3(\text{mm})$，由[4]表 6-4 或 [8]表 5-4,可用 8 级精度	8 级精度
(4)确定齿轮宽度 b	$b=\Psi_d\cdot d_1=0.9\times65=58.5(\text{mm})$，故取大齿轮 宽度 $b_2=58\text{mm}$,小齿轮宽度 $b_1=68\text{mm}$	$b_1=68\text{mm}$, $b_2=58\text{mm}$
(5)校核齿根弯曲强度	应用公式按[4]式(6-34)或[8]式(5-34)为 $$\sigma_F=\frac{2KT_1Y_{FS}}{bm^2z_1}\leqslant[\sigma_F]$$	
1)确定式中的 Y_{FS} 和 $[\sigma_F]$		
①复合齿形系数 Y_{FS}	由 z_1、z_2 查[4]图 6-30 或[8]图 5-30 得 $Y_{FS1}=4.19,Y_{FS2}=3.92$	$Y_{FS1}=4.19$ $Y_{FS2}=3.92$
②许用弯曲应力$[\sigma_F]$	长期单面工作齿轮应用公式[4]式(6-36)或[8]式(5-36)为 $$[\sigma_F]=\frac{\sigma_{Flim}}{S_{Fmin}}$$ 由[4]图 6-31 或[8]图 5-31 查得 $\sigma_{Flim1}=530\text{MPa},\sigma_{Flim2}=360\text{MPa}$ 由[4]表 6-8 或[8]表 5-8 查得 $S_{Hmin1}=1,S_{Hmin2}=1$, 故$[\sigma_{F1}]=\dfrac{530}{1}=530(\text{MPa})$ $[\sigma_{F2}]=\dfrac{360}{1}=360(\text{MPa})$	$[\sigma_{F1}]=530\text{MPa}$ $[\sigma_{F2}]=360\text{MPa}$
2)计算齿根弯曲应力,校核弯曲强度	$\sigma_{F1}=\dfrac{2KT_1Y_{FS1}}{bm^2z_1}=\dfrac{2\times1.2\times73840\times4.19}{58\times2.5^2\times26}=78.78(\text{MPa})$ $<[\sigma_{F1}]$ $\sigma_{F2}=\sigma_{F1}\cdot\dfrac{Y_{FS2}}{Y_{FS1}}=78.78\times\dfrac{3.92}{4.19}=73.71(\text{MPa})<[\sigma_{F2}]$	$\sigma_{F1}=78.78\text{MPa}$ $\sigma_{F2}=73.71\text{MPa}$ 弯曲强度安全
(6)计算齿轮传动主要几何尺寸	…… ……	
(7)结构设计	…… ……	

* 示例中设计内容栏宽为 35mm,结果栏宽为 30mm;[4]、[8]分别为本书的主要参考书目对应编号。

第8章

机械设计常用标准和规范

8.1 一般标准

表 8-1 图纸幅面(GB/T 14689—2008)

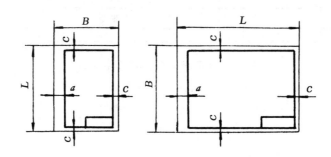

幅面代号	A0	A1	A2	A3	A4
$B \times L$	841×1189	594×841	420×594	297×420	210×297
c	10			5	
a	25				

注:1.必要时可将表中幅面尺寸的短边尺寸成整数倍加长:

对 A0:短边边长可加长 2,3 倍;A1:短边边长可加长 3,4 倍;

A2:短边边长可加长 3,4,5 倍;A3:短边边长可加长 3^*,4^*,5,6,7 倍;

A4:短边边长可加长 3^*,4^*,5^*,6,7,8,9 倍。

其中带 * 为首先选择加长。

2.不留装订边时,对 A0、A1 四边均为 20,对 A2、A3、A4 四边均 10。

表 8-2 图样比例(GB/T 14690—1993)

原值比例	缩小的比例	放大的比例
1∶1	(1∶1.5);1∶2;(1∶2.5);(1∶3);(1∶4);1∶5;(1∶6);1∶10;(1∶1.5×10^n);1∶2×10^n;(1∶2.5×10^n);(1∶3×10^n);(1∶4×10^n);1∶5×10^n;(1∶6×10^n);1∶10^n	2∶1;(2.5∶1);(4∶1);5∶1;2×10^n∶1;(2.5×10^n∶1);(4×10^n∶1);(5×10^n∶1);10^n∶1

注:1.n 为正整数;

2.括号内为必要时允许采用的比例。

装配图或零件图标题栏格式(GB/T 10609.1－2008)和明细表格式(GB/T 10609.2－2009)分别见图 8-1 和图 8-2。

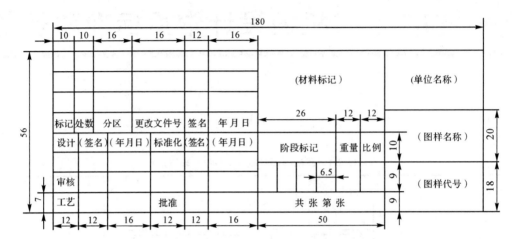

图 8-1　装配图或零件图标题栏格式

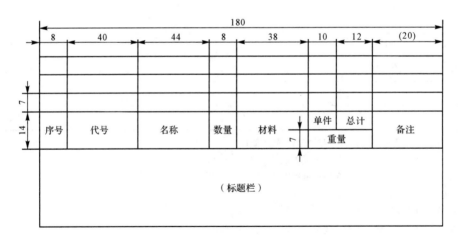

图 8-2　明细表格式

表 8-3　标准尺寸(直径、长度、高度等)(GB/T 2822-2005)　　　　　　　单位:mm

R			R'			R			R'		
R10	R20	R40	R'10	R'20	R'40	R10	R20	R40	R'10	R'20	R'40
						100	100	100	100	100	100
10.0	10		10.0	10				106			105*
							112	112		110*	110*
	11.2			11*				118			120*
						125	125	125	125	125	125
12.5	12.5	12.5	12*	12*	12*			132			130*
		13.2			13*		140	140		140	140
	14.0	14.0		14	14			150			150
		15.0			15	160	160	160	160	160	160
16.0	16.0	16.0	16	16	16			170			170
		17.0			17		180	180		180	180
	18.0	18.0		18	18			190			190
		19.0			19	200	200	200	200	200	200
20.0	20.0	20.0	20	20	20			212			210*
		21.2			21*		224	224		220*	220*
	22.4	22.4		22*	22*			236			240*
		23.6			24*	250	250	250	250	250	250
25.0	25.0	25.0	25	25	25			26.5			260*
		26.5			26*		280	280		280	280
	28.0	28.0		28	28			300			300
		30.0			30	315	315	315	320*	320*	320*
31.5	31.5	31.5	32*	32*	32*			335			340*
		33.5			34*		355	355		360*	360*
	35.5	35.5		36*	36*			375			380*
		37.5			38*	400	400	400	400	400	400
40.0	40.0	40.0	40	40	40			425			420*
		42.5			42*		450	450		450	450
	45.5	45.0		45	45			475			480*
		47.5			48*	500	500	500	500	500	500
50.0	50.0	50.0	50	50	50			530			530
		53			53		560	560		560	560
	56.0	56.0		56	56			600			600
		60.0			60	630	630	630	630	630	630
63.0	63.0	63.0	63	63	63			670			670
		67			67		710	710		710	710
	71.0	71		71	71			750			750
		75			75	800	800	800	800	800	800
80.0	80.0	80	80	80	80			850			850
		85			85		900	900		900	900
	90.0	90		90	90			950			950
		95			95	1000	1000	1000	1000	1000	1000

注:1. 尺寸 1~10 之间的 $R'10$ 标准尺寸有 1、2、2.5、3、4、5、6、8。

2. R' 系列中带 * 的数字为 R 系列相应各项优先数的化整值。

3. 选择尺寸时优先选用 R 系列,按照 $R10$、$R20$、$R40$ 顺序,如必须将数圆整,可选择相应的 R' 系列,应按照 $R'10$、$R'20$、$R'40$ 顺序选择。

表 8-4　60°中心孔(GB/T 145－2001)

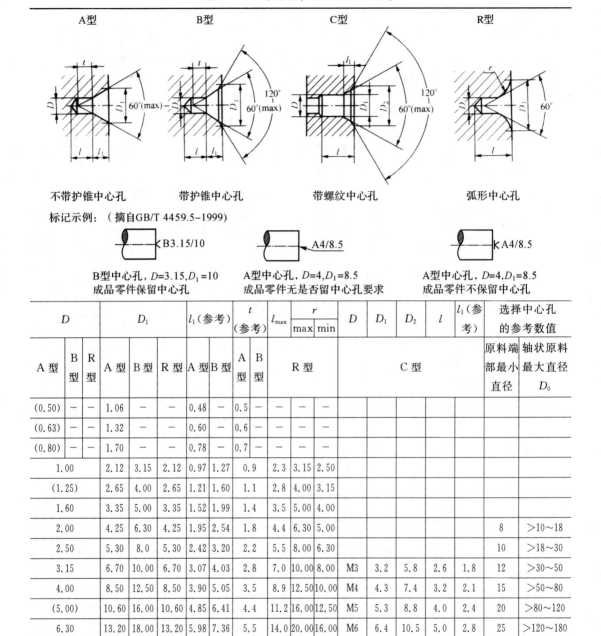

A型　不带护锥中心孔　　B型　带护锥中心孔　　C型　带螺纹中心孔　　R型　弧形中心孔

标记示例：（摘自GB/T 4459.5－1999）

B3.15/10　B型中心孔，$D=3.15,D_1=10$ 成品零件保留中心孔

A4/8.5　A型中心孔，$D=4,D_1=8.5$ 成品零件无是否留中心孔要求

A4/8.5　A型中心孔，$D=4,D_1=8.5$ 成品零件不保留中心孔

D			D_1			l_1(参考)		t(参考)		l_{max}	r		D	D_1	D_2	l	l_1(参考)	选择中心孔的参考数值	
A型	B型	R型	A型	B型	R型	A型	B型	A型	B型		max	min			C型			原料端部最小直径	轴状原料最大直径 D_0
(0.50)	—	—	1.06	—	—	0.48	—	0.5	—	—	—	—							
(0.63)	—	—	1.32	—	—	0.60	—	0.6	—	—	—	—							
(0.80)	—	—	1.70	—	—	0.78	—	0.7	—	—	—	—							
1.00			2.12	3.15	2.12	0.97	1.27	0.9		2.3	3.15	2.50							
(1.25)			2.65	4.00	2.65	1.21	1.60	1.1		2.8	4.00	3.15							
1.60			3.35	5.00	3.35	1.52	1.99	1.4		3.5	5.00	4.00							
2.00			4.25	6.30	4.25	1.95	2.54	1.8		4.4	6.30	5.00						8	>10~18
2.50			5.30	8.0	5.30	2.42	3.20	2.2		5.5	8.00	6.30						10	>18~30
3.15			6.70	10.00	6.70	3.07	4.03	2.8		7.0	10.00	8.00	M3	3.2	5.8	2.6	1.8	12	>30~50
4.00			8.50	12.50	8.50	3.90	5.05	3.5		8.9	12.50	10.00	M4	4.3	7.4	3.2	2.1	15	>50~80
(5.00)			10.60	16.00	10.60	4.85	6.41	4.4		11.2	16.00	12.50	M5	5.3	8.8	4.0	2.4	20	>80~120
6.30			13.20	18.00	13.20	5.98	7.36	5.5		14.0	20.00	16.00	M6	6.4	10.5	5.0	2.8	25	>120~180
(8.00)			17.00	22.40	17.00	7.79	9.36	7.0		17.9	25.00	20.00	M8	8.4	13.2	6.0	3.3	30	>180~220
10.00			21.20	28.00	21.20	9.70	11.66	8.7		22.5	31.50	25.00	M10	10.5	16.3	7.5	3.8	35	>180~220
													M12	13.0	19.8	9.5	4.4	42	>220~260
													M16	17.0	25.3	12.0	5.2	50	>260~300
													M20	21.0	31.3	15.0	6.4	60	>300~360
													M24	25.0	38.0	18.0	8.0	70	>360

注:1. 括号内尺寸尽量不用。

2. 选择中心孔的参考数值不属 GB/T 145－2001 内容,仅供参考。

3. A 型和 B 型中心孔的尺寸 l 取决于中心钻的长度,此值不应小于 t。

表 8-5　轴肩自由表面过渡处的圆角半径　　　　　　　　　　单位：mm

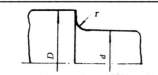

D-d	2	5	8	10	15	20	25
r	1	2	3	4	5	8	10
D-d	30、35	40、45	55、65	70、90	100	140	180
r	12	16	20	25	30	40	50

注：当尺寸 $D\text{-}d$ 在表中两相邻数值的中值时，应按较小尺寸选取 r。

　　例：$D-d=98$，则按 90 选 $r=25$。

表 8-6　配合表面处的圆角半径和倒角尺寸（GB/T 6403.4－2008）　　　　单位：mm

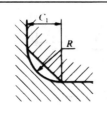  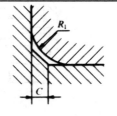 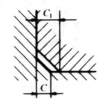

$C_1>R$	$R_1>R$	$C>0.58R_1$	$C_1>C$

倒圆、倒角尺寸系列												
R 或 C	0.1	0.2	0.3	0.4	0.5	0.6	0.8	1.0	1.2	1.6	2.0	2.5	3.0
	4.0	5.0	6.0	8.0	10	12	16	20	25	32	40	50	—

与直径 Φ 相应的倒角 C、倒圆 R 的推荐值															
Φ	-3	>3 ~6	>6 ~10	>10 ~18	>18 ~30	>30 ~50	>50 ~80	>80 ~120	>120 ~180	>180 ~250	>250 ~320	>320 ~400	>400 ~500	>500 ~630	>630 ~800	>800 ~1000
C 或 R	0.2	0.4	0.6	0.8	1.0	1.6	2.0	2.5	3.0	4.0	5.0	6.0	8.0	10	12	16

内角倒角、外角倒圆时 C_{max} 与 R_1 的关系																			
R_1	0.1	0.2	0.3	0.4	0.5	0.6	0.8	1.0	1.2	1.6	2.0	2.5	3.0	4.0	5.0	6.0	8.0	10	12	16	20	25
C_{max} ($C<0.58R_1$)	—		0.1		0.2		0.3	0.4	0.5	0.6	0.8	1.0	1.2	1.6	2.0	2.5	3.0	4.0	5.0	6.0	8.0	10	12

表 8-7　插齿退刀槽（JB/ZQ4238－2006）　　　　　　　　单位：mm

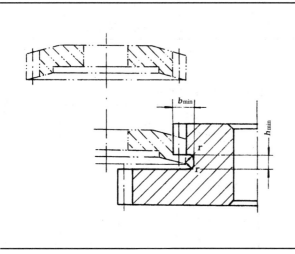

模数	h_{min}	b_{min}	r
2	5	5	0.5
2.5	6	5	0.5
3	6	7.5	0.5
4	6	10.5	1.0
5	7	13	1.0
6	7	15	1.0
7	7	16	1.0
8	8	19	1.0
9	8	22	1.0
10	8	24	1.0
12	9	28	1.0
14	9	33	1.0

注：1. 表中模数系指直齿齿轮。

　　2. 插斜齿轮时，螺旋角 β 越大，相应的 b_{min} 和 h_{min} 也越大。

表 8-8　砂轮越程槽的形式及尺寸(GB/T 6403.5－2008)　　　　单位:mm

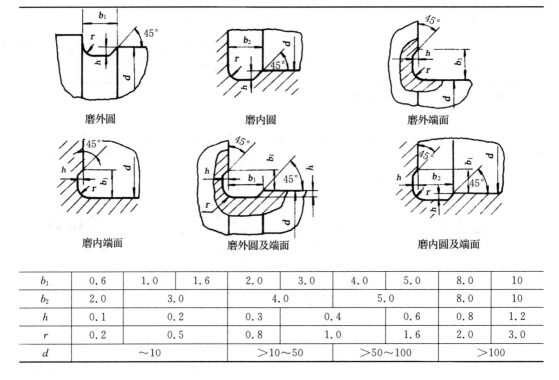

磨外圆　　　　　　　磨内圆　　　　　　　磨外端面

磨内端面　　　　　磨外圆及端面　　　　　磨内圆及端面

b_1	0.6	1.0	1.6	2.0	3.0	4.0	5.0	8.0	10
b_2	2.0	3.0		4.0		5.0		8.0	10
h	0.1	0.2		0.3	0.4		0.6	0.8	1.2
r	0.2	0.5		0.8	1.0		1.6	2.0	3.0
d	～10			>10～50		>50～100		>100	

表 8-9　铸造斜度(JB/ZQ4254－2006)

斜度 $a:h$	角度 β	使　用　范　围
1:5	11°30′	$h<25mm$ 的钢和铁铸件
1:10	5°30′	$h=25～500mm$ 的钢和铁铸件
1:20	3°	
1:50	1°	$h>500mm$ 时的钢和铁铸件
1:100	30′	有色金属铸件

注:当设计不同壁厚铸件时,在转折点处的斜角还可增大到30°～45°。

表 8-10　铸造过渡尺寸(JB/ZQ4254－2006)　　　　单位:mm

适用于减速器的机体、机盖、联接管、汽缸及
其他各种联接法兰的过渡处

铸铁和铸钢件的壁厚 δ	K	h	R
10～15	3	15	5
>15～20	4	20	5
>20～25	5	25	5
>25～30	6	30	8
>30～35	7	35	8
>35～40	8	40	10
>40～45	9	45	10
>45～50	10	50	10

表 8-11　铸造外圆角(JB/ZQ4256－2006)

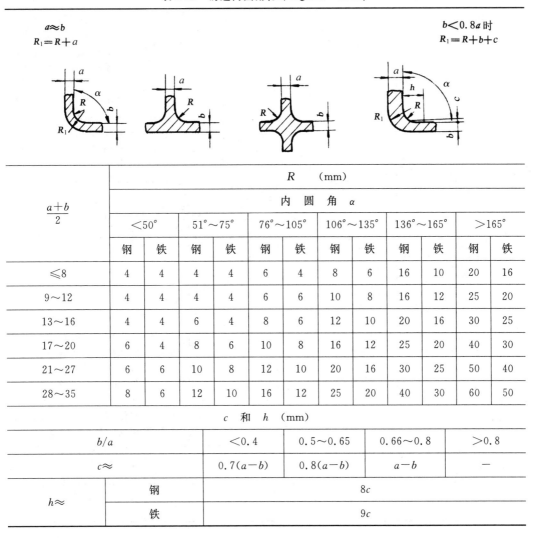

表面的最小边尺寸 P (mm)	r(mm) 外圆角 α					
	<50°	51°~75°	76°~105°	106°~135°	136°~165°	>165°
≤25	2	2	2	4	6	8
>25~60	2	4	4	6	10	16
>60~160	4	4	6	8	16	25
>160~250	4	6	8	12	20	30
>250~400	6	8	10	16	25	40
>400~600	6	8	12	20	30	50

注:如铸件按表可选出许多不同圆角 r 时,应尽量减少或只取一适当的 r 值以求统一。

表 8-12　铸造内圆角(JB/ZQ4255－2006)

$a \approx b$
$R_1 = R + a$

$b < 0.8a$ 时
$R_1 = R + b + c$

$\dfrac{a+b}{2}$	R　(mm) 内　圆　角　α											
	<50°		51°~75°		76°~105°		106°~135°		136°~165°		>165°	
	钢	铁	钢	铁	钢	铁	钢	铁	钢	铁	钢	铁
≤8	4	4	4	4	6	4	8	6	16	10	20	16
9~12	4	4	4	4	6	6	10	8	16	12	25	20
13~16	4	4	6	4	8	6	12	10	20	16	30	25
17~20	6	4	8	6	10	8	16	12	25	20	40	30
21~27	6	6	10	8	12	10	20	16	30	25	50	40
28~35	8	6	12	10	16	12	25	20	40	30	60	50

c　和　h　(mm)				
b/a	<0.4	0.5~0.65	0.66~0.8	>0.8
$c \approx$	$0.7(a-b)$	$0.8(a-b)$	$a-b$	—
$h \approx$　钢	$8c$			
$h \approx$　铁	$9c$			

8.2 材　料

一、黑色金属材料

表 8-13　灰铸铁预计的铸件力学性能

（根据 GB/T 9439—2010）

牌号	铸件壁厚（mm）		最小抗拉强度 R_m（强制性值）(min)		铸件本体预期抗拉强度 R_m (min)(MPa)	特点及应用举例
	＞	≤	单铸试棒（MPa）	附铸试棒或试块（MPa）		
HT100	5	40	100	—	—	铸造性能好，不用人工时效，减振性好。 适用于载荷小，对摩擦、磨损无特殊要求的零件，如盖、外罩、手轮、支架、底板等
HT150	5	10	150	—	155	特点同 HT100；适用于有一定机械强度要求的一般机械制造中铸件，承受中等应力及摩擦面压强＜0.49MPa 以下受磨损零件及在弱腐蚀介质中工作的零件，如底座、齿轮箱、机床刀架、床身、管子、及管路附件，v＜6～12m/s 的带轮
	10	20		—	130	
	20	40		120	110	
	40	80		110	95	
	80	150		100	80	
	150	300		90	—	
HT200	5	10	200	—	205	强度、耐磨、耐热、减振等性能好，需人工时效处理。
	10	20		—	180	
	20	40		170	155	
	40	80		150	130	
	80	150		140	115	
	150	300		130	—	
HT225	5	10	225	—	230	适用于承受较大应力，摩擦面间压强＞0.49MPa 和要求一定气密性或耐蚀性的较重要铸件，如汽缸、齿轮、机座、机床床身及立柱、内燃机汽缸体、盖、活塞、联轴器、承压＜8MPa 的油缸、泵体、阀体；耐腐蚀能力要求较高的化工容器、泵体，以及飞轮、凸轮、齿轮、v＝12～20m/s 的带轮等
	10	20		—	200	
	20	40		190	170	
	40	80		170	150	
	80	150		155	135	
	150	300		145	—	
HT250	5	10	250	—	250	
	10	20		—	225	
	20	40		210	195	
	40	80		190	170	
	80	150		170	150	
	150	300		160	—	

续表 8-13

| 牌号 | 铸件壁厚(mm) | | 最小抗拉强度 R_m(强制性值)(min) | | 铸件本体预期抗拉强度 R_m(min)(MPa) | 特点及应用举例 |
	>	≤	单铸试棒(MPa)	附铸试棒或试块(MPa)		
HT275	10	20	275	—	250	强度、耐磨性高,铸造性差,需人工时效处理。 用于承受高应力和摩擦面压强>2MPa,以及要求高气密性的重要铸件,如床身导轨、剪床、压力机及其他重型机床的床身、机座、机架、受力大的齿轮、凸轮、衬套、曲轴、汽缸体和盖、高压油泵、水泵泵体、阀体及 $v>$ 20~25m/s 的带轮等
	20	40		230	220	
	40	80		205	190	
	80	150		190	175	
	150	300		175	—	
HT300	10	20	300	—	270	
	20	40		250	240	
	40	80		220	210	
	80	150		210	195	
	150	300		190	—	
HT350	10	20	350	—	315	
	20	40		290	280	
	40	80		260	250	
	80	150		230	225	
	150	300		210	—	

注:当某牌号的铁液浇注壁厚均匀、形状简单的铸件时,壁厚变化引起抗拉强度的变化,可从表查出参考数据。当铸件壁厚不均匀或有型芯时,此表只能给出不同壁厚处大致抗拉强度值,铸件设计应根据关键部位的实测值进行。

表 8-14　球墨铸铁件(GB/T 1348-2009)

牌　　号	抗拉强度 R_m(min)(MPa)	屈服强度 $R_{p0.2}$(min)(MPa)	伸长率 A(min)(%)	布氏硬度(HBW)	特点与用途
QT350-22L	350	220	22	≤160	有较高韧性、塑性、焊接性和切削性,用于减速箱体、管路、阀体、阀盖、气缸、离合器壳等
QT350-22R					
QT350-22					
QT400-18L	400	240	18	120~175	韧性高、低温性能较好,并有一定的耐蚀性,用于汽车、拖拉机中的牵引枢、壳体、支架、导架、拨叉等
QT400-18R		250			
QT400-18					
QT400-15			15	120~180	
QT450-10	450	310	10	160~210	具有中等的强度和韧性。用于内燃机中油泵齿轮、水轮机阀门体、机车轴瓦、凸轮、减速器箱体等。
QT500-7	500	320	7	170~230	
QT550-5	550	350	5	180~250	
QT600-3	600	370	3	190~270	具有较高强度、耐磨性及一定的韧性。用于机床主轴、空压机、冷冻机、泵的曲轴、缸体、缸套、齿轮轴、凸轮轴、连杆、气门座、缸套等。
QT700-2	700	420	2	225~305	
QT800-2	800	480	2	245~335	
QT900-2	900	600	2	280~360	具有高强度、较好的耐磨性、较高的弯曲疲劳强度。用于内燃机中的凸轮轴、拖拉机的减速齿轮、连杆等。

注:1. 字母"L"表示该牌号有低温(-20℃或-40℃)下的冲击性能要求;
　　字母"R"表示该牌号有室温(23℃)下的冲击性能要求
2. 伸长率是从原始标距 $L_0=5d$ 上测得的,d 是试棒上原始标距的直径。

表 8-15　一般工程用碳素铸钢(根据 GB/T 11352－2009)

牌　号	屈服强度 $R_{eH}(R_{p0.2})$ (MPa)	抗拉强度 R_m (MPa)	伸长率 A_5 (%)	根据合同选择			特点与应用
				断面收缩率 Z (%)	冲击吸收功 A_{kv} (J)	冲击吸收功 A_{ku} (J)	
ZG200－400	200	400	25	40	30	47	韧性和塑性好,但强度和硬度低,焊接性好,铸造性差。
ZG230－450	230	450	22	32	25	35	用于载荷不大、韧性好的零件,如轴承盖、底板、阀体、机架等。
ZG270－500	270	500	18	25	22	27	有一定韧性和塑性,强度和硬度较高,切削性好,用于飞轮、机架、联轴器、连杆、缸体等。
ZG310－570	310	570	15	21	15	24	
ZG340－640	340	640	10	18	10	16	强度、硬度和耐磨性高,但塑、韧性差,用于运输机齿轮、车轮、联轴器、重载机架等。

注:1. 表中所列的各牌号性能,适用于厚度为 100mm 以下的铸件。当铸件厚度超过 100mm 时,表中规定的 $R_{eH}(R_{p0.2})$ 屈服强度仅供设计使用。

2. 表中冲击吸收功 A_{ku} 的试件缺口为 2mm。

表 8-16　碳素结构钢（GB/T 700—2006）

牌号	等级	屈服强度[1] R_{eH}（MPa） 钢材厚度（或直径）(mm) 不小于						抗拉强度[2] R_m（MPa）	断后伸长率 A（%） 钢材厚度（或直径）(mm) 不小于					冲击试验（V型缺口） 温度（℃）	纵向（J） 不小于	特点与用途
		≤16	>16~40	>40~60	>60~100	>100~150	>150		≤40	>40~60	>60~100	>100~150	>150~200			
Q195	—	195	185	—	—	—	—	315~430	33	—	—	—	—	—	—	塑性好，可用于轧制薄板、拉制线材、制钉、焊接钢管等
Q215	A	215	205	195	185	175	165	335~450	31	30	29	27	26	—	—	塑性稍差，可制薄板、钢丝、焊管、螺栓、铆钉、垫圈、焊接件等
	B													+20	27	
Q235	A	235	225	215	205	195	185	370~500	26	25	24	22	21	—	—	良好冷冲压性能、韧性和焊接性能，适合于钢结构及钢筋混凝土结构用，可用于各种钢结构件、机械零件、焊接件、螺栓、螺母、垫圈、连杆、轮、销轴等。
	B													+20	27[3]	
	C													0		
	D													-20		
Q255	A	255	245	235	225	215	205	410~510	23	22	21	20	19	—	—	较好的强度和各种型钢、条钢，热压力加工性能。可制各种型钢、条钢、钢板、螺栓、螺母、键、销、心轴、销轴等。
	B													20	27	
Q275	A	275	265	255	245	225	215	410~540	22	21	20	18	17	—	—	具有较高的强度，硬度和较好的耐磨性。并有一定焊接性能，可用于心轴、连杆、键、螺栓、销、轴、齿轮、农机机架、链节等。
	B													+20	27	
	C													0		
	D													-20		

注：①Q195 的屈服强度仅供参考，不作交货条件。
②厚度大于 100mm 的钢材，抗拉强度下限允许降低 20MPa，宽带钢（包括剪切钢板）抗拉强度上限不作交货条件。
③厚度小于 20mm 的 Q235B 级钢材，如供方能保证，冲击吸收功合格，经需方同意，可不作检验。

表 8-17　优质碳素结构钢（根据 GB/T 699—1999）

牌号	热处理类型	截面尺寸 (mm)	力学性能					硬度	特性及应用举例
			抗拉强度 R_m	屈服强度 R_{eH}	延伸率 A	收缩率 Z	冲击值 A_{KVZ}	HBS	
			（MPa）		（%）		（J）	热轧钢 退火钢	
			≥					≤	
08F	正火	≤25	295	175	33	60		131	强度不大，而塑性和韧性甚高，有良好的冲压、拉延和弯曲性能，焊接性好。可作需塑性好的零件：管子、垫片、垫圈；芯部强度要求不高的渗碳和氰化零件：套筒、短轴、挡块、支架、靠模、离合器盘
10	正火	≤25	335	205	31	55		137	屈服强度和抗拉强度比值较低，塑性和韧性均高，在冷状态下容易模压成形。用于制造拉杆、卡头、钢管垫片、垫圈、铆钉。这种钢无回火脆性，焊接性好，用来制造焊接零件
15	正火	≤25	375	225	27	55		143	塑性、韧性、焊接性能和冷冲性能均极良好，但强度较低。用于受力不大韧性要求较高的零件、渗碳零件、紧固件及冲模锻件及不需要热处理的低负荷零件，如螺栓、螺钉、拉条、法兰盘及化工贮器、蒸汽锅炉
20	正火 回火	≤100	340～470	215	24	53	54	103～156	用于不经受很大应力而要求很大韧性的机械零件，如杠杆、轴套、螺钉、起重钩等。也用于制造压力＜6MPa、温度＜45℃、在非腐蚀介质中使用的零件，如管子、导管等。还可用于表面硬度高而芯部强度要求不大的渗碳与氰化零件
		>100～250	320～470	205	23	50	49		
		>250～500	320～470	195	22	45	49		
25	正火	≤25	450	275	23	50	71	≤170	性能与20号钢相似，钢的焊接性及冷应变塑性均高，无回火脆性倾向，用于制造焊接设备，以及经锻造，热冲压和机械加工的不承受高应力的零件，如轴、辊子、联轴器、垫圈、螺栓、螺钉及螺母
	正火 回火	≤100	410～540	235	22	50	49	120～150	
		>100～250	390～520	225	19	48	39		
		>250～500	390～520	215	18	40	39		
35	正火	≤25	530	315	20	45	55	197	有好的塑性和适当的强度，用于制造曲轴、转轴、轴销、杠杆、连杆、横梁、链轮、圆盘、套筒钩环、垫圈、螺钉、螺母。这种钢多在正火和调质状态下使用，一般不作焊接
	正火 回火	≤100	490～630	255	18	43	34	140～172	
		>100～250	450～590	240	17	40	29		
		>250～500	450～590	220	16	27	29	140～172	
	调质	≤16	630～780	430	17	35	40	—	
		16～40	600～750	370	19	40	40	—	
		40～100	550～700	320	20	45	40	196～241	
		100～250	490～640	295	22	40	40	189～229	
		250～500	490～640	275	21	—	38	163～219	

续表 8-17

牌号	热处理类型	截面尺寸(mm)	力学性能 抗拉强度 R_m (MPa)	屈服强度 R_{eH} (MPa)	延伸率 A (%)	收缩率 Z (%)	冲击值 A_{KVZ} (J)	硬度 HBS 热轧钢	退火钢	特性及应用举例
			≥					≤		
45	正火	≤25	600	355	16	40	39	225	197	用于要求强度较高,韧性要求中等的零件。通常作调质或正火处理。用于制造齿轮、齿条、链轮、轴、键、销、蒸汽透平机的叶轮、压缩机及泵的零件、轧辊等。可代替渗碳钢做齿轮、轴、活塞销等,但要经高频或火焰表面淬火
	正火回火	≤100	570~710	295	14	38	29	170~207		
		>100~250	550~690	280	13	35	24	170~207		
		>250~500	550~690	260	12	32	24	170~207		
	调质	≤16	700~850	500	14	30	31	—		
		>16~40	650~800	430	16	35	31	—		
		>40~100	630~780	370	17	40	31	207~302		
		>100~250	590~740	345	18	35	31	197~286		
		>250~500	590~740	345	17	—	—	187~255		
55	正火	≤25	645	380	13	35	—	255	217	经热处理后有高的表面硬度和强度,具有良好韧性,一般经正火或淬火回火后使用,用于制造齿轮、连杆、轮圈、轮缘、扁弹簧及轧辊等,也用于生产铸件。焊接性及冷变形性均低
	调质	≤16	800~950	550	12	25				
		>16~40	750~900	500	14	30				
		>40~100	700~850	430	15	35		217~321		
		>100~250	630~780	365	17	—		207~302		
		>250~500	630~780	335	16	—		197~269		
30Mn	正火	≤25	540	315	20	45	63	217	187	强度与淬透性比相应的碳钢高,焊接性中等,冷变形时塑性尚好,切削加工性良好,但有回火脆性倾向。一般经正火后使用。用于制造螺栓、螺母、螺钉等
40Mn	正火	≤25	590	355	17	45	47	229	207	钢的切削加工性好,冷变形时的塑性中等。焊接性不良。用于制造承受疲劳负荷的零件,如轴、万向联轴器、曲轴、连杆及在高应力下工作的螺栓、螺母等
	正火回火	<250	590	350	17	45	47	207		
50Mn	正火	≤25	645	390	13	40	31	255	217	钢的弹性、强度、硬度均高,多在淬火与回火后应用;在某种情况下也可在正火后应用。焊接性差。用于制造耐磨性要求很高,在高负荷作用下的热处理零件,如齿轮、齿轮轴、摩擦盘、凸轮和截面在80mm以下的心轴等
	正火回火	≤250	645	390	13	40	31	217		
60Mn	正火	≤25	695	410	11	35	—	269	229	钢的强度较高,淬透性较碳素弹簧钢好,脱碳倾向小,但有过热敏感性,易产生淬火裂纹,并有回火脆性。适于制造弹簧、弹簧垫圈、弹簧环和片以及冷拔钢丝(≤7mm)和发条

注:1.优质碳素结构钢是含磷、硫等杂质较低的钢。可分为普通含锰量钢和较高含锰量钢(30Mn、40Mn等)。钢号中的两位数字代表钢平均含碳量的万分数。

　　2.优质碳素结构钢大多用于热处理的重要零件,也应用于深压延的冷冲零件。

表 8-18　合金结构钢(GB/T 3077—1999)

牌号	热处理类型	截面尺寸(mm)	力学性能					硬度	特性及应用举例
			抗拉强度 R_m	屈服强度 R_{eH}	延伸率 A	收缩率 Z	冲击值 A_{KVZ}	钢材退火或高温回火供应状态 HBS	
			(MPa)		(%)		(J)		
			≥						
20Mn2	渗碳淬火回火	15*	785	590	10	40	47	≤187	截面小时与 20Cr 相当,用于做渗碳小齿轮、小轴、钢套、链板等
35Mn2	淬火回火	25*	835	685	12	45	55	≤207	对于截面较小的零件可代替 40Cr 可做直径≤15mm 的重要用途的冷镦螺栓及小轴等
45Mn2	淬火回火	25*	885	735	10	45	47	≤217	用于制造在较高应力与磨损条件下的零件。在直径≤60mm 时,与 40Cr 相当。可做万向联轴器、齿轮、齿轮轴、蜗杆、曲轴、连杆、花链轴和摩擦盘等
35SiMn	调质	25*	885	735	15	45	47	≤229	除了要求低温(−20℃以下)及冲击韧性很高的情况外,可全面代替 40Cr 作调质钢,亦可部分代替 40CrNi,可做中小型轴类、齿轮等零件以及在 430℃以下工作的重要紧固件
		≤100	785	510	15	45	47	229~286	
		>100~300	735	440	14	35	39	217~269	
		>300~400	685	390	13	30	35	217~255	
		>400~500	635	375	11	28	31	196~255	
42SiMn	调质	25*	885	735	15	40	47	≤229	与 35SiMn 钢同。可代替 40Cr、34CrMo 钢做大齿圈。适于作表面淬火件
		≤100	784	509	15	45	39	229~286	
		>100~200	735	461	14	42	29	217~269	
		>200~300	686	441	13	40	29	217~255	
		>300~500	637	372	10	40	25	196~255	
20MnVB	渗碳淬火回火	15*	1080	885	10	45	55	≤207	可代替 20Cr、20CrNi 钢做渗碳零件
20SiMnVB	渗炭淬火回火	15*	1175	980	10	45	55	≤207	可代替 18CrMnTi、20CrMnTi 做高级渗碳齿轮等零件
40MnVB	调质	25*	980	785	10	45	47	≤207	可代替 40Cr 做重要调质件,如齿轮、轴、连杆、螺栓等
		≤200	750	500	12	40	39	241~286	
50 SiMnMoB	调质	≤300	900	750	12	40	31	269~302	代替 35CrNi3Mo,适用于直径 500~900mm 大截面的轧机齿轮、轴等零件
		>300~500	900	650	12	38	31	255~286	
		>500~800	850	620	12	35	29	241~286	

牌号	热处理类型	截面尺寸 (mm)	力学性能					硬度	特性及应用举例
			抗拉强度 R_m	屈服强度 R_{eH}	延伸率 A	收缩率 Z	冲击值 A_{KVZ}	钢材退火或高温回火供应状态 HBS	
			(MPa)		(%)		(J)		
			$\geqslant$						
20Cr	一次淬火	15*(芯部)	835	540	10	40	47	≤179	用于要求心部强度较高、承受磨损、尺寸较大的渗碳零件,如齿轮、齿轮轴、蜗杆、凸轮、活塞销等;也用于速度较大受中等冲击的调质零件
	二次淬火回火	30(芯部)	635	390	12	40	47		
	渗碳淬火、回火	≤60	635	390	13	40	39		
40Cr	淬火回火	25*	980	785	9	45	47	≤207	用于承受交变负荷、中等速度、中等负荷、强烈磨损而无很大冲击的重要零件,如重要的齿轮、轴、曲轴、连杆、螺栓、螺母等零件;并用于直径大于 40mm 要求低温冲击韧性的轴与齿轮等
	调质	≤100	735	540	15	45	39	241～286	
		>100～300	685	490	14	45	31	241～286	
		>300～500	635	440	10	35	23	229～269	
		>500～800	590	345	8	30	16	217～255	
20CrMnTi	渗碳淬火回火	15*	1080	835	10	45	55	≤217	强度韧性均高,是铬镍钢的代用品。用于承受高速、中等或重负荷以及冲击磨损等的重要零件,如渗碳齿轮、凸轮等
20CrMnMo	淬火回火	15*	1180	885	10	45	55	≤217	用于要求表面硬度高、耐磨、芯部有较高强度、韧性的零件,如传动齿轮和曲轴等
	渗碳淬火回火	≤30	1080	785	7	40	39		
		≤100	835	490	15	40	31		
35CrMo	淬火回火	25*	980	835	12	45	63	≤229	可以代替 40CrNi 做大截面齿轮和重载传动的轴等
	调质	≤100	735	540	15	45	47	207～269	
		>100～300	685	490	15	45	39	207～269	
		>300～500	635	440	15	35	31	207～269	
		>500～800	590	390	12	30	23	207～269	
38CrSi	淬火回火	25	980	835	12	50	55	≤255	比 40Cr 淬透性好、低温冲击韧性较高、一般用于制造直径为 30～40mm、强度和耐磨性要求高的零件,如汽车拖拉机上轴、齿轮、气阀等
37SiMn2MoV	调质	25*	980	835	12	50	63	≤269	可代替 34CrNiMo 等做高强度负荷轴、曲轴、齿轮、蜗杆等零件
		≤200	880	700	14	40	31	269～302	
		>200～400	830	650	14	40	31	241～286	
		>400～600	780	600	14	40	31	241～269	
38CrMoAl	调质	30*	980	835	14	50	71	229	用于要求高耐磨性、高疲劳强度和相当高的强度且热处理变形最小的零件,如镗杆、主轴、蜗杆、齿轮、套筒、套杯等

注:带 * 者为试样毛坯尺寸。

二、型钢与型材

表 8-19　热轧钢板、钢带(GB/T 709—2006)

项目	单轧钢板		钢带和连轧钢板	
	尺寸范围	推荐公称尺寸	尺寸范围	推荐公称尺寸
公称厚度	3～400mm	厚度 < 30mm 的钢板按 0.5mm 倍数的任何尺寸；厚度 ≥30mm 的钢板按 1mm 倍数的任何尺寸	0.8～25.4mm	厚度 0.1mm 倍数的任何尺寸
公称宽度	600～4800mm	宽度按 10mm 或 50mm 倍数的任何尺寸	600～2000mm 纵切钢带为 120～900mm	宽度按 10mm 倍数的任何尺寸
公称长度	2000～20000mm	长度按 50mm 或 100mm 倍数的任何尺寸	2000～20000mm	长度按 50mm 或 100mm 倍数的任何尺寸

注：材料为碳素钢。

表 8-20　冷轧钢板和钢带(GB/T 708—2006)

项　目	尺寸范围	推荐的公称尺寸
公称厚度	0.3～4mm（包括纵切钢带）	厚度(包括纵切钢带)小于 1mm 的钢板和钢带按 0.05mm 倍数的任何尺寸；厚度大于或等于 1mm 的钢板和钢带按 0.1mm 倍数的任何尺寸
公称宽度	600～2050mm（包括纵切钢带）	宽度(包括纵切钢带)按 10mm 倍数的任何尺寸
公称长度	1000～6000mm	长度按 50mm 倍数的任何尺寸

注：材料为优质碳素结构钢。

表 8-21　热轧圆钢(GB/T 702—2008)　　　　　　　　　mm

直径	5.5,6,6.5,7,8,9,10,11,12,13,14,15,16,17,18,19,20,21,22,23,24,25,26,27,28,29,30,31, 32,33,34,35,36,38,40,42,45,48,50,53,55,56,58,60,63,65,68,70,75,80,85,90,95,100,105, 110,115,120,125,130,140,150,160,170,180,190,200,220,250

注：材料为普通碳素钢、优质碳素钢。

表 8-22 热轧等边角钢(GB/T 706－2008)

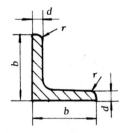

标记示例:普通碳素结构钢 Q235A,尺寸为 $160mm \times 160mm \times 16mm$ 的热轧等边角钢标记如下:

$$热轧等边角钢 \frac{160 \times 160 \times 16 - GB/T\ 706 - 2008}{Q235A - GB/T\ 700 - 2006}$$

型号	b	d	r	型号	b	d	r	型号	b	d	r
2	20	3	3.5	5.6	56	6	6	7.5	75	9	9
2	20	4	3.5	5.6	56	7	6	7.5	75	10	9
2.5	25	3	3.5	5.6	56	8	6	8	80	5	9
2.5	25	4	3.5	6	60	5	6.5	8	80	6	9
3.0	30	3	4.5	6	60	6	6.5	8	80	7	9
3.0	30	4	4.5	6	60	7	6.5	8	80	8	9
3.6	36	3	4.5	6	60	8	6.5	8	80	9	9
3.6	36	4	4.5	6.3	63	4	7	8	80	10	9
3.6	36	5	4.5	6.3	63	5	7	9	90	6	10
4	40	3	5	6.3	63	6	7	9	90	7	10
4	40	4	5	6.3	63	7	7	9	90	8	10
4	40	5	5	6.3	63	8	7	9	90	9	10
4.5	45	3	5	6.3	63	10	7	9	90	10	10
4.5	45	4	5	7	70	4	8	9	90	12	10
4.5	45	5	5	7	70	5	8	10	100	6	12
4.5	45	6	5	7	70	6	8	10	100	7	12
5	50	3	5.5	7	70	7	8	10	100	8	12
5	50	4	5.5	7	70	8	8	10	100	9	12
5	50	5	5.5	7.5	75	5	9	10	100	10	12
5	50	6	5.5	7.5	75	6	9	10	100	12	12
5.6	56	3	6	7.5	75	7	9	10	100	14	12
5.6	56	4	6	7.5	75	8	9	10	100	16	12
5.6	56	5	6								

表 8-23 热轧工字钢(GB/T 706—2008)

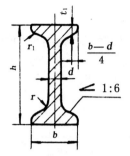

标记示例:普通碳素结构钢 Q235A,尺寸为

400mm×144mm×12.5mm 的热轧工字钢

标记如下:

热轧工字钢 $\dfrac{400 \times 144 \times 12.5 - \text{GB/T } 706 - 2008}{\text{Q235A} - \text{GB/T } 700 - 2006}$

型号	尺 寸(mm)						型号	尺 寸(mm)					
	h	b	d	t_1	r	r_1		h	b	d	t_1	r	r_1
10	100	68	4.5	7.6	6.5	3.3	28a	280	122	8.5	13.7	10.5	5.3
12	120	74	5.0	8.4	7.0	3.5	28b		124	10.5			
12.6	126	74	5.0	8.4	7.0	3.5	30a	300	126	9.0	14.0	11.0	5.5
14	140	80	5.5	9.1	7.5	3.8	30b		128	11.0			
16	160	88	6.0	9.9	8.0	4.0	30c		130	13.0			
18	180	94	6.5	10.7	8.5	4.3	32a	320	130	9.5	15.0	11.5	5.8
20a	200	100	7.0	11.4	9.0	4.5	32b		132	11.5			
20b		102	9.0				32c		134	13.5			
22a	220	110	7.5	12.3	9.5	4.8	36a	360	136	10.0	15.8	12.0	6.0
22b		112	9.5				36b		138	12.0			
24a	240	116	8.0	13.0	10.0	5.0	36c		140	14.0			
24b		118	11.0				40a	400	142	10.5	16.5	12.5	6.3
25a	250	116	8.0	13.0	10.0	5.0	40b		144	12.5			
25b		118	10.0				40c		146	14.5			
27a	270	122	8.5	13.7	10.5	5.3							
27b		124	10.5										

表 8-24 热轧槽钢(GB/T 706－2008)

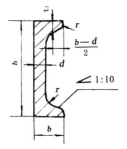

标记示例:普通碳素结构钢 Q235A,尺寸为

180mm×68mm×7mm 的热轧槽钢

标记如下:

热轧槽钢 $\dfrac{180\times68\times7-\text{GB/T }706-2008}{\text{Q235A}-\text{GB/T }700-2006}$

型号	尺 寸(mm)						型号	尺 寸(mm)					
	h	b	d	t_1	r	r_1		h	b	d	t_1	r	r_1
5	50	37	4.5	7.0	7.0	3.5	25a		78	7.0			
6.3	63	40	4.8	7.5	7.5	3.8	25b	250	80	9.0	12.0	12.0	6.0
6.5	65	40	4.8	7.5	7.5	3.8	25c		82	11.0			
8	80	43	5.0	8.0	8.0	4.0	27a		82	7.5			
10	100	48	5.3	8.5	8.5	4.2	27b	270	84	9.5	12.5	12.5	6.2
12	120	53	5.5	9.0	9.0	4.5	27c		86	11.5			
12.6	126	53	5.5	9.0	9.0	4.5	28a		82	7.5			
14a	140	58	6.0	9.5	9.5	4.8	28b	280	84	9.5	12.5	12.5	6.2
14b	140	60	8.0	9.5	9.5	4.8	28c		86	11.5			
16a	160	63	6.5	10.0	10.0	5.0	30a		85	7.5			
16b	160	65	8.5	10.0	10.0	5.0	30b	300	87	9.5	13.5	13.5	6.8
18a	180	68	7.0	10.5	10.5	5.2	30c		89	11.5			
18b	180	70	9.0	10.5	10.5	5.2	32a		88	8.0			
20a	200	73	7.0	11.0	11.0	5.5	32b	320	90	10.0	14.0	14.0	7.0
20b	200	75	9.0	11.0	11.0	5.5	32c		92	12.0			
22a	220	77	7.0	11.5	11.5	5.8	36a		96	9.0			
22b	220	79	9.0	11.5	11.5	5.8	36b	360	98	11.0	16.0	16.0	8.0
24a	240	78	7.0	12.0	12.0	6.0	36c		100	13.0			
24b	240	80	9.0	12.0	12.0	6.0	40a		100	10.5			
24c	240	82	11.0	12.0	12.0	6.0	40b	400	102	12.5	18.0	18.0	9.0
							40c		104	14.5			

三、有色金属材料

表 8-25 铸造轴承合金(GB/T 1174－1992)

组别	合金牌号	主要化学成分,%				硬度HBS不低于	应 用 举 例
		Sb	Cu	Pb	Sn		
锡锑轴承合金	ZSnSb12Pb10Cu4	11.0~13.0	2.5~5.0	9.0~11.0	其余	29	适用于一般中速、中压的各种机器轴承及轴衬
锡锑轴承合金	ZSnSb11Cu6	10.0~12.0	5.5~6.5	0.35	其余	27	用于浇注高速的轴承和轴瓦,如500kW 以上的蒸汽透平机、透平泵、压缩机,1200kW 以上的快速行程柴油机,750kW 以上的电动机
铅锑轴承合金	ZPbSb16Sn16Cu2	15.0~17.0	1.5~2.0	其余	15.0~17.0	30	用于浇注下列各种机器轴承的上半部,如 1200kW 以内的蒸汽透平,功率在 250~750kW 的机车,500kW 以内的发电机,500kW 以内的压缩机,轧钢机用减速机等
铅锑轴承合金	ZPbSb15Sn5	14.0~15.5	0.5~1.0	其余	4.0~5.5	20	用于浇注汽油发动机的轴承,各种功率压缩机的外伸轴承,功率 100~250kW 的电动机、球磨机、小型轧钢机的齿轮箱等轴承

注:1. 铸造轴承合金的表示方法是汉语拼音字母"Z"加基元素和第一个主添加元素符号,以及除基元素外的主要成分数字组成,如 ZSnSb11Cu6 中,Sn 为基元素,Sb 为第一个主添加元素,11 为 Sb 的含量(%),6 为 Cu 的含量(%)。

2. 应用举例仅供参考。

表 8-26　铸造铜合金(GB/T 1176－1987)

合金牌号	铸造方法	力学性能≥				特　点	应　用　举　例
		抗拉强度 σ_b (MPa)	屈服强度 $\sigma_{0.2}$ (MPa)	伸长率 δ_5 (%)	布氏硬度 HBS		
ZCuSn5Pb5Zn5	S,J	200	90	13	590*	耐磨性和耐蚀性好,易加工,铸造性能和气密性较好	在较高载荷,中等滑动速度下工作的耐磨、耐腐蚀零件,如轴瓦、衬套、缸套、活塞离合器、泵体压盖以及蜗轮等
	Li,La	250	100*	13	635*		
ZCuSn10Pb1	S	220	130	3	785*	硬度高,耐磨性极好,不易产生咬死现象,有较好的铸造性能和切削加工性能,在大气和淡水中有良好的耐蚀性	可用于高载荷(接触压力20MPa以下)和高滑动速度(8m/s)下工作的耐磨零件,如连杆、衬套、轴瓦、齿轮、蜗轮等
	J	310	170	2	885*		
	Li	330	170*	4	885*		
	La	360	170*	6	885*		
ZCuSn10Zn2	S	240	120	12	685*	耐蚀性、耐磨性和切削加工性能好,铸造性能好,铸造致密性较高,气密性较好	在中等及较高载荷和小滑动速度下工作的重要管配件,以及阀、旋塞、泵体、齿轮、叶轮和蜗轮等
	J	245	140*	6	785*		
	Li,La	270	140*	7	785*		
ZCuAl10Fe3M2	S	490		15	1080	力学性能好、耐磨性高,高温下耐蚀及抗氧化性能好	要求强度高、耐磨、耐蚀的零件,如齿轮、轴承、衬套、管嘴,以及耐热配件等
	J	540		20	1175		
ZCuAl10Fe3	S	490	180	13	980	力学性能高,耐磨、耐蚀性好	要求强度高、耐磨、耐蚀的重型铸件,如轴套、螺母、蜗轮以及 250℃以下工作的管配件
	J	540	200	15	1080*		
	Li,La	540	200	15	1080*		

注:1.砂型铸件本体试样的抗拉强度不得低于表中规定值的 80%,伸长率不得低于 50%。

　　2.带"＊"号的数据为参考值,代号 S—砂型铸造,J—金属型铸造,Li—离心铸造,La—连续铸造

8.3　公差与配合

表 8-27　标准公差 *IT* 值(GB/T 1800.1－2009)

基本尺寸 (mm)		公　差　等　级																	
		IT1	IT2	IT3	IT4	IT5	IT6	IT7	IT8	IT9	IT10	IT11	IT12	IT13	IT14	IT15	IT16	IT17	IT18
大于	至	μm											mm						
—	3	0.8	1.2	2	3	4	6	10	14	25	40	60	0.1	0.14	0.25	0.4	0.6	1.0	1.4
3	6	1	1.5	2.5	4	5	8	12	18	30	48	75	0.12	0.18	0.3	0.48	0.75	1.2	1.8
6	10	1	1.5	2.5	4	6	9	15	22	36	58	90	0.15	0.22	0.36	0.58	0.9	1.5	2.2
10	18	1.2	2	3	5	8	11	18	27	43	70	110	0.18	0.27	0.43	0.7	1.1	1.8	2.7
18	30	1.5	2.5	4	6	9	13	21	33	52	84	130	0.21	0.33	0.52	0.84	1.3	2.1	3.3
30	50	1.5	2.5	4	7	11	16	25	39	62	100	160	0.25	0.39	0.62	1.0	1.6	2.5	3.9
50	80	2	3	5	8	13	19	30	46	74	120	190	0.3	0.46	0.74	1.2	1.9	3.0	4.6
80	120	2.5	4	6	10	15	22	35	54	87	140	220	0.35	0.54	0.87	1.4	2.2	3.5	5.4
120	180	3.5	5	8	12	18	25	40	63	100	160	250	0.4	0.63	1.0	1.6	2.5	4.0	6.3
180	250	4.5	7	10	14	20	29	46	72	115	185	290	0.46	0.72	1.15	1.85	2.9	4.6	7.2
250	315	6	8	12	16	23	32	52	81	130	210	320	0.52	0.81	1.3	2.1	3.2	5.2	8.1
315	400	7	9	13	18	25	36	57	89	140	230	360	0.57	0.89	1.4	2.3	3.6	5.7	8.9
400	500	8	10	15	20	27	40	63	97	155	250	400	0.63	0.97	1.55	2.5	4.0	6.3	9.7
500	630	9	11	16	22	30	44	70	110	175	280	440	0.7	1.1	1.75	2.8	4.4	7.0	11.0
630	800	10	13	18	25	35	50	80	125	200	320	500	0.8	1.25	2.0	3.2	5.0	8.0	12.5
800	1000	11	15	21	29	40	56	90	140	230	360	560	0.9	1.4	2.3	3.6	5.6	9.0	14.0
1000	1250	13	18	24	34	46	66	105	165	260	420	660	1.05	1.65	2.6	4.2	6.6	10.5	16.5
1250	1600	15	21	29	40	54	78	125	195	310	500	780	1.25	1.95	3.1	5.0	7.8	12.5	19.5
1600	2000	18	25	35	48	65	92	150	230	370	600	920	1.5	2.3	3.7	6.0	9.2	15.0	23.0
2000	2500	22	30	41	57	77	110	175	280	440	700	1100	1.75	2.8	4.4	7.0	11.0	17.5	28.0
2500	3150	26	36	50	69	93	135	210	330	540	860	1350	2.1	3.3	5.4	8.6	13.5	21.0	33.0

表 8-28　轴的极限偏差(GB/T 1800.2—2009)　　　　　　　　　　单位：μm

基本尺寸(mm)		公　差　带											
大于	至	a					b					c	
		9	10	11	12	13	9	10	11	12	13	8	9
—	3	−270 −295	−270 −310	−270 −330	−270 −370	−270 −410	−140 −165	−140 −180	−140 −200	−140 −240	−140 −280	−60 −74	−60 −85
3	6	−270 −300	−270 −318	−270 −345	−270 −390	−270 −450	−140 −170	−140 −188	−140 −215	−140 −260	−140 −320	−70 −88	−70 −100
6	10	−280 −316	−280 −338	−280 −370	−280 −430	−280 −500	−150 −186	−150 −208	−150 −240	−150 −300	−150 −370	−80 −102	−80 −116
10	14	−290 −333	−290 −360	−290 −400	−290 −470	−290 −560	−150 −193	−150 −220	−150 −260	−150 −330	−150 −420	−95 −122	−95 −138
14	18												
18	24	−300 −352	−300 −384	−300 −430	−300 −510	−300 −630	−160 −212	−160 −244	−160 −290	−160 −370	−160 −490	−110 −143	−110 −162
24	30												
30	40	−310 −372	−310 −410	−310 −470	−310 −560	−310 −700	−170 −232	−170 −270	−170 −330	−170 −420	−170 −560	−120 −159	−120 −182
40	50	−320 −382	−320 −420	−320 −480	−320 −570	−320 −710	−180 −242	−180 −280	−180 −340	−180 −430	−180 −570	−130 −169	−130 −192
50	65	−340 −414	−340 −460	−340 −530	−340 −640	−340 −800	−190 −264	−190 −310	−190 −380	−190 −490	−190 −650	−140 −186	−140 −210
65	80	−360 −434	−360 −480	−360 −550	−360 −660	−360 −820	−200 −274	−200 −320	−200 −390	−200 −500	−200 −660	−150 −196	−150 −224
80	100	−380 −467	−380 −520	−380 −600	−380 −730	−380 −920	−220 −307	−220 −360	−220 −440	−220 −570	−220 −760	−170 −224	−170 −257
100	120	−410 −497	−410 −550	−410 −630	−410 −760	−410 −950	−240 −327	−240 −380	−240 −460	−240 −590	−240 −780	−180 −234	−180 −267
120	140	−460 −560	−460 −620	−460 −710	−460 −860	−460 −1090	−260 −360	−260 −420	−260 −510	−260 −660	−260 −890	−200 −263	−200 −300
140	160	−520 −620	−520 −680	−520 −770	−520 −920	−520 −1150	−280 −380	−280 −440	−280 −530	−280 −680	−280 −910	−210 −273	−210 −310
160	180	−580 −680	−580 −740	−580 −830	−580 −980	−580 −1210	−310 −410	−310 −470	−310 −560	−310 −710	−310 −940	−230 −293	−230 −330
180	200	−660 −775	−660 −845	−660 −950	−660 −1120	−660 −1380	−340 −455	−340 −525	−340 −630	−340 −800	−340 −1060	−240 −312	−240 −355
200	225	−740 −855	−740 −925	−740 −1030	−740 −1200	−740 −1460	−380 −495	−380 −565	−380 −670	−380 −840	−380 −1100	−260 −332	−260 −375
225	250	−820 −935	−820 −1005	−820 −1110	−820 −1280	−820 −1540	−420 −535	−420 −605	−420 −710	−420 −880	−420 −1140	−280 −352	−280 −395
250	280	−920 −1050	−920 −1130	−920 −1240	−920 −1440	−920 −1730	−480 −610	−480 −690	−480 −800	−480 −1000	−480 −1290	−300 −381	−300 −430
280	315	−1050 −1180	−1050 −1260	−1050 −1370	−1050 −1570	−1050 −1860	−540 −670	−540 −750	−540 −860	−540 −1060	−540 −1350	−330 −411	−330 −460
315	355	−1200 −1340	−1200 −1430	−1200 −1560	−1200 −1770	−1200 −2090	−600 −740	−600 −830	−600 −960	−600 −1170	−600 −1490	−360 −449	−360 −500
355	400	−1350 −1490	−1350 −1580	−1350 −1710	−1350 −1920	−1350 −2240	−680 −820	−680 −910	−680 −1040	−680 −1250	−680 −1570	−400 −489	−400 −540
400	450	−1500 −1655	−1500 −1750	−1500 −1900	−1500 −2130	−1500 −2470	−760 −915	−760 −1010	−760 −1160	−760 −1390	−760 −1730	−440 −537	−440 −595
450	500	−1650 −1805	−1650 −1900	−1650 −2050	−1650 −2280	−1650 −2620	−840 −995	−840 −1090	−840 −1240	−840 −1470	−840 −1810	−480 −577	−480 −635

单位：μm

基本尺寸(mm)		公　差　带											
		c				d					e		
大于	至	10	11	12	13	7	8	9	10	11	6	7	8
—	3	−60 −100	−60 −120	−60 −160	−60 −200	−20 −30	−20 −34	−20 −45	−20 −60	−20 −80	−14 −20	−14 −24	−14 −28
3	6	−70 −118	−70 −145	−70 −190	−70 −250	−30 −42	−30 −48	−30 −60	−30 −78	−30 −105	−20 −28	−20 −32	−20 −38
6	10	−80 −138	−80 −170	−80 −230	−80 −300	−40 −55	−40 −62	−40 −76	−40 −98	−40 −130	−25 −34	−25 −40	−25 −47
10	14	−95 −165	−95 −205	−95 −275	−95 −365	−50 −68	−50 −77	−50 −93	−50 −120	−50 −160	−32 −43	−32 −50	−32 −59
14	18												
18	24	−110 −194	−110 −240	−110 −320	−110 −440	−65 −86	−65 −98	−65 −117	−65 −149	−65 −195	−40 −53	−40 −61	−40 −73
24	30												
30	40	−120 −220	−120 −280	−120 −370	−120 −510	−80 −105	−80 −119	−80 −142	−80 −180	−80 −240	−50 −66	−50 −75	−50 −89
40	50	−130 −230	−130 −290	−130 −380	−130 −520								
50	65	−140 −260	−140 −330	−140 −440	−140 −600	−100 −130	−100 −146	−100 −174	−100 −220	−100 −290	−60 −79	−60 −90	−60 −106
65	80	−150 −270	−150 −340	−150 −450	−150 −610								
80	100	−170 −310	−170 −390	−170 −520	−170 −710	−120 −155	−120 −174	−120 −207	−120 −260	−120 −340	−72 −94	−72 −107	−72 −126
100	120	−180 −320	−180 −400	−180 −530	−180 −720								
120	140	−200 −360	−200 −450	−200 −600	−200 −830	−145 −185	−145 −208	−145 −245	−145 −305	−145 −395	−85 −110	−85 −125	−85 −148
140	160	−210 −370	−210 −460	−210 −610	−210 −840								
160	180	−230 −390	−230 −480	−230 −630	−230 −860								
180	200	−240 −425	−240 −530	−240 −700	−240 −960	−170 −216	−170 −242	−170 −285	−170 −355	−170 −460	−100 −129	−100 −146	−100 −172
200	225	−260 −445	−260 −550	−260 −720	−260 −980								
225	250	−280 −465	−280 −570	−280 −740	−280 −1000								
250	280	−300 −510	−300 −620	−300 −820	−300 −1110	−190 −242	−190 −271	−190 −320	−190 −400	−190 −510	−110 −142	−110 −162	−110 −191
280	315	−330 −540	−330 −650	−330 −850	−330 −1140								
315	355	−360 −590	−360 −720	−360 −930	−360 −1250	−210 −267	−210 −299	−210 −350	−210 −440	−210 −570	−125 −161	−125 −182	−125 −214
355	400	−400 −630	−400 −760	−400 −970	−400 −1290								
400	450	−440 −690	−440 −840	−440 −1070	−440 −1410	−230 −293	−230 −327	−230 −385	−230 −480	−230 −630	−135 −175	−135 −198	−135 −232
450	500	−480 −730	−480 −880	−480 −1110	−480 −1450								

续表 8-28　　　　　　　　　　　　　　　　　　　　　　　　　　　　　　　单位：μm

基本尺寸(mm)		公差带										
		e		f					g				
大于	至	9	10	5	6	7	8	9	4	5	6	7	8
—	3	−14 −39	−14 −54	−6 −10	−6 −12	−6 −16	−6 −20	−6 −31	−2 −5	−2 −6	−2 −8	−2 −12	−2 −16
3	6	−20 −50	−20 −68	−10 −15	−10 −18	−10 −22	−10 −28	−10 −40	−4 −8	−4 −9	−4 −12	−4 −16	−4 −22
6	10	−25 −16	−25 −83	−13 −19	−13 −22	−13 −28	−13 −35	−13 −49	−5 −9	−5 −11	−5 −14	−5 −20	−5 −27
10	14	−32 −75	−32 −102	−16 −24	−16 −27	−16 −34	−16 −43	−16 −59	−6 −11	−6 −14	−6 −17	−6 −24	−6 −33
14	18												
18	24	−40 −92	−40 −124	−20 −29	−20 −33	−20 −41	−20 −53	−20 −72	−7 −13	−7 −16	−7 −20	−7 −28	−7 −40
24	30												
30	40	−50 −112	−50 −150	−25 −36	−25 −41	−25 −50	−25 −64	−25 −87	−9 −16	−9 −20	−9 −25	−9 −34	−9 −48
40	50												
50	65	−60 −134	−60 −180	−30 −43	−30 −49	−30 −60	−30 −76	−30 −104	−10 −18	−10 −23	−10 −29	−10 −40	−10 −56
65	80												
80	100	−72 −159	−72 −212	−36 −51	−36 −58	−36 −71	−36 −92	−36 −123	−12 −22	−12 −27	−12 −34	−12 −47	−12 −66
100	120												
120	140	−85 −185	−85 −245	−43 −61	−43 −68	−43 −83	−43 −106	−43 −143	−14 −26	−14 −32	−14 −39	−14 −54	−14 −77
140	160												
160	180												
180	220	−100 −215	−100 −285	−50 −70	−50 −79	−50 −96	−50 −122	−50 −165	−15 −29	−15 −35	−15 −44	−15 −61	−15 −87
220	225												
225	250												
250	280	−110 −240	−110 −320	−56 −79	−56 −88	−56 −108	−56 −137	−56 −186	−17 −33	−17 −40	−17 −49	−17 −69	−17 −98
280	315												
315	355	−125 −265	−125 −355	−62 −87	−62 −98	−62 −119	−62 −151	−62 −202	−18 −36	−18 −43	−18 −54	−18 −75	−18 −107
355	400												
400	450	−135 −290	−135 −385	−68 −95	−68 −108	−68 −131	−68 −165	−68 −223	−20 −40	−20 −47	−20 −60	−20 −83	−20 −117
450	500												

续表 8-28

单位：μm

基本尺寸(mm) 大于	至	公差带 h 1	2	3	4	5	6	7	8	9	10	11	12
—	3	0 / −0.8	0 / −1.2	0 / −2	0 / −3	0 / −4	0 / −6	0 / −10	0 / −14	0 / −25	0 / −40	0 / −60	0 / −100
3	6	0 / −1	0 / −1.5	0 / −2.5	0 / −4	0 / −5	0 / −8	0 / −12	0 / −18	0 / −30	0 / −48	0 / −75	0 / −120
6	10	0 / −1	0 / −1.5	0 / −2.5	0 / −4	0 / −6	0 / −9	0 / −15	0 / −22	0 / −36	0 / −58	0 / −90	0 / −150
10	14	0 / −1.2	0 / −2	0 / −3	0 / −5	0 / −8	0 / −11	0 / −18	0 / −27	0 / −43	0 / −70	0 / −110	0 / −180
14	18	0 / −1.2	0 / −2	0 / −3	0 / −5	0 / −8	0 / −11	0 / −18	0 / −27	0 / −43	0 / −70	0 / −110	0 / −180
18	24	0 / −1.5	0 / −2.5	0 / −4	0 / −6	0 / −9	0 / −13	0 / −21	0 / −33	0 / −52	0 / −84	0 / −130	0 / −210
24	30	0 / −1.5	0 / −2.5	0 / −4	0 / −6	0 / −9	0 / −13	0 / −21	0 / −33	0 / −52	0 / −84	0 / −130	0 / −210
30	40	0 / −1.5	0 / −2.5	0 / −4	0 / −9	0 / −11	0 / −16	0 / −25	0 / −39	0 / −62	0 / −100	0 / −160	0 / −250
40	50	0 / −1.5	0 / −2.5	0 / −4	0 / −9	0 / −11	0 / −16	0 / −25	0 / −39	0 / −62	0 / −100	0 / −160	0 / −250
50	65	0 / −2	0 / −3	0 / −5	0 / −8	0 / −13	0 / −19	0 / −30	0 / −46	0 / −74	0 / −120	0 / −190	0 / −300
65	80	0 / −2	0 / −3	0 / −5	0 / −8	0 / −13	0 / −19	0 / −30	0 / −46	0 / −74	0 / −120	0 / −190	0 / −300
80	100	0 / −2.5	0 / −4	0 / −6	0 / −10	0 / −15	0 / −22	0 / −35	0 / −54	0 / −87	0 / −140	0 / −220	0 / −350
100	120	0 / −2.5	0 / −4	0 / −6	0 / −10	0 / −15	0 / −22	0 / −35	0 / −54	0 / −87	0 / −140	0 / −220	0 / −350
120	140	0 / −3.5	0 / −5	0 / −8	0 / −12	0 / −18	0 / −25	0 / −40	0 / −63	0 / −100	0 / −160	0 / −250	0 / −400
140	160	0 / −3.5	0 / −5	0 / −8	0 / −12	0 / −18	0 / −25	0 / −40	0 / −63	0 / −100	0 / −160	0 / −250	0 / −400
160	180	0 / −3.5	0 / −5	0 / −8	0 / −12	0 / −18	0 / −25	0 / −40	0 / −63	0 / −100	0 / −160	0 / −250	0 / −400
180	200	0 / −4.5	0 / −7	0 / −10	0 / −14	0 / −20	0 / −29	0 / −46	0 / −72	0 / −115	0 / −185	0 / −290	0 / −460
200	225	0 / −4.5	0 / −7	0 / −10	0 / −14	0 / −20	0 / −29	0 / −46	0 / −72	0 / −115	0 / −185	0 / −290	0 / −460
225	250	0 / −4.5	0 / −7	0 / −10	0 / −14	0 / −20	0 / −29	0 / −46	0 / −72	0 / −115	0 / −185	0 / −290	0 / −460
250	280	0 / −6	0 / −8	0 / −12	0 / −16	0 / −23	0 / −32	0 / −52	0 / −81	0 / −130	0 / −210	0 / −320	0 / −520
280	315	0 / −6	0 / −8	0 / −12	0 / −16	0 / −23	0 / −32	0 / −52	0 / −81	0 / −130	0 / −210	0 / −320	0 / −520
315	355	0 / −7	0 / −9	0 / −13	0 / −18	0 / −25	0 / −36	0 / −57	0 / −89	0 / −140	0 / −230	0 / −360	0 / −570
355	400	0 / −7	0 / −9	0 / −13	0 / −18	0 / −25	0 / −36	0 / −57	0 / −89	0 / −140	0 / −230	0 / −360	0 / −570
400	450	0 / −8	0 / −10	0 / −15	0 / −20	0 / −27	0 / −40	0 / −63	0 / −97	0 / −155	0 / −250	0 / −400	0 / −630
450	500	0 / −8	0 / −10	0 / −15	0 / −20	0 / −27	0 / −40	0 / −63	0 / −97	0 / −155	0 / −250	0 / −400	0 / −630

续表 8-28 　　　　　　　　　　　　　　　　　　　　　　　　单位：μm

基本尺寸(mm)		公差带											
		h	j			js							
大于	至	13	5	6	7	1	2	3	4	5	6	7	8
—	3	0 −140	—	+4 −2	+6 −4	±0.4	±0.6	±1	±1.5	±2	±3	±5	±7
3	6	0 −180	+3 −2	+6 −2	+8 −4	±0.5	±0.75	±1.25	±2	±2.5	±4	±6	±9
6	10	0 −220	+4 −2	+7 −2	+10 −5	±0.5	±0.75	±1.25	±2	±3	±4.5	±7	±11
10	14	0 −270	+5 −3	+8 −3	+12 −6	±0.6	±1	±1.5	±2.5	±4	±5.5	±9	±13
14	18												
18	24	0 −330	+5 −4	+9 −4	+13 −8	±0.75	±1.25	±2	±3	±4.5	±6.5	±10	±16
24	30												
30	40	0 −390	+6 −5	+11 −5	+15 −10	±0.75	±1.25	±2	±3.5	±5.5	±8	±12	±19
40	50												
50	65	0 −460	+6 −7	+12 7	+18 −12	±1	±1.5	±2.5	±4	±6.5	±9.5	±15	±23
65	80												
80	100	0 −540	+6 −9	+13 −9	+20 −15	±1.25	±2	±3	±5	±7.5	±11	±17	±27
100	120												
120	140	0 −630	+7 −11	+14 −11	+22 −18	±1.75	±2.5	±4	±6	±9	±12.5	±20	±31
140	160												
160	180												
180	200	0 −720	+7 −13	+16 −13	+25 −21	±2.25	±3.5	±5	±7	±10	±14.5	±23	±36
200	225												
225	250												
250	280	0 −810	+7 −16	±16	±26	±3	±4	±6	±8	±11.5	±16	±26	±40
280	315												
315	355	0 −890	+7 −18	±18	+29 −28	±3.5	±4.5	±6.5	±9	±12.5	±18	±28	±44
355	400												
400	450	0 −970	+7 −20	±20	+31 −32	±4	±5	±7.5	±10	±13.5	±20	±31	±48
450	500												

单位：μm

基本尺寸(mm)		公　差　带											
		js					k					m	
大于	至	9	10	11	12	13	4	5	6	7	8	4	3
—	3	±12	±20	±30	±50	±70	+3 0	+4 0	+6 0	+10 0	+14 0	+5 +2	+6 +2
3	6	±15	±24	±37	±60	±90	+5 +1	+6 +1	+9 +1	+13 +1	+18 0	+8 +4	+9 +4
6	10	±18	±29	±45	±75	±110	+5 +1	+7 +1	+10 +1	+16 +1	+22 0	+10 +6	+12 +6
10	14	±21	±35	±55	±90	±135	+6 +1	+9 +1	+12 +1	+19 +1	+27 0	+12 +7	+15 +7
14	18												
18	24	±26	±42	±65	±105	±165	+8 +2	+11 +2	+15 +2	+23 +2	+33 0	+14 +8	+17 +8
24	30												
30	40	±31	±50	±80	±125	±195	+9 +2	+13 +2	+18 +2	+27 +2	+39 0	+16 +9	+20 +9
40	50												
50	65	±37	±60	±95	±150	±230	+10 +2	+15 +2	+21 +2	+32 +2	+46 0	+19 +11	+24 +11
65	80												
80	100	±43	±70	±110	±175	±270	+13 +3	+18 +3	+25 +3	+38 +3	+54 0	+23 +13	+28 +13
100	120												
120	140	±50	±80	±125	±220	±315	+15 +3	+21 +3	+28 +3	+43 +3	+63 0	+27 +15	+33 +15
140	160												
160	180												
180	200	±57	±92	±145	±230	±360	+18 +4	+24 +4	+33 +4	+50 +4	+72 0	+31 +17	+37 +17
200	225												
225	250												
250	280	±65	±105	±160	±260	±405	+20 +4	+27 +4	+36 +4	+56 +4	+81 0	+36 +20	+43 +20
280	315												
315	355	±70	±115	±180	±285	±445	+22 +4	+29 +4	+40 +4	+61 +4	+89 0	+39 +21	+46 +21
355	400												
400	450	±77	±125	±200	±315	±485	+25 +5	+32 +5	+45 +5	+68 +5	+97 0	+43 +23	+50 +23
450	500												

续表 8-28   单位:μm

基本尺寸(mm)		公 差 带										
		m			n					p			
大于	至	6	7	8	4	5	6	7	8	4	5	6	7
—	3	+8 +2	+12 +2	+16 +2	+7 +4	+8 +4	+10 +4	+14 +4	+18 +4	+9 +6	+10 +6	+12 +6	+16 +6
3	6	+12 +4	+16 +4	+22 +4	+12 +8	+13 +8	+16 +8	+20 +8	+26 +8	+16 +12	+17 +12	+20 +12	+24 +12
6	10	+15 +6	+21 +6	+28 +6	+14 +10	+16 +10	+19 +10	+25 +10	+32 +10	+19 +15	+21 +15	+24 +15	+30 +15
10	14	+18 +7	+25 +7	+34 +7	+17 +12	+20 +12	+23 +12	+30 +12	+39 +12	+23 +18	+26 +18	+29 +18	+36 +18
14	18												
18	24	+21 +8	+29 +8	+41 +8	+21 +15	+24 +15	+28 +15	+36 +15	+48 +15	+28 +22	+31 +22	+35 +22	+43 +22
24	30												
30	40	+25 +9	+34 +9	+48 +9	+24 +17	+28 +17	+33 +17	+42 +17	+56 +17	+33 +26	+37 +26	+42 +26	+51 +26
40	50												
50	65	+30 +11	+41 +11	+57 +11	+28 +20	+33 +20	+39 +20	+50 +20	+66 +20	+40 +32	+45 +32	+51 +32	+62 +32
65	80												
80	100	+35 +13	+48 +13	+67 +13	+33 +23	+38 +23	+45 +23	+58 +23	+77 +23	+47 +37	+52 +37	+59 +37	+72 +37
100	120												
120	140	+40 +15	+55 +15	+78 +15	+39 +27	+45 +27	+52 +27	+67 +27	+90 +27	+55 +43	+61 +43	+68 +43	+83 +43
140	160												
160	180												
180	200	+46 +17	+63 +17	+89 +7	+45 +31	+51 +31	+60 +31	+77 +31	+103 +31	+64 +50	+70 +50	+79 +50	+96 +50
200	225												
225	250												
250	280	+52 +20	+75 +20	+101 +20	+50 +34	+57 +34	+66 +34	+86 +34	+115 +34	+72 +56	+79 +56	+88 +56	+108 +56
280	315												
315	355	+57 +21	+78 +21	+110 +21	+55 +37	+62 +37	+73 +37	+94 +37	+126 +37	+80 +62	+87 +62	+98 +62	+119 +62
355	400												
400	450	+63 +23	+86 +23	+120 +23	+60 +40	+67 +40	+80 +40	+103 +40	+137 +40	+88 +68	+95 +68	+108 +68	+131 +68
450	500												

续表 8-28

单位：μm

基本尺寸(mm) 大于	至	p8	r4	r5	r6	r7	r8	s4	s5	s6	s7	s8	t5
—	3	+20 +6	+13 +10	+14 +10	+16 +10	+20 +10	+24 +10	+17 +14	+18 +14	+20 +14	+24 +14	+28 +14	—
3	6	+30 +12	+19 +15	+20 +15	+23 +15	+27 +15	+33 +15	+23 +19	+24 +19	+27 +19	+31 +19	+37 +19	—
6	10	+37 +15	+23 +19	+25 +19	+28 +19	+34 +19	+41 +19	+27 +23	+29 +23	+32 +23	+38 +23	+45 +23	—
10	14	+45 +18	+28 +23	+31 +23	+34 +23	+41 +23	+50 +23	+33 +28	+36 +28	+39 +28	+46 +28	+55 +28	—
14	18	+45 +18	+28 +23	+31 +23	+34 +23	+41 +23	+50 +23	+33 +28	+36 +28	+39 +28	+46 +28	+55 +28	—
18	24	+55 +22	+34 +28	+37 +28	+41 +28	+49 +28	+61 +28	+41 +35	+44 +35	+48 +35	+56 +35	+68 +35	—
24	30	+55 +22	+34 +28	+37 +28	+41 +28	+49 +28	+61 +28	+41 +35	+44 +35	+48 +35	+56 +35	+68 +35	+50 +41
30	40	+65 +26	+41 +34	+45 +34	+50 +34	+59 +34	+73 +34	+50 +43	+54 +43	+59 +43	+68 +43	+82 +43	+59 +48
40	50	+65 +26	+41 +34	+45 +34	+50 +34	+59 +34	+73 +34	+50 +43	+54 +43	+59 +43	+68 +43	+82 +43	+65 +54
50	65	+78 +32	+49 +41	+54 +41	+60 +41	+71 +41	+87 +41	+61 +53	+66 +53	+72 +53	+83 +53	+99 +53	+79 +66
65	80	+78 +32	+51 +43	+56 +43	+62 +43	+73 +43	+89 +43	+67 +59	+72 +59	+78 +59	+89 +59	+105 +59	+88 +75
80	100	+91 +37	+61 +51	+66 +51	+73 +51	+86 +51	+105 +51	+81 +71	+86 +71	+93 +71	+106 +71	+125 +71	+106 +91
100	120	+91 +37	+64 +54	+69 +54	+76 +54	+89 +54	+108 +54	+89 +79	+94 +79	+101 +79	+114 +79	+133 +79	+119 +104
120	140	+106 +43	+75 +63	+81 +63	+88 +63	+103 +63	+126 +63	+104 +92	+110 +92	+117 +92	+132 +92	+155 +92	+140 +122
140	160	+106 +43	+77 +65	+83 +65	+90 +65	+105 +65	+128 +65	+112 +100	+118 +100	+125 +100	+140 +100	+163 +100	+152 +134
160	180	+106 +43	+80 +68	+86 +68	+93 +68	+108 +68	+131 +68	+120 +108	+126 +108	+133 +108	+148 +108	+171 +108	+164 +146
180	200	+122 +50	+91 +77	+97 +77	+106 +77	+123 +77	+149 +77	+136 +122	+142 +122	+151 +122	+168 +122	+194 +122	+186 +166
200	225	+122 +50	+94 +80	+100 +80	+109 +80	+126 +80	+152 +80	+144 +130	+150 +130	+159 +130	+176 +130	+202 +130	+200 +180
225	250	+122 +50	+98 +84	+104 +84	+113 +84	+130 +84	+156 +84	+154 +140	+160 +140	+169 +140	+186 +140	+212 +140	+216 +196
250	280	+137 +56	+110 +94	+117 +94	+126 +94	+146 +94	+175 +94	+174 +158	+181 +158	+190 +158	+210 +158	+239 +158	+241 +218
280	315	+137 +56	+114 +98	+121 +98	+130 +98	+150 +98	+179 +98	+186 +170	+193 +170	+202 +170	+222 +170	+251 +170	+263 +240
315	355	+151 +62	+125 +108	+133 +108	+144 +108	+165 +108	+197 +108	+208 +190	+215 +190	+226 +190	+247 +190	+279 +190	+293 +268
355	400	+151 +62	+132 +114	+139 +114	+150 +114	+171 +114	+203 +114	+226 +208	+233 +208	+244 +208	+265 +208	+297 +208	+319 +294
400	450	+165 +68	+146 +126	+153 +126	+166 +126	+189 +126	+223 +126	+252 +232	+259 232	+272 +232	+295 +232	+329 +232	+357 +330
450	500	+165 +68	+152 +132	+159 +132	+172 +132	+195 +132	+229 +132	+272 +252	+279 +252	+292 +252	+315 +252	+349 +252	+387 +360

续表 8-28　　　　　　　　　　　　　　　　　　　　　　　　　　　　　　　　单位：μm

基本尺寸(mm)		公 差 带											
		t			u				v				x
大于	至	6	7	8	5	6	7	8	5	6	7	8	5
—	3	—	—	—	+22/+18	+24/+18	+28/+18	+32/+18	—	—	—	—	+24/+20
3	6	—	—	—	+28/+23	+31/+23	+35/+23	+41/+23	—	—	—	—	+33/+28
6	10	—	—	—	+34/+28	+37/+28	+43/+28	+50/+28	—	—	—	—	+40/+34
10	14	—	—	—	+41/+33	+44/+33	+51/+33	+60/+33	—	—	—	—	+48/+40
14	18	—	—	—	+41/+33	+44/+33	+51/+33	+60/+33	+47/+39	+50/+39	+57/+39	+66/+39	+53/+45
18	24	—	—	—	+50/+41	+54/+41	+62/41	+74/+41	+56/+47	+60/+47	+68/+47	+80/+47	+63/+54
24	30	+54/+41	+62/+41	+74/+41	+57/+48	+61/+48	+69/48	+81/+48	+64/+55	+68/+55	+76/+55	+88/+55	+73/+64
30	40	+64/+48	+73/+48	+87/+48	+71/+60	+76/+60	+85/+60	+99/+60	+79/+68	+84/+68	+93/+68	+107/+68	+91/+80
40	50	+70/+54	+79/+54	+93/+54	+81/+70	+86/+70	+95/+70	+109/+70	+92/+81	+97/+81	+106/+81	+120/+81	+108/+97
50	65	+85/+66	+96/+66	+112/+66	+100/+87	+106/+87	+117/+87	+133/+87	+115/+102	+121/+102	+132/+102	+148/+102	+135/+122
65	80	+94/+75	+105/+75	+121/+75	+115/+102	+121/+102	+132/+102	+148/+102	+133/+120	139/+120	+150/+120	+166/+120	+159/+146
80	100	+113/+91	+126/+91	+145/+91	+139/+124	+146/+124	+159/+124	+178/+124	+161/+146	+168/+146	+181/+146	+200/+146	+193/+178
100	120	+126/+104	+139/+104	+158/+104	+159/+144	+166/+144	+179/+144	+198/+144	+187/+172	+194/+172	+207/+172	+226/+172	+225/+210
120	140	+147/+122	+162/+122	+185/+122	+188/+170	+195/+170	+210/+170	+233/+170	+220/+202	+227/+202	+242/+202	+265/+202	+266/+248
140	160	+159/+134	+174/+134	+197/+134	+208/+190	+215/+190	+230/+190	+253/+190	+246/+228	+253/+228	+268/+228	+291/+228	+298/+280
160	180	+171/+146	+186/+146	+209/+146	+228/+210	+235/+210	+250/+210	+273/+210	+270/+252	+277/+252	+292/+252	+315/+252	+328/+310
180	200	+195/+166	+212/+166	+238/+166	+256/+236	+265/+236	+282/+236	+308/+236	+304/+284	+313/+284	+330/+284	+356/+284	+370/+350
200	225	+209/+180	+226/+180	+252/+180	+278/+258	+287/+258	+304/+258	+330/+258	+330/+310	+339/+310	+356/+310	+382/+310	+405/+385
225	250	+225/+196	+242/+196	+268/+196	+304/+284	+313/+284	+330/+284	+356/+284	+360/+340	+369/+340	+386/+340	+412/+340	+445/+425
250	280	+250/+218	+270/+218	+299/+218	+338/+315	+347/+315	+367/+315	+396/+315	+408/+385	+417/+385	+437/+385	+466/+385	+498/+475
280	315	+272/+240	+292/+240	+321/+240	+373/+350	+382/+350	+402/+350	+431/+350	+448/+425	+457/+425	+477/+425	+506/+425	+548/+525
315	355	+304/+268	+325/+268	+357/+268	+415/+390	+426/+390	+447/+390	+479/+390	+500/+475	+511/+475	+532/+475	+564/+475	+615/+590
355	400	+330/+294	+351/+294	+383/+294	+460/+435	+471/+435	+492/+435	+524/+435	+555/+530	+566/+530	+587/+530	+619/+530	+685/+660
400	450	+370/+330	+393/+330	+427/+330	+517/+490	+530/+490	+553/+490	+587/+490	+622/+595	+635/+595	+658/+595	+695/+595	+767/+740
450	500	+400/+360	+423/+360	+457/+360	+567/+540	+580/+540	+603/+540	+637/+540	+687/+660	+700/+660	+723/+660	+757/+600	+847/+820

单位：μm

基本尺寸 (mm)		公　差　带										
		x			y				z			
大于	至	6	7	8	5	6	7	8	5	6	7	8
—	3	+26 +20	+30 +20	+34 +20	—	—	—	—	+30 +26	+32 +26	+36 +26	+40 +26
3	6	+36 +28	+40 +28	+46 +28	—	—	—	—	+40 +35	+43 +35	+47 +35	+53 +35
6	10	+43 +34	+49 +34	+56 +34	—	—	—	—	+48 +42	+51 +42	+57 +42	+64 +42
10	14	+51 +40	+58 +40	+67 +40	—	—	—	—	+58 +50	+61 +50	+68 +50	+77 +50
14	18	+56 +45	+63 +45	+72 +45	—	—	—	—	+68 +60	+71 +60	+78 +60	+87 +60
18	24	+67 +54	+75 +54	+87 +54	+72 +63	+76 +63	+84 +63	+96 +63	+82 +73	+86 +73	+94 +73	+106 +73
24	30	+77 +64	+85 +64	+97 +64	+84 +75	+88 +75	+96 +75	+108 +75	+97 +88	+101 +88	+109 +88	+121 +88
30	40	+96 +80	+105 +80	+119 +80	+105 +94	110 +94	+119 +94	+133 +94	+123 +112	+128 +112	+137 +112	+151 +112
40	50	+113 +97	+122 +97	+136 +97	+125 +114	+130 +114	+139 +114	+153 +114	+147 +136	+152 +136	+161 +136	+175 +136
50	65	+141 +122	+152 +122	+168 +122	+157 +144	+163 +144	+174 +144	+190 +144	+185 +172	+191 +172	+202 +172	+218 +172
65	80	+165 +146	+176 +146	+192 +146	+187 +174	+193 +174	+204 +174	+220 +174	+223 +210	+229 +210	+240 +210	+256 +210
80	100	+200 +178	+213 +178	+232 +178	+229 +214	+236 +214	+249 +214	+268 +214	+273 +258	+280 +258	+293 +258	+312 +258
100	120	+232 +210	+245 +210	+264 +210	+269 +254	+276 +254	+289 +254	+308 +254	+325 +310	+332 +310	+345 +310	+364 +310
120	140	+273 +248	+288 +248	+311 +248	+318 +300	+325 +300	+340 +300	+363 +300	+383 +365	+390 +365	+405 +365	+428 +365
140	160	+305 +280	+320 +280	+343 +280	+358 +340	+365 +340	+380 +340	+403 +340	+433 +415	+440 +415	+455 +415	+478 +415
160	180	+335 +310	+350 +310	+373 +310	+398 +380	+405 +380	+420 +380	+443 +380	+483 +465	+490 +465	+505 +465	+528 +465
180	200	+379 +350	+396 +350	+422 +350	+445 +425	+454 +425	+471 +425	+497 +425	+540 +520	+549 +520	+566 +520	+592 +520
200	225	+414 +385	+431 +385	+457 +385	+490 +470	+499 +470	+516 +470	+542 +470	+595 +575	+604 +575	+621 +575	+647 +575
225	250	+454 +425	+471 +425	+497 +425	+540 +520	+549 +520	+566 +520	+592 +520	+660 +640	+669 +640	+686 +640	+712 +640
250	280	+507 +475	+527 +475	+556 +475	+603 +580	+612 +580	+632 +580	+661 +580	+733 +710	+742 +710	+762 +710	+791 +710
280	315	+557 +525	+577 +525	+606 +525	+673 +650	+682 +650	+702 +650	+731 +650	+813 +790	+822 +790	+842 +790	+871 +790
315	355	+626 +590	+647 +590	+679 +590	+755 +730	+766 +730	+787 +730	+819 +730	+925 +900	+936 +900	+957 +900	+989 +900
355	400	+696 +660	+717 +660	+749 +660	+845 +820	+856 +820	+877 +820	+909 +820	+1025 +1000	+1036 +1000	+1057 +1000	+1089 +1000
400	450	+870 +740	+803 +740	+837 +740	+947 +920	+960 +920	+983 +920	+1017 +920	+1127 +1100	+1140 +1100	+1163 +1100	+1197 +1100
450	500	+860 +820	+883 +820	+917 +820	+1027 +1000	+1040 +1000	+1063 +1000	+1097 +1000	+1277 +1250	+1290 +1250	+1313 +1250	+1347 +1250

注：基本尺寸小于 1mm 时，各级的 a 和 b 均不采用。

表 8-29　孔的极限偏差(GB/T 1800.2—2008)　　　　　　　　　　　单位:μm

基本尺寸(mm)		公 差 带												
		A				B				C				
大于	至	9	10	11	12	9	10	11	12	8	9	10	11	12
—	3	+295 +270	+310 +270	+330 +270	+370 +270	+165 +140	+180 +140	+200 +140	+240 +140	+74 +60	+85 +60	+100 +60	+120 +60	+160 +60
3	6	+300 +270	+318 +270	+345 +270	+390 +270	+170 +140	+188 +140	+215 +140	+260 +140	+88 +70	+100 +70	+118 +70	+145 +70	+190 +70
6	10	+316 +280	+338 +280	+370 +280	+430 +280	+186 +150	+208 +150	+240 +150	+300 +150	+102 +80	+116 +80	+138 +80	+170 +80	+230 +80
10	14	+333 +290	+360 +290	+400 +290	+470 +290	+193 +150	+220 +150	+260 +150	+330 +150	+122 +95	+138 +95	+165 +95	+205 +95	+275 +95
14	18													
18	24	+352 +300	+384 +300	+430 +300	+510 +300	+212 +160	+244 +160	+290 +160	+370 +160	+143 +110	+162 +110	+194 +110	+240 +110	+320 +110
24	30													
30	40	+372 +310	+410 +310	+470 +310	+560 +310	+232 +170	+270 +170	+330 +170	+420 +170	+159 +120	+182 +120	+220 +120	+280 +120	+370 +120
40	50	+382 +320	+420 +320	+480 +320	+570 +320	+242 +180	+280 +180	+340 +180	+430 +180	+169 +130	+192 +130	+230 +130	+290 +130	+380 +130
50	65	+414 +340	+460 +340	+530 +340	+640 +340	+264 +190	+310 +190	+380 +190	+490 +190	+186 +140	+214 +140	+260 +140	+330 +140	+440 +140
65	80	+434 +360	+480 +360	+550 +360	+660 +360	+274 +200	+320 +200	+390 +200	+500 +200	+196 +150	+224 +150	+270 +150	+340 +150	+450 +150
80	100	+467 +380	+520 +380	+600 +380	+730 +380	+307 +220	+360 +220	+440 +220	+570 +220	+224 +170	+257 +170	+310 +170	+390 +170	+520 +170
100	120	+497 +410	+550 +410	+630 +410	+760 +410	+327 +240	+380 +240	+460 +240	+590 +240	+234 +180	+267 +180	+320 +180	+400 +180	+530 +180
120	140	+560 +460	+620 +460	+710 +460	+860 +460	+360 +260	+420 +260	+510 +260	+660 +260	+263 +200	+300 +200	+360 +200	+450 +200	+600 +200
140	160	+620 +520	+680 +520	+770 +520	+920 +520	+380 +280	+440 +280	+530 +280	+680 +280	+273 +210	+310 +210	+370 +210	+460 +210	+610 +210
160	180	+680 +580	+740 +580	+830 +580	+980 +580	+410 +310	+470 +310	+560 +310	+710 +310	+293 +230	+330 +230	+390 +230	+480 +230	+630 +230
180	200	+775 +660	+845 +660	+950 +660	+1120 +660	+455 +340	+525 +340	+630 +340	+800 +340	+312 +240	+355 +240	+425 +240	+530 +240	+700 +240
200	225	+855 +740	+925 +740	+1030 +740	+1200 +740	+495 +380	+565 +380	+670 +380	+840 +380	+332 +260	+375 +260	+445 +260	+550 +260	+720 +260
225	250	+935 +820	+1005 +820	+1110 +820	+1280 +820	+535 +420	+605 +420	+710 +420	+880 +420	+352 +280	+395 +280	+465 +280	+570 +280	+740 +280
250	280	+1050 +920	+1130 +920	+1240 +920	+1440 +920	+610 +480	+690 +480	+800 +480	+1000 +480	+381 +300	+430 +300	+510 +300	+620 +300	+820 +300
280	315	+1180 +1050	+1260 +1050	+1370 +1050	+1570 +1050	+670 +540	+750 +540	+860 +540	+1060 +540	+411 +330	+460 +330	+540 +330	+650 +330	+850 +330
315	355	+1340 +1200	+1430 +1200	+1560 +1200	+1770 +1200	+740 +600	+830 +600	+960 +600	+1170 +600	+449 +360	+500 +360	+590 +360	+720 +360	+930 +360
355	400	+1490 +1350	+1580 +1350	+1710 +1350	+1920 +1350	+820 +680	+910 +680	+1040 +680	+1250 +680	+489 +400	+540 +400	+630 +400	+760 +400	+970 +400
400	450	+1655 +1500	+1750 +1500	+1900 +1500	+2130 +1500	+915 +760	+1010 +760	+1160 +760	+1390 +760	+537 +440	+595 +440	+690 +440	+840 +440	+1070 +440
450	500	+1805 1650	+1900 1650	+2050 1650	+2280 1650	+995 +840	+1090 +840	+1240 +840	+1470 +840	+577 +480	+635 +480	+730 +480	+880 +480	+1110 +480

单位：μm

基本尺寸(mm)		公　差　带												
		D					E				F			
大于	至	7	8	9	10	11	7	8	9	10	6	7	8	9
—	3	+30 +20	+34 +20	+45 +20	+60 +20	+80 +20	+24 +14	+28 +14	+39 +14	+54 +14	+12 +6	+16 +6	+20 +6	+31 +6
3	6	+42 +30	+48 +30	+60 +30	+78 +30	+105 +30	+32 +20	+38 +20	+50 +20	+68 +20	+18 +10	+22 +10	+28 +10	+40 +10
6	10	+55 +40	+62 +40	+76 +40	+98 +40	+130 +40	+40 +25	+47 +25	+61 +25	+83 +25	+22 +13	+28 +13	+35 +13	+49 +13
10	14	+68 +50	+77 +50	+93 +50	+120 +50	+160 +50	+50 +32	+59 +32	+75 +32	+102 +32	+27 +16	+34 +16	+43 +16	+59 +16
14	18													
18	24	+86 +65	98 +65	+117 +65	+149 +65	+195 +65	+61 +40	+73 +40	+92 +40	+124 +40	+33 +20	+41 +20	+53 +20	+72 +20
24	30													
30	40	+105 +80	+119 +80	+142 +80	+180 +80	+240 +80	+75 +50	+89 +50	+112 +50	+150 +50	+41 +25	+50 +25	+64 +25	+87 +25
40	50													
50	65	+130 +100	+146 +100	+174 +100	+220 +100	+290 +100	+90 +60	+106 +60	+134 +60	+180 +60	+49 +30	+60 +30	+76 +30	+104 +30
65	80													
80	100	+155 +120	+174 +120	+207 +120	+260 +120	+340 +120	+107 +72	+126 +72	+159 +72	+212 +72	+58 +36	+71 +36	+90 +36	+123 +36
100	120													
120	140	+185 +145	+208 +145	+245 +145	+305 +145	+395 +145	+125 +85	+148 +85	+185 +85	+245 +85	+68 +43	+83 +43	+106 +43	+143 +43
140	160													
160	180													
180	200	+216 +170	+242 +170	+285 +170	+355 +170	+460 +170	+146 +100	+172 +100	+215 +100	+285 +100	+79 +50	+96 +50	+122 +50	+165 +50
200	225													
225	250													
250	280	+242 +190	+271 +190	+320 +190	+400 +190	+510 +190	+162 +110	+191 +110	+240 +110	+320 +110	+88 +56	+108 +56	+137 +56	+186 +56
280	315													
315	355	+267 +210	+299 +210	+350 +210	+440 +210	+570 +210	+182 +125	+214 +125	+265 +125	+355 +125	+98 +62	+119 +62	+151 +62	+202 +62
355	400													
400	450	+293 +230	+327 +230	+385 +230	+480 +230	+630 +230	+198 +135	+232 +135	+290 +135	+385 +135	+108 +68	+131 +68	+165 +68	+223 +68
450	500													

续表 8-29　　单位：μm

基本尺寸(mm) 大于	至	公差带 G 5	G 6	G 7	G 8	H 1	H 2	H 3	H 4	H 5	H 6	H 7	H 8	H 9
—	3	+6 +2	+8 +2	+12 +2	+16 +2	+0.8 0	+1.2 0	+2 0	+3 0	+4 0	+6 0	+10 0	+14 0	+25 0
3	6	+9 +4	+12 +4	+16 +4	+22 +4	+1 0	+1.5 0	+2.5 0	+4 0	+5 0	+8 0	+12 0	+18 0	30 0
6	10	+11 +5	+14 +5	+20 +5	+27 +5	+1 0	+1.5 0	+2.5 0	+4 0	+6 0	+9 0	+15 0	+22 0	+36 0
10	14	+14 +6	+17 +6	+24 +6	+33 +6	+1.2 0	+2 0	+3 0	+5 0	+8 0	+11 0	+18 0	+27 0	+43 0
14	18													
18	24	+16 +7	+20 +7	+28 +7	+40 +7	+1.5 0	+2.5 0	+4 0	+6 0	+9 0	+13 0	+21 0	+33 0	+52 0
24	30													
30	40	+20 +9	+25 +9	+34 +9	+48 +9	+1.5 0	+2.5 0	+4 0	+7 0	+11 0	+16 0	+25 0	+39 0	+62 0
40	50													
50	65	+23 +10	+29 +10	+40 +10	+56 +10	+2 0	+3 0	+5 0	+8 0	+13 0	+19 0	+30 0	+46 0	+74 0
65	80													
80	100	+27 +12	+34 +12	+47 +12	+66 +12	+2.5 0	+4 0	+6 0	+10 0	+15 0	+22 0	+35 0	+54 0	+87 0
100	120													
120	140	+32 +14	+39 +14	+54 +14	+77 +14	+3.5 0	+5 0	+8 0	+12 0	+18 0	+25 0	+40 0	+63 0	+100 0
140	160													
160	180													
180	200	+35 +15	+44 +15	+61 +15	+87 +15	+4.5 0	+7 0	+10 0	+14 0	+20 0	+29 0	+46 0	+72 0	+115 0
200	225													
225	250													
250	280	+40 +17	+49 +17	+69 +17	+98 +17	+6 0	+8 0	+12 0	+16 0	+23 0	+32 0	+52 0	+81 0	+130 0
280	315													
315	355	+43 +18	+54 +18	+75 +18	+107 +18	+7 0	+9 0	+13 0	+18 0	+25 0	+36 0	+57 0	+89 0	+140 0
355	400													
400	450	+47 +20	+60 +20	+83 +20	+117 +20	+8 0	+10 0	+15 0	+20 0	+27 0	+40 0	+63 0	+97 0	+155 0
450	500													

单位：μm

基本尺寸(mm)		公差带											
		H				J			JS					
大于	至	10	11	12	13	6	7	8	1	2	3	4	5	6
—	3	+40 0	+60 0	+100 0	+140 0	+2 −4	+4 −6	+6 −8	±0.4	±0.6	±1	±1.5	±2	±3
3	6	+48 0	+75 0	+120 0	+180 0	+5 −3	±6	+10 −8	±0.5	±0.75	±1.25	±2	±2.5	±4
6	10	+58 0	+90 0	+150 0	+220 0	+5 −4	+8 −7	+12 −10	±0.5	±0.75	±1.25	±2	±3	±4.5
10	14	+70 0	+110 0	+180 0	+270 0	+6 −5	+10 −8	+15 −12	±0.6	±1	±1.5	±2.5	±4	±5.5
14	18													
18	24	+84 0	+130 0	+210 0	+330 0	+8 −5	+12 −9	+20 −13	±0.75	±1.25	±2	±3	±4.5	±6.5
24	30													
30	40	+100 0	+160 0	+250 0	+390 0	+10 −6	+14 −11	+24 −15	±0.75	±1.25	±2	±3.5	±5.5	±8
40	50													
50	65	+120 0	+190 0	+300 0	+460 0	+13 −6	+18 −12	+28 −18	±1	±1.5	±2.5	±4	±6.5	±9.5
65	80													
80	100	+140 0	+220 0	+350 0	+540 0	+16 −6	+22 −13	+34 −20	±1.25	±2	±3	±5	±7.5	±11
100	120													
120	140	+160 0	+250 0	+400 0	+630 0	+18 −7	+26 −14	+41 −22	±1.75	±2.5	±4	±6	±9	±12.5
140	160													
160	180													
180	200	+185 0	+290 0+	+460 0	+720 0	+22 −7	+30 −16	+47 −25	±2.25	±3.5	±5	±7	±10	±14.5
200	225													
225	250													
250	280	+210 0	+320 0	+520 0	+810 0	+25 −7	+36 −16	+55 −26	±3	±4	±6	±8	±11.5	±16
280	315													
315	355	+230 0	+360 0	+570 0	+890 0	+29 −7	+39 −18	+60 −29	±3.5	±4.5	±6.5	±9	±12.5	±18
355	400													
400	450	+250 0	+400 0	+630 0	+970 0	+33 −7	+43 −20	+66 −31	±4	±5	±7.5	±10	±13.5	±20
450	500													

基本尺寸(mm)		公　差　带											
		JS							K				M
大于	至	7	8	9	10	11	12	13	4	5	6	7	8	4
—	3	±5	±7	±12	±20	±30	±50	±70	0 −3	0 −4	0 −6	0 −10	0 −14	−2 −5
3	6	±6	±9	±15	±24	±37	±60	±90	+0.5 −3.5	0 −5	+2 −6	+3 −9	+5 −13	−2.5 −6.5
6	10	±7	±11	±18	±29	±45	±75	±110	+0.5 −3.5	+1 −5	+2 −7	+5 −10	+6 −16	+4.5 −8.5
10	14	±9	±13	±21	±35	±55	±90	±135	+1 −4	+2 −6	+2 −9	+6 −12	+8 −19	−5 −10
14	18													
18	24	±10	±16	±26	±42	±65	±105	±165	0 −6	+1 −8	+2 −11	+6 −15	+10 −23	−6 −12
24	30													
30	40	±12	±19	±31	±50	±80	±125	±195	+1 −6	+2 −9	+3 −13	+7 −18	+12 −27	−6 −13
40	50													
50	65	±15	±23	±37	±60	±95	±150	±230	+1 −7	+3 −10	+4 −15	+9 −21	+14 −32	−8 −16
65	80													
80	100	±17	±27	±43	±70	±110	±175	±270	+1 −9	+2 −13	+4 −18	+10 −25	+16 −38	−9 −19
100	120													
120	140	±20	±31	±50	±80	±125	±200	±315	+1 −11	+3 −15	+4 −21	+12 −28	+20 −43	−11 −23
140	160													
160	180													
180	200	±23	±36	±57	±92	±145	±230	±360	0 −14	+2 −18	+5 −24	+13 −33	+22 −50	−13 −27
200	225													
225	250													
250	280	±26	±40	±65	±105	±160	±260	±405	0 −16	+3 −20	+5 −27	+16 −36	+25 −56	−16 −32
280	315													
315	355	±28	±44	±70	±115	±180	±285	±445	+1 −17	+3 −22	+7 −29	+17 −40	+28 −61	−16 −34
355	400													
400	450	±31	±48	±77	±125	±200	±315	±485	0 −20	+2 −25	+8 −32	+18 −45	+29 −68	−18 −38
450	500													

单位：μm

基本尺寸(mm)		公 差 带												
		M				N					P			
大于	至	5	6	7	8	5	6	7	8	9	5	6	7	8
—	3	-2 -6	-2 -8	-2 -12	-2 -16	-4 -8	-4 -10	-4 -14	-4 -18	-4 -29	-6 -10	-6 -12	-6 -16	-6 -20
3	6	-3 -8	-1 -9	0 -12	$+2$ -16	-7 -12	-5 -13	-4 -16	-2 -20	0 -30	-11 -16	-9 -17	-8 -20	-12 -30
6	10	-4 -10	-3 -12	0 -15	$+1$ -21	-8 -14	-7 -16	-4 -19	-3 -25	0 -36	-13 -19	-12 -21	-9 -24	-15 -37
10	14	-4 -12	-4 -15	0 -18	$+2$ -25	-9 -17	-9 -20	-5 -23	-3 -30	0 -43	-15 -23	-15 -26	-11 -29	-18 -45
14	18													
18	24	-5 -14	-4 -17	0 -21	$+4$ -29	-12 -21	-11 -24	-7 -28	-3 -36	0 -52	-19 -28	-18 -31	-14 -35	-22 -55
24	30													
30	40	-5 -16	-4 -20	0 -25	$+5$ -34	-13 -24	-12 -28	-8 -33	-3 -42	0 -62	-22 -33	-21 -37	-17 -42	-26 -65
40	50													
50	65	-6 -19	-5 -24	0 -30	$+5$ -41	-15 -28	-14 -33	-9 -39	-4 -50	0 -74	-27 -40	-26 -45	-21 -51	-32 -78
65	80													
80	100	-8 -23	-6 -28	0 -35	$+6$ -48	-18 -33	-16 -38	-10 -45	-4 -58	0 -87	-32 -47	-30 -52	-24 -59	-37 -91
100	120													
120	140	-9 -27	-8 -33	0 -40	$+8$ -55	-21 -39	-20 -45	-12 -52	-4 -67	0 -100	-37 -55	-36 -61	-28 -68	-43 -106
140	160													
160	180													
180	200	-11 -31	-8 -37	0 -46	$+9$ -63	-25 -45	-22 -51	-14 -60	-5 -77	0 -115	-44 -64	-41 -70	-33 -79	-50 -122
200	225													
225	250													
250	280	-13 -36	-9 -41	0 -52	$+9$ -72	-27 -50	-25 -57	-14 -66	-5 -86	0 -130	-49 -72	-47 -79	-36 -88	-56 -137
280	315													
315	355	-14 -39	-10 -46	0 -57	$+11$ -78	-30 -55	-26 -62	-16 -73	-5 -94	0 -140	-55 -80	-51 -87	-41 -98	-62 -151
355	400													
400	450	-16 -43	-10 -50	0 -63	$+11$ -86	-33 -60	-27 -67	-17 -80	-6 -103	0 -155	-61 -88	-55 -95	-45 -108	-68 -165
450	500													

续表 8-29　　　　　　　　　　　　　　　　　　　　　　　　　　　　　　　　　　　　单位：μm

基本尺寸(mm) 大于	至	P9	R5	R6	R7	R8	S5	S6	S7	S8	T6	T7	T8	U6
—	3	−6 −31	−10 −14	−10 −16	−10 −20	−10 −24	−14 −18	−14 −20	−14 −24	−14 −28	—	—	—	−18 −24
3	6	−12 −42	−14 −19	−12 −20	−11 −23	−15 −33	−18 −23	−16 −24	−15 −27	−19 −37	—	—	—	−20 −28
6	10	−15 −51	−17 −23	−16 −25	−13 −28	−19 −41	−21 −27	−20 −29	−17 −32	−23 −45	—	—	—	−25 −34
10	14	−18 −61	−20 −28	−20 −31	−16 −34	−23 −50	−25 −33	−25 −36	−21 −39	−28 −55	—	—	—	−30 −41
14	18													
18	24	−22 −74	−25 −34	−24 −37	−20 −41	−28 −61	−32 −41	−31 −44	−27 −48	−35 −68	—	—	—	−37 −50
24	30										−37 −50	−33 −54	−41 −74	−44 −57
30	40	−26 −88	−30 −41	−29 −45	−25 −50	−34 −73	−39 −50	−38 −54	−34 −59	−43 −82	−43 −59	−39 −64	−48 −87	−55 −71
40	50										−49 −65	−45 −70	−54 −93	−65 −81
50	65	−32 −106	−36 −49	−35 −54	−30 −60	−41 −87	−48 −61	−47 −66	−42 −72	−53 −99	−60 −79	−55 −85	−66 −112	−81 −100
65	80		−38 −51	−37 −56	−32 −62	−43 −89	−54 −67	−53 −72	−48 −78	−59 −105	−69 −88	−64 −94	−75 −121	−96 −115
80	100	−37 −124	−46 −61	−44 −66	−38 −73	−51 −105	−66 −81	−64 −86	−58 −93	−71 −125	−84 −106	−78 −113	−91 −145	−117 −139
100	120		−49 −64	−47 −69	−41 −76	−54 −108	−74 −89	−72 −94	−66 −101	−79 −133	−97 −119	−91 −126	−104 −158	−137 −159
120	140	−43 −143	−57 −75	−56 −81	−48 −88	−63 −126	−86 −104	−85 −110	−77 −117	−92 −155	−115 −140	−107 −147	−122 −185	−163 −188
140	160		−59 −77	−58 −83	−50 −90	−65 −128	−94 −112	−93 −118	−85 −125	−100 −163	−127 −152	−119 −159	−134 −197	−183 −208
160	180		−62 −80	−61 −86	−53 −93	−68 −131	−102 −120	−101 −126	−93 −133	−108 −171	−139 −164	−131 −171	−146 −209	−203 −228
180	200	−50 −165	−71 −91	−68 −97	−60 −106	−77 −149	−116 −136	−113 −142	−105 −151	−122 −194	−157 −186	−149 −195	−166 −238	−227 −256
200	225		−74 −94	−71 −100	−63 −109	−80 −152	−124 −144	−121 −150	−113 −159	−130 −202	−171 −200	−163 −209	−180 −252	−249 −278
225	250		−78 −98	−75 −104	−67 −113	−84 −156	−134 −154	−131 −160	−123 −169	−140 −212	−187 −216	−179 −225	−196 −268	−275 −304
250	280	−56 −186	−87 −110	−85 −117	−74 −126	−94 −175	−151 −174	−149 −181	−138 −190	−158 −239	−209 −241	−198 −250	−218 −299	−306 −338
280	315		−91 −114	−89 −121	−78 −130	−98 −179	−163 −186	−161 −193	−150 −202	−170 −251	−231 −263	−220 −272	−240 −321	−341 −373
315	355	−62 −202	−101 −126	−97 −133	−87 −144	−108 −197	−183 −208	−179 −215	−169 −226	−190 −279	−257 −293	−247 −304	−268 −357	−379 −415
355	400		−107 −132	−103 −139	−93 −150	−114 −203	−201 −226	−197 −233	−187 −244	−208 −297	−283 −319	−273 −330	−294 −383	−424 −460
400	450	−68 −223	−119 −146	−113 −153	−103 −166	−126 −223	−225 −252	−219 −259	−209 −272	−232 −329	−317 −357	−307 −370	−330 −427	−477 −517
450	500		−125 −152	−119 −159	−109 −172	−132 −229	−245 −272	−239 −279	−229 −292	−252 −349	−347 −387	−337 −400	−360 −457	−527 −567

续表 8-29

单位：μm

基本尺寸(mm)		公差带													
		U		V			X			Y			Z		
大于	至	7	8	6	7	8	6	7	8	6	7	8	6	7	8
—	3	−18/−28	−18/−32	—	—	—	−20/−26	−20/−30	−20/−34	—	—	—	−26/−32	−26/−36	−26/−40
3	6	−19/−31	−23/−41	—	—	—	−25/−33	−24/−36	−28/−46	—	—	—	−32/−40	−31/−43	−35/−53
6	10	−22/−37	−28/−50	—	—	—	−31/−40	−28/−43	−34/−56	—	—	—	−39/−48	−36/−51	−42/−64
10	14	−26/−44	−33/−60	—	—	—	−37/−48	−33/−51	−40/−67	—	—	—	−47/−58	−43/−61	−50/−77
14	18	−26/−44	−33/−60	−36/−47	−32/−50	−39/−66	−42/−53	−38/−56	−45/−72	—	—	—	−57/−68	−53/−71	−60/−87
18	24	−33/−54	−41/−74	−43/−56	−39/−60	−47/−80	−50/−63	−46/−67	−54/−87	−59/−72	−55/−76	−63/−96	−69/−82	−65/−86	−73/−106
24	30	−40/−61	−48/−81	−51/−64	−47/−68	−55/−88	−60/−73	−56/−77	−64/−97	−71/−84	−67/−88	−75/−108	−84/−97	−80/−101	−88/−121
30	40	−51/−76	−60/−99	−63/−79	−59/−84	−68/−107	−75/−91	−71/−96	−80/−119	−89/−105	−85/−110	−94/−133	−107/−123	−103/−128	−112/−151
40	50	−61/−86	−70/−109	−76/−92	−72/−97	−81/−120	−92/−108	−88/−113	−97/−136	−109/−125	−105/−130	−114/−153	−131/−147	−127/−152	−136/−175
50	65	−76/−106	−87/−133	−96/−115	−91/−121	−102/−148	−116/−135	−111/−141	−122/−168	−138/−157	−133/−163	−144/−190	−166/−185	−161/−191	−172/−218
65	80	−91/−121	−102/−148	−114/−133	−109/−139	−120/−166	−140/−159	−135/−165	−146/−192	−168/−187	−163/−193	−174/−220	−204/−223	−199/−229	−210/−256
80	100	−111/−146	−124/−178	−139/−161	−133/−168	−146/−200	−171/−193	−165/−200	−178/−232	−207/−229	−201/−236	−214/−268	−251/−273	−245/−280	−258/−312
100	120	−131/−166	−144/−198	−165/−187	−159/−194	−172/−226	−203/−225	−197/−232	−210/−264	−247/−269	−241/−276	−254/−308	−303/−325	−297/−332	−310/−364
120	140	−155/−195	−170/−233	−195/−220	−187/−227	−202/−265	−241/−266	−233/−273	−248/−311	−293/−318	−285/−325	−300/−363	−358/−383	−350/−390	−365/−428
140	160	−175/−215	−190/−253	−221/−246	−213/−253	−228/−291	−273/−298	−265/−305	−280/−343	−333/−358	−325/−365	−340/−403	−408/−433	−400/−440	−415/−478
160	180	−195/−235	−210/−273	−245/−270	−237/−277	−252/−315	−303/−328	−295/−335	−310/−373	−373/−398	−365/−405	−380/−443	−458/−483	−450/−490	−465/−528
180	200	−219/−265	−236/−308	−275/−304	−267/−313	−284/−356	−341/−370	−333/−379	−350/−422	−416/−445	−408/−454	−425/−497	−511/−540	−503/−549	−520/−592
200	225	−241/−287	−258/−330	−301/−330	−293/−339	−310/−382	−376/−405	−368/−414	−385/−457	−461/−490	−453/−499	−470/−542	−566/−595	−558/−604	−575/−647
225	250	−267/−313	−284/−356	−331/−360	−323/−369	−340/−412	−416/−445	−408/−454	−425/−497	−511/−540	−503/−549	−520/−592	−631/−660	−623/−669	−640/−712
250	280	−295/−347	−315/−396	−376/−408	−365/−417	−385/−466	−466/−498	−455/−507	−475/−556	−571/−603	−560/−612	−580/−661	−701/−733	−690/−742	−710/−791
280	315	−330/−382	−350/−431	−416/−448	−405/−457	−425/−506	−516/−548	−505/−557	−525/−606	−641/−673	−630/−682	−650/−731	−781/−813	−770/−822	−790/−871
315	355	−369/−426	−390/−479	−464/−500	−454/−511	−475/−564	−579/−615	−569/−626	−590/−679	−719/−755	−709/−766	−730/−819	−889/−925	−879/−936	−900/−989
355	400	−414/−471	−435/−524	−519/−555	−509/−566	−530/−619	−649/−685	−639/−696	−660/−749	−809/−845	−799/−856	−820/−909	−989/−1025	−979/−1036	−1000/−1089
400	450	−467/−530	−490/−587	−582/−622	−572/−635	−595/−692	−727/−767	−717/−780	−740/−837	−907/−947	−897/−960	−920/−1017	−1087/−1127	−1077/−1140	−1100/−1197
450	500	−517/−580	−540/−637	−647/−687	−637/−700	−660/−757	−807/−847	−797/−860	−820/−917	−987/−1027	−977/−1040	−1000/−1097	−1237/−1277	−1227/−1290	−1250/−1347

注：基本尺寸小于 1mm 时，各级的 A 和 B 均不采用。

1. 当基本尺寸大于 250~315mm 时，M6 的 ES 等于 −9（不等于 −11）。
2. 基本尺寸小于 1mm 时，大于 IT8 的 N 不采用。

表 8-30　基孔制与基轴制优先、常用配合(GB/T 1800.1—2009)

基准孔	轴																				
	a	b	c	d	e	f	g	h	js	k	m	n	p	r	s	t	u	v	x	y	z
	间隙配合								过渡配合			过盈配合									
$H6$						$\frac{H6}{f5}$	$\frac{H6}{g5}$	$\frac{H6}{h5}$	$\frac{H6}{js5}$	$\frac{H6}{k5}$	$\frac{H6}{m5}$	$\frac{H6}{n5}$	$\frac{H6}{p5}$	$\frac{H6}{r5}$	$\frac{H6}{s5}$	$\frac{H6}{t5}$					
$H7$						$\frac{H7}{f6}$	$\frac{H7^*}{g6}$	$\frac{H7^*}{h6}$	$\frac{H7}{js6}$	$\frac{H7^*}{k6}$	$\frac{H7}{m6}$	$\frac{H7^*}{n6}$	$\frac{H7^*}{p6}$	$\frac{H7}{r6}$	$\frac{H7^*}{s6}$	$\frac{H7}{t6}$	$\frac{H7^*}{u6}$	$\frac{H7}{v6}$	$\frac{H7}{x6}$	$\frac{H7}{y6}$	$\frac{H7}{z6}$
$H8$					$\frac{H8}{e7}$	$\frac{H8^*}{f7}$	$\frac{H8}{g7}$	$\frac{H8^*}{h7}$	$\frac{H8}{js7}$	$\frac{H8}{k7}$	$\frac{H8}{m7}$	$\frac{H8}{n7}$	$\frac{H8}{p7}$	$\frac{H8}{r7}$	$\frac{H8}{s7}$	$\frac{H8}{t7}$	$\frac{H8}{u7}$				
$H8$				$\frac{H8}{d8}$	$\frac{H8}{e8}$	$\frac{H8}{f8}$		$\frac{H8}{h8}$													
$H9$			$\frac{H9}{c9}$	$\frac{H9^*}{d9}$	$\frac{H9}{e9}$	$\frac{H9}{f9}$		$\frac{H9^*}{h9}$													
$H10$			$\frac{H10}{c10}$	$\frac{H10}{d10}$				$\frac{H10}{h10}$													
$H11$	$\frac{H11}{a11}$	$\frac{H11}{b11}$	$\frac{H11^*}{c11}$	$\frac{H11}{d11}$				$\frac{H11^*}{h11}$													
$H12$		$\frac{H12}{b12}$						$\frac{H12}{h12}$													

基准轴	孔																				
	A	B	C	D	E	F	G	H	JS	K	M	N	P	R	S	T	U	V	X	Y	Z
	间隙配合								过渡配合			过盈配合									
$h5$						$\frac{F6}{h5}$	$\frac{G6}{h5}$	$\frac{H6}{h5}$	$\frac{JS6}{h5}$	$\frac{K6}{h5}$	$\frac{M6}{h5}$	$\frac{N6}{h5}$	$\frac{P6}{h5}$	$\frac{R6}{h5}$	$\frac{S6}{h5}$	$\frac{T6}{h5}$					
$h6$						$\frac{F7}{h6}$	$\frac{G7^*}{h6}$	$\frac{H7^*}{h6}$	$\frac{JS6}{h6}$	$\frac{K7^*}{h6}$	$\frac{M7}{h6}$	$\frac{N7^*}{h6}$	$\frac{P7^*}{h6}$	$\frac{R7}{h6}$	$\frac{S7^*}{h6}$	$\frac{T7}{h6}$	$\frac{U7^*}{h6}$				
$h7$					$\frac{E8}{h7}$	$\frac{F8^*}{h7}$		$\frac{H8^*}{h7}$	$\frac{JS8}{h7}$	$\frac{K8}{h7}$	$\frac{M8}{h7}$	$\frac{N8}{h7}$									
$h8$				$\frac{D8}{h8}$	$\frac{E8}{h8}$	$\frac{F8}{h8}$		$\frac{H8}{h8}$													
$h9$				$\frac{D9^*}{h9}$	$\frac{E9}{h9}$	$\frac{F9}{h9}$		$\frac{H9^*}{h9}$													
$h10$				$\frac{D10}{h10}$				$\frac{H10}{h10}$													
$h11$	$\frac{A11}{h11}$	$\frac{B11}{h11}$	$\frac{C11^*}{h11}$	$\frac{D11}{h11}$				$\frac{H11^*}{h11}$													
$h12$		$\frac{B12}{h12}$						$\frac{H12}{h12}$													

注：1. 带"*"号为优先配合。

2. $\frac{H6}{n6}$，$\frac{H7}{p6}$ 尺寸≤3mm 及 $\frac{H8}{r7}$ 尺寸至 100mm 为过渡配合。

表 8-31　未注公差尺寸的极限偏差（GB/T 1804—2000）　　　　　　　　单位：μm

公差等级	线性尺寸的极限偏差数值								倒圆半径与倒角高度尺寸的极限偏差数值			
	尺寸分段（mm）								尺寸分段（mm）			
	0.5~3	>3~6	>6~30	>30~120	>120~400	>400~1000	>1000~2000	>2000~4000	0.5~3	>3~6	>6~30	>30
f（精密级）	±0.05	±0.05	±0.1	±0.15	±0.2	±0.3	±0.5	—	±0.2	±0.5	±1	±2
m（中等级）	±0.1	±0.1	±0.2	±0.3	±0.5	±0.8	±1.2	±2	±0.2	±0.5	±1	±2
c（粗糙级）	±0.2	±0.3	±0.5	±0.8	±1.2	±2	±3	±4	0.4	±1	±2	±4
v（最粗级）	—	±0.5	±1	±1.5	±2.5	±4	±6	±8	0.4	±1	±2	±4

注：本标准适用于金属切削加工的尺寸，也适用于一般的冲压加工的尺寸。其他情况参照使用。

8.4　形状和位置公差及表面粗糙度

一、形状和位置公差（GB/T 1182—2008，GB/T 1184—1996）

表 8-32　形位公差各项目的符号

分类	项目	符号	分类	项目	符号
形状公差	直线度	—	位置公差	平行度	//
	平面度	▱	定向	垂直度	⊥
	圆度	○		倾斜度	∠
	圆柱度	⌭	定位	同轴度	◎
	线轮廓度	⌒		对称度	═
	面轮廓度	⌓		位置度	⊕
			跳动	圆跳动	↗
				全跳动	⌰

表 8-33　形位公差其他有关符号

符号	意义
Ⓜ	最大实体要求
Ⓟ	延伸公差带
Ⓔ	包容要求
50	理论正确尺寸
Φ20/A1	基准目标

表 8-34　　直线度、平面度公差值(GB/T 1184—1996)(GB/T 1182—2008)　　　　　单位:μm

主参数 L 图例

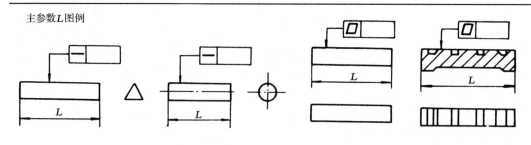

精度等级	主 参 数 L（mm）												应 用 举 例
	≤10	>10~16	>16~25	>25~40	>40~63	>63~100	>100~160	>160~250	>250~400	>400~630	>630~1000	>1000~1600	
5 6	2 3	2.5 4	3 5	4 6	5 8	6 10	8 12	10 15	12 20	15 25	20 30	25 40	1级平板,平面磨床导轨和工作台,龙门刨床、各种车床、镗床、铣床和床身导轨及工作台,机床主轴箱导轨,柴油机进排气门导杆等
7 8	5 8	6 10	8 12	10 15	12 20	15 25	20 30	25 40	30 50	40 60	50 80	60 100	2级平板,机床床头箱和滚齿机床身导轨,镗床工作台、摇臂钻底座工作台,车床溜板箱、机床主轴箱、传动箱、汽缸盖结合面、减速机箱体结合面等
9 10	12 20	15 25	20 30	25 40	30 50	40 60	50 80	60 100	80 120	100 150	120 200	150 250	3级平板,车床床身底面与溜板箱,立钻工作台,柴油机汽缸体,连杆的分离面,液压管件及法兰分界面,汽车变速箱壳体,发动机缸盖结合面等
11 12	30 60	40 80	50 100	60 120	80 150	100 200	120 250	150 300	200 400	250 500	300 600	400 800	用于易变形的薄片、薄壳零件,如离合器的摩擦片、手动机械支架、机床法兰等

表 8-35　圆度、圆柱度公差值（GB/T 1184—1996）（GB/T 1182—2008）

单位：μm

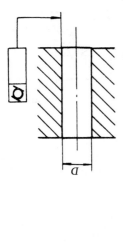

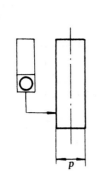

精度等级	主参数 f(F) (mm)													应用举例
	≤3	>3~6	>6~10	>10~18	>18~30	>30~50	>50~80	>80~120	>120~180	>180~250	>250~315	>315~400	>400~500	
5	1.2	1.5	1.5	2	2.5	2.5	3	4	5	7	8	9	10	一般量仪和机床的主轴及其箱孔、内燃机活塞、活塞销孔，一般滚动轴承配合的轴、水泵和减速箱轴轴颈、拖拉机曲轴主轴颈
6	2	2.5	2.5	3	4	4	5	6	8	10	12	13	15	
7	3	4	4	5	6	7	8	10	12	14	16	18	20	低速发动机曲轴，活塞、活塞销、连杆、气缸，机箱体孔，压力机油缸活塞，机车轴颈、气缸套，及减速箱箱轴轴颈、小型柴油机气缸套等
8	4	5	6	8	9	11	13	15	18	20	23	25	27	
9	6	8	9	11	13	16	19	22	25	29	32	36	40	空气压缩机缸体、液压传动筒、通用机械杠杆与拖拉机套筒销子，拖拉机活塞环、套筒孔、纹车，起重机滑动轴承轴颈等
10	10	12	15	18	21	25	30	35	40	46	52	57	63	
11	14	18	22	27	33	39	46	54	63	72	81	89	97	
12	25	30	36	43	52	62	74	87	100	115	130	140	155	

表 8-36　平行度、垂直度、倾斜度公差值(GB/T 1184—1996)(GB/T 1182—2008)　　单位:μm

主参数 L、$d(D)$ 图例

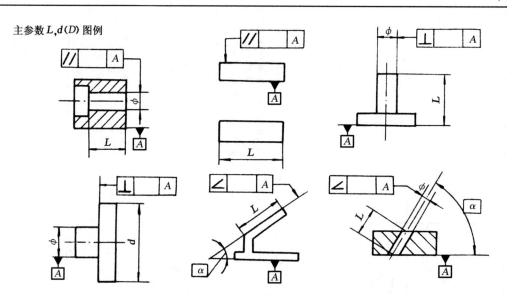

精度等级	主　　参　　数　　L、$d(D)$　　(mm)												应用举例(参考)	
	≤10	>10 ~16	>16 ~25	>25 ~40	>40 ~63	>63 ~100	>100 ~160	>160 ~250	>250 ~400	>400 ~630	>630 ~1000	>1000 ~1600	平　行　度	垂直度和倾斜度
4	3	4	5	6	8	10	12	15	20	25	30	40	普通机床、测量仪器、量具及模具的基准面和工作面,高精度轴承用端盖、挡圈的端面	普通机床的导轨,精密机床重要零件,机床重要支承面,刀、量具工作面和基准面
5	5	6	8	10	12	15	20	25	30	40	50	60		
6	8	10	12	15	20	25	30	40	50	60	80	100	一般机床零件的工作台或基准面。机床一般轴承孔对基准面,变速箱箱孔、主轴花键对定心直径,重型机械轴承盖的端面,手动装置中的传动轴	低精度机床主要基准面和工作面,一般导轨,主轴箱体、孔,机床轴肩对其轴线
7	12	15	20	25	30	40	50	60	80	100	120	150		
8	20	25	30	40	50	60	80	100	120	150	200	250		
9	30	40	50	60	80	100	120	150	200	250	300	400	低精长零件,重型机械滚动轴承端盖,柴油发动机的曲轴孔、轴颈等	花键轴轴肩端面,带式输送机法兰盘端面对轴线,减速箱壳体平面等
10	50	60	80	100	120	150	200	250	300	400	500	600		
11	80	100	120	150	200	250	300	400	500	600	800	1000	零件非工作面,卷扬机运输机上用的减速箱壳体平面	农机齿轮端面
12	120	150	200	250	300	400	500	600	800	1000	1200	1500		

表 8-37　同轴度、对称度、圆跳动和全跳动公差值（GB/T 1184—1996）（GB/T 1182—2008）

单位：μm

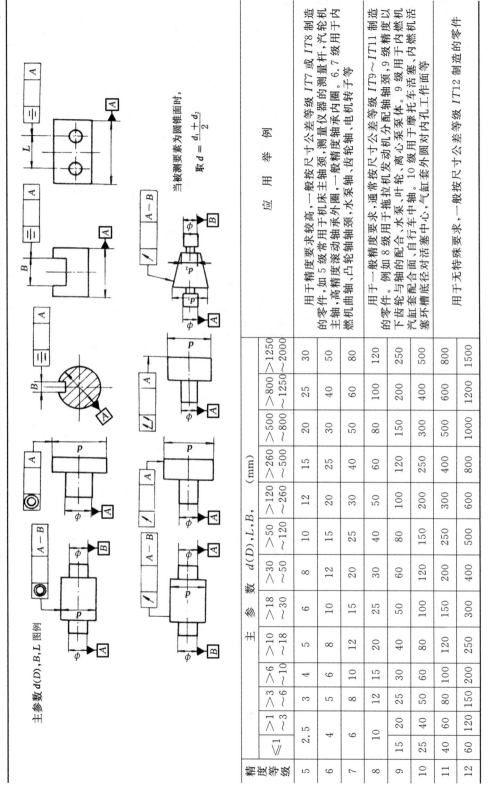

主参数 $d(D)$、B、L 图例

当被测要素为圆锥面时，
取 $d = \dfrac{d_1 + d_2}{2}$

精度等级	主参数　$d(D),L,B,$（mm）													应　用　举　例
	≤1~3	>3~6	>6~10	>10~18	>18~30	>30~50	>50~120	>120~260	>260~500	>500~800	>800~1250	>1250~2000	
5	2.5	3	4	5	6	8	10	12	15	20	25	30	用于精度要求较高，一般按尺寸公差等级 IT7 或 IT8 制造的零件，如 5 级常用于机床主轴颈、测量仪器的测量杆、汽轮机主轴、高精度滚动轴承内圈，一般精度用于内燃机曲轴、凸轮轴颈、水泵轴、齿轮轴、电机转子等
6	4	5	6	8	10	12	15	20	25	30	40	50	
7	6	8	10	12	15	20	25	30	40	50	60	80	6、7 级用于内燃机轴、电机转子等
8	10	12	15	20	25	30	40	50	60	80	100	120	用于一般精度要求，通常按尺寸公差等级 IT9~IT11 制造的零件。例如 8 级用于拖拉机发动机分配轴轴颈，9 级精度以下齿轮与轴的配合、汽车发动机曲轴、机床传动轴、水泵轴、离心泵体、自行车中轴、9 级用于内燃机活塞底套配合面，9 级用于摩托车活塞、内燃机活塞销孔、汽车活塞、气缸底径对内孔中心，10 级用于滚珠托车活塞、内燃机活塞、气缸套环槽底径对外圆对内孔工作面等
9	15	20	25	30	50	60	80	100	120	150	200	250	
10	25	40	50	60	80	120	150	250	250	300	400	500	
11	40	60	80	100	120	200	250	400	400	500	600	800	
12	60	120	150	200	250	400	500	600	800	1000	1200	1500	用于无特殊要求，一般按尺寸公差等级 IT12 制造的零件

二、表面粗糙度(GB/T 1031—2009)

表 8-38　评定表面粗糙度的参数及其数值(GB/T 1031—2009)　　　　单位:μm

轮廓算术平均偏差 R_a

基本系列	补充系列	基本系列	补充系列	基本系列	补充系列	基本系列	补充系列
	0.008						
	0.010						
0.012			0.125		1.25	12.5	
	0.016		0.160	1.60			16.0
	0.020	0.20			2.0		20.0
0.025			0.25		2.5	25	
	0.032		0.32	3.2			32
	0.040	0.40			4.0		40
0.050			0.50		5.0	50	
	0.063		0.63	6.3			63
	0.080	0.80			8.0		80
0.100			1.00		10.0	100	

微观不平度轮廓最大高度 R_z

基本系列	补充系列	基本系列	补充系列	基本系列	补充系列	基本系列	补充系列	基本系列	补充系列
			0.125		1.25	12.5			125
			0.160	1.60			16.0		160
		0.20			2.0		20	200	
0.025			0.25		2.5	25			250
	0.032		0.32	3.2			32		320
	0.040	0.40			4.0		40	400	
0.050			0.50		5.0	50			500
	0.063		0.63	6.3			63		630
	0.080	0.80			8.0		80	800	
0.100			1.00		10.0	100			1000

注:根据表面功能和生产的合理性,优先选用 R_a(或 R_z)的基本系列,如基本系列不能满足基本要求时,可选用补充系列。

8.5　螺纹及螺纹联接

一、普通螺纹

表 8-39　普通螺纹的直径与螺距系列(GB/T 193－2003)　　　　　单位:mm

公称直径 D 或 d			螺　距　　P		公称直径 D 或 d			螺　距　　P	
第一系列	第二系列	第三系列	粗牙	细　牙	第一系列	第二系列	第三系列	粗牙	细　牙
1			0.25	0.2			40		3;2;1.5
1.2	1.1		0.25	0.2	42	45		4.5	(4);3;2;1.5
		1.4	0.3	0.2	48			5	(4);3;2;1.5
1.6	1.8		0.35	0.2			50		(3);(2);1.5
2			0.4	0.25		52		5	(4);3;2;1.5
	2.2		0.45	0.25			55		4;3;2;1.5
2.5			0.45	0.35	56			5.5	4;3;2;1.5
3			0.5	0.35			58		4;3;2;1.5
	3.5		0.6	0.35		60		5.5	4;3;2;1.5
4			0.7	0.5			62		4;3;2;1.5
	4.5		0.75	0.5	64			6	4;3;2;1.5
5			0.8	0.5			65		4;3;2;1.5
		5.5		0.5		68		6	4;3;2;1.5
6			1	0.75			70		6;4;3;2;1.5
	7		1	0.75	72				6;4;3;2;1.5
8		9	1.25	1;0.75			75		4;3;2;1.5
10			1.5	1.25;1;0.75		76			6;4;3;2;1.5
		11	1.5	1;0.75			78		2
12			1.75	1.5;1.25;1	80				6;4;3;2;1.5
	14		2	1.5;1.25*;1			82		2
		15		1.5;1		85			6;4;3;2
16			2	1.5;1	90	95			6;4;3;2
		17		1.5;1	100	105			6;4;3;2
20	18		2.5	2;1.5;1	110	115			6;4;3;2
	22		2.5	2;1.5;1		120			6;4;3;2
24			3	2;1.5;1	125				8;6;4;3;2
		25		2;1.5;(1)		130			8;6;4;3;2
		26		1.5			135		6;4;3;2
	27		3	2;1.5;1	140				8;6;4;3;2
		28		2;1.5;1			145		6;4;3;2
30			3.5	(3);2;1.5;1		150			8;6;4;3;2
	32			2;1.5			155		6;4;3;2
	33		3.5	(3);2;1.5	160				8;6;4;3
		35**		1.5			165		6;4;3
36			4	3;2;1.5		170			8;6;4;3
	38			1.5			175		6;4;3
	39		4	3;2;1.5	180				8;6;4;3

注:1. 螺纹直径应优先选用第一系列,其次第二系列,第三系列尽可能不用。括号内螺距尽可能不用。

　　2. * M14×1.25 仅用于发动机火花塞,** M35×1.5 仅用于滚动轴承锁紧螺母。

表 8-40　普通螺纹的基本尺寸(GB/T 196-2003)　　　　　　　　单位:mm

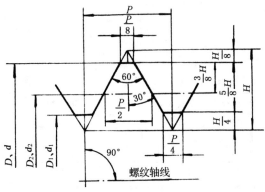

$$H=\frac{\sqrt{3}}{2}P=0.866025404P;$$

$$D_2=D-2\times\frac{3}{8}H;$$

$$d_2=d-2\times\frac{3}{8}H;$$

$$D_1=D-2\times\frac{5}{8}H;$$

$$d_1=d-2\times\frac{5}{8}H。$$

D—内螺纹大径　d—外螺纹大径　D_2—内螺纹中径　d_2—外螺纹中径　D_1—内螺纹小径
d_1—外螺纹小径　P—螺距　H—原始三角形高长

公称直径(大径)D、d			螺距	中径	小径	公称直径(大径)D、d			螺距	中径	小径
第一系列	第二系列	第三系列	P	D_2 或 d_2	D_1 或 d_1	第一系列	第二系列	第三系列	P	D_2 或 d_2	D_1 或 d_1
1			0.25*	0.838	0.729			11	1.5*	10.026	9.376
			0.2	0.870	0.783				1	10.350	9.917
		1.1	0.25*	0.938	0.829				0.75	10.513	10.188
			0.2	0.970	0.883	12			1.75*	10.863	10.106
1.2			0.25*	1.038	0.929				1.5	11.026	10.376
			0.2	1.070	0.983				1.25	11.188	10.647
		1.4	0.3*	1.205	1.075				1	11.350	10.917
			0.2	1.270	1.183		14		2*	12.701	11.835
1.6			0.35*	1.373	1.221				1.5	13.026	12.376
			0.2	1.470	1.383				1.25	13.188	12.647
		1.8	0.35*	1.573	1.421				1	13.350	12.917
			0.2	1.670	1.583			15	1.5	14.026	13.376
2			0.4*	1.740	1.567				1	14.350	13.917
			0.25	1.838	1.729	16			2*	14.701	13.835
	2.2		0.45*	1.908	1.713				1.5	15.026	14.376
			0.25	2.038	1.929				1	15.350	14.917
2.5			0.45*	2.208	2.013			17	1.5	16.026	15.376
			0.35	2.273	2.121				1	16.350	15.917
3			0.5*	2.675	2.459		18		2.5*	16.376	15.294
			0.35	2.773	2.621				2	16.701	15.835
	3.5		0.6*	3.110	2.850				1.5	17.026	16.376
			0.35	3.273	3.121				1	17.350	16.917
4			0.7*	3.545	3.242	20			2.5*	18.376	17.294
			0.5	3.675	3.459				2	18.701	17.835
	4.5		0.75*	4.013	3.688				1.5	19.026	18.376
			0.5	4.175	3.959				1	19.350	18.917
5			0.8*	4.480	4.134		22		2.5*	20.376	19.294
			0.5	4.675	4.459				2	20.701	19.835
		5.5		5.175	4.959				1.5	21.026	20.376
6			1*	5.350	5.917				1	21.350	20.917
			0.75	5.513	6.188	24			3*	22.051	20.752
		7	1*	6.350	5.917				2	22.701	21.835
			0.75	6.513	6.188				1.5	23.026	22.376
8			1.25*	7.188	6.647				1	23.350	22.917
			1	7.350	6.917			25	2	23.701	22.835
			0.75	7.513	7.188				1.5	24.026	23.376
		9	1.25*	8.188	7.647				1	24.350	23.917
			1	8.350	7.917			26	1.5	25.026	24.376
			0.75	8.513	8.188		27		3*	25.051	23.752
10			1.5*	9.026	8.376				2	25.701	24.835
			1.25	9.188	8.647				1.5	26.026	25.376
			1	9.350	8.917				1	26.350	25.917
			0.75	9.513	9.188						

续表 8-40

单位：mm

公称直径(大径)D、d			螺距 P	中径 D_2 或 d_2	小径 D_1 或 d_1
第一系列	第二系列	第三系列			
		28	2	26.701	25.835
			1.5	27.026	26.376
			1	27.350	26.917
30			3.5*	27.727	26.211
			3	28.051	26.752
			2	28.701	27.835
			1.5	29.026	28.376
			1	29.350	28.917
		32	2	30.701	29.835
			1.5	31.026	30.376
	33		3.5*	30.727	29.211
			3	31.051	29.752
			2	31.701	30.835
			1.5	32.026	31.376
		35	1.5	34.026	33.376
36			4*	33.402	31.670
			3	34.051	32.752
			2	34.701	33.835
			1.5	35.026	34.376
		38	1.5	37.026	36.376
	39		4*	36.402	34.670
			3	37.051	35.752
			2	37.701	36.835
			1.5	38.026	37.376
		40	3	38.051	35.752
			2	38.701	37.835
			1.5	39.026	38.376
42			4.5*	39.077	37.129
			4	39.402	37.670
			3	40.051	38.752
			2	40.701	39.835
			1.5	41.026	40.376
	45		4.5*	42.077	40.129
			4	42.402	40.670
			3	43.051	41.752
			2	43.701	42.835
			1.5	44.026	43.376
48			5*	44.752	42.587
			4	45.402	43.670
			3	46.051	44.752
			2	46.701	45.835
			1.5	47.026	46.376
		50	3	48.051	46.752
			2	48.701	47.835
			1.5	49.026	48.376
	52		5*	48.752	46.587
			4	49.402	47.670
			3	50.051	48.752
			2	50.701	49.835
			1.5	51.026	50.376

公称直径(大径)D、d			螺距 P	中径 D_2 或 d_2	小径 D_1 或 d_1
第一系列	第二系列	第三系列			
	55		4	52.402	50.670
			3	53.051	51.752
			2	53.701	52.835
			1.5	54.026	53.376
56			5.5*	52.408	50.046
			4	53.402	51.670
			3	54.051	52.752
			2	54.701	53.835
			1.5	55.026	54.376
	58		4	55.402	53.670
			3	56.051	54.752
			2	56.701	55.835
			1.5	57.026	56.376
60			5.5*	56.428	54.046
			4	57.402	55.670
			3	58.051	56.752
			2	58.701	57.835
			1.5	59.026	58.376
	62		4	59.402	57.670
			3	60.051	58.752
			2	60.701	59.835
			1.5	61.026	60.376
64			6*	60.103	57.505
			4	61.402	59.670
			3	62.051	60.752
			2	62.701	61.835
			1.5	63.026	62.376
	65		4	62.402	60.670
			3	63.051	61.752
			2	63.701	62.835
			1.5	61.026	63.376
	68		6*	64.103	61.505
			4	65.402	63.670
			3	66.051	64.752
			2	66.701	65.835
			1.5	67.026	66.376
		70	6	66.103	63.505
			4	67.402	65.670
			3	68.051	66.752
			2	68.701	67.835
			1.5	69.026	68.376
72			6	68.103	65.505
			4	69.402	67.670
			3	70.051	68.752
			2	70.701	69.835
			1.5	71.026	70.376

注：1. * 为粗牙螺纹，其余为细牙螺纹

2. 优先选用第一系列，其次为第二系列，第三系列尽可能不用。

表 8-41　普通内外螺纹常用公差带和常用标记(GB/T 197—2003)　　　　单位:mm

	精度	公差带位置 e			公差带位置 f			公差带位置 g			公差带位置 h		
		S	N	L	S	N	L	S	N	L	S	N	L
外螺纹	精密	—	—	—	—	—	—	(4g)	(4g5g)	(3h4h)	*4h	(4h5h)	
	中等	—	*6e	(6e7e)		*6f	—	(5g6g)	□*6g□	(7g6g)	(5h6h)	*6h	(6h7h)
	粗糙	—	(8e)	(8e9e)	—	—	—		8g	(8g9g)	—	—	—

	精度	公差带位置 G			公差带位置 H			
		S	N	L	S	N	L	
内螺纹	精密	—	—	—	4H	5H	6H	内外螺纹公差带位置
	中等	(5G)	6G	(7G)	*5H	□*6H□	*7H	
	粗糙	—	(7G)	(8G)	—	7H	8H	

内外螺纹公差带位置：顶径指外螺纹大径和内螺纹小径

普通螺纹的配合选择	一般联接的螺纹	优选采用 H/h、H/g 或 G/h；小于 M1.4 的螺纹,应选用 5H/6h 或更精密的配合
	经常装拆的螺纹	推荐采用 H/g
	高温工作下的螺纹	工作温度在 450℃ 以下,选用 H/g;高于 450℃时应选用 H/e;G/h 或 G/g
	需要涂镀的螺纹	薄镀层螺纹选用 H/g;中等腐蚀条件,中等镀层厚度的螺纹件选用 H/f;严重腐蚀条件,较厚镀层的螺纹选用 H/e 或 G/e

标记示例	粗牙螺纹	直径 10mm,螺距 1.5mm,中径顶径公差带均为 6H 的内螺纹:M10-6H	
	细牙螺纹	直径 10mm,螺距 1mm,中径顶径公差带均为 6g 的外螺纹:M10×1—6g	
	螺纹副	M20×2LH-6H/5g6g-s 　　旋合长度（中等旋合长度"N"不标）,特殊长度可标数值 　　外螺纹顶径公差带 　　外螺纹中径公差带 　　内螺纹中径和顶径公差带（公差带代号相同时只标一个） 　　左旋LH（右旋RH不标）	

注:1. 大量生产的精制紧固件螺纹,推荐采用带方框的公差带。

　　2. 精密精度——用于精密螺纹,当要求配合性质变动较小时采用;中等精度——一般用途;粗糙精度——精度要求不高或制造比较困难时采用。

　　3. S——短旋合长度;N——中等旋合长度;L——长旋合长度。

＊为优先选用的公差带,括号内的公差带尽可能不用。

二、梯形螺纹

表 8-42　梯形螺纹设计牙型的牙型尺寸(GB/T 5796.1－2005)　　　单位:mm

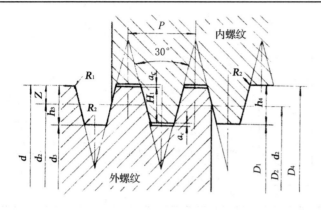

$$H=1.866P$$
$$H_1=0.5P$$
$$h_3=H_4=0.5P+a_c$$
$$d_2=D_2=d-0.5P$$
$$d_3=d-2h_3$$
$$D_1=d-P$$
$$D_4=d+2a_c$$

标记示例:$Tr40\times7-7H$:梯形内螺纹,公称直径 $d=40$mm,螺距 $P=7$mm,精度等级 $7H$;

$Tr40\times14(P7)LH-7e$:多线左旋梯形外螺纹,公称直径 $d=40$mm,导程$=14$mm,螺距 $P=7$mm,精度等级 $7e$;

$Tr40\times7-7H/7e$:梯形螺旋副,公称直径 $d=40$mm,螺距 $P=7$mm,内螺纹精度等级 $7H$,外螺纹精度等级 $7e$。

螺距 P	a_c	$H_4=h_3$	R_{1max}	R_{2max}	螺距 P	a_c	$H_4=h_3$	R_{1max}	R_{2max}
1.5	0.15	0.9	0.075	0.15	10	0.5	5.5	0.25	0.5
2		1.25			12		6.5		
3	0.25	1.75	0.125	0.25	14		8		
4		2.25			16		9		
5		2.75			18		10		
6		3.5			20	1	11	0.5	1
7	0.5	4	0.25	0.5	22		12		
8		4.5			24		13		
9		5			28		15		

表 8-43　梯形螺纹直径与螺距系列(GB/T 5796.2－2005)　　　mm

公称直径 d		螺距	公称直径 d		螺距	公称直径 d		螺距
第一系列	第二系列	P	第一系列	第二系列	P	第一系列	第二系列	P
8		1.5*	32	30	10,6*,3	80	75	16,10*,4
10	9	2*,1.5	36	34		90	85	18,12*,4
	11	3,2*	40	38	10,7*,3		95	
12	14	3*,2		42		100	105①,110	20,12*,4
16	18	4*,2	44		12,7*,3	120	115①,130,135①	22,14*,6
20			48	46	12,8*,3	140	135①,145①	24,14*,6
24	22	8,5*,3	52	50			150,155①	24,16*,6
28	26		60	55	14,9*,3	160	165①,170,175①	28,16*,6
			70	65	16,10*,4	180		28,18*,6

注:1.优先选用第一系列;2.带" * "号的螺距为优先选择。

　　①为第三系列公称直径。

表 8-44　梯形螺纹基本尺寸(GB/T 5796.3－2005)　　　单位:mm

螺距 P	外螺纹小径 d_3	内、外螺纹中径 D_2、d_2	内螺纹大径 D_4	内螺纹小径 D_1	螺距 P	外螺纹小径 d_3	内、外螺纹中径 D_2、d_2	内螺纹大径 D_4	内螺纹小径 D_1
1.5	$d-1.8$	$d-0.75$	$d+0.3$	$d-1.5$	10	$d-11$	$d-5$	$d+1$	$d-10$
2	$d-2.5$	$d-1$	$d+0.5$	$d-2$	12	$d-13$	$d-6$	$d+1$	$d-12$
3	$d-3.5$	$d-1.5$	$d+0.5$	$d-3$	14	$d-16$	$d-7$	$d+2$	$d-14$
4	$d-4.5$	$d-2$	$d+0.5$	$d-4$	16	$d-18$	$d-8$	$d+2$	$d-16$
5	$d-5.5$	$d-2.5$	$d+0.5$	$d-5$	18	$d-20$	$d-9$	$d+2$	$d-18$
6	$d-7$	$d-3$	$d+1$	$d-6$	20	$d-22$	$d-10$	$d+2$	$d-20$
7	$d-8$	$d-3.5$	$d+1$	$d-7$	22	$d-24$	$d-11$	$d+2$	$d-22$
8	$d-9$	$d-4$	$d+1$	$d-8$	24	$d-26$	$d-12$	$d+2$	$d-24$
9	$d-10$	$d-4.5$	$d+1$	$d-9$	28	$d-30$	$d-14$	$d+2$	$d-28$

注:d—公称直径(即外螺纹大径)。

表 8-45　梯形螺纹旋合长度(GB/T 5796.4－2005)　　　单位:mm

公称直径 d >	公称直径 d ≤	螺距 P	旋合长度组 N >	旋合长度组 N ≤	旋合长度组 L >	公称直径 d >	公称直径 d ≤	螺距 P	旋合长度组 N >	旋合长度组 N ≤	旋合长度组 L >
5.6	11.2	1.5	5	15	15	45	90	9	43	132	132
		2	6	19	19			10	50	140	140
		3	10	28	28			12	60	170	170
11.2	22.4	2	8	24	24			14	67	200	200
		3	11	32	32			16	75	236	236
		4	15	43	43			18	85	265	265
		5	18	53	53	90	180	4	24	71	71
		8	30	85	85			6	36	106	106
22.4	45	3	12	36	36			8	45	132	132
		5	21	63	63			12	67	200	200
		6	25	75	75			14	75	236	236
		7	30	85	85			16	90	265	265
		8	34	100	100			18	100	300	300
		10	42	125	125			20	112	335	335
		12	50	150	150			22	118	355	355
45	90	3	15	45	45			24	132	400	400
		4	19	56	56			28	150	450	450
		8	38	118	118						

注:N—正常旋合长度;L—加长旋合长度。

三、螺纹零件的结构要素

表 8-46　粗牙螺栓、螺钉的拧入深度、攻螺纹深度和钻孔深度　　　　　单位:mm

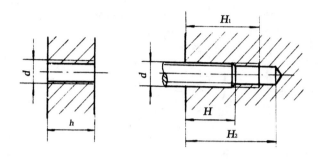

公称直径 d	钢和青铜				铸　铁				铝			
	h	H	H_1	H_2	h	H	H_1	H_2	h	H	H_1	H_2
3	4	3	4	7	6	5	6	9	8	6	7	10
4	5.5	4	5.5	9	8	6	7.5	11	10	8	10	14
5	7	5	7	11	10	8	10	14	12	10	12	16
6	8	6	8	13	12	10	12	17	15	12	15	20
8	10	8	10	16	15	12	14	20	20	16	18	24
10	12	10	13	20	18	15	18	25	24	20	23	30
12	15	12	15	24	22	18	21	30	28	24	27	36
16	20	16	20	30	28	24	28	38	36	32	36	46
20	25	20	24	36	35	30	35	47	45	40	45	57
24	30	24	30	44	42	35	42	55	55	48	54	68
30	36	30	36	52	50	45	52	68	70	60	67	84
36	45	36	44	62	65	55	64	82	80	72	80	98
42	50	42	50	72	75	65	74	95	95	85	94	115
48	60	48	58	82	85	75	85	108	105	95	105	128

注: h—通孔拧入深度; H—盲孔拧入深度; H_1—攻螺纹深度; H_2—钻孔深度

表 8-47　普通螺纹的螺纹收尾、肩距、退刀槽、倒角(GB/T 3—1997)　　　　单位:mm

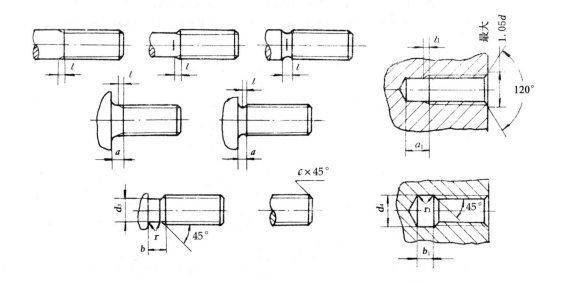

螺距 P	粗牙螺纹 大　径 d	外　螺　纹										内　螺　纹						
		螺纹收尾 l(不大于)		肩距 a (不大于)			退 刀 槽				倒角 C	螺纹收尾 l_1(不大于)		肩距 a_1 (不小于)		退 刀 槽			
		一般	短的	一般	长的	短的	b		r $\approx$	d_3		一般	长的	一般	长的	b_1		r_1	d_4
							一般	窄的								一般	窄的		
0.5	3	1.25	0.7	1.5	2	1	1.5			$d-0.8$	0.5	1	1.5	3	4	2	1.5		$d+0.3$
0.6	3.5	1.5	0.75	1.8	2.4	1.2	1.8	1		$d-1$		1.2	1.8	3.2	4.8				
0.7	4	1.75	0.9	2.1	2.8	1.4	2.1			$d-1.1$	0.6	1.4	2.1	3.5	5.6	3	2		
0.75	4.5	1.9	1	2.25	3	1.5	2.25	1.5		$d-1.2$		1.5	2.3	3.8	6				
0.8	5	2	1	2.4	3.2	1.6	2.4			$d-1.3$	0.8	1.6	2.4	4	6.4				
1	6;7	2.5	1.25	3	4	2	3	1.5		$d-1.6$	1	2	3	5	8	4	2.5		$d+0.5$
1.25	8	3.2	1.6	4	5	2.5	3.75			$d-2$	1.2	2.5	3.8	6	10	5	3		
1.5	10	3.8	1.9	4.5	6	3	4.5	2.5		$d-2.3$	1.5	3	4.5	7	12	6	4		
1.75	12	4.3	2.2	5.3	7	3.5	5.25		0.5P	$d-2.6$	2	3.5	5.2	9	14	7		0.5P	
2	14;16	5	2.5	6	8	4	6	3.5		$d-3$		4	6	10	16	8	5		
2.5	18;20;22	6.3	3.2	7.5	10	5	7.5			$d-3.6$	2.5	5	7.5	12	18	10	6		
3	24;27	7.5	3.8	9	12	6	9	4.5		$d-4.4$		6	9	14	22	12	7		
3.5	30;33	9	4.5	10.5	14	7	10.5			$d-5$	3	7	10.5	16	24	14	8		
4	36;39	10	5	12	16	8	12	5.5		$d-5.7$		8	12	18	26	16	9		
4.5	42;45	11	5.5	13.5	18	9	13.5	6		$d-6.4$	4	9	13.5	21	29	18	10		
5	48;52	12.5	6.3	15	20	10	15	6.5		$d-7$		10	15	23	32	20	11		
5.5	56;60	14	7	16.5	22	11	17.5	7.5		$d-7.7$	5	11	16.5	25	35	22	12		
6	64;68	15	7.5	18	24	12	8			$d-8.3$		12	18	28	38	24	14		

注:细牙螺纹按表中螺距选用。

单位:mm

表 8-48　联接零件沉头座及通孔尺寸

螺纹规格	规格	M1.6	M2	M2.5	M3	M4	M5	M6	M8	M10	M12	M14	M16	M18	M20	M22	M24	M30	M36	M42	M45	M48
GB/T 5277—1985 通孔直径	精装配 d_1(H15)	1.7	2.2	2.7	3.2	4.3	5.3	6.4	8.4	10.5	13	15	17	19	21	23	25	31	37	43	46	50
	中等装配	1.8	2.4	2.9	3.4	4.5	5.5	6.6	9	11	13.5	15.5	17.5	20	22	24	26	33	39	45	48	52
	粗装配	2	2.6	3.1	3.6	4.8	5.8	7	10	12	14.5	16.5	18.5	21	24	26	28	35	42	46	52	56
GB/T 152.4-1988 用于六角螺栓和螺母	d_2(H15)	5	6	8	9	10	11	13	18	22	26	30	33	36	40	43	48	61	71	82	89	98
	d_3	—	—	—	—	—	—	—	—	—	—	—	—	—	—	—	—	—	—	—	—	—
	d_1(H13)	—	—	—	—	—	—	—	—	—	—	—	—	—	—	—	—	—	—	—	—	—
GB/T 152.2-1988 用于沉头螺钉	d_2(H13)	—	—	—	6.4	9.6	10.6	12.8	17.6	20.3	24.4	28.4	32.4	—	40.4	—	—	—	—	—	—	—
	$t\approx$	—	—	—	1.6	2.7	2.7	3.3	4.6	5	6	7	8	—	10	—	—	—	—	—	—	—
	d_1(H13)	—	—	—	3.4	4.5	5.5	6.6	9	11	13.5	15.5	17.5	—	22	—	—	—	—	—	—	—
	a	$90^{\circ}{}^{-2^{\circ}}_{-4^{\circ}}$																				
GB/T 152.3-1988 用于内六角圆柱头螺钉	d_2(H13)	3.3	4.3	5	6	8	10	11	15	18	20	24	26	—	33	—	40	48	57	—	—	—
	t	1.8	—	—	—	—	—	—	6.0	7.0	8.0	9.0	17.5	—	21.5	—	25.5	32	38	—	—	—
	d_3	—	—	—	3.4	4.5	5.5	6.6	9.0	11	16	18	20	—	24	—	28	36	42	—	—	—
	d_1(H13)	1.8	—	—	—	—	—	—	9.0	11	13.5	15.5	17.5	—	22	—	26	33	39	—	—	—
GB/T 152.3-1988 用于开槽圆柱头螺钉	d_2(H13)	—	—	—	—	8	10	11	15	18	20	24	26	—	33	—	—	—	—	—	—	—
	t	—	—	—	—	3.2	4.0	4.7	6.0	7.0	8.0	9.0	10.5	—	12.5	—	—	—	—	—	—	—
	d_3	—	—	—	—	4.5	5.5	6.6	9.0	11.0	16	18	20	—	24	—	—	—	—	—	—	—
	d_1(H13)	—	—	—	—	—	—	—	9.0	11.0	13.5	15.5	17.5	—	22	—	—	—	—	—	—	—

注:对六角螺栓的沉孔尺寸 t,只要能制出与通孔轴线垂直的圆平面即可。

四、螺纹联接件

表 8-49　六角头螺栓

单位：mm

六角头螺栓—A 和 B 级（GB/T 5782—2000）

六角头螺栓—全螺纹—A 和 B 级（GB/T 5783—2000）

标记示例：螺纹规格 $d=M12$、公称长度 $l=80mm$，性能级为 8.8 级，表面氧化，A 级的六角头螺栓：螺栓 GB/T 5782—2000—M12×80

螺纹规格 d	M3	M4	M5	M6	M8	M10	M12	(M14)	M16	(M18)	M20	(M22)	M24	(M27)	M30	M36	M42	M48	M56	M64
s（公称）	5.5	7	8	10	13	16	18	21	24	27	30	34	36	41	46	55	65	75	85	95
k（公称）	2	2.8	3.5	4	5.3	6.4	7.5	8.8	10	11.5	12.5	14	15	17	18.7	22.5	26	30	35	40
r（min）	0.1	0.2	0.2	0.25	0.4	0.4	0.6	0.6	0.6	0.6	0.8	0.8	0.8	1	1	1	1.2	1.6	2	2
$e(\approx)$	6.1	7.7	8.8	11.1	14.4	17.8	20	23.4	26.8	30	33.5	37.7	40	45.2	50.9	60.8	72	82.6	93.6	104.9
b 参考　$l\leqslant125$	12	14	16	18	22	26	30	34	38	42	46	50	54	60	66	78	—	—	—	—
b 参考　$125<l\leqslant200$	—	—	—	—	28	32	36	40	44	48	52	56	60	66	72	84	96	108	124	140
b 参考　$l>200$	—	—	—	—	—	—	—	53	57	61	65	69	73	79	85	97	109	121	137	153
l 范围 A 级　A级	20~30	25~40	25~50	30~60	35~80	40~100	45~120	50~140	55~160	60~180	65~150	70~150	80~150	90~150	90~150	110~150	—	—	—	—
l 范围 A 级　B级	—	—	—	—	—	—	—	—	65~160	70~180	80~200	90~220	90~240	110~300	110~300	110~300	120~400	140~400	160~400	200~400
l 范围（全螺纹）	6~30	8~40	10~50	12~60	16~80	20~100	25~120	30~140	35~160	35~180	40~150	45~200	50~150	55~200	60~200	70~200	80~200	100~200	110~200	120~200

l 系列：6,8,10,12,16,18,20,25,30,35,40,45,50,(55),60,(65),70,80,90,100,110,120,130,140,150,160,180,200,220,240,260,280,300,320,340,360,380,400,420,440,460,480,500

技术条件	材料	钢	不锈钢
力学性能等级	GB/T 5782	$3\leqslant d\leqslant39$：5.6、8.8、10.9；$d>39$ 按协议	$d\leqslant24$：A2-70、A4-70；$24\leqslant d\leqslant39$：A2-50、A4-50；$d>39$ 按协议
力学性能等级	GB/T 5783	$16\leqslant d\leqslant39$：8.8、10.9；$d>39$ 按协议	
表面处理		①氧化；②镀锌钝化	不经处理

螺纹公差：6g

注：1. A 级精度高于 B 级；A 级用于 $d\leqslant24$ 和 $l\leqslant10d$ 或 $l\leqslant150mm$ 的螺栓，B 级用于 $d>24$ 和 $l>10d$ 或 $l>150mm$ 的螺栓。
2. M3~M36 为商品规格，M42~M64 为通用规格，括号内规格尽量不采用（此外还有 M33、M39、M45、M60）；

表 8-50　六角头铰制孔用螺栓 A 和 B 级（GB/T 27—1988）

单位：mm

螺纹规格 d	M6	M8	M10	M12	(M14)	M16	(M18)	M20	(M22)	M24	(M27)	M30	M36	M42	M48
d_s(h9)	7	9	11	13	15	17	19	21	23	25	28	32	38	44	50
s（公称）	10	13	16	18	21	24	27	30	34	36	41	46	55	65	75
k（公称）	4	5	6	7	8	9	10	11	12	13	15	17	20	23	26
r(min)	0.25	0.4	0.4	0.6	0.6	0.6	0.6	0.8	0.8	0.8	1	1	1	1.2	1.6
d_p	4	5.5	7	8.5	10	12	13	15	17	18	21	23	28	33	38
l_2		1.5		2		3			4			5			
$e\approx$	11.1	14.4	17.8	20	23.4	26.8	30.1	33.5	37.7	40	45.2	50.9	60.8	72	82.6
$l-l_3$	12	15	18	22	25	28	30	32	35	38	42	50	55	65	70
l 范围	25~65	25~80	30~120	35~180	40~180	45~200	50~200	55~200	60~200	65~200	75~200	80~230	90~300	110~300	120~300
l 系列	25,(28),30,(32),35,(38),40,45,50,(55),60,(65),70,(75),80,(85),90,(95),100,110,120,130,140,150,160,170,180,190,200,210,220,230,240,250,260,280,300														

技术条件	材　料	力学性能等级	表面处理	螺纹公差
	钢	$d\leqslant39$ 时为 8.8；$d>39$ 时按协议	氧化	6g

标记示例：

螺纹规格 $d=$M12，d_s 尺寸按表规定，公称长度 $l=$80mm，力学性能为 8.8 级，表面氧化处理，A 级的六角头铰制孔用螺栓标记：

螺栓 GB/T 27—1988 M12×80，d_s 按 m6 制造时，应加标记 m6：螺栓 GB/T 27—1988 M12×m6×80

注：1. 尽可能不采用括号内的规格。

2. 根据使用要求，螺杆上无螺纹部分直径（d_s）允许按 m6，u8 制造。

表 8-51　双头螺柱

单位：mm

GB/T 897—1988($b_m=1d$)、GB/T 898—1988($b_m=1.25d$)、GB/T 899—1988($b_m=1.5d$)、GB/T 900—1988($b_m=2d$)

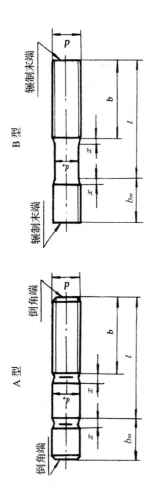

A 型　倒角端　　B 型　辗制末端

标记示例：

两端均为粗牙普通螺纹，$d=10$mm，$l=50$mm，性能等级为 4.8 级，不经表面处理，B 型 $b_m=1.5d$ 的双头螺柱：

螺柱 GB/T 899—1988　M10×15

旋入机体一端为粗牙普通螺纹，旋螺母一端为细牙普通螺纹，$P=1$mm 的细牙普通螺纹，$d=10$mm，$l=50$mm，性能等级为 4.8 级，不经表面处理，A 型 $b_m=1.5d$ 的双头螺柱：

螺柱 GB/T 899—1988AM10—M10×1×50

螺纹规格 d(6g)		M2	M2.5	M3	M4	M5	M6	M8	M10	M12	(M14)	M16
b_m （公称）	GB/T 897	—	—	—	—	5	6	8	10	12	14	16
	GB/T 898	—	—	—	—	6	8	10	12	15	18	20
	GB/T 899	3	3.5	4.5	6	8	10	12	15	18	21	24
	GB/T 900	4	5	6	8	10	12	16	20	24	28	32
x							2.5p					
$\dfrac{l^{①}}{b}$ 长度范围		$\dfrac{12\sim16}{6}$	$\dfrac{14\sim18}{8}$	$\dfrac{16\sim20}{6}$	$\dfrac{16\sim22}{8}$	$\dfrac{16\sim22}{10}$	$\dfrac{20\sim22}{10}$	$\dfrac{20\sim22}{12}$	$\dfrac{25\sim28}{14}$	$\dfrac{25\sim30}{16}$	$\dfrac{30\sim35}{18}$	$\dfrac{30\sim38}{20}$
		$\dfrac{18\sim25}{10}$	$\dfrac{20\sim30}{11}$	$\dfrac{22\sim40}{12}$	$\dfrac{25\sim40}{14}$	$\dfrac{25\sim50}{16}$	$\dfrac{25\sim30}{14}$	$\dfrac{25\sim30}{16}$	$\dfrac{30\sim38}{16}$	$\dfrac{32\sim40}{20}$	$\dfrac{38\sim45}{25}$	$\dfrac{40\sim55}{30}$
							$\dfrac{32\sim75}{18}$	$\dfrac{32\sim90}{22}$	$\dfrac{40\sim120}{26}$	$\dfrac{45\sim120}{30}$	$\dfrac{50\sim120}{34}$	$\dfrac{60\sim120}{38}$
									$\dfrac{130}{32}$	$\dfrac{130\sim180}{36}$	$\dfrac{130\sim180}{40}$	$\dfrac{130\sim200}{44}$

续表 8-51

螺纹规格 d(6g)		(M18)	M20	(M22)	M24	(M27)	M30	(M33)	M36	(M39)	M42	M48
b_m (公称)	GB/T 897	18	20	22	24	27	30	33	36	39	42	48
	GB/T 898	22	25	28	30	35	38	41	45	49	52	60
	GB/T 899	27	30	33	36	40	45	49	54	58	63	72
	GB/T 900	36	40	44	48	54	60	66	72	78	84	96
x							2.5 p					
$\dfrac{l}{b}$ 长度范围		$\dfrac{35\sim40}{22}$	$\dfrac{35\sim40}{25}$	$\dfrac{40\sim45}{30}$	$\dfrac{45\sim50}{30}$	$\dfrac{50\sim60}{35}$	$\dfrac{60\sim65}{40}$	$\dfrac{55\sim70}{45}$	$\dfrac{65\sim75}{45}$	$\dfrac{70\sim80}{50}$	$\dfrac{70\sim80}{50}$	$\dfrac{80\sim90}{60}$
		$\dfrac{45\sim60}{35}$	$\dfrac{45\sim65}{35}$	$\dfrac{50\sim70}{40}$	$\dfrac{55\sim75}{45}$	$\dfrac{65\sim85}{50}$	$\dfrac{70\sim90}{50}$	$\dfrac{75\sim95}{60}$	$\dfrac{80\sim110}{60}$	$\dfrac{85\sim110}{60}$	$\dfrac{85\sim110}{70}$	$\dfrac{95\sim110}{80}$
		$\dfrac{65\sim120}{42}$	$\dfrac{70\sim120}{46}$	$\dfrac{75\sim120}{50}$	$\dfrac{80\sim120}{54}$	$\dfrac{90\sim120}{60}$	$\dfrac{95\sim120}{66}$	$\dfrac{100\sim120}{72}$	$\dfrac{120}{78}$	$\dfrac{120}{84}$	$\dfrac{120}{90}$	$\dfrac{120}{102}$
		$\dfrac{130\sim200}{48}$	$\dfrac{130\sim200}{52}$	$\dfrac{130\sim200}{56}$	$\dfrac{130\sim200}{60}$	$\dfrac{130\sim200}{66}$	$\dfrac{130\sim200}{72}$	$\dfrac{130\sim200}{78}$	$\dfrac{130\sim200}{84}$	$\dfrac{130\sim200}{90}$	$\dfrac{130\sim200}{96}$	$\dfrac{130\sim200}{108}$
							$\dfrac{210\sim250}{82}$	$\dfrac{210\sim300}{91}$	$\dfrac{210\sim300}{97}$	$\dfrac{210\sim300}{103}$	$\dfrac{210\sim300}{109}$	$\dfrac{210\sim300}{121}$

注：1. 尽可能不采用括号内的规格。

2. 旋入机体端可以采用过渡或过盈配合螺纹：GB/T 897~899:GM、G2M;GB/T 900:GM、G3M、YM

3. 旋入螺母端可以采用细牙螺纹

4. 性能等级：钢——4.8、5.8、6.8、8.8、10.9、12.9。不锈钢——A2—50、A2—70

5. 表面处理：钢——不经处理、氧化、镀锌钝化。不锈钢——不经处理

6. $d_s \leqslant d$

① 长度系列：12、(14)、16、(18)、20、(22)、25、(28)、30、(32)、35、(38)、40、45、50、(55)、60、(65)、70、75、80、85、90、95、100~260(十进位)、280、300

b 有几种不同长度时，相应的 l 长度及范围亦不同。

表 8-52　十字槽螺钉　　　　　　　　　　单位:mm

十字槽盘头螺钉（GB/T 818—2000）

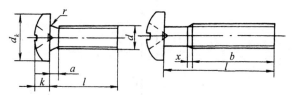

十字槽沉头螺钉（GB/T 819.1—2000）

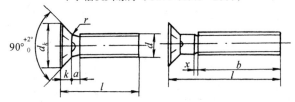

十字槽半沉头螺钉（GB/T 820—2000）

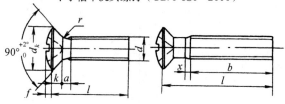

标记示例:

螺纹规格 d＝M5、公称长度 l＝20、性能等级为 4.8 级,不经表面处理的 H 型十字槽盘头螺钉:

螺钉　GB/T 818　M5×20

螺纹规格 d		M1.6	M2	M2.5	M3	(M3.5)	M4	M5	M6	M8	M10
a(max)		0.7	0.8	0.9	1	1.2	1.4	1.6	2	2.5	3
b(min)		25					38				
x(max)		0.9	1	1.1	1.25	1.5	1.75	2	2.5	3.2	3.8
商品规格长度 l		3～16	3～20	3～25	4～30	5～30	5～40	6～45	8～60	10～60	12～60
GB/ T818	d_k(max)	3.2	4	5	5.6	7	8	9.5	12	16	20
	k(max)	1.3	1.6	2.1	2.4	2.6	3.1	3.7	4.6	6	7.5
	r(min)	0.1					0.2		0.25	0.4	
	全螺纹 长度 b	3～25			4～25		5～40		6～40	8～40	10～40	12～40
GB/ T819.1	d_k(max)	3	3.8	4.7	5.5	7.3	8.4	9.3	11.3	15.8	18.3
	f≈	0.4	0.5	0.6	0.7	0.8	1	1.2	1.4	2	2.3
	k(max)	1	1.2	1.5	1.65	2.35	2.7		3.3	4.65	5
GB/ T820	r(max)	0.4	0.5	0.6	0.8	0.9	1	1.3	1.5	2	2.5
	全螺纹 长度 b	3～30			4～30		5～45		6～45	8～45	10～45	12～45
l 系列		3,4,5,6,8,10,12,(14),16,20,25,30,35,40,45,50,(55),60										

技术条件	材　　料	钢	不锈钢	有色金属	螺纹公差:	产品等级:
	性能等级	4.8	A2-50,A2-70	CU2、CU3、AL4	6g	A
	表面处理	不经处理	简单处理	简单处理		

注:1. GB/T 819.1—2000 仅有钢制。4.8 级螺钉。

2. 全螺纹长度 b＝l－a。

表 8-53　十字槽沉头螺钉(GB/T 819.2—2000)　　　　　　　　　单位:mm

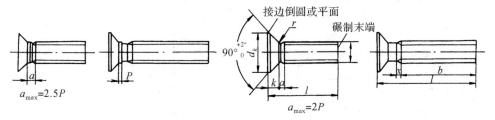

头下带台肩的螺钉(见GB/T 5279.2)　　　　　头下不带台肩的螺钉(见GB/T 5279.2)
用于插入深度系列1(深的)　　　　　　　　　　用于插入深度系列2(浅的)

标记示例:

　　螺纹规格 d = M5、公称长度 l = 20、性能等级为 8.8,不经表面处理的十字槽沉头螺钉:

　　螺钉　GB/T 819.2　M5×20

螺纹规格 d	M2	M2.5	M3	(M3.5)	M4	M5	M6	M8	M10
P(螺距)	0.4	0.45	0.5	0.6	0.7	0.8	1	1.25	1.5
b　min	25	25	25	38	38	38	38	38	38
d_k　max	4.4	5.5	6.3	8.2	9.4	10.4	12.6	17.3	20
k　max	1.2	1.5	1.65	2.35	2.7	2.7	3.3	4.65	5
r　min	0.5	0.6	0.8	0.9	1	1.3	1.5	2	2.5
商品长度 l	3～20	3～25	4～30	5～35	5～40	6～50	8～60	10～60	12～60
l 系列	3,4,5,6,8,10,12,(14),16,20,25,30,35,40,45,50,(55),60								

技术条件	材料	钢	不锈钢	有色金属	螺纹公差	6g	产品等级	A	
	性能等级	8.8	A2—70	CU2,CU3					
	表面处理	不经处理或简单处理;镀锌钝化;如需不同电镀技术要求或需其他的表面处理,应由供需双方协议							

表 8-54　螺　钉　　　　　　　　　　　　　　　　　　　　　单位：mm

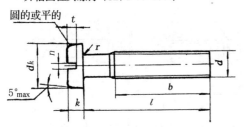

开槽圆柱头螺钉（GB/T 65-2000）

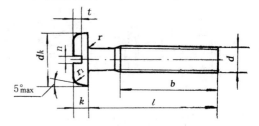

开槽盘头螺钉（GB/T 67-2008）

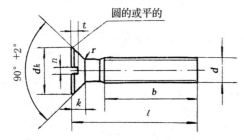

开槽沉头螺钉（GB/T 68-2000）

标记示例：
螺纹规格：d＝M5、公称长度 l＝20mm、性能等级为 4.8
级、不经表面处理的槽圆柱头螺钉：
螺钉 GB/T 65-2000-M5×20

螺纹规格 d		M1.6	M2	M2.5	M3	M4	M5	M6	M8	M10
GB/T 65 -2000	d_k					7	8.5	10	13	16
	k					2.6	3.3	3.9	5	6
	t					1.1	1.3	1.6	2	2.4
	r				0.2		0.25		0.4	
	l 范围					5～40	6～50	8～60	10～80	12～80
GB/T 67 -2008	d_k	3.2	4	5	5.6	8	9.5	12	16	20
	k	1	1.3	1.5	1.8	2.4	3	3.6	4.8	6
	t	0.35	0.5	0.6	0.7	1	1.2	1.4	1.9	2.4
	r	0.1				0.2		0.25		0.4
	l 范围	2～16	2.5～20	3～25	4～30	5～40	6～50	8～60	10～80	12～80
GB/T 68 -2000	d_k	3	3.8	4.7	5.5	8.4	9.3	11.3	15.8	18.3
	k	1	1.2	1.5	1.65	2.7		3.3	4.65	5
	t	0.32	0.4	0.5	0.6	1	1.1	1.2	1.8	2
	r	0.4	0.5	0.6	0.8	1	1.3	1.5	2	2.5
	l 范围	2.5～16	3～20	4～25	5～30	6～40	8～50	8～60	10～80	12～80
n		0.4	0.5	0.6	0.8	1.2		1.6	2	2.5
b		25				38				
l 系列		2,2.5,3,4,5,6,8,10,12,(14),16,20,25,30,35,40,45,50,(55),60,(65),70,(75),80								

技术条件	材料	钢		不锈钢	螺纹公差： 6G
	力学性能等级	4.8，　5.8		A2-70,A2-50	
	表面处理	①不经处理；②镀锌钝化		不经处理	

注：1. b 不包括螺尾，当 $b \geqslant l$ 时为全螺纹；2. 表列均为商品规格，产品等级为 A 级。

表 8-55　内六角圆柱头螺钉(GB/T 70.1－2008) 　　　　　　　　　单位:mm

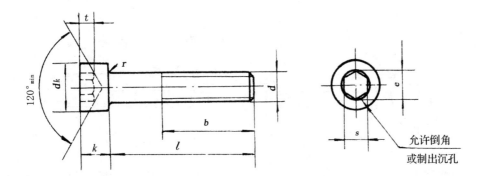

标记示例:

　　螺纹规格 d＝M5、公称长度 l＝20mm、性能等级为 8.8 级、表面氧化的内六角圆柱头螺钉:

　　螺钉 GB/T 70.1　M5×20

螺纹规格 d	M1.6	M2	M2.5	M3	M4	M5	M6	M8	M10	M12	(M14)	M16	M20	M24	M30	M36
d_k(max)	3	3.8	4.5	5.5	7	8.5	10	13	16	18	21	24	30	36	45	54
k(max)	1.6	2	2.5	3	4	5	6	8	10	12	14	16	20	24	30	36
t(min)	0.7	1	1.1	1.3	2	2.5	3	4	5	6	7	8	10	12	15.5	19
s(公称)	1.5	1.5	2	2.5	3	4	5	6	8	10	12	14	17	19	22	27
e(min)	1.73	1.73	2.3	2.87	3.44	4.58	5.72	6.86	9.15	11.43	13.72	16.00	19.44	21.73	25.15	30.85
r	0.1				0.2		0.25	0.4			0.6			0.8		1
b(参考)	15	16	17	18	20	22	24	28	32	36	40	44	52	60	72	84
l 范围	2.5～16	3～20	4～25	5～30	6～40	8～50	10～60	12～80	16～100	20～120	25～140	25～160	30～200	40～200	45～200	55～200
l 系列	2.5,3,4,5,6,8,10,12,(14),(16),20,25,30,35,40,45,50,(55),60,(65),70,80,90,100, 110,120,130,140,150,160,180,200															

技术条件	材　料	钢	不锈钢	螺纹公差:
	力学性能等级	$d<3$:按协议 $3≤d≤39$:8.8、10.9、12.9 $d>39$ 按协议	$d≤24$:A2－70、A4－70 $24≤d≤39$:A2－50、A4－50 $d>39$ 按协议	12.9 级为 5g、6g, 其他等级为 6g
	表面处理	①氧化;②镀锌钝化	不经处理	

注:1. b 不包括螺尾。

　　2. M3～M20 为商品规格,其他为通用规格,括号内规格尽量不用。

表 8-56 紧定螺钉

开槽锥端紧定螺钉（GB/T 71-1985）

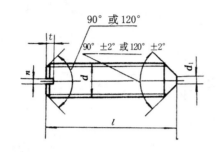

开槽平端紧定螺钉（GB/T 73-1985）

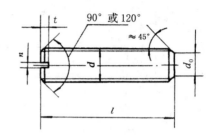

开槽长圆柱端紧定螺钉（GB/T 75-1985）

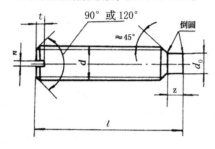

开槽锥端定位螺钉（GB/T 72-1988）

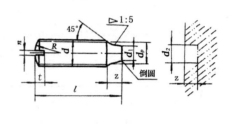

标记示例：螺纹规格 d＝M5、公称长度 l＝12mm、性能等级为 14H 级、表面氧化的开槽锥端紧定螺钉：
螺钉 GB/T 71 M5×12

mm

螺纹规格 d		M1.2	M1.6	M2	M2.5	M3	M4	M5	M6	M8	M10	M12
n （公称）		0.2	0.25			0.4	0.6	0.8	1	1.2	1.6	2
t （max）		0.52	0.74	0.84	0.95	1.05	1.42	1.63	2	2.5	3	3.6
d_t （max）		0.12	0.16	0.2	0.25	0.3	0.4	0.5	1.5	2	2.5	3
d_p、d_0 （max）		0.6	0.8	1	1.5	2	2.5	3.5	4	5.5	7	8.5
d_1 ≈		—	—	—	—	1.7	2.1	2.5	3.4	4.7	6	7.3
d_2 （推荐）		—	—	—	—	1.8	2.2	2.6	3.5	5	6.5	8
z （max）		—	1.05	1.25	1.5	1.75	2.25	2.75	3.25	4.3	5.3	6.3
公称长度 l 范围	GB/T 71-1985	2～6	2～8	3～10	3～12	4～16	6～20	8～25	8～30	10～40	12～50	14～60
	GB/T 73-1985	2～6	2～8	2～10	2.5～12	3～16	4～20	5～25	6～30	8～40	10～50	12～60
	GB/T 75-1985	—	2.5～8	3～10	4～12	5～16	6～20	8～25	8～30	10～40	12～50	14～60
	GB/T 72-1988	—	—	—	—	4～16	4～20	5～20	6～25	8～35	10～45	12～50
公称长度 l≤表内值时，GB/T 71-1985 两端制成 120°，其他标准开槽端制成 120°；公称长度 l>表内值时，GB/T 71-1985 两端制成 90°，其他标准开槽端制成 90°	GB/T 71-1985	2	2.5		3		4	5	6	8	10	12
	GB/T 73-1985	—	2	2.5		3		4	5	6		8	10
	GB/T 75-1985	—	2.5	3	4	5	6	8	10	14	16	20
l 系列		2,2.5,3,4,5,6,8,10,12,(14),16,20,25,30,35,40,45,50,(55),60										

技术条件	材料		钢	不锈钢	螺纹公差：6g
	力学性能等级		14H、22H、33H*	A1－50 C4－50*	
	表面处理		不经处理；氧化；镀锌钝化	不经处理	

注：* 适用于 GB/T 72－1988。14H 等表示维氏硬度 HV 的 1/10，A1－50 表示奥氏体第 1 组，抗拉强度 500MPa；C4－50 表示马氏体第 4 组，抗拉强度 500MPa。

表 8-57　吊环螺钉(GB/T 825—1988)　　　　　　　　　　　　　　　　　　　　单位：mm

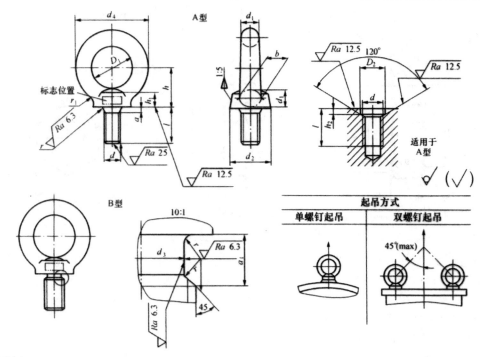

标记示例：

规格为 20mm、材料为 20 钢、经正火处理、不经表面处理的 A 型吊环螺钉标记为螺钉 GB/T 825 M20

螺纹规格 d		M8	M10	M12	M16	M20	M24	M30	M36	M42	M48
d_1	max	9.1	11.1	13.1	15.2	17.4	21.4	25.7	30	34.4	40.7
D_1	公称	20	24	28	34	40	48	56	67	80	95
d_2	max	21.1	25.1	29.1	35.2	41.4	49.4	57.7	69	82.4	97.7
h_1	max	7	9	11	13	15.1	19.1	23.2	27.4	31.7	36.9
l	公称	16	20	22	28	35	40	45	55	65	70
d_4	参考	36	44	52	62	72	88	104	123	144	171
h		18	22	26	31	36	44	53	63	74	87
r_1		4	4	6	6	8	12	15	18	20	22
r	min	1	1	1	1	1	2	2	3	3	3
a_1	max	3.75	4.5	5.25	6	7.5	9	10.5	12	13.5	15
d_3	公称 max	6	7.7	9.4	13	16.4	19.6	25	30.8	35.6	41
a	max	2.5	3	3.5	4	5	6	7	8	9	10
b		10	12	14	16	19	24	28	32	38	46
D_2	公称 min	13	15	17	22	28	32	38	45	52	60
h_2	公称 min	2.5	3	3.5	4.5	5	7	8	9.5	10.5	11.5
最大起吊	单螺钉	0.16	0.25	0.4	0.63	1	1.6	2.5	4	6.3	8
重量 W(t)	双螺钉	0.08	0.125	0.2	0.32	0.5	0.8	1.25	2	3.2	4
减速器类型		一级圆柱齿轮减速器					二级圆柱齿轮减速器				
中心距 a		100	125	160	200	250	315	100×140	140×200	180×250	200×280	250×355
重量 W(kN)		0.26	0.52	1.05	2.1	4	8	1	2.6	4.8	6.8	12.5

注：1. M8~M36 为商品规格。螺纹公差：8g；材料为 20 或 25 钢；

2. "减速器重量 W"非 GB/T 825—1988 内容，仅供课程设计参考使用。

表 8-58　六角螺母　　　　　　　　　　　　　　　　　单位:mm

1 型六角螺母—A 和 B 级(GB/T 6170—2000)　　　2 型六角螺母—A 和 B 级(GB/T 6175—2000)

六角薄螺母—A 和 B 级—倒角(GB/T 6172.1—2000)

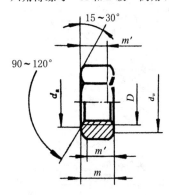
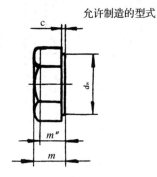
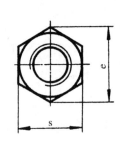

允许制造的型式

标记示例:

　　螺纹规格 D＝M12、性能等级为 10 级、不经表面处理、A 级的 1 型六角螺母:

　　　　螺母　GB/T 6170 M12

　　螺纹规格 D＝M12、性能等级为 04 级、不经表面处理、A 级的六角薄螺母:

　　　　螺母　GB/T 6172.1 M12

标记示例:

　　螺纹规格 D＝M16、性能等级为 9 级,不经表面处理、A 级 2 型六角螺母:

　　　　螺母　GB/T 6175 M16

螺纹规格 D	M3	M4	M5	M6	M8	M10	M12	M(14)	M16	M(18)	M20	M(22)	M24	M(27)	M30	M36	M42	M48
e	6	7.7	8.8	11.1	14.4	17.8	20	23.4	26.8	29.6	33	37.3	39.6	45.2	50.9	60.8	72	82.6
s	5.5	7	8	10	13	16	18	21	24	27	30	34	36	41	46	55	65	75
m GB/T 6170 —2000	2.4	3.2	4.7	5.2	6.8	8.4	10.8	12.8	14.8	15.8	18	19.4	21.5	23.8	25.6	31	34	38
GB/T 6172.1 —2000	1.8	2.2	2.7	3.2	4	5	6	7	8	9	10	11	12	13.5	15	18	21	24
GB/T 6175 —2000	—	—	5.1	5.7	7.5	9.3	12	14.1	16.4	—	20.3	—	23.9	—	28.6	34.7	—	—

技术条件	GB/T 6170 —2000	材料:钢	力学性能	等级	D≥3～39 时为 6、8、10；D＞39 时按协议		螺纹公差: 6H	表面处理: ①不经处理 ②镀锌钝化
	GB/T 6175 —2000				9～12			
	GB/T 6172.1 —2000	力学性能等级	钢		不锈钢			
			3＜D≤39:6、8、10 3≤D；D＞39 按协议		24＜D≤39；A2—50、A4—50 D≤24；D＞39 时按协议			

注:1. A 级用于 D≤16 的螺母;B 级用于 D＞16 的螺母;

　　2. D≤36 的为商品规格,D＞36 的为通用规格,括号内的规格尽量不采用;

　　3. 表中数据 e 为圆整近似值。

表 8-59　垫　　圈　　　　　　　　　　　　　　　　　　　　单位:mm

平垫圈—C 级(GB/T 95—2002)　　　　　　　平垫圈　倒角型—A 型

大平垫圈—A 和 C 级(GB/T 96—2002)　　　　　(GB/T 97.2—2002)

小垫圈—A 级(GB/T 848—2002)

平垫圈—A 级(GB/T 97.1—2002)

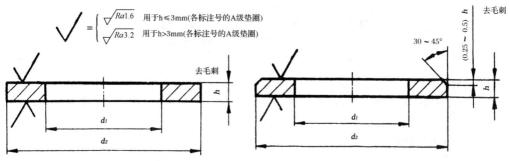

标记示例:　　　　　　　　　　　　　　　　　标记示例:

标准系列、公称尺寸 $d=8$mm、性能等级为　　　标准系列、公称尺寸 $d=8$mm、性能等级为 140HV 级、

100HV、不经表面处理的平垫圈:　　　　　　　倒角型、不经表面处理的平垫圈:

垫圈 GB/T 95—8—100HV　　　　　　　　　　垫圈 GB/T 97.2—8—140HV

公称尺寸 (螺纹规格 d)	d_2	h	GB/T 95—2002	GB/T 97.1—2002 GB/T 97.2—2002	GB/T 96—2002			GB/T 848—2002		
			d_1	d_1	d_1	d_2	h	d_1	d_2	h
1.6	4	0.3	—	1.7	—	—	—	1.7	3.5	0.3
2	5		—	2.2	—	—	—	2.2	4.5	
2.5	6	0.5	—	2.7	—	—	—	2.7	5	
3	7		—	3.2	3.2	9	0.8	3.2	6	0.5
4	9	0.8	—	4.3	4.3	12	1	4.3	8	
5	10	1	5.5	5.3	5.3	15	1.2	5.3	9	1
6	12	1.6	6.6	6.4	6.4	18	1.6	6.4	11	
8	16		9	8.4	8.4	24	2	8.4	15	1.6
10	20		11	10.5	10.5	30	2.5	10.5	18	
12	24	2.5	13.5	13	13	37	3	13	20	2
14	28		15.5	15	15	44		15	24	2.5
16	30	3	17.5	17	17	50		17	28	
20	37		22	21	22	60	4	21	34	3
24	44	4	26	25	26	72	5	25	39	
30	56		33	31	33	92	6	31	50	4
36	66	5	39	37	39	110	8	37	60	5

技术条件	材　　料	钢	奥氏体不锈钢	表面处理	钢	奥氏体不锈钢	材　　料	钢	奥氏体不锈钢	表面处理	钢	奥氏体不锈钢
力学性能等级	GB/T 95 —2002	100HV	A140	表面处理	不经处理 ①不经处理 ②镀锌钝化	不经处理	力学性能等级	GB/T 848 —2002	140HV GB/T 97.1 —2002 200HV GB/T 97.2 —2002 300HV	A140、 A200、 A350	表面处理	①不经处理 ②镀锌钝化	不经处理
	GB/T 96 —2002	A 级: 140HV; C 级: 100HV										

注:1.C 级垫圈没有粗糙度 3.2 和去毛刺的要求。

　　2.GB/T 848—2002 主要用于带圆柱头的螺钉,其他用于标准六角头的螺栓、螺钉和螺母。

　　3.精装配系列适用于 A 级垫圈;中等装配系列适用于 C 级垫圈。

　　4.GB/T 97.2 的最小公称尺寸为 $d=5$mm。

表 8-60　标准型弹簧垫圈(GB/T 93—1987)、轻型弹簧垫圈(GB/T 859—1987)　　单位:mm

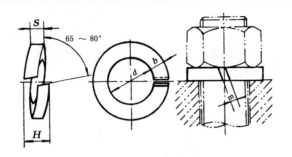

标记示例:

规格 16mm、材料 65Mn、表面氧化的标准型弹簧垫圈:

垫圈 GB/T 93 16

规格 16mm、材料 65Mn、表面氧化的轻型弹簧垫圈:

垫圈 GB/T 859 16

规格 (螺纹大径)	标准型弹簧垫圈(GB/T 93—1987)						轻型弹簧垫圈(GB/T 859—1987)						
	d		$s(b)$	H		m	d		s	b	H		m
	min	max	公称	min	max	$\leqslant$	min	max	公称	公称	min	max	$\leqslant$
2	2.1	2.35	0.5	1	1.25	0.25	—	—	—	—	—	—	—
2.5	2.6	2.85	0.65	1.3	1.63	0.33	—	—	—	—	—	—	—
3	3.1	3.4	0.8	1.6	2	0.4	3.1	3.4	0.6	1	1.2	1.5	0.3
4	4.1	4.4	1.1	2.2	2.75	0.55	4.1	4.4	0.8	1.2	1.6	2	0.4
5	5.1	5.4	1.3	2.6	3.25	0.65	5.1	5.4	1.1	1.5	2.2	2.75	0.55
6	6.1	6.68	1.6	3.2	4	0.8	6.1	6.68	1.3	2	2.6	3.25	0.65
8	8.1	8.68	2.1	4.2	5.25	1.05	8.1	8.68	1.6	2.5	3.2	4	0.8
10	10.2	10.9	2.6	5.2	6.5	1.3	10.2	10.9	2	3	4	5	1
12	12.2	12.9	3.1	6.2	7.75	1.55	12.2	12.9	2.5	3.5	5	6.25	1.25
(14)	14.2	14.9	3.6	7.2	9	1.8	14.2	14.9	3	4	6	7.5	1.5
16	16.2	16.9	4.1	8.2	10.25	2.05	16.2	16.9	3.2	4.5	6.4	8	1.6
(18)	18.2	19.04	4.5	9	11.25	2.25	18.2	19.04	3.6	5	7.2	9	1.8
20	20.2	21.04	5	10	12.5	2.5	20.2	21.04	4	5.5	8	10	2
(22)	22.5	23.34	5.5	11	13.75	2.75	22.5	23.34	4.5	6	9	11.25	2.25
24	24.5	25.5	6	12	15	3	24.5	25.5	5	7	10	12.25	2.5
(27)	27.5	28.5	6.8	13.6	17	3.4	27.5	28.5	5.5	8	11	13.75	2.75
30	30.5	31.5	7.5	15	18.75	3.75	30.5	31.5	6	9	12	15	3
(33)	33.5	34.7	8.5	17	21.25	4.25	—	—	—	—	—	—	—
36	36.5	37.7	9	18	22.5	4.5	—	—	—	—	—	—	—
(39)	39.5	40.7	10	20	25	5	—	—	—	—	—	—	—
42	42.5	43.7	10.5	21	26.25	5.25	—	—	—	—	—	—	—
(45)	45.5	46.7	11	22	27.5	5.5	—	—	—	—	—	—	—
48	48.5	49.7	12	24	30	6	—	—	—	—	—	—	—

注:1.尽可能不采用括号内的规格。

2. m 应大于零。

8.6　键、销联接

一、键

表 8-61　平键(GB/T 1095－2003、GB/T 1096－2003)　　　　　　　单位:mm

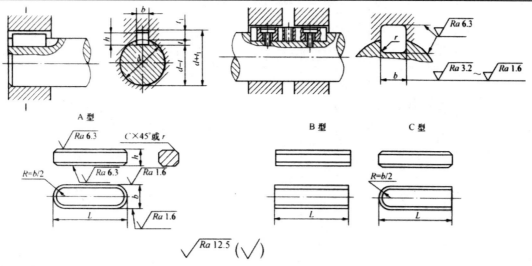

标记示例:

GB/T 1096－2003 键 16×10×100[圆头普通平键(A 型)、b=16,h=10、L=100]

GB/T 1096－2003 键 B16×10×100[平头普通平键(B 型)、b=16,h=10、L=100]

GB/T 1096－2003 键 C16×10×100[单圆头普通平键(C 型)、b=16,h=10、L=100]

公称直径 d	键的公称尺寸				键　槽				
	b(h8)	h(h11)	c 或 r	L(h14)	轴		毂		半径 r
					t	极限偏差	t_1	极限偏差	
6～8	2	2	0.16～0.25	6～20	1.2	+0.1 0	1	+0.1 0	0.08～0.16
>8～10	3	3		6～36	1.8		1.4		
>10～12	4	4		8～45	2.5		1.8		
>12～17	5	5	0.25～0.4	10～56	3.0		2.3		0.16～0.25
>17～22	6	6		14～70	3.5		2.8		
>22～30	8	7		18～90	4.0	+0.2 0	3.3	+0.2 0	
>30～38	10	8	0.4～0.6	22～110	5.0		3.3		0.25～0.40
>38～44	12	8		28～140	5.0		3.3		
>44～50	14	9		36～160	5.5		3.8		
>50～58	16	10		45～180	6.0		4.3		
>58～65	18	11		50～200	7.0	+0.2 0	4.4	+0.2 0	
>65～75	20	12		56～220	7.5		4.9		
>75～85	22	14	0.6～0.8	63～250	9.0		5.4		0.40～0.60
>85～95	25	14		70～280	9.0		5.4		
>95～110	28	16		80～320	10.0		6.4		
>110～130	32	18		90～360	11.0		7.4		

L 系列 6、8、10、12、14、16、18、20、22、25、28、32、36、40、45、50、56、63、70、80、90、100、110、125、140、160、180、200、220、250、280、320、360、400、450、500

注:1. 在图样中,轴槽深用 t 或(d－t)标注,轴毂槽深用(d+t_1)标注。(d－t)和(d+t_1)两组组合尺寸的极限偏差按相应的 t 和 t_1 的极限偏差选取,但(d－t)极限偏差应为负偏差。

2. 材料:采用抗拉强度不小于 600MPa 的钢,常用 45 钢。

3. 键高偏差对于 B 型且为方型键时应为 h9。平键轴槽长度公差用 H14。

4. 轴槽及轮毂槽对轴及轮毂轴线的对称度公差根据不同要求,一般可按 GB/ 1184－1996 对称度公差 7～9 级选取。

表 8-62　平键键槽宽度 _b_ 的公差（GB/T 1563—2003）　　　　单位：mm

公称尺寸 b	松联接		正常联接		紧联接		公称尺寸 b	松联接		正常联接		紧联接	
	轴 H9	毂 D10	轴 N9	毂 Js9	轴 P9	毂 P9		轴 H9	毂 D10	轴 N9	毂 Js9	轴 P9	毂 P9
2	+0.025	+0.060	−0.004	±0.0125	−0.006	−0.006	32	+0.062	+0.180	0	±0.031	−0.026	−0.026
3	0	+0.020	−0.029		−0.031	−0.031	36						
4	+0.030	+0.078	0	±0.0125	−0.012	−0.012	40	0	+0.080	−0.062		−0.088	−0.088
5	0	+0.030	−0.030		−0.042	−0.042	45						
6							50						
8	+0.036	+0.098	0	±0.018	−0.015	−0.015	56	+0.074	+0.220	0	±0.037	−0.032	−0.032
10	0	+0.040	−0.036		−0.051	−0.051	63						
12							70	0	+0.100	−0.074		−0.106	−0.106
14	+0.043	+0.120	0	±0.0215	−0.018	−0.018	80						
16	0	+0.050	−0.043		−0.061	−0.061							
18													
20	+0.052	+0.0149	0	±0.026	−0.022	−0.022							
22	0	+0.065	−0.052		−0.074	−0.074							
25													
28													

表 8-63　矩形花键的尺寸系列(GB/T 1144－2001)　　　　　　　　　　　　单位:mm

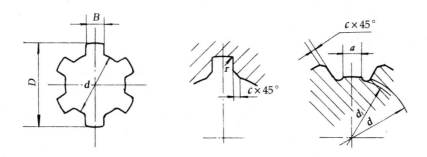

标记示例:

花键:$N=6$;$D=23\dfrac{H7}{F7}$;$D=26\dfrac{H10}{a11}$;$B=6\dfrac{H11}{D10}$

花键副:$6\times23\dfrac{H7}{F7}\times26\dfrac{H10}{a11}\times6\dfrac{H11}{D10}$GB/T 1144－2001

内花键:$6\times23H7\times26H10\times6H11$GB/T 1144－2001

外花键:$6\times23f7\times26a11\times6d10$GB/T 1144－2001

小径 d	轻　系　列					中　系　列				
	规　格 $N\times d\times D\times B$	c	r	参　考		规　格 $N\times d\times D\times B$	c	r	参　考	
				d_{1min}	a_{min}				d_{1min}	a_{min}
11						$6\times11\times14\times3$	0.2	0.1	—	—
13						$6\times13\times16\times3.5$	0.2	0.1	—	—
16						$6\times16\times20\times4$			14.1	1.0
18						$6\times18\times22\times5$	0.3	0.2	16.6	1.0
21						$6\times21\times25\times5$			19.5	2.0
23	$6\times23\times26\times6$	0.2	0.1	22	3.5	$6\times23\times28\times6$			21.2	1.2
26	$6\times26\times30\times6$			24.5	3.8	$6\times26\times32\times6$			23.6	1.2
28	$6\times28\times32\times7$			26.6	4.0	$6\times28\times34\times7$			25.8	1.4
32	$8\times32\times36\times6$	0.3	0.2	30.3	2.7	$8\times32\times38\times6$	0.4	0.3	29.4	1.0
36	$8\times36\times40\times7$			34.4	3.5	$8\times36\times42\times7$			33.4	1.0
42	$8\times42\times46\times8$			40.5	5.0	$8\times42\times48\times8$			39.4	2.5
46	$8\times46\times50\times9$			44.6	5.7	$8\times46\times54\times9$			42.6	1.4
52	$8\times52\times58\times10$			49.6	4.8	$8\times52\times60\times10$	0.5	0.4	48.6	2.5
56	$8\times56\times62\times10$			53.5	6.5	$8\times56\times65\times10$			52.0	2.5
62	$8\times62\times68\times12$			59.7	7.3	$8\times62\times72\times12$			57.7	2.4
72	$10\times72\times78\times12$	0.4	0.3	69.6	5.4	$10\times72\times82\times12$			67.4	1.0
82	$10\times82\times88\times12$			79.3	8.5	$10\times82\times92\times12$			77.0	2.9
92	$10\times92\times98\times14$			89.6	9.9	$10\times92\times102\times14$	0.6	0.5	87.3	4.5
102	$10\times102\times108\times16$			99.6	11.3	$10\times102\times112\times16$			97.7	6.2
112	$10\times112\times120\times18$	0.5	0.4	108.8	10.5	$10\times112\times125\times18$			106.2	4.1

注:1. N—键数;D—大径;B—键宽;

2. d_1 和 a 值仅适用于展成法加工,矩形花键以小径定心。

表 8-64　矩形花键的尺寸公差带和表面粗糙度(GB/T 1144－2001)

内　花　键				外　花　键			装配型式
d (Ra μm)	D (Ra μm)	B (Ra μm)		d (Ra μm)	D (Ra μm)	B (Ra μm)	
		拉削后不热处理	拉削后热处理				
一　般　用							
H7 (8～1.6)	H10 (3.2)	H9(3.2)	H11(3.2)	f7(0.8～1.6)	a11(3.2)	d10(1.6)	滑动
				g7(0.8～1.6)		f9(1.6)	紧滑动
				h7(0.8～1.6)		h10(1.6)	固定
精　密　传　动　用							
H5 (0.4)	H10(3.2)	H7、H9 (3.2)		f5(0.4)	a11(3.2)	d8(0.8)	滑动
				g5(0.4)		f7(0.8)	紧滑动
				h5(0.4)		h8(0.8)	固定
H6 (0.8)				f6(0.8)		d8(0.8)	滑动
				g6(0.8)		f7(0.8)	紧滑动
				h6(0.8)		d8(0.8)	固定

注:1.精密传动用的内花键,当需要控制键侧配合间隙时,槽宽可选用 H7,一般情况下可选用 H9;

2.d 为 H6 和 H7 的内花键,允许与提高一级的外花键配合。

3.括号内为表面粗糙度值。

表 8-65　矩形花键的位置度和对称度公差(GB/T 1144－2001)　　　　单位:mm

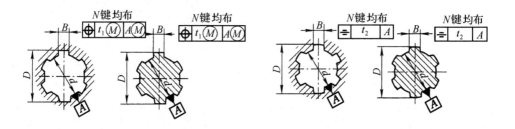

位置度公差					对称度公差				
键槽宽或键宽 B	3	3.5～6	7～10	12～18	键槽宽或键宽 B	3	3.5～6	7～10	12～18
	位置度公差 t_1					位置度公差 t_2			
键槽宽	0.010	0.015	0.020	0.025	一般用	0.010	0.012	0.015	0.018
键宽 滑动、固定	0.010	0.015	0.020	0.025	精密传动用	0.006	0.008	0.009	0.011
键宽 紧滑动	0.006	0.010	0.013	0.016					

注:花键的等分度公差值等于键宽的对称度公差值。

二、销

表 8-66　圆柱销(GB/T 119.1~119.2－2000)　　　　　　　　　　单位:mm

圆柱销　淬硬钢和奥氏体不锈钢(GB/T 119.1－2000)

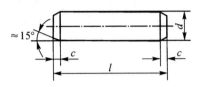

圆柱销　淬硬钢和马氏体不锈钢(GB/T 119.2－2000)末端形状,由制造者确定

允许倒圆或凹穴

标记示例:

公称直径 $d=6$、其公差为 m6、公称长度 $l=30$、材料为钢、不经淬火、不经表面处理的圆柱销:

销　GB/T 119.1　6m6×30

公称直径 $d=6$、其公差为 m6、公称长度 $l=30$、材料为 A1 组奥氏体不锈钢、表面简单处理的圆柱销:

销　GB/T 119.1　6m6×30－A1

标记示例:

公称直径 $d=6$、其公差为 m6、公称长度 $l=30$、材料为钢、普通淬火(A 型)、表面氧化处理的圆柱销:

销　GB/T 119.2　6×30

公称直径 $d=6$、其公差为 m6、公称长度 $l=30$、材料为 C1 组马氏体不锈钢、表面简单处理的圆柱销:

销　GB/T 119.2　6×30－C1

d m6/h8	0.6	0.8	1	1.2	1.5	2	2.5	3	4	5	6	8	10	12	16	20	25	30	40	50
$c\approx$	0.12	0.16	0.2	0.25	0.3	0.35	0.4	0.5	0.63	0.8	1.2	1.6	2	2.5	3	3.5	4	5	6.3	8
商品规格 l	2~6	2~8	4~10	4~12	4~16	6~20	6~24	8~30	8~40	10~50	12~60	14~80	18~95	22~140	26~180	35~200	50~200	60~200	80~200	95~200

l 系列	2,3,4,5,6,8,10,12,14,16,18,20,22,24,26,28,30,32,35,40,45,50,55,60,65,70,75,80,85,90,95,100,120,140,160,180,200

技术条件	材料	GB/T 119.1 钢:奥氏体不锈钢 A1。　GB/T 119.2 钢:A 型,普通淬火;B 型,表面淬火;马氏体不锈钢 C1
	表面粗糙度	GB/T 119.1 公差 m6:$R_a\leqslant0.8\mu m$;h8:$R_a\leqslant1.6\mu m$。GB/T 119.2　$R_a\leqslant0.8\mu m$
	表面处理	①钢:不经处理;氧化;磷化;镀锌钝化。②不锈钢:简单处理。③其他表面镀层或表面处理,应由供需双方协议。④所有公差仅适用于涂、镀前的公差

注:1. d 的其他公差由供需双方协议。

2. GB/T 119.2　d 的尺寸范围为 1~20mm

3. 公称长度大于 200mm(GB/T 119.1)和大于 100mm(GB/T 119.2),按 20mm 递增。

表 8-67　圆锥销(GB/T 117—2000)　　　　　　　　单位:mm

A 型(磨削):锥面表面粗糙度 $R_a = 0.8\mu m$

B 型(切削或冷镦):锥面表面粗糙度 $R_a = 3.2\mu m$

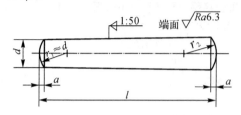

$$r_2 = \frac{a}{2} + d + \frac{(0.02l)^2}{8a}$$

标记示例:

公称直径 $d=5$、公称长度 $l=30$、材料为 35 钢、热处理硬度 28～38HRC、表面氧化处理 A 型圆锥销的标记:

销　GB/T 117—2000　6×30

dh10	0.6	0.8	1	1.2	1.5	2	2.5	3	4	5	6	8	10	12	16	20	25	30	40	50
$a \approx$	0.08	0.1	0.12	0.16	0.2	0.25	0.3	0.4	0.5	0.63	0.8	1	1.2	1.6	2	2.5	3	4	5	6.3
商品规格 l	4～8	5～12	6～16	6～20	8～24	10～35	10～35	12～45	14～55	18～60	22～90	22～120	26～160	32～180	40～200	45～200	50～200	55～200	60～200	65～200
1m 长的重量 $\approx$(kg)	0.003	0.005	0.007	—	0.015	0.027	0.04	0.062	0.11	0.16	0.30	0.50	0.74	1.03	1.77	2.66	4.09	5.85	10.1	15.7

l 系列	2,3,4,5,6,8,10,12,14,16,18,20,22,24,26,28,30,32,35,40,45,50,55,60,65,70,75,80,85,90,95,100,120,140,160,180,200

技术条件	材料	易切钢:Y12、Y15;碳素钢:35 钢、45 钢;合金钢;30CrMnSiA;不锈钢:1Cr13、2Cr13、Cr17Ni2、0Cr18Ni9Ti
	表面处理	①钢:不经处理;氧化;磷化;镀锌钝化。②不锈钢:简单处理。③其他表面镀层或表面处理,由供需双方协议。④所有公差仅适用于涂、镀前的公差

注:1. d 的其他公差,如 a11、c11、f8 由供需双方协议。2. 公称长度大于 200mm,按 20mm 递增。

8.7　渐开线圆柱齿轮精度

渐开线圆柱齿轮精度新国家标准 GB/T 10095—2008,包括第 1 部分轮齿同侧齿面偏差的定义和允许值(GB/T 10095.1—2008)、第 2 部分径向综合偏差与径向跳动的定义和允许值(GB/T 10095.2—2008)及指导性技术文件 GB/Z 18620《圆柱齿轮　检验实施规范》组成。

GB/T 10095.1—2008 规定了单个渐开线圆柱齿轮轮齿同侧面的精度、轮齿各项精度术语的定义、齿轮精度的结构以及齿距偏差、齿廓偏差、螺旋线偏差和切向综合偏差的允许值。本标准只适用于单个齿轮的每一要素,不包括齿轮副。

GB/T 10095.2—2008 规定了单个渐开线圆柱齿轮径向综合偏差的精度、径向综合偏差精度术语的定义、齿轮精度的结构和公差;在附录中,给出了径向跳动的定义、精度等级和公差。径向综合偏差的公差仅适用于产品齿轮与测量齿轮的啮合检验,而不适用于两个产品齿轮的啮合检验。

GB/Z 18620—2008《圆柱齿轮　检验实施规范》是关于齿轮检验方法的描述和意见,它包括四部分:第 1 部分轮齿同侧齿面的检验(GB/Z 18620.1—2008),第 2 部分径向综合偏差与径向跳动、齿厚和侧隙的检验(GB/Z 18620.2—2008),第 3 部分齿轮坯、轴中心距和轴线平行度的检验(GB/Z 18620.3—2008),第 4 部分表面结构和轮齿接触斑点的检验(GB/Z 18620.4—2008)。指导性技术文件所提供的数值不作为严格的精度判据,而作为共同协议的关于钢或铁制齿轮的指南来使用。

一、齿轮偏差的定义和代号

表 8-68　齿轮偏差的定义和代号(GB/T 10095.1—2008)

名　称	代号	定　义
1. 齿距偏差		
1.1　单个齿距偏差	f_{pt}	在端平面上,接近齿高中部的一个与齿轮轴线同心的圆上,实际齿距与理论齿距的代数差(见图 8-3)
1.2　齿距累积偏差	F_{pk}	任意 k 个齿距的实际弧长与理论弧长的代数差。理论上它等于这 k 个齿距的各单个齿距偏差的代数和(见图 8-3)
1.3　齿距累积总偏差	F_p	齿轮同侧齿面任意弧段($k=1$ 至 $k=8$)内的最大齿距累积偏差。它表现为齿距累积偏差曲线的总幅值
2　齿廓偏差		实际齿廓偏离设计齿廓的量,该量在端平面内沿垂直于渐开线齿廓的方向计值
2.1　齿廓总偏差	F_a	在计值范围(La)内,包容实际齿廓迹线的两条齿廓迹线间的距离(见图 8-4(a)),即过齿廓迹线最高、最低点作的设计齿廓迹线的两条平行线间的距离
2.2　齿廓形状形偏差	f_{fa}	在计值范围(La)内,包容实际齿廓迹线与平均齿廓迹线完全相同的两条曲线间的距离,且两条曲线与平均齿廓迹线的距离为常数(见图 8-4(b))

续表 8-68

名　称	代号	定　义
2.3　齿廓倾斜偏差	$f_{H\alpha}$	在计值范围(La)内的两端与平均齿廓迹线相交的两条设计齿廓迹线间的距离(见图 8-4(c))
3　螺旋线偏差		在端面基圆切线方向上测得的实际螺旋线偏离设计螺旋线的量
3.1　螺旋线总偏差	F_{β}	在计值范围(L_{β})内,包容实际螺旋线迹线的两条设计螺旋线迹线间的距离(见图 8-5(a))
3.2　螺旋线形状偏差	$f_{f\beta}$	在计值范围(L_{β})内,包容实际螺旋线迹线与平均螺旋线迹线完全相同的两条曲线间的距离,且两条曲线与平均螺旋线迹线的距离为常数(见图 8-5(b))
3.3　螺旋线倾斜偏差	$f_{H\beta}$	在计值范围(L_{β})内两端与平均螺旋线迹线相交的两条设计螺旋线迹线间的距离(见图 8-5(c))
4　切向综合偏差		
4.1　切合综合总偏差	F_i'	被测齿轮与测量齿轮单面啮合检验时,被测齿轮一转内,齿轮分度圆上实际圆周位移与理论圆周位移的最大差值(见图 8-6)
4.2　一齿切向综合偏差	f_i'	在一个齿距内的切向综合偏差(见图 8-6)

表 8-69　齿轮径向偏差的定义和代号(GB/T 10095.2—2008)

名　称	代号	定　义	备　注
1. 径向综合偏差			
1.1　径向综合总偏差	F_i''	在径向(双面)综合检验时,产品齿轮的左右齿面同时与测量齿轮接触,并转过一整圈时,出现的中心距最大值和最小值之差(见图 8-7)	产品齿轮是指正在被测量或被评定的齿轮
1.2　一齿径向综合偏差	f_i''	当产品齿轮检验啮合一整圈时,对应一个齿距($360°/z$)的径向综合偏差值(见图 8-7)	产品齿轮所有轮齿的f_i''最大值不应超过规定的允许值
2　径向跳动	F_r	测头(球形、圆柱形、砧形)相继置于每个齿槽内时,从它到齿轮轴线的最大和最小径向距离之差(图 8-8)	图 8-8 是径向跳动的图例,图中偏心量是径向跳动的一部分

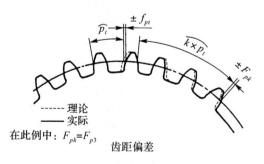

------ 理论
—— 实际
在此例中:$F_{pk} = F_{p3}$
齿距偏差

图 8-3　齿距偏差和齿距累积偏差

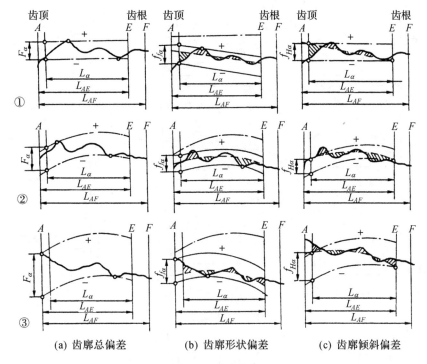

(a) 齿廓总偏差   (b) 齿廓形状偏差   (c) 齿廓倾斜偏差

图 8-4　齿廓偏差

1. 图中:点画线—设计齿廓;粗实线—实际齿廓;虚线—平均齿廓
   ①设计齿廓:未修形的渐开线;实际齿廓:在减薄区内偏向体内
   ②设计齿廓:修形的渐开线(举例);实际齿廓:在减薄区内偏向体内
   ③设计齿廓:修形的渐开线(举例);实际齿廓:在减薄区内偏向体外

2. L_{AF}—可用长度,等于两条端面基圆切线长之差。其中一条是从基圆到可用齿廓的外界限点,一条是从基圆到可用齿廓的内界限点。可用长度的外界限点 A 可以是齿顶、齿顶倒棱或齿顶倒圆的起始点,内界限点 F 可以是齿根圆角或齿根的起始点。

3. L_{AE}—有效长度,可用长度的有效齿廓部分。对于齿顶,其界限点和可用长度的界限点 A 相同。对于齿根,有效长度延伸到与之配对齿轮有效啮合的终点 E(即有效齿廓起始点)。如不知道配对齿轮,则 E 点为与基本齿条相啮合的有效齿廓的起始点。

4. L_a—齿廓计值范围,可用长度中的一部分,在该部分应满足所规定精度等级的公差。除另有规定外,其长度等于从 E 点开始的有效长度 L_{AE} 的 92%。

对靠近齿顶处,L_{AE} 剩下的 8%(即 L_{AE} 与 L_a 之差)规定:

(1)使偏差量增加的偏向体外的正偏差必须计入偏差值;

(2)除另有规定外,对于负偏差,其公差为计值范围 L_a 规定公差的 3 倍。

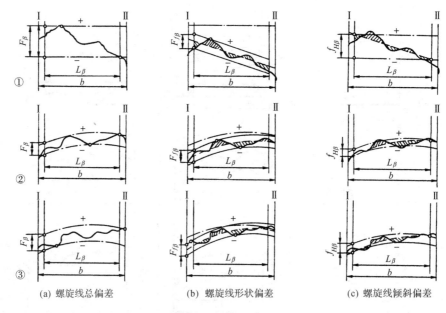

（a）螺旋线总偏差　　　　　　（b）螺旋线形状偏差　　　　　　（c）螺旋线倾斜偏差

图 8-5　螺旋线偏差

图中：点画线—设计螺旋线；粗实线—实际螺旋线；虚线—平均螺旋线

①设计螺旋线：未修形的螺旋线；实际螺旋线：在减薄区内具有偏向体内的负偏差

②设计螺旋线：修形的螺旋线（举例）；实际螺旋线：在减薄区内具有偏向体内的负偏差

③设计螺旋线：修形的螺旋线（举例）；实际螺旋线：在减薄区内具有偏向体外的正偏差

L_β—螺旋线计值范围。除另有规定外，L_β 等于在轮齿两端各减去 5% 的齿宽或一个模数的长度（取两个数值
　　的较小值）后的迹线长度，对于两端缩减的区域，螺旋线总偏差和螺旋线形状偏差按以下规定计值：

　　（1）使偏差量增加的偏向体外的正偏差必须计入偏差值

　　（2）除另有规定外，对负偏差，其公差为计值范围 L_β 规定公差的 3 倍

b—齿轮螺旋线长度（与齿宽成正比）

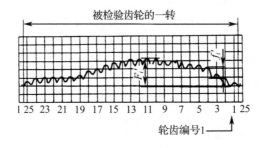

图 8-6　切向综合偏差

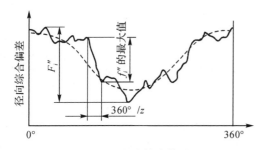

图 8-7　径向综合偏差

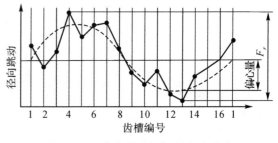

图 8-8　一个齿轮（16 齿）的径向跳动

二、齿轮精度的等级及其选择

国家标准对齿轮和齿轮副规定了 13 个精度等级,按 0～12 顺序,其中 0 级精度最高,12 级精度最低,其中较常用的为 6、7、8、9 级精度。

标准对齿轮的径向综合偏差(F''_i、f''_i)只规定了 4～12 共 9 个精度等级。

一般情况下,若选定某一精度等级,则齿轮的各项偏差均应按该精度等级,但也可对不同的偏差项选定不同的精度等级,其他偏差项目仍按所选定的精度等级。

齿轮的精度等级应根据传动的用途、使用工作条件、传递功率和圆周速度及其他经济、技术条件来确定。

表 8-70 和表 8-71 可供选定齿轮精度时参考。

表 8-70　各类机械传动中应用的齿轮精度等级

产品类型	精度等级	产品类型	精度等级	产品类型	精度等级
测量齿轮	2～5	轻型汽车	5～8	轧钢机	6～10
涡轮机齿轮	3～6	载重汽车	6～9	矿用绞车	6～10
金属切削机床	3～8	航空发动机	4～8	起重机械	7～10
内燃机车	6～7	拖拉机	6～9	农业机械	8～11
汽车底盘	5～8	通用减速器	6～9		

表 8-71　不同精度等级齿轮的适用范围

精度等级	工作条件与适用范围	圆周速度(m/s)		齿面的最后加工
		直齿	斜齿	
3	用于最平稳且无噪声的极高速下工作的齿轮;特别精密的分度机构齿轮;特别精密机械中的齿轮;控制机构齿轮;检测 5、6 级的测量齿轮	>50	>75	特精密的磨齿和珩磨;用精密滚刀滚齿或单边剃齿后的大多数不经淬火的齿轮
4	用于精密分度机构的齿轮;特别精密机械中的齿轮;高速涡轮机齿轮;控制机构齿轮;检测 7 级的测量齿轮	>40	>70	精密磨齿;大多数用精密滚刀滚齿和珩齿或单边剃齿
5	用于高平稳且低噪声的高速传动中的齿轮;精密机构中的齿轮;涡轮机传动的齿轮;检验 8、9 级的测量齿轮　重要的航空、船用齿轮箱齿轮	>20	>40	精密磨齿;大多数用精密滚刀加工,进而研齿或剃齿
6	用于高速下平稳工作,需要高效率及低噪声的齿轮;航空、汽车用的齿轮;读数装置中的精密齿轮;机床传动链齿轮;机床传动齿轮	到 15	到 30	精密磨齿或剃齿
7	在中速或大功率下工作的齿轮;机床变速箱进给齿轮;减速器齿轮;起重机齿轮;汽车以及读数装置中的齿轮	到 10	到 15	无需热处理的齿轮,用精密刀具加工　对于淬硬齿轮必须精整加工(磨齿、研齿、珩磨)
8	一般机器中无特别精度要求的齿轮;机床变速齿轮;汽车制造业中不重要齿轮;冶金、起重机械齿轮;通用减速器的齿轮;农业机械中的重要齿轮	到 6	到 10	滚、插齿均可,不用磨齿;必要时剃齿或研齿
9	用于不提出精度要求的粗糙工作的齿轮;因结构上考虑,受载低于计算载荷的传动用齿轮;低速不重要工作机械的动力齿轮;农机齿轮	到 2	到 4	不需特别的精加工工序

三、齿轮的检验项目及其公差和极限偏差

根据 GB/T 10095.1—2008 和 GB/T 10095.2—2008 两项标准,齿轮的检验项目见表 8-72。

新国家标准没有将上列检验项目分组,实际上,不必对上列各项都做检验,可根据齿轮使用要求、生产批量,选择表 8-73 其中一组进行检验。

表 8-72　圆柱齿轮的检验项目

单项检验项目	综合检验项目	
	单面啮合综合检验	双面啮合综合检验
齿距偏差 f_{pt}、F_{pk}、F_p	切向综合总偏差 F_i'	径向综合总偏差 F_i''
齿廓总偏差 F_a	一齿切向综合偏差 f_i'	一齿径向综合偏差 f_i''
螺旋线总偏差 F_β		
齿厚偏差		
径向跳动 F_r		

表 8-73　推荐的圆柱齿轮检验组

检验组	检验项目	适用精度	测量仪器
1	$F_{pk}^{①}$、F_p、F_a、F_β、F_r	3～9	齿距仪、齿形仪、齿向仪、摆差测定仪、齿厚卡尺或公法线千分尺
2	f_{pt}、F_p、F_a、F_β、F_r	3～9	
3	F_i''、f_i''	6～9	双面啮合测量仪、齿厚卡尺或公法线千分尺
4	f_{pt}、F_r	10～12	齿距仪、摆差测定仪、齿厚卡尺或公法线千分尺
5	$F_i'^{②}$、f_i'	3～6	单啮仪、齿向仪、齿厚卡尺或公法线千分尺

注:① $F_{pk} = k f_{pt}$　$k \doteq 1.5z \sqrt[3]{m} / \sqrt{z}$ 并取整数

其中 z 为齿数,m 为模数,通常 $k = 2 \sim z/8$

② $F_i' = F_p + f_i'$;$f_i' = k(4.3 + f_{pt} + F_a) = k(9 + 0.3m_n + 3.2\sqrt{m_n} + 0.34\sqrt{d})$

当 $\varepsilon_r < 4$ 时,$k = 0.2\left(\dfrac{\varepsilon_r + 4}{\varepsilon_r}\right)$

$\varepsilon_r \geqslant 4$ 时,$k = 0.4$

齿轮各项检验项目的公差及极限偏差如表 8-74～表 8-84。

一齿切向综合偏差 f_i',测量时,其值受重合度 ε_y 的影响,故标准中给出了 f_i'/k 的值,k 为一个修正系数。

表 8-74　单个齿距偏差 $\pm f_{pt}$（摘自 GB/T 10095. 1—2008）

分度圆直径 d(mm)	模　数 m(mm)	精　度　等　级					
		5	6	7	8	9	10
		$\pm f_{pt}(\mu m)$					
$5 \leqslant d \leqslant 20$	$0.5 \leqslant m \leqslant 2$	4. 7	6. 5	9. 5	13. 0	19. 0	26. 0
	$2 < m \leqslant 3.5$	5. 0	7. 5	10. 0	15. 0	21. 0	29. 0
$20 < d \leqslant 50$	$0.5 \leqslant m \leqslant 2$	5. 0	7. 0	10. 0	14. 0	20. 0	28. 0
	$2 < m \leqslant 3.5$	5. 5	7. 5	11. 0	15. 0	22. 0	31. 0
	$3.5 < m \leqslant 6$	6. 0	8. 5	12. 0	17. 0	24. 0	34. 0
	$6 < m \leqslant 10$	7. 0	10. 0	14. 0	20. 0	28. 0	40. 0
$50 < d \leqslant 125$	$0.5 \leqslant m \leqslant 2$	5. 5	7. 5	11. 0	15. 0	21. 0	30. 0
	$2 < m \leqslant 3.5$	6. 0	8. 5	12. 0	17. 0	23. 0	33. 0
	$3.5 < m \leqslant 6$	6. 5	9. 0	13. 0	18. 0	26. 0	36. 0
	$6 < m \leqslant 10$	7. 5	10. 0	15. 0	21. 0	30. 0	42. 0
	$10 < m \leqslant 16$	9. 0	13. 0	18. 0	25. 0	35. 0	50. 0
	$16 < m \leqslant 25$	11. 0	16. 0	22. 0	31. 0	44. 0	63. 0
$125 < d \leqslant 280$	$0.5 \leqslant m \leqslant 2$	6. 0	8. 5	12. 0	17. 0	24. 0	34. 0
	$2 < m \leqslant 3.5$	6. 5	9. 0	13. 0	18. 0	26. 0	36. 0
	$3.5 < m \leqslant 6$	7. 0	10. 0	14. 0	20. 0	28. 0	40. 0
	$6 < m \leqslant 10$	8. 0	11. 0	16. 0	23. 0	32. 0	45. 0
	$10 < m \leqslant 16$	9. 5	13. 0	19. 0	27. 0	38. 0	53. 0
	$16 < m \leqslant 25$	12. 0	16. 0	23. 0	33. 0	47. 0	66. 0
	$25 < m \leqslant 40$	15. 0	21. 0	30. 0	43. 0	61. 0	86. 0
$280 < d \leqslant 560$	$0.5 \leqslant m \leqslant 2$	6. 5	9. 5	13. 0	19. 0	27. 0	38. 0
	$2 < m \leqslant 3.5$	7. 0	10. 0	14. 0	20. 0	29. 0	41. 0
	$3.5 < m \leqslant 6$	8. 0	11. 0	16. 0	22. 0	31. 0	44. 0
	$6 < m \leqslant 10$	8. 5	12. 0	17. 0	25. 0	35. 0	49. 0
	$10 < m \leqslant 16$	10. 0	14. 0	20. 0	29. 0	41. 0	58. 0
	$16 < m \leqslant 25$	12. 0	18. 0	25. 0	35. 0	50. 0	70. 0
	$25 < m \leqslant 40$	16. 0	22. 0	32. 0	45. 0	63. 0	90. 0
$560 \leqslant d \leqslant 1000$	$0.5 \leqslant m \leqslant 2$	7. 5	11. 0	15. 0	21. 0	30. 0	43. 0
	$2 < m \leqslant 3.5$	8. 0	11. 0	16. 0	23. 0	32. 0	46. 0
	$3.5 < m \leqslant 6$	8. 5	12. 0	17. 0	24. 0	35. 0	49. 0
	$6 < m \leqslant 10$	9. 5	14. 0	19. 0	27. 0	38. 0	54. 0
	$10 < m \leqslant 16$	11. 0	16. 0	22. 0	31. 0	44. 0	63. 0
	$16 < m \leqslant 25$	13. 0	19. 0	27. 0	38. 0	53. 0	75. 0
	$25 < m \leqslant 40$	17. 0	24. 0	34. 0	47. 0	67. 0	95. 0
$1000 \leqslant d \leqslant 1600$	$2 \leqslant m \leqslant 3.5$	9. 0	13. 0	18. 0	26. 0	36. 0	51. 0
	$3.5 < m \leqslant 6$	9. 5	14. 0	19. 0	27. 0	39. 0	55. 0
	$6 < m \leqslant 10$	11. 0	15. 0	21. 0	30. 0	42. 0	60. 0
	$10 < m \leqslant 16$	12. 0	17. 0	24. 0	34. 0	48. 0	68. 0
	$16 < m \leqslant 25$	14. 0	20. 0	29. 0	40. 0	57. 0	81. 0
	$25 < m \leqslant 40$	18. 0	25. 0	36. 0	50. 0	71. 0	100. 0
$1600 \leqslant d \leqslant 2500$	$3.5 < m \leqslant 6$	11. 0	15. 0	21. 0	30. 0	43. 0	61. 0
	$6 < m \leqslant 10$	12. 0	17. 0	23. 0	33. 0	47. 0	66. 0
	$10 < m \leqslant 16$	13. 0	19. 0	26. 0	37. 0	53. 0	74. 0
	$16 < m \leqslant 25$	15. 0	22. 0	31. 0	43. 0	61. 0	87. 0
	$25 < m \leqslant 40$	19. 0	27. 0	38. 0	53. 0	75. 0	107. 0

表 8-75　齿距累积总偏差 F_p（摘自 GB/T 10095.1—2008）

分度圆直径 d(mm)	模 数 m(mm)	精 度 等 级 F_p(μm)					
		5	6	7	8	9	10
$5 \leqslant d \leqslant 20$	$0.5 \leqslant m \leqslant 2$	11.0	16.0	23.0	32.0	45.0	64.0
	$2 < m \leqslant 3.5$	12.0	17.0	23.0	33.0	47.0	66.0
$20 < d \leqslant 50$	$0.5 \leqslant m \leqslant 2$	14.0	20.0	29.0	41.0	57.0	81.0
	$2 < m \leqslant 3.5$	15.0	21.0	30.0	42.0	59.0	84.0
	$3.5 < m \leqslant 6$	15.0	22.0	31.0	44.0	62.0	87.0
	$6 < m \leqslant 10$	16.0	23.0	33.0	46.0	65.0	93.0
$50 < d \leqslant 125$	$0.5 \leqslant m \leqslant 2$	18.0	26.0	37.0	52.0	74.0	104.0
	$2 < m \leqslant 3.5$	19.0	27.0	38.0	53.0	76.0	107.0
	$3.5 < m \leqslant 6$	19.0	28.0	39.0	55.0	78.0	110.0
	$6 < m \leqslant 10$	20.0	29.0	41.0	58.0	82.0	116.0
	$10 < m \leqslant 16$	22.0	31.0	44.0	62.0	88.0	124.0
	$16 < m \leqslant 25$	24.0	34.0	48.0	68.0	96.0	136.0
$125 < d \leqslant 280$	$0.5 \leqslant m \leqslant 2$	24.0	35.0	49.0	69.0	98.0	138.0
	$2 < m \leqslant 3.5$	25.0	35.0	50.0	70.0	100.0	141.0
	$3.5 < m \leqslant 6$	25.0	36.0	51.0	72.0	102.0	144.0
	$6 < m \leqslant 10$	26.0	37.0	53.0	75.0	106.0	149.0
	$10 < m \leqslant 16$	28.0	39.0	56.0	79.0	112.0	158.0
	$16 < m \leqslant 25$	30.0	43.0	60.0	85.0	120.0	170.0
	$25 < m \leqslant 40$	34.0	47.0	67.0	95.0	134.0	190.0
$280 < d \leqslant 560$	$0.5 \leqslant m \leqslant 2$	32.0	46.0	64.0	91.0	129.0	182.0
	$2 < m \leqslant 3.5$	33.0	46.0	65.0	92.0	131.0	185.0
	$3.5 < m \leqslant 6$	33.0	47.0	66.0	94.0	133.0	188.0
	$6 < m \leqslant 10$	34.0	48.0	68.0	97.0	137.0	193.0
	$10 < m \leqslant 16$	36.0	50.0	71.0	101.0	143.0	202.0
	$16 < m \leqslant 25$	38.0	54.0	76.0	107.0	151.0	214.0
	$25 < m \leqslant 40$	41.0	58.0	83.0	117.0	165.0	234.0
$560 \leqslant d \leqslant 1000$	$0.5 \leqslant m \leqslant 2$	41.0	59.0	83.0	117.0	166.0	235.0
	$2 < m \leqslant 3.5$	42.0	59.0	84.0	119.0	168.0	238.0
	$3.5 < m \leqslant 6$	43.0	60.0	85.0	120.0	170.0	241.0
	$6 < m \leqslant 10$	44.0	62.0	87.0	123.0	174.0	246.0
	$10 < m \leqslant 16$	45.0	64.0	90.0	127.0	180.0	254.0
	$16 < m \leqslant 25$	47.0	67.0	94.0	133.0	189.0	267.0
	$25 < m \leqslant 40$	51.0	72.0	101.0	143.0	203.0	287.0
$1000 \leqslant d \leqslant 1600$	$2 \leqslant m \leqslant 3.5$	52.0	74.0	105.0	148.0	209.0	296.0
	$3.5 < m \leqslant 6$	53.0	75.0	106.0	149.9	211.0	299.0
	$6 < m \leqslant 10$	54.0	76.0	108.0	152.0	215.0	304.0
	$10 < m \leqslant 16$	55.0	78.0	111.0	156.0	221.0	313.0
	$16 < m \leqslant 25$	57.0	81.0	115.0	163.0	230.0	325.0
	$25 < m \leqslant 40$	61.0	86.0	122.0	172.0	244.0	345.0
$1600 \leqslant d \leqslant 2500$	$3.5 < m \leqslant 6$	64.0	91.0	129.0	182.0	257.0	364.0
	$6 < m \leqslant 10$	65.0	92.0	130.0	184.0	261.0	369.0
	$10 < m \leqslant 16$	67.0	94.0	133.0	189.0	267.0	377.0
	$16 < m \leqslant 25$	69.0	97.0	138.0	195.0	276.0	390.0
	$25 < m \leqslant 40$	72.0	102.0	145.0	205.0	290.0	409.0

表 8-76　齿廓总偏差 F_a（摘自 GB/T 10095.1－2008）

分度圆直径 d(mm)	模　数 m(mm)	精　度　等　级					
		5	6	7	8	9	10
		F_a（μm）					
$5{\leqslant}d{\leqslant}20$	$0.5{\leqslant}m{\leqslant}2$	4.6	6.5	9.0	13.0	18.0	26.0
	$2{<}m{\leqslant}3.5$	6.5	9.5	13.0	19.0	26.0	37.0
$20{<}d{\leqslant}50$	$0.5{\leqslant}m{\leqslant}2$	5.0	7.5	10.0	15.0	21.0	29.0
	$2{<}m{\leqslant}3.5$	7.0	10.0	14.0	20.0	29.0	40.0
	$3.5{<}m{\leqslant}6$	9.0	12.0	18.0	25.0	35.0	50.0
	$6{<}m{\leqslant}10$	11.0	15.0	22.0	31.0	43.0	61.0
$50{<}d{\leqslant}125$	$0.5{\leqslant}m{\leqslant}2$	6.0	8.5	12.0	17.0	23.0	33.0
	$2{<}m{\leqslant}3.5$	8.0	11.0	16.0	22.0	31.0	44.0
	$3.5{<}m{\leqslant}6$	9.5	13.0	19.0	27.0	38.0	54.0
	$6{<}m{\leqslant}10$	12.0	16.0	23.0	33.0	46.0	65.0
	$10{<}m{\leqslant}16$	14.0	20.0	28.0	40.0	56.0	79.0
	$16{<}m{\leqslant}25$	17.0	24.0	34.0	48.0	68.0	96.0
$125{<}d{\leqslant}280$	$0.5{\leqslant}m{\leqslant}2$	7.0	10.0	14.0	20.0	28.0	39.0
	$2{<}m{\leqslant}3.5$	9.0	13.0	18.0	25.0	36.0	50.0
	$3.5{<}m{\leqslant}6$	11.0	15.0	21.0	30.0	42.0	60.0
	$6{<}m{\leqslant}10$	13.0	18.0	25.0	36.0	50.0	71.0
	$10{<}m{\leqslant}16$	15.0	21.0	30.0	43.0	60.0	85.0
	$16{<}m{\leqslant}25$	18.0	25.0	36.0	51.0	72.0	102.0
	$25{<}m{\leqslant}40$	22.0	31.0	43.0	61.0	87.0	123.0
$280{<}d{\leqslant}560$	$0.5{\leqslant}m{\leqslant}2$	8.5	12.0	17.0	23.0	33.0	47.0
	$2{<}m{\leqslant}3.5$	10.0	15.0	21.0	29.0	41.0	58.0
	$3.5{<}m{\leqslant}6$	12.0	17.0	24.0	34.0	48.0	67.0
	$6{<}m{\leqslant}10$	14.0	20.0	28.0	40.0	56.0	79.0
	$10{<}m{\leqslant}16$	16.0	23.0	33.0	47.0	66.0	93.0
	$16{<}m{\leqslant}25$	19.0	27.0	39.0	55.0	78.0	110.0
	$25{<}m{\leqslant}40$	23.0	33.0	46.0	65.0	92.0	131.0
$560{\leqslant}d{\leqslant}1000$	$0.5{\leqslant}m{\leqslant}2$	10.0	14.0	20.0	28.0	40.0	56.0
	$2{<}m{\leqslant}3.5$	12.0	17.0	24.0	34.0	48.0	67.0
	$3.5{<}m{\leqslant}6$	14.0	19.0	27.0	38.0	54.0	77.0
	$6{<}m{\leqslant}10$	16.0	22.0	31.0	44.0	62.0	88.0
	$10{<}m{\leqslant}16$	18.0	26.0	36.0	51.0	72.0	102.0
	$16{<}m{\leqslant}25$	21.0	30.0	42.0	59.0	84.0	119.0
	$25{<}m{\leqslant}40$	25.0	35.0	49.0	70.0	99.0	140.0
$1000{\leqslant}d{\leqslant}1600$	$2{\leqslant}m{\leqslant}3.5$	14.0	19.0	27.0	39.0	55.0	78.0
	$3.5{<}m{\leqslant}6$	15.0	22.0	31.0	43.0	61.0	87.0
	$6{<}m{\leqslant}10$	17.0	25.0	35.0	49.0	70.0	99.0
	$10{<}m{\leqslant}16$	20.0	28.0	40.0	56.0	80.0	113.0
	$16{<}m{\leqslant}25$	23.0	32.0	46.0	65.0	91.0	129.0
	$25{<}m{\leqslant}40$	27.0	38.0	53.0	75.0	106.0	150.0
$1600{\leqslant}d{\leqslant}2500$	$3.5{<}m{\leqslant}6$	17.0	25.0	35.0	49.0	70.0	98.0
	$6{<}m{\leqslant}10$	19.0	27.0	39.0	55.0	78.0	110.0
	$10{<}m{\leqslant}16$	22.0	31.0	44.0	62.0	88.0	124.0
	$16{<}m{\leqslant}25$	25.0	35.0	50.0	70.0	99.0	141.0
	$25{<}m{\leqslant}40$	29.0	40.0	57.0	81.0	114.0	161.0

表 8-77　齿廓形状偏差 $f_{f\alpha}$（摘自 GB/T 10095.1—2008）

分度圆直径 d(mm)	模　数 m(mm)	精　度　等　级					
		5	6	7	8	9	10
		$f_{f\alpha}$(μm)					
$5 \leqslant d \leqslant 20$	$0.5 \leqslant m \leqslant 2$	3.5	5.0	7.0	10.0	14.0	20.0
	$2 < m \leqslant 3.5$	5.0	7.0	10.0	14.0	20.0	29.0
$20 < d \leqslant 50$	$0.5 \leqslant m \leqslant 2$	4.0	5.5	8.0	11.0	16.0	22.0
	$2 < m \leqslant 3.5$	5.5	8.0	11.0	16.0	22.0	31.0
	$3.5 < m \leqslant 6$	7.0	9.5	14.0	19.0	27.0	39.0
	$6 < m \leqslant 10$	8.5	12.0	17.0	24.0	34.0	48.0
$50 < d \leqslant 125$	$0.5 \leqslant m \leqslant 2$	4.5	6.5	9.0	13.0	18.0	26.0
	$2 < m \leqslant 3.5$	6.0	8.5	12.0	17.0	24.0	34.0
	$3.5 < m \leqslant 6$	7.5	10.0	15.0	21.0	29.0	42.0
	$6 < m \leqslant 10$	9.0	13.0	18.0	25.0	36.0	51.0
	$10 < m \leqslant 16$	11.0	15.0	22.0	31.0	44.0	62.0
	$16 < m \leqslant 25$	13.0	19.0	28.0	37.0	53.0	75.0
$125 < d \leqslant 280$	$0.5 \leqslant m \leqslant 2$	5.5	7.5	11.0	15.0	21.0	30.0
	$2 < m \leqslant 3.5$	7.0	9.5	14.0	19.0	28.0	39.0
	$3.5 < m \leqslant 6$	8.0	12.0	16.0	23.0	33.0	46.0
	$6 < m \leqslant 10$	10.0	14.0	20.0	28.0	39.0	55.0
	$10 < m \leqslant 16$	12.0	17.0	23.0	33.0	47.0	66.0
	$16 < m \leqslant 25$	14.0	20.0	28.0	40.0	56.0	79.0
	$25 < m \leqslant 40$	17.0	24.0	34.0	48.0	68.0	96.0
$280 < d \leqslant 560$	$0.5 \leqslant m \leqslant 2$	6.5	9.0	13.0	18.0	26.0	36.0
	$2 < m \leqslant 3.5$	8.0	11.0	16.0	22.0	32.0	45.0
	$3.5 < m \leqslant 6$	9.0	13.0	18.0	26.0	37.0	52.0
	$6 < m \leqslant 10$	11.0	15.0	22.0	31.0	43.0	61.0
	$10 < m \leqslant 16$	13.0	18.0	26.0	36.0	51.0	72.0
	$16 < m \leqslant 25$	15.0	21.0	30.0	43.0	60.0	85.0
	$25 < m \leqslant 40$	18.0	25.0	36.0	51.0	72.0	101.0
$560 \leqslant d \leqslant 1000$	$0.5 \leqslant m \leqslant 2$	7.5	11.0	15.0	22.0	31.0	43.0
	$2 < m \leqslant 3.5$	9.0	13.0	18.0	26.0	37.0	52.0
	$3.5 < m \leqslant 6$	11.0	15.0	21.0	30.0	42.0	59.0
	$6 < m \leqslant 10$	12.0	17.0	24.0	34.0	48.0	68.0
	$10 < m \leqslant 16$	14.0	20.0	28.0	40.0	56.0	79.0
	$16 < m \leqslant 25$	16.0	23.0	33.0	46.0	65.0	92.0
	$25 < m \leqslant 40$	19.0	27.0	38.0	54.0	77.0	109.0
$1000 \leqslant d \leqslant 1600$	$2 \leqslant m \leqslant 3.5$	11.0	15.0	21.0	30.0	42.0	60.0
	$3.5 < m \leqslant 6$	12.0	17.0	24.0	34.0	48.0	67.0
	$6 < m \leqslant 10$	14.0	19.0	27.0	38.0	54.0	76.0
	$10 < m \leqslant 16$	15.0	22.0	31.0	44.0	62.0	87.0
	$16 < m \leqslant 25$	18.0	25.0	35.0	50.0	71.0	100.0
	$25 < m \leqslant 40$	21.0	29.0	41.0	58.0	82.0	117.0
$1600 \leqslant d \leqslant 2500$	$3.5 < m \leqslant 6$	13.0	19.0	27.0	38.0	54.0	76.0
	$6 < m \leqslant 10$	15.0	21.0	30.0	43.0	60.0	85.0
	$10 < m \leqslant 16$	17.0	24.0	34.0	48.0	68.0	96.0
	$16 < m \leqslant 25$	19.0	27.0	39.0	55.0	77.0	109.0
	$25 < m \leqslant 40$	22.0	31.0	44.0	63.0	89.0	125.0

表 8-78　齿廓倾斜偏差 $\pm f_{H\alpha}$ （摘自 GB/T 10095.1—2008）

分度圆直径 d(mm)	模数 m(mm)	精度等级					
		5	6	7	8	9	10
		$\pm f_{H\alpha}$ (μm)					
$5\leqslant d\leqslant 20$	$0.5\leqslant m\leqslant 2$	2.9	4.2	6.0	8.5	12.0	17.0
	$2<m\leqslant 3.5$	4.2	6.0	8.5	12.0	17.0	24.0
$20<d\leqslant 50$	$0.5\leqslant m\leqslant 2$	3.3	4.6	6.5	9.5	13.0	19.0
	$2<m\leqslant 3.5$	4.5	6.5	9.0	13.0	18.0	26.0
	$3.5<m\leqslant 6$	5.5	8.0	11.0	16.0	22.0	32.0
	$6<m\leqslant 10$	7.0	9.5	14.0	19.0	27.0	39.0
$50<d\leqslant 125$	$0.5\leqslant m\leqslant 2$	3.7	5.5	7.5	11.0	15.0	21.0
	$2<m\leqslant 3.5$	5.0	7.0	10.0	14.0	20.0	28.0
	$3.5<m\leqslant 6$	6.0	8.5	12.0	17.0	24.0	34.0
	$6<m\leqslant 10$	7.5	10.0	15.0	21.0	29.0	41.0
	$10<m\leqslant 16$	9.0	13.0	18.0	25.0	35.0	50.0
	$16<m\leqslant 25$	11.0	15.0	21.0	30.0	43.0	60.0
$125<d\leqslant 280$	$0.5\leqslant m\leqslant 2$	4.0	6.0	9.0	12.0	18.0	25.0
	$2<m\leqslant 3.5$	5.5	8.0	11.0	16.0	23.0	32.0
	$3.5<m\leqslant 6$	6.5	9.5	13.0	19.0	27.0	38.0
	$6<m\leqslant 10$	8.0	11.0	16.0	23.0	32.0	45.0
	$10<m\leqslant 16$	9.5	13.0	19.0	27.0	38.0	54.0
	$16<m\leqslant 25$	11.0	16.0	23.0	32.0	45.0	64.0
	$25<m\leqslant 40$	14.0	19.0	27.0	39.0	55.0	77.0
$280<d\leqslant 560$	$0.5\leqslant m\leqslant 2$	5.5	7.5	11.0	15.0	21.0	30.0
	$2<m\leqslant 3.5$	6.5	9.0	13.0	18.0	26.0	37.0
	$3.5<m\leqslant 6$	7.5	11.0	15.0	21.0	30.0	43.0
	$6<m\leqslant 10$	9.0	13.0	18.0	25.0	35.0	50.0
	$10<m\leqslant 16$	10.0	15.0	21.0	29.0	42.0	59.0
	$16<m\leqslant 25$	12.0	17.0	24.0	35.0	49.0	69.0
	$25<m\leqslant 40$	15.0	21.0	29.0	41.0	58.0	82.0
$560\leqslant d\leqslant 1000$	$0.5\leqslant m\leqslant 2$	6.5	9.0	13.0	18.0	25.0	36.0
	$2<m\leqslant 3.5$	7.5	11.0	15.0	21.0	30.0	43.0
	$3.5<m\leqslant 6$	8.5	12.0	17.0	24.0	34.0	49.0
	$6<m\leqslant 10$	10.0	14.0	20.0	28.0	40.0	56.0
	$10<m\leqslant 16$	11.0	16.0	23.0	32.0	46.0	65.0
	$16<m\leqslant 25$	13.0	19.0	27.0	38.0	53.0	75.0
	$25<m\leqslant 40$	16.0	22.0	31.0	44.0	62.0	88.0
$1000\leqslant d\leqslant 1600$	$2\leqslant m\leqslant 3.5$	8.5	12.0	17.0	25.0	35.0	49.0
	$3.5<m\leqslant 6$	10.0	14.0	20.0	28.0	39.0	55.0
	$6<m\leqslant 10$	11.0	16.0	22.0	31.0	44.0	62.0
	$10<m\leqslant 16$	13.0	18.0	25.0	36.0	50.0	71.0
	$16<m\leqslant 25$	14.0	20.0	29.0	41.0	58.0	82.0
	$25<m\leqslant 40$	17.0	24.0	33.0	47.0	67.0	95.0
$1600\leqslant d\leqslant 2500$	$3.5\leqslant m\leqslant 6$	11.0	16.0	22.0	31.0	44.0	62.0
	$6<m\leqslant 10$	12.0	17.0	25.0	35.0	49.0	70.0
	$10<m\leqslant 16$	14.0	20.0	28.0	39.0	55.0	78.0
	$16<m\leqslant 25$	16.0	22.0	31.0	44.0	63.0	89.0
	$25<m\leqslant 40$	18.0	25.0	36.0	51.0	72.0	102.0

表 8-79　螺旋线总偏差 F_β（摘自 GB/T 10095.1—2008）

分度圆直径 d(mm)	齿　宽 b(mm)	精　度　等　级					
		5	6	7	8	9	10
		$F_\beta(\mu m)$					
5≤d≤20	4≤b≤10	6.0	8.5	12.0	17.0	24.0	35.0
	10<b≤20	7.0	9.5	14.0	19.0	28.0	39.0
	20<b≤40	8.0	11.0	16.0	22.0	31.0	45.0
	40<b≤80	9.5	13.0	19.0	26.0	37.0	52.0
20<d≤50	4≤b≤10	6.5	9.0	13.0	18.0	25.0	36.0
	10<b≤20	7.0	10.0	14.0	20.0	29.0	40.0
	20<b≤40	8.0	11.0	16.0	23.0	32.0	46.0
	40<b≤80	9.5	13.0	19.0	27.0	38.0	54.0
	80<b≤160	11.0	16.0	23.0	32.0	46.0	65.0
50<d≤125	4≤b≤10	6.5	9.5	13.0	19.0	27.0	38.0
	10<b≤20	7.5	11.0	15.0	21.0	30.0	42.0
	20<b≤40	8.5	12.0	17.0	24.0	34.0	48.0
	40<b≤80	10.0	14.0	20.0	28.0	39.0	56.0
	80<b≤160	12.0	17.0	24.0	33.0	47.0	67.0
	160<b≤250	14.0	20.0	28.0	40.0	56.0	79.0
	250<b≤400	16.0	23.0	33.0	46.0	65.0	92.0
125<d≤280	4≤b≤10	7.0	10.0	14.0	20.0	29.0	40.0
	10<b≤20	8.0	11.0	16.0	22.0	32.0	45.0
	20<b≤40	9.0	13.0	18.0	25.0	36.0	50.0
	40<b≤80	10.0	15.0	21.0	29.0	41.0	58.0
	80<b≤160	12.0	17.0	25.0	35.0	49.0	69.0
	160<b≤250	14.0	20.0	29.0	41.0	58.0	82.0
	250<b≤400	17.0	24.0	34.0	47.0	67.0	95.0
	400<b≤650	20.0	28.0	40.0	56.0	79.0	112.0
280<d≤560	10<b≤20	8.5	12.0	17.0	24.0	34.0	48.0
	20<b≤40	9.5	13.0	19.0	27.0	38.0	54.0
	40<b≤80	11.0	15.0	22.0	31.0	44.0	62.0
	80<b≤160	13.0	18.0	26.0	36.0	52.0	73.0
	160<b≤250	15.0	21.0	30.0	43.0	60.0	85.0
	250<b≤400	17.0	25.0	35.0	49.0	70.0	98.0
	400<b≤650	20.0	29.0	41.0	58.0	82.0	115.0
	650<b≤1000	24.0	34.0	48.0	68.0	96.0	136.0
560<d≤1000	10<b≤20	9.5	13.0	19.0	26.0	37.0	53.0
	20<b≤40	10.0	15.0	21.0	29.0	41.0	58.0
	40<b≤80	12.0	17.0	23.0	33.0	47.0	66.0
	80<b≤160	14.0	19.0	27.0	39.0	55.0	77.0
	160<b≤250	16.0	22.0	32.0	45.0	63.0	90.0
	250<b≤400	18.0	26.0	36.0	51.0	73.0	103.0
	400<b≤650	21.0	30.0	42.0	60.0	85.0	120.0
	650<b≤1000	25.0	35.0	50.0	70.0	99.0	140.0
1000<d≤1600	20<b≤40	11.0	16.0	22.0	31.0	44.0	63.0
	40<b≤80	12.0	18.0	25.0	35.0	50.0	71.0
	80<b≤160	14.0	20.0	29.0	41.0	58.0	82.0
	160<b≤250	17.0	24.0	33.0	47.0	67.0	94.0
	250<b≤400	19.0	27.0	38.0	54.0	76.0	107.0
	400<b≤650	22.0	31.0	44.0	62.0	88.0	124.0
	650<b≤1000	26.0	36.0	51.0	73.0	103.0	145.0
1600<d≤2500	20<b≤40	12.0	17.0	24.0	34.0	48.0	68.0
	40<b≤80	13.0	19.0	27.0	38.0	54.0	76.0
	80<b≤160	15.0	22.0	31.0	43.0	61.0	87.0
	160<b≤250	18.0	25.0	35.0	50.0	70.0	99.0
	250<b≤400	20.0	28.0	40.0	56.0	80.0	112.0
	400<b≤650	23.0	32.0	46.0	65.0	92.0	130.0
	650<b≤1000	27.0	38.0	53.0	75.0	106.0	150.0

表 8-80　螺旋线形状偏差 $f_{f\beta}$ 和螺旋线倾斜偏差 $\pm f_{H\beta}$（摘自 GB/T 10095.1—2008）

分度圆直径 d(mm)	齿 宽 b(mm)	精 度 等 级					
		5	6	7	8	9	10
		$f_{f\beta}$ 和 $\pm f_{H\beta}$(μm)					
$5 \leqslant d \leqslant 20$	$4 \leqslant b \leqslant 10$	4.4	6.0	8.5	12.0	17.0	25.0
	$10 < b \leqslant 20$	4.9	7.0	10.0	14.0	20.0	28.0
	$20 < b \leqslant 40$	5.5	8.0	11.0	16.0	22.0	32.0
	$40 < b \leqslant 80$	6.5	9.5	13.5	19.0	26.0	37.0
$20 < d \leqslant 50$	$4 \leqslant b \leqslant 10$	4.5	6.5	9.0	13.0	18.0	26.0
	$10 < b \leqslant 20$	5.0	7.0	10.0	14.0	20.0	29.0
	$20 < b \leqslant 40$	6.0	8.0	12.0	16.0	23.0	33.0
	$40 < b \leqslant 80$	7.0	9.5	14.0	19.0	27.0	38.0
	$80 < b \leqslant 160$	8.0	12.0	16.0	23.0	33.0	46.0
$50 < d \leqslant 125$	$4 \leqslant b \leqslant 10$	4.8	6.5	9.5	13.0	19.0	27.0
	$10 < b \leqslant 20$	5.5	7.5	11.0	16.0	21.0	30.0
	$20 < b \leqslant 40$	6.0	8.5	12.0	17.0	24.0	34.0
	$40 < b \leqslant 80$	7.0	10.0	14.0	20.0	28.0	40.0
	$80 < b \leqslant 160$	8.5	12.0	17.0	24.0	24.0	48.0
	$160 < b \leqslant 250$	10.0	14.0	20.0	28.0	40.0	56.0
	$250 < b \leqslant 400$	12.0	16.0	23.0	33.0	46.0	66.0
$125 < d \leqslant 280$	$4 \leqslant b \leqslant 10$	5.0	7.0	10.0	14.0	20.0	29.0
	$10 < b \leqslant 20$	5.5	8.0	11.0	16.0	23.0	32.0
	$20 < b \leqslant 40$	6.5	9.0	13.0	18.0	25.0	36.0
	$40 < b \leqslant 80$	7.5	10.0	15.0	21.0	29.0	42.0
	$80 < b \leqslant 160$	8.5	12.0	17.0	25.0	35.0	49.0
	$160 < b \leqslant 250$	10.0	15.0	21.0	29.0	41.0	58.0
	$250 < b \leqslant 400$	12.0	17.0	24.0	34.0	48.0	68.0
	$400 < b \leqslant 650$	14.0	20.0	28.0	40.0	56.0	80.0
$280 < d \leqslant 560$	$10 \leqslant b \leqslant 20$	6.0	8.5	12.0	17.0	24.0	34.0
	$20 < b \leqslant 40$	7.0	9.5	14.0	19.0	27.0	38.0
	$40 < b \leqslant 80$	8.0	11.0	16.0	22.0	31.0	44.0
	$80 < b \leqslant 160$	9.0	13.0	18.0	26.0	37.0	52.0
	$160 < b \leqslant 250$	11.0	15.0	22.0	30.0	43.0	61.0
	$250 < b \leqslant 400$	12.0	18.0	25.0	35.0	50.0	70.0
	$400 < b \leqslant 650$	15.0	21.0	29.0	41.0	58.0	82.0
	$650 < b \leqslant 1000$	17.0	24.0	34.0	49.0	69.0	97.0
$560 < d \leqslant 100$	$10 \leqslant b \leqslant 20$	6.5	9.5	13.0	19.0	26.0	37.0
	$20 < b \leqslant 40$	7.5	10.0	15.0	21.0	29.0	41.0
	$40 < b \leqslant 80$	8.5	12.0	17.0	23.0	32.0	47.0
	$80 < b \leqslant 160$	9.5	14.0	19.0	27.0	39.0	55.0
	$160 < b \leqslant 250$	11.0	16.0	23.0	32.0	45.0	64.0
	$250 < b \leqslant 400$	13.0	18.0	26.0	37.0	52.0	73.0
	$400 < b \leqslant 650$	16.0	21.0	30.0	43.0	60.0	85.0
	$650 < b \leqslant 1000$	18.0	25.0	35.0	50.0	71.0	100.0
$1000 < d \leqslant 1600$	$20 \leqslant b \leqslant 40$	8.0	11.0	16.0	22.0	32.0	45.0
	$40 < b \leqslant 80$	9.0	13.0	18.0	25.0	35.0	50.0
	$80 < b \leqslant 160$	10.0	15.0	21.0	29.0	41.0	58.0
	$160 < b \leqslant 250$	12.0	17.0	24.0	34.0	47.0	67.0
	$250 < b \leqslant 400$	13.0	19.0	27.0	38.0	54.0	76.0
	$400 < b \leqslant 650$	16.0	22.0	31.0	44.0	63.0	89.0
	$650 < b \leqslant 1000$	18.0	26.0	37.0	52.0	73.0	103.0
$1600 < d \leqslant 2500$	$20 \leqslant b \leqslant 40$	8.5	12.0	17.0	24.0	34.0	48.0
	$40 < b \leqslant 80$	9.5	13.0	19.0	27.0	38.0	54.0
	$80 < b \leqslant 160$	11.0	15.0	22.0	31.0	44.0	62.0
	$160 < b \leqslant 250$	12.0	18.0	25.0	35.0	50.0	71.0
	$250 < b \leqslant 400$	14.0	20.0	28.0	40.0	57.0	80.0
	$400 < b \leqslant 650$	16.0	23.0	33.0	46.0	65.0	92.0
	$650 < b \leqslant 1000$	19.0	27.0	38.0	53.0	76.0	107.0

表 8-81　f'_i/k 比值(摘自 GB/T 10095.1—2008)

分度圆直径 $d(\text{mm})$	模　数 $m(\text{mm})$	精　度　等　级					
		5	6	7	8	9	10
		$\pm f'_i/k(\mu\text{m})$					
$5{\leqslant}d{\leqslant}20$	$0.5{\leqslant}m{\leqslant}2$	14.0	19.0	27.0	38.0	54.0	77.0
	$2{<}m{\leqslant}3.5$	16.0	23.0	32.0	45.0	64.0	91.0
$20{<}d{\leqslant}50$	$0.5{\leqslant}m{\leqslant}2$	14.0	20.0	29.0	41.0	58.0	82.0
	$2{<}m{\leqslant}3.5$	17.0	24.0	34.0	48.0	68.0	96.0
	$3.5{<}m{\leqslant}6$	19.0	27.0	38.0	54.0	77.0	108.0
	$6{<}m{\leqslant}10$	22.0	31.0	44.0	63.0	89.0	125.0
$50{<}d{\leqslant}125$	$0.5{\leqslant}m{\leqslant}2$	16.0	22.0	31.0	44.0	62.0	88.0
	$2{<}m{\leqslant}3.5$	18.0	25.0	36.0	51.0	72.0	102.0
	$3.5{<}m{\leqslant}6$	20.0	29.0	40.0	57.0	81.0	115.0
	$6{<}m{\leqslant}10$	23.0	33.0	47.0	66.0	93.0	132.0
	$10{<}m{\leqslant}16$	27.0	38.0	54.0	77.0	109.0	154.0
	$16{<}m{\leqslant}25$	32.0	46.0	65.0	91.0	129.0	183.0
$125{<}d{\leqslant}280$	$0.5{\leqslant}m{\leqslant}2$	17.0	24.0	34.0	49.0	69.0	97.0
	$2{<}m{\leqslant}3.5$	20.0	28.0	39.0	56.0	79.0	111.0
	$3.5{<}m{\leqslant}6$	22.0	31.0	44.0	62.0	88.0	124.0
	$6{<}m{\leqslant}10$	25.0	35.0	50.0	70.0	100.0	141.0
	$10{<}m{\leqslant}16$	29.0	41.0	58.0	82.0	115.0	163.0
	$16{<}m{\leqslant}25$	34.0	48.0	68.0	96.0	136.0	192.0
	$25{<}m{\leqslant}40$	41.0	58.0	82.0	116.0	165.0	233.0
$280{<}d{\leqslant}560$	$0.5{\leqslant}m{\leqslant}2$	19.0	27.0	39.0	54.0	77.0	109.0
	$2{<}m{\leqslant}3.5$	22.0	31.0	44.0	62.0	87.0	123.0
	$3.5{<}m{\leqslant}6$	24.0	34.0	48.0	68.0	96.0	136.0
	$6{<}m{\leqslant}10$	27.0	38.0	54.0	76.0	108.0	153.0
	$10{<}m{\leqslant}16$	31.0	44.0	62.0	88.0	124.0	175.0
	$16{<}m{\leqslant}25$	36.0	51.0	72.0	102.0	144.0	204.0
	$25{<}m{\leqslant}40$	43.0	61.0	86.0	122.0	173.0	245.0
$560{\leqslant}d{\leqslant}1000$	$0.5{\leqslant}m{\leqslant}2$	22.0	31.0	44.0	62.0	87.0	123.0
	$2{<}m{\leqslant}3.5$	24.0	34.0	49.0	69.0	97.0	137.0
	$3.5{<}m{\leqslant}6$	27.0	38.0	53.0	75.0	106.0	150.0
	$6{<}m{\leqslant}10$	30.0	42.0	59.0	84.0	118.0	167.0
	$10{<}m{\leqslant}16$	33.0	47.0	67.0	95.0	134.0	189.0
	$16{<}m{\leqslant}25$	39.0	55.0	77.0	109.0	154.0	218.0
	$25{<}m{\leqslant}40$	46.0	65.0	92.0	129.0	183.0	259.0
$1000{\leqslant}d{\leqslant}1600$	$2{\leqslant}m{\leqslant}3.5$	27.0	38.0	54.0	77.0	108.0	153.0
	$3.5{<}m{\leqslant}6$	29.0	41.0	59.0	83.0	117.0	166.0
	$6{<}m{\leqslant}10$	32.0	46.0	65.0	91.0	129.0	183.0
	$10{<}m{\leqslant}16$	36.0	51.0	73.0	103.0	145.0	205.0
	$16{<}m{\leqslant}25$	41.0	59.0	83.0	117.0	166.0	234.0
	$25{<}m{\leqslant}40$	49.0	69.0	97.0	137.0	194.0	275.0
$1600{\leqslant}d{\leqslant}2500$	$3.5{<}m{\leqslant}6$	32.0	46.0	65.0	92.0	130.0	183.0
	$6{<}m{\leqslant}10$	35.0	50.0	71.0	100.0	142.0	200.0
	$10{<}m{\leqslant}16$	39.0	56.0	79.0	111.0	158.0	223.0
	$16{<}m{\leqslant}25$	45.0	63.0	89.0	126.0	178.0	252.0
	$25{<}m{\leqslant}40$	52.0	73.0	103.0	146.0	207.0	292.0

表 8-82　径向综合总偏差 F_i''（摘自 GB/T 10095.2—2008）

分度圆直径 d(mm)	法向模数 m_n(mm)	精　度　等　级					
		5	6	7	8	9	10
		$F_i''(\mu m)$					
$5{\leqslant}d{\leqslant}20$	$0.2{\leqslant}m_n{\leqslant}0.5$	11	15	21	30	42	60
	$0.5{<}m_n{\leqslant}0.8$	12	16	23	33	46	66
	$0.8{<}m_n{\leqslant}1.0$	12	18	25	35	50	70
	$1.0{<}m_n{\leqslant}1.5$	14	19	27	38	54	76
	$1.5{<}m_n{\leqslant}2.5$	16	22	32	45	63	89
	$2.5{<}m_n{\leqslant}4.0$	20	28	39	56	79	112
$20{<}d{\leqslant}50$	$0.2{\leqslant}m_n{\leqslant}0.5$	13	19	26	37	52	74
	$0.5{<}m_n{\leqslant}0.8$	14	20	28	40	56	80
	$0.8{<}m_n{\leqslant}1.0$	15	21	30	42	60	85
	$1.0{<}m_n{\leqslant}1.5$	16	23	32	45	64	91
	$1.5{<}m_n{\leqslant}2.5$	18	26	37	52	73	103
	$2.5{<}m_n{\leqslant}4.0$	22	31	44	63	89	126
	$4.0{<}m_n{\leqslant}6.0$	28	39	56	79	111	157
	$6.0{<}m_n{\leqslant}10$	37	52	74	104	147	209
$50{<}d{\leqslant}125$	$0.2{\leqslant}m_n{\leqslant}0.5$	16	23	33	46	66	93
	$0.5{<}m_n{\leqslant}0.8$	17	25	35	49	70	98
	$0.8{<}m_n{\leqslant}1.0$	18	26	36	52	73	103
	$1.0{<}m_n{\leqslant}1.5$	19	27	39	55	77	109
	$1.5{<}m_n{\leqslant}2.5$	22	30	43	61	86	122
	$2.5{<}m_n{\leqslant}4.0$	25	36	51	72	102	144
	$4.0{<}m_n{\leqslant}6.0$	31	44	62	88	124	176
	$6.0{<}m_n{\leqslant}10$	40	57	80	114	161	227
$125{<}d{\leqslant}280$	$0.2{\leqslant}m_n{\leqslant}0.5$	21	30	42	60	85	120
	$0.5{<}m_n{\leqslant}0.8$	22	31	44	63	89	126
	$0.8{<}m_n{\leqslant}1.0$	23	33	46	65	92	131
	$1.0{<}m_n{\leqslant}1.5$	24	34	48	68	97	137
	$1.5{<}m_n{\leqslant}2.5$	26	37	53	75	106	149
	$2.5{<}m_n{\leqslant}4.0$	30	43	61	86	121	172
	$4.0{<}m_n{\leqslant}6.0$	36	51	72	102	144	203
	$6.0{<}m_n{\leqslant}10$	45	64	90	127	180	255
$280{<}d{\leqslant}560$	$0.2{\leqslant}m_n{\leqslant}0.5$	28	39	55	78	110	156
	$0.5{<}m_n{\leqslant}0.8$	29	40	57	81	114	161
	$0.8{<}m_n{\leqslant}1.0$	29	42	59	83	117	166
	$1.0{<}m_n{\leqslant}1.5$	30	43	61	86	122	172
	$1.5{<}m_n{\leqslant}2.5$	33	46	65	92	131	185
	$2.5{<}m_n{\leqslant}4.0$	37	52	73	104	146	207
	$4.0{<}m_n{\leqslant}6.0$	42	60	84	119	169	239
	$6.0{<}m_n{\leqslant}10$	51	73	103	145	205	290

注：采用公差表评定齿轮精度，仅用于供需双方有协议时。无协议时，用模数 m_n 和直径 d 的实际值代入公式计算公差值，评定齿轮精度。

表 8-83　一齿径向综合偏差 f_i' (摘自 GB/T 10095. 2－2008)

分度圆直径 d(mm)	法向模数 m_n(mm)	精 度 等 级 f_i'(μm)						
		4	5	6	7	8	9	10
$5{\leqslant}d{\leqslant}20$	$0.2{\leqslant}m_n{\leqslant}0.5$	1.0	2.0	2.5	3.5	5.0	7.0	10
	$0.5{<}m_n{\leqslant}0.8$	2.0	2.5	4.0	5.5	7.5	11	15
	$0.8{<}m_n{\leqslant}1.0$	2.5	3.5	5.0	7.0	10	14	20
	$1.0{<}m_n{\leqslant}1.5$	3.0	4.5	6.5	9.0	13	18	25
	$1.5{<}m_n{\leqslant}2.5$	4.5	6.5	9.5	13	19	26	37
	$2.5{<}m_n{\leqslant}4.0$	7.0	10	14	20	29	41	58
$20{<}d{\leqslant}50$	$0.2{\leqslant}m_n{\leqslant}0.5$	1.5	2.0	2.5	3.5	5.0	7.0	10
	$0.5{<}m_n{\leqslant}0.8$	2.0	2.5	4.0	5.5	7.5	11	15
	$0.8{<}m_n{\leqslant}1.0$	2.5	3.5	5.0	7.0	10	14	20
	$1.0{<}m_n{\leqslant}1.5$	3.0	4.5	6.5	9.0	13	18	25
	$1.5{<}m_n{\leqslant}2.5$	4.5	6.5	9.5	13	19	26	37
	$2.5{<}m_n{\leqslant}4.0$	7.0	10	14	20	29	41	58
	$4.0{<}m_n{\leqslant}6.0$	11	15	22	31	43	61	87
	$6.0{<}m_n{\leqslant}10$	17	24	34	48	67	95	135
$50{<}d{\leqslant}125$	$0.2{\leqslant}m_n{\leqslant}0.5$	1.5	2.0	2.5	3.5	5.0	7.5	10
	$0.5{<}m_n{\leqslant}0.8$	2.0	3.0	4.0	5.5	8.0	11	16
	$0.8{<}m_n{\leqslant}1.0$	2.5	3.5	5.0	7.0	10	14	20
	$1.0{<}m_n{\leqslant}1.5$	3.0	4.5	6.5	9.0	13	18	26
	$1.5{<}m_n{\leqslant}2.5$	4.5	6.5	9.5	13	19	26	37
	$2.5{<}m_n{\leqslant}4.0$	7.0	10	14	20	29	41	58
	$4.0{<}m_n{\leqslant}6.0$	11	15	22	31	44	62	87
	$6.0{<}m_n{\leqslant}10$	17	24	34	48	67	95	135
$125{<}d{\leqslant}280$	$0.2{\leqslant}m_n{\leqslant}0.5$	1.5	2.0	2.5	3.5	5.5	7.5	11
	$0.5{<}m_n{\leqslant}0.8$	2.0	3.0	4.0	5.5	8.0	11	16
	$0.8{<}m_n{\leqslant}1.0$	2.5	3.5	5.0	7.0	10	14	20
	$1.0{<}m_n{\leqslant}1.5$	3.0	4.5	6.5	9.0	13	18	26
	$1.5{<}m_n{\leqslant}2.5$	4.5	6.5	9.5	13	19	27	38
	$2.5{<}m_n{\leqslant}4.0$	7.5	10	15	21	29	41	58
	$4.0{<}m_n{\leqslant}6.0$	11	15	22	31	44	62	87
	$6.0{<}m_n{\leqslant}10$	17	24	34	48	67	95	135
$280{<}d{\leqslant}560$	$0.2{\leqslant}m_n{\leqslant}0.5$	1.5	2.0	2.5	4.0	5.5	7.5	11
	$0.5{<}m_n{\leqslant}0.8$	2.0	3.0	4.0	5.5	8.0	11	16
	$0.8{<}m_n{\leqslant}1.0$	2.5	3.5	5.0	7.5	10	15	21
	$1.0{<}m_n{\leqslant}1.5$	3.5	4.5	6.5	9.0	13	18	26
	$1.5{<}m_n{\leqslant}2.5$	5.0	6.6	9.5	13	19	27	38
	$2.5{<}m_n{\leqslant}4.0$	7.5	10	15	21	29	41	59
	$4.0{<}m_n{\leqslant}6.0$	11	15	22	31	44	62	88
	$6.0{<}m_n{\leqslant}10$	17	24	34	48	68	96	135

注:采用公差表评定齿轮精度,仅用于供需双方有协议时。无协议时,用模数 m_n 和直径 d 的实际值代入公式计算公差
值,评定齿轮精度。

表 8-84　径向跳动公差 F_r（摘自 GB/T 10095.2—2008）

分度圆直径 d(mm)	法向模数 m_n(mm)	精 度 等 级					
		5	6	7	8	9	10
		F_r(μm)					
$5{\leqslant}d{\leqslant}20$	$0.5{<}m_n{\leqslant}2.0$	9.0	13	18	25	36	51
	$2.0{<}m_n{\leqslant}3.5$	9.5	13	19	27	38	53
$20{<}d{\leqslant}50$	$0.5{<}m_n{\leqslant}2.0$	11	16	23	32	46	65
	$2.0{<}m_n{\leqslant}3.5$	12	17	24	34	47	67
	$3.5{<}m_n{\leqslant}6.0$	12	17	25	35	49	70
	$6.0{<}m_n{\leqslant}10$	13	19	26	37	52	74
$50{<}d{\leqslant}125$	$0.5{<}m_n{\leqslant}2.0$	15	21	29	42	59	83
	$2.0{<}m_n{\leqslant}3.5$	15	21	30	43	61	86
	$3.5{<}m_n{\leqslant}6.0$	16	22	31	44	62	88
	$6.0{<}m_n{\leqslant}10$	16	23	33	46	65	92
	$10{<}m_n{\leqslant}16$	18	25	35	50	70	99
	$16{<}m_n{\leqslant}25$	19	27	39	55	77	109
$125{<}d{\leqslant}280$	$0.5{<}m_n{\leqslant}2.0$	20	28	39	55	78	110
	$2.0{<}m_n{\leqslant}3.5$	20	28	40	56	80	113
	$3.5{<}m_n{\leqslant}6.0$	20	29	41	58	82	115
	$6.0{<}m_n{\leqslant}10$	21	30	42	60	85	120
	$10{<}m_n{\leqslant}16$	22	32	45	63	89	126
	$16{<}m_n{\leqslant}25$	24	34	48	68	96	136
	$25{<}m_n{\leqslant}40$	27	38	54	76	107	152
$280{<}d{\leqslant}560$	$0.5{<}m_n{\leqslant}2.0$	26	36	51	73	103	146
	$2.0{<}m_n{\leqslant}3.5$	26	37	52	74	105	148
	$3.5{<}m_n{\leqslant}6.0$	27	38	53	75	106	150
	$6.0{<}m_n{\leqslant}10$	27	39	55	77	109	155
	$10{<}m_n{\leqslant}16$	29	40	57	81	114	161
	$16{<}m_n{\leqslant}25$	30	43	61	86	121	171
	$25{<}m_n{\leqslant}40$	33	47	66	94	132	187
$560{<}d{\leqslant}1000$	$0.5{<}m_n{\leqslant}2.0$	33	47	66	94	133	188
	$2.0{<}m_n{\leqslant}3.5$	34	48	67	95	134	190
	$3.5{<}m_n{\leqslant}6.0$	34	48	68	96	136	193
	$6.0{<}m_n{\leqslant}10$	35	49	70	98	139	197
	$10{<}m_n{\leqslant}16$	36	51	72	102	144	204
	$16{<}m_n{\leqslant}25$	38	53	76	107	151	214
	$25{\leqslant}m_n{\leqslant}40$	41	57	81	115	162	229
$1000{<}d{\leqslant}1600$	$2.0{<}m_n{\leqslant}3.5$	42	59	84	118	167	236
	$3.5{<}m_n{\leqslant}6.0$	42	60	85	120	169	239
	$6.0{<}m_n{\leqslant}10$	43	61	86	122	172	243
	$10{<}m_n{\leqslant}16$	44	63	88	125	177	250
	$16{<}m_n{\leqslant}25$	46	65	92	130	184	260
	$25{<}m_n{\leqslant}40$	49	69	98	138	195	276
$1600{<}d{\leqslant}2500$	$3.5{<}m_n{\leqslant}6.0$	51	73	103	145	206	291
	$6.0{<}m_n{\leqslant}10$	52	74	104	148	209	295
	$10{<}m_n{\leqslant}16$	53	75	107	151	213	302
	$16{<}m_n{\leqslant}25$	55	78	110	156	220	312
	$25{<}m_n{\leqslant}40$	58	82	116	164	232	328

注：应用该表评定齿轮精度时，供需双方应协商一致。

四、齿轮坯的精度和表面粗糙度

对齿轮齿坯的精度要求，包括齿轮轴或孔的尺寸公差、形位公差及基准面的跳动。具体见表 8-85～表 8-88。

齿轮加工齿面粗糙度见表 8-89 和表 8-90。

表 8-85　齿轮齿坯公差

齿轮精度等级[①]		5	6	7	8	9	10	11	12
孔	尺寸公差 形状公差	$IT5$	$IT6$	$IT7$		$IT8$		$IT8$	
轴	尺寸公差 形状公差	$IT5$		$IT6$		$IT7$		$IT8$	
齿顶圆直径[②]		$IT7$		$IT8$		$IT9$		$IT11$	
基准面的径向圆跳动[③]		见表 8-88							
基准面的端面圆跳动									

注：①当三个公差组的精度等级不同时，按最高的精度等级确定公差值。②当顶圆不作测量齿厚的基准时，尺寸公差按 $IT11$ 给定，但不大于 $0.1m_n$。③当以顶圆作基准面时，本栏就指顶圆的径向跳动。

表 8-86　基准面的形状公差（GB/Z 18620.3—2008）

基准轴线的确定	基准面的公差要求		
	圆　度	圆柱度	平面度
用两个"短的"圆柱或圆锥形基准面确定基准轴线 注：A 和 B 是预定的轴承安装表面	$0.04\dfrac{L}{b}F_\beta$ 或 $0.1F_p$ 取两者中小值		
用一个"短的"圆柱形基准面和一个与其垂直的基准端面确定基准轴线 	$0.06F_p$		$0.06\dfrac{D_d}{b}F_\beta$
用一个"长的"圆柱或圆锥形基准面确定基准轴线 		$0.4\dfrac{L}{b}F_\beta$ 或 $0.1F_p$ 取两者中小值	

注：表中 b—齿宽（mm）；D_d—基准面直径（mm）；L—齿轮副两轴中较大的轴承跨距（mm）；F_p—齿距累积总偏差（μm）；F_β—螺旋线总偏差（μm）

表 8-87　安装面的跳动公差(GB/Z 18620.3—2008)

确定轴线的基准面	跳　动　量	
	径　向	轴　向
仅有单一的圆柱或圆锥形基准面	$0.15\dfrac{L}{b}F_\beta$ 或 $0.3F_p$ 取两者中大值	
有一个圆柱基准面和一个端面基准面	$0.3F_p$	$0.2\dfrac{D_d}{b}F_\beta$

注:表中 b—齿宽(mm);D_d—基准面直径(mm);L—齿轮副两轴中较大的轴承跨距(mm);F_p—齿距累积
总偏差(μm);F_β—螺旋线总偏差(μm)。

表 8-88　齿坯基准面的径向跳动公差和端面跳动公差　　　　　　　　　　单位:μm

分度圆直径 (mm)	精　度　等　级		
	5,6	7,8	9,10
≤125	11	18	28
>125~400	14	22	36
>400~800	20	32	50
>800~1600	28	45	71
>1600~2500	40	63	100
>2500~4000	63	100	160

注:本表不属于 GB/Z 18620—2008,仅供参考。

表 8-89　齿面的表面粗糙度(R_a)推荐值(GB/Z 18620.4—2008)　　　　　单位:μm

模数 m (mm)	精　度　等　级							
	5	6	7	8	9	10	11	12
$m\leqslant6$	0.5	0.8	1.25	2.0	3.2	5.0	10.0	20.0
$6<m\leqslant25$	0.63	1.00	1.6	2.5	4.0	6.3	12.5	25.0
$m\geqslant25$	0.8	1.25	2.0	3.2	5.0	8.0	16.0	32.0

注:硬齿面齿轮的齿面粗糙度应较软齿面高一个粗糙度等级。

表 8-90　齿坯其他表面粗糙度(R_a)推荐值　　　　　　　　　　　　　单位:μm

齿轮精度等级	6	7	8	9
基准孔	1.25	1.25~2.5		5
基准轴颈	0.63	1.25	2.5	
基准端面	2.5~5		5	
顶圆柱面	5			

五、齿轮轴间中心距和轴线平行度

中心距极限偏差和轴线平行度公差见表 8-91 和表 8-92。

表 8-91　中心距极限偏差±f_a 值　　　　　　　　　　　　　单位：μm

齿轮精度等级			$5\sim6$	$7\sim8$	$9\sim10$	$11\sim12$
f_a 标准差			$\frac{1}{2}$IT7	$\frac{1}{2}$IT8	$\frac{1}{2}$IT9	$\frac{1}{2}$IT11
齿轮副的 中心距(mm)	$>6\sim10$	f_a 值	7.5	11	18	45
	$>10\sim18$		9	13.5	21.5	55
	$>18\sim30$		10.5	16.5	26	65
	$>30\sim50$		12.5	19.5	31	80
	$>50\sim80$		15	28	37	90
	$>80\sim120$		17.5	27	43.5	110
	$>120\sim180$		20	31.5	50	125
	$>180\sim250$		23	36	57.5	145
	$>250\sim315$		26	40.5	65	160
	$>315\sim400$		28.5	44.5	70	180
	$>400\sim500$		31.5	48.5	77.5	200
	$>500\sim630$		35	55	87	220
	$>630\sim800$		40	62	100	250
	$>800\sim1\,000$		45	70	115	280
	$>1\,000\sim1\,250$		52	82	130	330

注：本表引自 GB/T 10095。

表 8-92　轴线平行度偏差(GB/Z 18620.4－2008)　　　　　　　单位：μm

名　称	计算公式	备　注
垂直平面上	$f_{\Sigma\beta}=0.5\dfrac{L}{b}F_\beta$	b—齿宽(mm) L—齿轮副两轴中较大的轴承跨距 　　(mm)
轴线平面内	$f_{\Sigma\delta}=2f_{\Sigma\beta}$	F_β—螺旋线总偏差(μm)

六、齿轮轮齿接触斑点

齿轮副装配后可用印痕涂料获得接触斑点，作为评估载荷的分布。接触斑点以斑点的位置、形状和大小来评估齿轮精度，见图 8-9 和表 8-93。

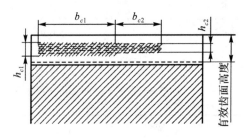

图 8-9　接触斑点分布的示意图

表 8-93　直(斜)齿轮装配后的接触斑点(GB/Z 18620.4—2008)

参　数 齿　轮 精度等级	$\dfrac{b_{c1}}{b}\times100\%$ (见图 8-9)		$\dfrac{b_{c1}}{h}\times100\%$ (见图 8-9)		$\dfrac{b_{c2}}{b}\times100\%$ (见图 8-9)		$\dfrac{b_{c2}}{h}\times100\%$ (见图 8-9)	
	直齿轮	斜齿轮	直齿轮	斜齿轮	直齿轮	斜齿轮	直齿轮	斜齿轮
5、6	45	45	50	40	35	35	30	20
7、8	35	35	50	40	35	35	30	20
9~12	25	25	50	40	25	25	30	20

注:1. b—齿轮宽度

2. b_{c1}—接触斑点较长部分(沿齿宽方向);b_{c2}—接触斑点较短部分(沿齿宽方向)

h_{c1}—接触斑点较大高度部分(沿齿高方向);h_{c2}—接触斑点较小高度部分(沿齿高方向)。

3. 表中数值对齿廓和螺旋线修形的齿轮不适用。

七、齿轮副侧隙

齿轮副侧隙为两相啮合的齿轮工作齿面接触时,在两非工作齿面间形成的间隙。它是在中心距一定的情况下,用减薄轮齿齿厚的方法获得,表示齿轮的节圆上齿槽宽度超过轮齿齿厚的量。齿轮副侧隙用以:

1. 防止由于齿轮副误差和热变形而使轮齿卡住;

2. 为齿面间形成油膜提供所需的间隙。

齿轮副的侧隙,应根据工作条件一般用最大侧隙 $j_{bn\max}$(法向)和最小侧隙 $j_{bn\min}$ 来规定。

为使齿轮副正常运转,必须保证齿轮副间有一个合理的最小侧隙,它是通过选择适当的齿厚极限偏差(或公法线长度偏差)和中心距极限偏差来保证。

实际上,一般根据传动要求,从表 8-94 或表 8-96 中选取最小侧隙 $j_{bn\min}$,然后按表 8-95 计算式确定齿厚或公法线长度的极限偏差数值。

在新国际 GB/T 10095—2008 和 GB/Z 18620—2008 中未提供齿厚公差的推荐值,所以仍参考 GB/T 10095—1988 中关于齿厚偏差的计算方法。

表 8-94　最小侧隙 $j_{n\min}$ 参考值　　　　　　　　　　单位:μm

类　　别	中　心　距　(mm)											
	≤80	>80 ~125	>125 ~180	>180 ~250	>250 ~315	>315 ~400	>400 ~500	>500 ~630	>630 ~800	>800 1000	>1000 ~1250	>1250 ~1600
较小 侧隙	74	87	100	115	130	140	155	175	200	230	260	310
中等 侧隙	120	140	160	185	210	230	250	280	320	360	420	500
较大 侧隙	190	220	250	290	320	360	400	440	500	550	660	780

注:中等侧隙所规定的最小侧隙,对于钢或铸铁齿轮传动,当齿轮和壳体温度为 25℃ 时,不会由于发热而卡住。

表 8-95　齿厚偏差和公法线长度偏差的计算式

项　　目	代号	计　算　式
最大侧隙	$j_{bn\max}$	$j_{bn\max} = j_{bn\min} + T_{bi}$
侧隙公差	T_{bi}	$T_{bi} = \sqrt{(T_{sn1}\cos\alpha_n)^2 + (T_{sn2}\cos\alpha_n)^2 + (2f_a\sin\alpha_n)^2}$
齿厚上偏差	E_{sns}	$E_{sns} = E_{sns1} = E_{sns2} = j_{bn\min}/(2\cos\alpha_n)$
齿厚下偏差	E_{sni}	$E_{sni} = E_{sns} - T_{sn}$
齿厚公差	T_{sn}	$T_{sn} = 2\tan\alpha_n \sqrt{F_r^2 + b_r^2}$
公法线长度上偏差	E_{bns}	$E_{bns} = E_{sns}\cos\alpha_n$
公法线长度下偏差	E_{bni}	$E_{bni} = E_{sni}\cos\alpha_n$
公法线长度公差	E_{bn}	$E_{bn} = T_{sn}\cos\alpha_n$

注：b_r—切齿径向进刀公差，其值为：

精度	5	6	7	8	9	10
b_r	IT8	1.261IT8	IT9	1.261IT9	IT10	1.261IT10

IT—标准公差（尺寸为分度圆直径），见表 8-27；F_r—径向跳动公差。

表 8-96 为 GB/Z 18620.2—2008 推荐的工业传动装置的齿轮副最小侧隙 $j_{bn\min}$。如有需要，可根据齿轮副的工作条件（工作速度、温度、载荷、润滑条件等），通过计算确定 $j_{bn\min}$：

1）补偿温度变化引起的齿轮及箱体热变形所必需的最小侧隙 $j_{bn\min1}$ 为：

$$j_{bn\min1} = 1000a(\alpha_1\Delta t_1 - \alpha_2\Delta t_2)2\sin\alpha_n$$

式中：a—齿轮副中心距（mm）

　　　α_1、α_2—分别为箱体和齿轮材料的线膨胀系数；

　　　Δt_1、Δt_2—分别为齿轮温度 t_1、箱体温度 t_2 与标准温度之差（℃）

$$\Delta t_1 = \Delta t_2 - 20, \Delta t_2 = t_2 - 20$$

　　　α_n—法向压力角

2）保证正常润滑条件所必需的最小侧隙 $j_{bn\min2}$ 可根据润滑方式和圆周速度查表 8-97。于是由计算确定的最小侧隙 $j_{bn\min}$ 为

$$j_{bn\min} = j_{bn\min1} + j_{bn\min2}$$

表 8-96　对于中、大模数齿轮最小侧隙 $j_{bn\min}$ 的推荐值　　　　　单位：mm

模数 m_n	最小中心距 a_i					
	50	100	200	400	800	1600
1.5	0.09	0.11	—	—	—	—
2	0.10	0.12	0.15	—	—	—
3	0.12	0.14	0.17	0.24	—	—
5	—	0.18	0.21	0.28	—	—
8	—	0.24	0.27	0.34	0.47	—
12	—	—	0.35	0.42	0.55	—
18	—	—	—	0.54	0.67	0.94

表 8-97　润滑所需的最小侧隙 $j_{bn\min2}$　　　　　单位：μm

润滑方式	齿轮圆周速度（m/s）			
	$\leqslant 10$	$>10\sim25$	$>25\sim60$	>60
喷油润滑	$10m_n$	$20m_n$	$30m_n$	$(30\sim50)m_n$
油池润滑	$(5\sim10)m_n$			

八、精度的图样标注

齿轮工作图上，对齿轮精度等级和齿厚偏差的标准方法为：

若齿轮所有各项偏差均符合 GB/T 10095.1 的要求，精度均为 7 级，则标注：

　　　7GB/T 10095.1－2008

若表示 F_p、F_α 和 F_β 均符合 GB/T 10095.1 的要求，但其 F_p 为 7 级精度，F_α 和 F_β 为 6 级精度，则标注：

　　　$7F_p6(F_\alpha、F_\beta)$GB/T 10095.1－2008

若表示 F''_i 和 f''_i 均应符合 GB/T 10095.2 的要求，精度均为 6 级，则标注：

　　　$6(F''_i，f''_i)$GB/T 10095.2－2008

对于齿厚偏差可标注法向公称齿厚 S_n 及其上偏差 E_{sns} 和下偏差 E_{sni}，即：

$$S_n{}^{E_{sns}}_{E_{sni}}$$

也可标跨 K 个齿的公法线公称长度 W_{nK} 和其上偏差 E_{bns} 和下偏差 E_{bni}，即

$$W_{nK}{}^{E_{bns}}_{E_{bni}}$$

九、公法线长度、固定弦齿厚

表 8-98　公法线长度 W'_K（$m=1, \alpha_0=20°$）

齿轮齿数 z	跨测齿数 K	公法线长度 W'_K	齿轮齿数 z	跨测齿数 K	公法线长度 W'_K	齿轮齿数 z	跨测齿数 K	公法线长度 W'_K	齿轮齿数 z	跨测齿数 K	公法线长度 W'_K	齿轮齿数 z	跨测齿数 K	公法线长度 W'_K
			41	5	13.8588	81	10	29.1797	121	14	41.5484	161	18	53.9171
			42	5	8728	82	10	29.1937	122	14	5624	162	19	56.8888
			43	5	3868	83	10	2077	123	14	5764	163	19	56.8972
4	2	4.4842	44	5	9008	84	10	2217	124	14	5904	164	19	9113
5	2	4.4982	45	6	16.8670	85	10	2357	125	14	6044	165	19	9253
6	2	4.5122	46	6	16.8810	86	10	2497	126	15	44.5706	166	19	9393
7	2	4.5262	47	6	16.8950	87	10	2637	127	15	44.5846	167	19	9533
8	2	4.5402	48	6	16.9090	88	10	2777	128	15	5986	168	19	9673
9	2	4.5542	49	6	16.9230	89	10	2917	129	15	6126	169	19	9813
10	2	4.5683	50	6	16.9370	90	11	32.2579	130	15	6266	170	19	9953
11	2	4.5823	51	6	9510	91	11	32.2718	131	15	6406	171	20	59.9615
12	2	5963	52	6	9660	92	11	2858	132	15	6546	172	20	59.9754
13	2	6103	53	6	9790	93	11	2998	133	15	6686	173	20	9894
14	2	6243	54	7	19.9452	94	11	3138	134	15	6826	174	20	60.0034
15	2	6383	55	7	19.9591	95	11	3279	135	16	47.6490	175	20	0174
16	2	6523	56	7	9731	96	11	3419	136	16	6627	176	20	0314
17	2	6663	57	7	9871	97	11	3559	137	16	6767	177	20	0455
18	3	7.6324	58	7	20.0011	98	11	3699	138	16	6907	178	20	0595
19	3	7.6464	59	7	0152	99	12	35.3361	139	16	7047	179	20	0735
20	3	7.6604	60	7	0292	100	12	35.3500	140	16	7187	180	21	63.0397
21	3	6744	61	7	0432	101	12	3640	141	16	7327	181	21	63.0536
22	3	6884	62	7	0572	102	12	3780	142	16	7468	182	21	0676
23	3	7024	63	8	23.0233	103	12	3920	143	16	7608	183	21	0816
24	3	7165	64	8	23.0373	104	12	4060	144	17	50.7270	184	21	0956
25	3	7305	65	8	0513	105	12	4200	145	17	50.7409	185	21	1096
26	3	7445	66	8	0653	106	12	4340	146	17	7549	186	21	1236
27	4	10.7106	67	8	0793	107	12	4481	147	17	7689	187	21	1376
28	4	10.7246	68	8	0933	108	13	38.4142	148	17	7829	188	21	1516
29	4	7386	69	8	1073	109	13	38.4282	149	17	7969	189	22	66.1179
30	4	7526	70	8	1213	110	13	4422	150	17	8109	190	22	66.1318
31	4	7666	71	8	1353	111	13	4562	151	17	8249	191	22	1458
32	4	7806	72	9	26.1015	112	13	4702	152	17	8389	192	22	1598
33	4	7946	73	9	26.1155	113	13	4842	153	18	53.8051	193	22	1738
34	4	8086	74	9	1295	114	13	4982	154	18	53.8191	194	22	1878
35	4	8226	75	9	1435	115	13	5122	155	18	8331	195	22	2018
36	5	13.7888	76	9	1575	116	13	5262	156	18	8471	196	22	2158
37	5	13.8028	77	9	1715	117	14	41.4924	157	18	8611	197	22	2298
38	5	8168	78	9	1855	118	14	41.5064	158	18	8751	198	23	69.1961
39	5	8308	79	9	1995	119	14	5204	159	18	8891	199	23	69.2101
40	5	8448	80	9	2135	120	14	5344	160	18	9031	200	23	2241

注：1. 对标准直齿圆柱齿轮，公法线长度 $W_K=W'_{Km}$；W'_K 为 $m=1\text{mm}$、$\alpha_0=20°$ 时的公法线长度。

2. 对变位直齿圆柱齿轮，当变位系数较小，$|x|<0.3$ 时，跨测齿数 K 不变，按照上表查出；而公法线长度 $W_K=(W'_K+0.684x)m$，x—变位系数；当变位系数 x 较大，$|x|>0.3$ 时跨测齿数为 K'，可按下式计算：

$$K'=z\frac{\alpha_x}{180°}+0.5,\ \text{式中}\ \alpha_x=\cos^{-1}\frac{2d\cos\alpha}{d_a+d_f}；\text{而公法线长度为}\ W_K。$$

$$W_K=[2.9521(K'-0.5)+0.0112+0.684x]m。$$

3. 斜齿轮的公法线长度 W_{nK} 在法面内测量，其值也可按上表确定，但必须根据当量齿数 z' 查表，z' 可按下式计算：

$$z'=K_\beta z$$

式中 K_β—与分度圆上齿的螺旋角 β 有关的当量齿数系数，见表 8-99，当量齿数常非整数，其小数部分 $\Delta z'$ 所对应的公法线长度 $\Delta W'_n$ 可查表 8-100，故总的公法线长度：

$$W_{nK}=(W'_K+\Delta W'_n)m_n$$

式中 m_n—法面模数；W'_K—与当量齿数 z' 整数部分相对应的公法线长度，查本表。

表 8-99　当量齿数系数 K_β $(\alpha_{on}=20°)$

β	K_β	差　值	β	K_β	差　值	β	K_β	差　值	β	K_β	差　值
1°	1.000	0.002	16°	1.119	0.017	31°	1.548	0.047	46°	2.773	0.143
2°	1.002	0.002	17°	1.136	0.018	32°	1.595	0.051	47°	2.916	0.155
3°	1.004	0.003	18°	1.154	0.019	33°	1.646	0.054	48°	3.071	0.168
4°	1.007	0.004	19°	1.173	0.021	34°	1.700	0.058	49°	3.239	0.184
5°	1.011	0.005	20°	1.194	0.022	35°	1.758	0.062	50°	3.423	0.200
6°	1.016	0.006	21°	1.216	0.024	36°	1.820	0.067	51°	3.623	0.220
7°	1.022	0.006	22°	1.240	0.026	37°	1.887	0.072	52°	3.843	0.240
8°	1.028	0.008	23°	1.266	0.027	38°	1.959	0.077	53°	4.083	0.264
9°	1.036	0.009	24°	1.293	0.030	39°	2.036	0.083	54°	4.347	0.291
10°	1.045	0.009	25°	1.323	0.031	40°	2.119	0.088	55°	4.638	0.320
11°	1.054	0.011	26°	1.354	0.034	41°	2.207	0.096	56°	4.958	0.351
12°	1.065	0.012	27°	1.388	0.036	42°	2.303	0.105	57°	5.312	0.391
13°	1.077	0.013	28°	1.424	0.038	43°	2.408	0.112	58°	5.703	0.435
14°	0.090	0.014	29°	1.462	0.042	44°	2.520	0.121	59°	6.138	0.485
15°	1.114	0.015	30°	1.504	0.044	45°	2.641	0.132			

注:对于 β 中间值的系数 K_β 和差值可按内插法求出。

表 8-100　公法线长度偏差 $\Delta W'_K$

$\Delta z'$	0.00	0.01	0.02	0.03	0.04	0.05	0.06	0.07	0.08	0.09
0.0	0.0000	0.0001	0.0003	0.0004	0.0006	0.0007	0.0008	0.0010	0.0011	0.0013
0.1	0.0014	0.0015	0.0017	0.0018	0.0020	0.0021	0.0022	0.0024	0.0025	0.0027
0.2	0.0028	0.0029	0.0031	0.0032	0.0034	0.0035	0.0036	0.0038	0.0039	0.0041
0.3	0.0042	0.0043	0.0045	0.0046	0.0048	0.0049	0.0051	0.0052	0.0053	0.0055
0.4	0.0056	0.0057	0.0059	0.0060	0.0061	0.0063	0.0064	0.0066	0.0067	0.0069
0.5	0.0070	0.0071	0.0073	0.0074	0.0076	0.0077	0.0079	0.0080	0.0081	0.0083
0.6	0.0084	0.0085	0.0087	0.0088	0.0089	0.0091	0.0092	0.0094	0.0095	0.0097
0.7	0.0098	0.0099	0.0101	0.0102	0.0104	0.0105	0.0106	0.0108	0.0109	0.0111
0.8	0.0112	0.0114	0.0115	0.0116	0.0118	0.0119	0.0120	0.0122	0.0123	0.0124
0.9	0.0126	0.0127	0.0129	0.0132	0.0130	0.0133	0.0135	0.0136	0.0137	0.0139

查取示例:$\Delta z'=0.65$ 时,由上表得得 $\Delta W'_K=0.0091$。

表 8-101　固定弦齿厚及弦齿高 $(\alpha_0=\alpha_{0n}=20°;\ h_{n0}{}^*=h_{a0}{}^*=1.0)$　　　　单位:mm

固定弦齿厚 $\overline{S}_c=1.3871m$,固定弦齿高 $\overline{h}_c=0.7476m$

m	$\overline{S}_c$	$\overline{h}_c$	m	$\overline{S}_c$	$\overline{h}_c$	m	$\overline{S}_c$	$\overline{h}_c$
1	1.3871	0.7476	4.5	6.2417	3.3641	13	18.0316	9.7185
1.25	1.7338	0.9344	5	6.9353	3.7379	14	19.4187	10.4661
1.5	2.0806	1.1214	5.5	7.6288	4.1117	15	20.8057	11.2137
1.75	2.4273	1.3082	6	8.3223	4.4854	16	22.1928	11.9612
2	2.7741	1.4951	7	9.7093	5.2330	18	24.9669	13.4564
2.25	3.1209	1.6820	8	11.0964	5.9806	20	27.7410	14.9515
2.5	3.4677	1.8689	9	12.4834	6.7282	22	30.5151	16.4467
3	4.1612	2.2427	10	13.8705	7.4557	25	34.6762	18.6900
3.5	4.8547	2.6165	11	15.2575	8.2233	28	38.8360	20.9328
4	5.5482	2.9903	12	16.6446	8.9709	30	41.6100	22.4280

注:1. 对于标准斜齿圆柱齿轮,表中的模数 m 指的是法面模数;2. 对于直齿锥齿轮,m 指的是大端模数;3. 对于变位齿轮,其固定弦齿厚及弦齿高可按下式计算:
$$\overline{S}_c=1.3871m+0.6428xm;\qquad \overline{h}_c=(0.7476+0.883x)m-\sigma m$$
式中:x 为变位系数,σ 为齿顶降低系数。

8.8　锥齿轮精度(摘自 GB/T 11365－1989)

本标准适用于中点法向模数 $m_n \geqslant 1$ 的直齿、斜齿、曲线齿锥齿轮和准双曲面齿轮。

一、定义和代号

齿轮、齿轮副误差及侧隙的定义和代号见表 8-102。

表 8-102　锥齿轮、齿轮副误差及侧隙的定义和代号

序号	名　称	代号	定　义
1	切向综合误差 切向综合公差	$\Delta F'_i$ F'_i	被测齿轮与理想精确的测量齿轮按规定的安装位置单面啮合时,被测齿轮一转内,实际转角与理论转角之差的总幅度值。以齿宽中点分度圆弧长计
2	一齿切向综合误差 一齿切向综合公差	$\Delta f'_i$ f'_i	被测齿轮与理想精确的测量齿轮按规定的安装位置单面啮合时,被测齿轮一齿距角内,实际转角与理论转角之差的最大幅度值。以齿宽中点分度圆弧长计
3	轴交角综合误差 轴交角综合公差	$\Delta F''_{i\Sigma}$ $F''_{i\Sigma}$	被测齿轮与理想精确的测量齿轮在分锥顶点重合的条件下双面啮合时,被测齿轮一转内,齿轮副轴交角的最大变动量。以齿宽中点处线值计
4	一齿轴交角综合误差 一齿轴交角综合公差	$\Delta f''_{i\Sigma}$ $f''_{i\Sigma}$	被测齿轮与理想精确的测量齿轮在分锥顶点重合的条件下双面啮合时,被测齿轮一齿距角内,齿轮副轴交角的最大变动量。以齿宽中点处线值计
5	周期误差 周期误差的公差	$\Delta f'_{zk}$ f'_{zk}	被测齿轮与理想精确的测量齿轮按规定的安装位置单面啮合时,被测齿轮一转内,二次以上(包括二次)各次谐波的总幅度值

序号	名　　称	代号	定　　义
6	齿距累积误差 齿距累积公差	ΔF_p F_p	在中点分度圆 * 上,任意两个同侧齿面间的实际弧长与公称弧长之差的最大绝对值
7	K 个齿距累积误差 K 个齿距累积公差	ΔF_{pk} F_{pk}	在中点分度圆 * 上,K 个齿距的实际弧长与公称弧长之差的最大绝对值,K 为 2 到小于 $z/2$ 的整数
8	齿圈跳动 齿圈跳动公差	ΔF_r F_r	齿轮一转范围内,测头在齿槽内与齿面中部双面接触时,沿分锥法向相对齿轮轴线的最大变动量
9	齿距偏差 齿距极限偏差 　　上偏差 　　下偏差	Δf_{pt} $+f_{pt}$ $-f_{pt}$	在中点分度圆 * 上,实际齿距与公称齿距之差
10	齿形相对误差 齿形相对误差的公差	Δf_c f_c	齿轮绕工艺轴线旋转时各轮齿实际齿面相对于基准实际齿面传递运动的转角之差。以齿宽中点处线值计
11	齿厚偏差 齿厚极限偏差 　　　上偏差 　　　下偏差 　　　公差	ΔE_s E_{ss} E_{si} T_s	齿宽中点法向弦齿厚的实际值与公称值之差
12	齿轮副切向综合误差 齿轮副切向综合公差	$\Delta F'_{ic}$ F'_{ic}	齿轮副按规定的安装位置单面啮合时,在转动的整周期 ** 内,一个齿轮相对另一个齿轮的实际转角与理论转角之差的总幅度值,以齿宽中点分度圆弧长计

* 允许在齿面中部测量

续表 8-102

序号	名　　称	代号	定　　义
13	齿轮副一齿切向综合误差 齿轮副一齿切向综合公差	$\Delta f'_{ic}$ f'_{ic}	齿轮副按规定的安装位置单面啮合时，在一齿距角内，一个齿轮相对另一个齿轮的实际转角与理论转角之差的最大值。在整周期[**]内取值。以齿宽中点分度圆弧长计
14	齿轮副轴交角综合误差 齿轮副轴交角综合公差	$\Delta F''_{i\Sigma c}$ $F''_{i\Sigma c}$	齿轮副在分锥顶点重合条件下双面啮合时，在转动的整周期[**]内，轴交角的最大变动量。以齿宽中点处线值计
15	齿轮副一齿轴交角综合误差 齿轮副一齿轴交角综合公差	$\Delta f''_{i\Sigma c}$ $f''_{i\Sigma c}$	齿辐副在分锥顶点重合条件下双面啮合时，在一齿距角时，轴交角的最大变动量，在整周期[**]内取值，以齿宽中点处线值计
16	齿轮副周期误差 齿轮副周期误差的公差	$\Delta f'_{zkc}$ f'_{zkc}	齿轮副按规定的安装位置单面啮合时，在大轮一转范围内，二次以上（包括二次）各次谐波的总幅度值
17	齿轮副齿频周期误差 齿轮副齿频周期误差的公差	$\Delta f'_{zzc}$ f'_{zzc}	齿轮副按规定的安装位置单面啮合时，以齿数为频率的谐波的总幅度值
18	接触斑点 		安装好的齿轮副（或被测齿轮与测量齿轮）在轻微力的制动下运转后，齿面上得到的接触痕迹。 　　接触斑点包括形状、位置、大小三方面的要求。 　　接触痕迹的大小按百分比确定： 　　沿齿长方向——接触痕迹长度 b'' 与工作长度 b' 之比，即 $b''/b' \times 100\%$； 　　沿齿高方向——接触痕迹高度 h'' 与接触痕迹中部的工作齿高 h' 之比，即 $h''/h' \times 100\%$

[**]齿轮副转动整周期按下式计算：

$n_2 = z_1/X$，n_2—大轮转数；z_1—小轮齿数；X—大、小轮齿数的最大公约数（下同）

序号	名　　称	代号	定　　义
19	齿轮副侧隙 圆周侧隙 $\dfrac{A-A \text{ 旋转}}{2.5:1}$ 法向侧隙 $\dfrac{C \text{ 向旋转}}{2.5:1}$ 最小圆周侧隙 最大圆周侧隙 最小法向侧隙 最大法向侧隙	j_t j_n $j_{t\min}$ $j_{t\max}$ $j_{n\min}$ $j_{n\max}$	齿轮副按规定的位置安装后,其中一个齿轮固定时,另一个齿轮从工作齿面接触到非工作齿面接触所转过的齿宽中点分度圆弧长 齿轮副按规定的位置安装后,工作齿面接触时,非工作齿面间的最短距离,以齿宽中点处计 $j_n = j_t \cos\beta\cos\alpha$
20	齿轮副侧隙变动量 齿轮副侧隙变动公差	ΔF_{vj} F_{vj}	齿轮副按规定的位置安装后,在转动的整周期内,法向侧隙的最大值与最小值之差
21	齿圈轴向位移 齿圈轴向位移极限偏差 上偏差 下偏差	Δf_{AM} $+f_{AM}$ $-f_{AM}$	齿轮装配后,齿圈相对滚动检查机上确定的最佳啮合位置的轴向位移量

续表 8-102

序号	名　　称	代号	定　　义
22	齿轮副轴间距偏差 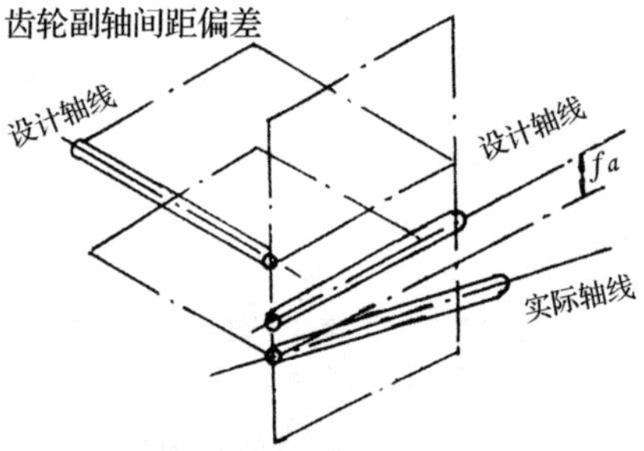 齿轮副轴间距极限偏差 　　　上偏差 　　　下偏差	Δf_a $+f_a$ $-f_a$	齿轮副实际轴间距与公称轴间距之差
23	齿轮副轴交角偏差 齿轮副轴交角极限偏差 　　　上偏差 　　　下偏差	ΔE_Σ $+E_\Sigma$ $-E_\Sigma$	齿轮副实际轴交角与公称轴交角之差。 以齿宽中点处线值计

二、精度等级

本标准对齿轮及齿轮副规定 12 个精度等级,第 1 级的精度最高,第 12 级的精度最低。其公差项目分成三个公差组,见表 8-103。根据使用要求,允许各公差组选用不同的精度等级。但对齿轮副中大、小齿轮的同一公差组,应规定同一精度等级。此外,允许工作齿面和工作齿面选用不同的精度等级($F''_{i\Sigma}$、$F'_{i\Sigma c}$、$f''_{i\Sigma}$、F_r、F_{vj}除外)。

表 8-103　锥齿轮和齿轮副各项公差项目分组

公差组	检验对象	公差与极限偏差项目	误差特性	对运动性能的影响
I	齿轮	F'_i、$F''_{i\Sigma}$、F_{pk}、F_p、F_r	以齿轮一转为周期的误差	传递运动的准确性
	齿轮副	F'_{ic}、$F''_{i\Sigma c}$、F_{vj}		
II	齿轮	f'_i、$f''_{i\Sigma}$、f_{zk}、f_{pt}、f_c	在齿轮一周内,多次周期的重复出现的误差	传动的平稳性
	齿轮副	f'_{ic}、$f''_{i\Sigma c}$、f''_{zkc}、f''_{zzc}、f_{AM}		
III	齿轮	接触斑点	齿向线的误差	载荷分布的均匀性
	齿轮副	接触斑点、f_a		

三、齿坯要求

齿轮在加工、检验和安装时,定位基准面应尽量一致。并在齿轮零件图上标注出,推荐使用的齿坯公差见表 8-104～表 8-107(图 8-10)。

表 8-104　齿坯尺寸公差

精　度　等　级	5	6	7	8	9	10
轴径尺寸公差	IT5		IT6		IT7	
孔径尺寸公差	IT6		IT7		IT8	
外径尺寸极限偏差 Δd_a			IT8		IT9	

注:1.当三个公差组精度等级不同时,按最高精度等级确定公差值。

　　2.标准公差 IT 值见表 8-27

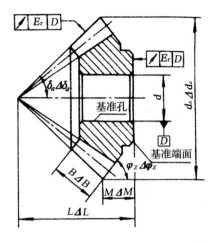
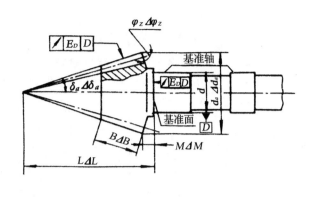

图 8-10　锥齿轮毛坯公差

表 8-105　齿坯顶锥母线跳动和基准端面跳动公差　　　　　　　　　　　单位:μm

外径或基准端面直径		顶锥母线跳动公差 E_D			基准端面跳动公差 E_r		
		精　度　等　级					
大于	至	5～6	7～8	9～10	5～6	7～8	9～10
mm							
—	30	15	25	50	6	10	15
30	50	20	30	60	8	12	20
50	120	25	40	80	10	15	25
120	250	30	50	100	12	20	30
250	500	40	60	120	15	25	40
500	800	50	80	150	20	30	50
800	1250	60	100	200	25	40	60
1250	2000	80	120	250	30	50	80

注:当三个公差组精度等级不同时,按最高精度等级确定公差值。

表 8-106　齿坯轮冠距和顶锥角极限偏差

中点法向模数（mm）	轮冠距极限偏差 ΔM　（μm）	顶锥角极限偏差 $\Delta \delta_a('$)
≤1.2	0 −50	+15 0
>1.2～10	0 −75	+10 0
>10	0 −100	+8 0

表 8-107　齿坯其余尺寸公差

名　　称	代号	公称尺寸　　　　（mm）	单位	精度等级			
				6	7	8	9
背锥角的极限偏差	$\delta \varphi_z$		（′）	±15	±15	±15	±15
齿宽极限偏差	ΔB		μm	−200	−300	−300	−500
基准端面到分度圆锥顶点间距离的公差	ΔL	分度圆锥母线长度≤200 >200～320 >320～500 >500～800	μm	−30 −50 −80 −120	−50 −80 −120 −200	−80 −120 −200 −300	−120 −200 −300 −500

注:本表不属于 GB/T 11365−1989,仅供参考

四、齿轮和齿轮副的检验与公差

根据齿轮和齿轮副的工作要求和生产规模,可分别从表 8-93～表 8-94 各公差组中,各任选一个检验组评定和验收齿轮及齿轮副的精度等级。

锥齿轮和齿轮副的公差数值的规定,见表 8-108～表 8-117。

表 8-108　齿轮公差组的检验组及适用的精度

第Ⅰ公差组		第Ⅱ公差组		第Ⅲ公差组
检验组	适用精度范围	检验组	适用精度范围	检验组
$\Delta F'_i$	4～8 级	$\Delta f'_i$	4～8 级	接触斑点(其形状位置和大小由设计者根据用途、载荷和轮齿刚性及齿线形状特点等条件自行规定,对修形齿轮,在齿面大端、小端及齿顶边缘处,不允许出现接触斑点,表 8-116 仅供参考)
$\Delta F''_{i\Sigma}$	7～12 级直齿 9～12 级斜齿、曲线齿	$\Delta f''_{i\Sigma}$	7～12 级直齿 9～12 级斜齿、曲线齿	
ΔF_p 与 ΔF_{pk}	4～6 级	$\Delta f'_{zk}$	4～8 级、纵向重合度 ε_β 大于一定值*	
ΔF_p	7～8 级	Δf_{pt} 与 Δf_c	4～6 级	
ΔF_r	9～12 级	Δf_{pt}	7～12 级	

*　对 5 级精度 ε_β 界限值为 1.35;6～7 级精度,ε_β 界限值为 1.55;8 级精度,ε_β 界限值为 2.0

表 8-109　齿轮副的检验组及适用的精度

第Ⅰ公差组		第Ⅱ公差组		第Ⅲ公差组	安装误差
检验组	适用精度范围	检验组	适用精度范围	检验组	
$\Delta F'_{ic}$	4～8 级	$\Delta f'_{ic}$	4～8 级	接触斑点(同表 8-116 的说明和规定)	Δf_{AM}、Δf_a、ΔE_Σ
$\Delta F''_{i\Sigma c}$	7～12 级直齿 9～12 级斜齿、曲线齿	$\Delta f''_{i\Sigma c}$	7～12 级直齿 9～12 级斜齿、曲线齿		
ΔF_{vj}	9～12 级	$\Delta f'_{zkc}$	4～8 级、ε_β 大于一定值*		
		$\Delta f'_{zzc}$	4～8 级、ε_β 大于一定值*		

*见表 8-108 注

五、齿轮副侧隙

齿轮副最小法向侧隙种类有 a、b、c、d、e、h 等 6 种,其值以 a 为最大、依次递减,h 为零(图 8-11)。其种类与精度等级无关。最小法向侧隙种类确定后,按表 8-119 和表 8-113 查取 E_{ss} 和 $\pm E_\Sigma$。最小法向侧隙 j_{nmin} 按表 8-118 规定,有特殊要求时,可不按此规定,此时,用线性插值法由表 8-119 和表 8-113 计算 E_{ss} 和 $\pm E_\Sigma$。

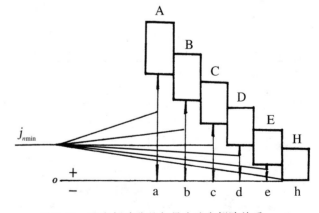

图 8-11　法向侧隙公差与最小法向侧隙关系

最大法向侧隙:$j_{nmax} = (|E_{ss1} + E_{ss2}| + T_{s1} + T_{s2} + E_{s\Delta1} + E_{s\Delta2})\cos\alpha$

$E_{\bar{s}\Delta}$ 为制造误差的补偿部分,可查表 8-120。

齿厚公差 $T_{\bar{s}}$ 按表 8-119 规定。

齿轮副的法向侧隙公差种类有 A、B、C、D、H 等 5 种,推荐法向侧隙公差种类与最小侧隙种类的对应关系如图 8-11 所示。

六、图样标注

标注示例如下,当三组公差精度等级相同时,可只用一个数字表示,最小法向侧隙亦可用数值表示,法向侧隙公差种类与最小法向侧隙种类字母相同时,可只写最小法向侧隙种类。

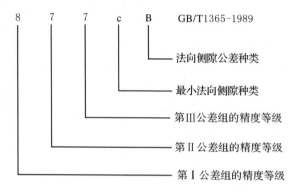

表 8-110　锥齿轮的 F_p、F_{pK} 和齿轮副的 $F''_{i\Sigma c}$ 和 F_{vj} 值　　　　单位:μm

齿距累积公差 F_p 和 K 个齿距累积公差 $F_{pK}^{①}$						中点分度圆直径 (mm)		中点法向模数(mm)	齿轮副轴交角综合公差 $F''_{i\Sigma c}$				侧隙变动公差 $F_{vj}^{②}$	
L(mm)		精度等级							精　度　等　级					
大于	到	6	7	8	9	10	大于	到		7	8	9	10	9	10
—	11.2	11	16	22	32	45	—	125	1～3.5	67	85	110	130	75	90
									3.5～6.3	75	95	120	150	80	100
11.2	20	16	22	32	45	63			6.3～10	85	105	130	170	90	120
20	32	20	28	40	56	80			10～16	120	120	150	190	105	130
32	50	22	32	45	63	90	125	400	1～3.5	100	125	160	190	110	140
									3.5～6.3	105	130	170	200	120	150
50	80	25	36	50	71	100			6.3～10	120	150	180	220	130	160
									10～16	130	160	200	250	140	170
80	160	32	45	63	90	125	400	800	1～3.5	130	160	200	260	140	180
160	315	45	63	90	125	180			3.5～6.3	140	170	220	280	150	190
315	630	63	90	125	180	250			6.3～10	150	190	240	300	160	200
									10～16	160	200	260	320	180	220
630	1000	80	112	160	224	315	800	1600	1～3.5	150	180	240	280		
1000	1600	100	140	200	280	400			3.5～6.3	160	200	250	320	170	220
1600	2500	112	160	224	315	450			6.3～10	180	220	280	360	220	250
									10～16	200	250	320	400	220	270

注:①F_p 和 F_{pK} 按中点分度圆弧长 L 查表值,查 F_p 时取 $L=\dfrac{1}{2}\pi d=\dfrac{\pi m_n z}{2\cos\beta}$,查 F_{pK} 时,取 $L=\dfrac{K\pi m_n}{\cos\beta}$(没有特别要求时,$K$

值取 $z/6$ 或最接近的整齿数)

②F_{vj} 取大小齿数分度圆直径之和的一半作为查表直径。对于齿数比为整数且不大于 3(1、2、3)的齿轮副,当采用选配时,可将 F_{vj} 值缩小 25% 或更多。

表 8-111　齿圈跳动公差 F_r、齿距极限偏差 $\pm f_{pt}$、齿形相对误差的公差 f_c 值　　单位：μm

中点分度圆直径 (mm)		中点法向模数 (mm)	F_r				$\pm f_{pt}$						f_c			
			第Ⅰ组				第Ⅱ组									
			精　度　等　级													
大于	到		7	8	9	10	5	6	7	8	9	10	5	6	7	8
—	125	≥1～3.5	36	45	56	71	6	10	14	20	28	40	4	5	8	10
		>3.5～6.3	40	50	63	80	8	13	18	25	36	50	5	6	9	13
		>6.3～10	45	56	71	90	9	14	20	28	40	56	6	8	11	17
		>10～16	50	63	80	100	11	17	24	34	48	67	7	10	15	22
125	400	≥1～3.5	50	63	80	100	7	11	16	22	32	45	5	7	9	13
		>3.5～6.3	56	71	90	112	9	14	20	28	40	56	6	8	11	15
		>6.3～10	63	80	100	125	10	16	22	32	45	65	7	9	13	19
		>10～16	71	90	112	140	11	18	25	36	50	71	8	11	17	25
400	800	≥1～3.5	63	80	100	125	8	13	18	25	36	50	6	9	12	18
		>3.5～6.3	71	90	112	140	9	14	20	28	40	56	7	10	14	20
		>6.3～10	80	100	125	160	11	18	25	36	50	71	8	11	16	24
		>10～16	90	112	140	180	12	20	28	40	56	80	9	13	20	30
		>16～25	100	125	160	200	—	—	36	50	71	100	—	—	25	38
800	1600	>3.5～6.3	80	100	125	160	10	16	22	32	45	63	9	13	19	28
		>6.3～10	90	112	140	180	11	18	25	36	50	71	10	14	21	32
		>10～16	100	125	160	200	13	20	28	40	56	80	11	16	25	38
		>16～25	112	140	180	224	—	—	36	50	71	100	—	—	30	48

表 8-112　齿圈轴向位移极限偏差 ±f_{AM} 值

单位：μm

中点锥距 (mm)		分锥角 (°)		5				6				7					8					9					10				
大于	至	大于	至	≥1~3.5	>3.5~6.3	>6.3~10	>10~16	≥1~3.5	>3.5~6.3	>6.3~10	>10~16	≥1~3.5	>3.5~6.3	>6.3~10	>10~16	>16~25	≥1~3.5	>3.5~6.3	>6.3~10	>10~16	>16~25	≥1~3.5	>3.5~6.3	>6.3~10	>10~16	>16~25	≥1~3.5	>3.5~6.3	>6.3~10	>10~16	>16~25
—	50	—	20	9	5	—	—	14	8	—	—	20	11	—	—	—	28	16	—	—	—	40	22	—	—	—	56	32	—	—	—
		20	45	7.5	4.2	—	—	12	6.7	—	—	17	9.5	—	—	—	24	13	—	—	—	34	19	—	—	—	48	26	—	—	—
		45	—	3	1.7	—	—	5	2.8	—	—	7	4	—	—	—	10	5.6	—	—	—	14	8	—	—	—	20	11	—	—	—
50	100	—	20	30	16	11	8	48	26	17	13	67	38	24	18	—	95	53	34	26	—	140	75	50	38	—	190	105	71	50	—
		20	45	25	14	9	7.1	40	22	15	11	56	32	21	16	—	80	45	30	22	—	120	63	42	30	—	160	90	60	45	—
		45	—	10.5	6	3.8	3	17	9.5	6	4.5	24	13	8.5	6.7	—	34	17	12	9	—	48	26	17	13	—	67	38	24	18	—
100	200	—	20	60	36	24	16	105	60	38	28	150	80	53	40	30	200	120	75	56	45	300	160	105	80	63	420	240	150	110	85
		20	45	50	50	20	14	90	50	32	24	130	71	45	34	26	180	100	63	48	46	260	140	90	67	53	360	190	130	95	75
		45	—	21	13	8.5	5.6	38	21	13	10	53	30	19	14	11	75	40	26	20	15	105	60	38	28	22	150	80	53	40	30
200	400	—	20	130	80	53	36	240	130	85	60	340	180	120	85	67	480	250	170	120	95	670	360	240	170	130	950	500	320	240	190
		20	45	110	67	45	30	200	105	71	50	280	150	100	71	50	400	210	140	100	80	560	300	200	150	110	800	420	280	200	160
		45	—	48	28	18	12	85	45	30	21	120	63	40	28	22	170	90	60	42	32	240	130	85	60	48	340	180	120	85	67
400	800	—	20	300	180	110	75	530	280	186	130	750	400	250	180	140	1050	560	360	260	200	1500	800	500	380	280	2100	1100	710	500	400
		20	45	250	160	95	63	450	240	150	110	630	340	210	160	120	900	480	300	220	170	1300	670	440	300	240	1700	950	600	440	340
		45	—	105	63	40	26	190	100	63	45	270	140	90	67	50	380	200	125	90	70	530	280	180	130	100	750	400	250	180	140

注：1. 表中数值适用于非修形齿轮，对于修形齿轮允许采用低 1 级的 ±f_{AM} 值。

2. $\alpha \neq 20°$时，表中数值乘以 $\sin20°/\sin\alpha$。

表 8-113　锥齿轮副的 $\pm E_{\Sigma}$、$\pm f_a$ 值　　　　　　　　　　单位：μm

轴交角极限偏差 $\pm E_{\Sigma}^{①}$							轴间距极限偏差 $\pm f_a^{②}$					
中点锥距 (mm)	小轮分锥角 (°)	最小法向侧隙种类					中点锥距 (mm)	精 度 等 级				
		h、e	d	c	b	a		6	7	8	9	10
≤50	≤15	7.5	11	18	30	45	≤50	12	18	28	36	67
	>15~25	10	16	26	42	63						
	>25	12	19	30	50	80						
>50~100	≤15	10	16	26	42	63	>50~100	15	20	30	45	75
	>15~25	12	19	30	50	80						
	>25	15	22	32	60	95						
>100~ 200	≤15	12	19	30	50	80	>100~ 200	18	25	36	55	90
	>15~25	17	26	45	71	110						
	>25	20	32	50	80	125						
>200~ 400	≤15	15	22	32	60	95	>200~ 400	25	30	45	75	120
	>15~25	24	36	56	90	140						
	>25	26	40	63	100	160						
>400~ 800	≤15	20	32	50	80	125	>400~ 800	30	36	60	90	150
	>15~25	28	45	71	110	180						
	>25	34	56	85	140	220						
>800~ 1600	≤15	24	40	63	100	160	>800~ 1600	40	50	85	130	200
	>15~25	40	63	100	160	250						
	>25	53	85	130	210	320						

注：① E_{Σ} 值的公差带相对于零线可以不对称或取在一侧，适用于 $\alpha=20°$ 的正交齿轮副，$\alpha\neq20°$ 时，表中值乘以 $\sin20°/\sin\alpha$。
② f_a 值用于无纵向修形的齿轮副。对于纵向修形齿轮副允许采用低一级的 $\pm f_a$ 值。

表 8-114　周期误差的公差 f'_{zK}（齿轮副周期误差的公差 f'_{zKc}）值　　　　　　　　　　单位：μm

精度 等级	中点分度圆直径(mm)		中点法向 模数(mm)	齿轮在一转（齿轮副在大轮一转）内的周期数								
	大于	到		2~4	>4~8	>8 ~16	>16 ~32	>32 ~63	>63 ~125	>125 ~250	>250 ~500	>500
6	—	125	1~6.3	11	8	6	4.8	3.8	3.2	3	2.6	2.5
			>6.3~10	13	9.5	7.1	5.6	4.5	3.8	3.4	3	2.8
	125	400	1~6.3	16	11	8.5	6.7	5.6	4.8	4.2	3.8	3.6
			>6.3~10	18	13	10	7.5	6	5.3	4.5	4.2	4
	400	800	1~6.3	21	15	11	9	7.1	6	5.3		4.8
			>6.3~10	22	17	12	9.5	7.5	6.7	6	5.3	5
	800	1600	1~6.3	24	17	15	10	8	7.5	7	6.3	6
			>6.3~10	27	20	15	12	9.5	8	7.1	6.7	6.3
7	—	125	1~6.3	17	13	10	8	6	5.3	4.5	4.2	4
			>6.3~10	21	15	11	9	7.1	6	5.3	5	4.5
	125	400	1~6.3	25	18	13	10	9	7.5	6.7	6	5.6
			>6.3~10	28	20	16	12	10	8	7.5	6.7	6.3
	400	800	1~6.3	32	24	18	14	11	10	8.5	8	7.5
			>6.3~10	36	26	19	15	12	10	9.5	8.5	8
	800	1600	1~6.3	36	26	20	16	13	11	10	8.5	8
			>6.3~10	42	30	22	18	15	12	11	10	9.5
8	—	125	1~6.3	25	18	13	10	8.5	7.5	6.7	6	5.6
			>6.3~10	28	21	16	12	10	8.5	7.5	7	6.7
	125	400	1~6.3	36	26	19	15	12	10	9	8.5	8
			>6.3~10	40	30	22	17	14	12	10.5	10	8.5
	400	800	1~6.3	45	32	25	19	16	13	12	11	10
			>6.3~10	50	36	28	21	17	15	13	12	11
	800	1600	1~6.3	53	38	28	22	18	15	14	12	11
			>6.3~10	63	44	32	26	22	18	16	14	13

表 8-115　锥齿轮齿副的 f'_{zzc} 和 $f'_{i\Sigma c}$ 值　　　　　　　　　　　　单位:μm

齿轮副齿频周期误差的公差 f'_{zzc} [1]						齿轮副一齿轴交角综合公差 $f''_{i\Sigma c}$					
大轮齿数	中点法向模数（mm）	精度等级（第 Ⅱ 公差组）				中点分度圆直径（mm）		中点法向模数（mm）	精度等级（第 Ⅱ 公差组）			
		5	6	7	8	大于	到		7	8	9	10
≤16	1～3.5	6.7	10	15	20	—	125	1～3.5	28	40	53	67
	>3.5～6.3	8	12	18	28			>3.5～6.3	36	50	60	75
	>6.3～10	10	14	22	32			>6.3～10	40	56	71	90
>16～32	1～3.5	7.1	10	16	24			>10～16	48	67	85	105
	>3.5～6.3	8.5	13	19	28	125	400	1～3.5	32	45	60	75
	>6.3～10	11	16	24	34			>3.5～6.3	40	56	67	80
	>10～16	13	19	28	42			>6.3～10	45	63	80	100
>32～63	1～3.5	7.5	11	17	24			>10～16	50	71	90	120
	>3.5～6.3	9	14	20	30	400	800	1～3.5	36	50	67	80
	>6.3～10	11	17	24	36			>3.5～6.3	40	56	75	90
	>10～16	14	20	30	45			>6.3～10	50	71	85	105
>63～125	1～3.5	8	12	18	25			>10～16	56	80	100	130
	>3.5～6.3	10	15	22	32	800	1600	1～3.5	—	—	—	—
	>6.3～10	12	18	26	38			>3.5～6.3	45	63	80	105
	>10～16	15	22	34	48			>6.3～10	50	71	90	120
>125～250	1～3.5	8.5	13	19	28			>10～16	56	80	110	140
	>3.5～6.3	11	16	24	34							
	>6.3～10	13	19	30	42							
	>10～16	16	24	36	53							
>250～500	1～3.5	9.5	14	21	30							
	>3.5～6.3	12	18	28	40							
	>6.3～10	15	22	34	48							
	>10～16	18	28	42	60							

注:① f'_{zzc} 用于 ε_{β}≤0.45 的齿轮副。当 ε_{β}>0.45～0.58 时,表中数值乘 0.6;当 ε_{β}>0.58～0.67 时,表中数值乘 0.4;
当 $\varepsilon_{\beta c}$>0.67 时,表中数值乘 0.3,其中 ε_{β}=纵向重合度×齿长方向接触斑点大小百分比的平均值。

表 8-116　接触斑点

精度等级	5	6～7	8～9	10
沿齿长方向％	60～80	50～70	35～65	25～55
沿齿高方向％	65～85	55～75	40～70	30～60

注：表中数值用于齿面修形的齿轮，对于不修形齿轮，其接触斑点大小不小于其平均值。

表 8-117　未列公差数值的检验项目的计算式

项 目 名 称	代 号	计 算 式
切向综合公差	F'_i	$F'_i = F_p + 1.15 f_c$
齿轮副切向综合公差	F'_{ic}	$F'_{ic} = F'_{i1} + F'_{i2}$ ①
一齿切向综合公差	f'_i	$f'_i = 0.8(f_{pt} + 1.15 f_c)$
齿轮副一齿切向综合公差	f'_{ic}	$f'_{ic} = f'_{i1} + f'_{i2}$
轴交角综合公差	$F''_{i\Sigma}$	$F''_{i\Sigma} = 0.7 F''_{i\Sigma c}$
一齿轴交角综合公差	$f''_{i\Sigma}$	$f''_{i\Sigma} = 0.7 f''_{i\Sigma c}$

注：①当两齿轮的齿数比不大于 3 的整数且采用选配时，应将 F'_{ic} 值压缩 25％或更多。

表 8-118　最小法向侧隙 $j_{n\min}$ 值　　　　　　　　　　单位：μm

中点锥距（mm）		小轮分锥角(°)		最小法向侧隙种类					
大于	到	大于	到	h	e	d	c	b	a
—	50	—	15	0	15	22	36	58	90
		15	25	0	21	33	52	84	130
		25	—	0	25	39	62	100	160
50	100	—	15	0	21	33	52	84	130
		15	25	0	25	39	62	100	160
		25	—	0	30	46	74	120	190
100	200	—	15	0	25	39	62	100	160
		15	25	0	35	54	87	140	220
		25	—	0	40	63	100	160	250
200	400	—	15	0	30	46	74	120	190
		15	25	0	46	72	115	185	290
		25	—	0	52	81	130	210	320
400	800	—	15	0	40	63	100	160	250
		15	25	0	57	89	140	230	360
		25	—	0	70	110	175	280	440

表 8-119　齿厚上偏差 E_{ss} 值　　　　　　　　　　　　　　　单位：μm

<table>
<tr><th rowspan="3">基
本
值</th><th rowspan="2">中点法向模数
（mm）</th><th colspan="9">中点分度圆直径　　（mm）</th></tr>
<tr><th colspan="3">≤125</th><th colspan="3">＞125～400</th><th colspan="3">＞400～800</th></tr>
<tr><th>分　锥　角　（°）</th><th colspan="8"></th></tr>
</table>

<table>
<tr><th></th><th>中点法向模数
（mm）</th><th>≤20</th><th>＞20～45</th><th>＞45</th><th>≤20</th><th>＞20～45</th><th>＞45</th><th>≤20</th><th>＞20～45</th><th>＞45</th></tr>
<tr><td rowspan="5">基

本

值</td><td>≥1～3.5</td><td>−20</td><td>−20</td><td>−22</td><td>−28</td><td>−32</td><td>−30</td><td>−36</td><td>−50</td><td>−45</td></tr>
<tr><td>＞3.5～6.3</td><td>−22</td><td>−22</td><td>−25</td><td>−32</td><td>−32</td><td>−30</td><td>−38</td><td>−55</td><td>−45</td></tr>
<tr><td>＞6.3～10</td><td>−25</td><td>−25</td><td>−28</td><td>−36</td><td>−36</td><td>−34</td><td>−40</td><td>−55</td><td>−50</td></tr>
<tr><td>＞10～16</td><td>−28</td><td>−28</td><td>−30</td><td>−36</td><td>−38</td><td>−36</td><td>−48</td><td>−60</td><td>−55</td></tr>
<tr><td>＞16～25</td><td>—</td><td>—</td><td>—</td><td>−40</td><td>−40</td><td>−40</td><td>−50</td><td>−65</td><td>−60</td></tr>
<tr><td rowspan="7">系

数</td><td>最小法向侧
隙种类</td><td colspan="9">第 Ⅱ 公差组精度等级</td></tr>
<tr><td></td><td colspan="2">5～6</td><td colspan="2">7</td><td colspan="2">8</td><td colspan="2">9</td><td>10</td></tr>
<tr><td>h</td><td colspan="2">0.9</td><td colspan="2">1.0</td><td colspan="2">—</td><td colspan="2">—</td><td>—</td></tr>
<tr><td>e</td><td colspan="2">1.45</td><td colspan="2">1.6</td><td colspan="2">—</td><td colspan="2">—</td><td>—</td></tr>
<tr><td>d</td><td colspan="2">1.8</td><td colspan="2">2.0</td><td colspan="2">2.2</td><td colspan="2">—</td><td>—</td></tr>
<tr><td>c</td><td colspan="2">2.4</td><td colspan="2">2.7</td><td colspan="2">3.0</td><td colspan="2">3.2</td><td>—</td></tr>
<tr><td>b</td><td colspan="2">3.4</td><td colspan="2">3.8</td><td colspan="2">4.2</td><td colspan="2">4.6</td><td>4.9</td></tr>
<tr><td>a</td><td colspan="2">5.0</td><td colspan="2">5.5</td><td colspan="2">6.0</td><td colspan="2">6.6</td><td>7.0</td></tr>
</table>

注：E_{ss} 值由基本值栏查出的数值乘上系数得出。

例如：$m=3$mm，中点分度圆直径 100mm，分锥角 30°，最小法向侧隙为 C，7 级精度齿轮的 $E_{ss}=-20\times2.7=-54\mu$m.

表 8-120　齿厚公差 T_s 值　　　　　　　　　　　　　　　　单位：μm

<table>
<tr><th colspan="2" rowspan="2">齿圈跳动公差 F_r</th><th colspan="5">齿　厚　公　差　T_s</th></tr>
<tr><th colspan="5">法　向　侧　隙　公　差　种　类</th></tr>
<tr><th>大于</th><th>至</th><th>H</th><th>D</th><th>C</th><th>B</th><th>A</th></tr>
<tr><td>—</td><td>8</td><td>21</td><td>25</td><td>30</td><td>40</td><td>52</td></tr>
<tr><td>8</td><td>10</td><td>22</td><td>28</td><td>34</td><td>45</td><td>55</td></tr>
<tr><td>10</td><td>12</td><td>24</td><td>30</td><td>36</td><td>48</td><td>60</td></tr>
<tr><td>12</td><td>16</td><td>26</td><td>32</td><td>40</td><td>52</td><td>65</td></tr>
<tr><td>16</td><td>20</td><td>28</td><td>36</td><td>45</td><td>58</td><td>75</td></tr>
<tr><td>20</td><td>25</td><td>32</td><td>42</td><td>52</td><td>65</td><td>85</td></tr>
<tr><td>25</td><td>32</td><td>38</td><td>48</td><td>60</td><td>75</td><td>95</td></tr>
<tr><td>32</td><td>40</td><td>42</td><td>55</td><td>70</td><td>85</td><td>110</td></tr>
<tr><td>40</td><td>50</td><td>50</td><td>65</td><td>80</td><td>100</td><td>130</td></tr>
<tr><td>50</td><td>60</td><td>60</td><td>75</td><td>95</td><td>120</td><td>150</td></tr>
<tr><td>60</td><td>80</td><td>70</td><td>90</td><td>110</td><td>130</td><td>180</td></tr>
<tr><td>80</td><td>100</td><td>90</td><td>110</td><td>140</td><td>170</td><td>220</td></tr>
<tr><td>100</td><td>125</td><td>110</td><td>130</td><td>170</td><td>200</td><td>260</td></tr>
<tr><td>125</td><td>160</td><td>130</td><td>160</td><td>200</td><td>250</td><td>320</td></tr>
<tr><td>160</td><td>200</td><td>160</td><td>200</td><td>260</td><td>320</td><td>400</td></tr>
<tr><td>200</td><td>250</td><td>200</td><td>250</td><td>320</td><td>380</td><td>500</td></tr>
<tr><td>250</td><td>320</td><td>240</td><td>300</td><td>400</td><td>480</td><td>630</td></tr>
</table>

表 8-121　最大法向侧隙($j_{n\max}$)的制造误差补偿部分 $E_{s\Delta}$ 值　　　　　　单位:μm

第Ⅱ公差组精度等级	中点法向模数 (mm)	中点分度圆直径 (mm)											
		≤125			>125~400			>400~800			>800~1600		
		分锥角 (°)											
		≤20	>20~45	>45	≤20	>20~45	>45	≤20	>20~45	>45	≤20	>20~45	>45
5~6	≥1~3.5	18	18	20	25	28	28	32	45	40	—	—	—
	>3.5~6.3	20	20	22	28	28	28	34	50	40	67	75	72
	>6.3~10	22	22	25	32	32	30	36	50	45	72	80	75
	>10~16	25	25	28	32	34	32	45	55	50	72	90	75
	>16~25	—	—	—	36	36	36	45	56	50	72	90	85
7	≥1~3.5	20	20	22	28	32	30	36	50	45	—	—	—
	>3.5~6.3	22	22	25	32	32	30	38	55	45	75	85	80
	>6.3~10	25	25	28	36	36	34	40	55	50	80	90	85
	>10~16	28	28	30	36	38	36	48	60	55	80	100	85
	>16~25	—	—	—	40	40	40	50	65	60	80	100	95
8	≥1~3.5	22	22	24	30	36	32	40	55	50	—	—	—
	>3.5~6.3	24	24	28	36	36	32	42	60	50	80	90	85
	>6.3~10	28	28	30	40	40	38	45	60	56	85	100	95
	>10~16	30	30	32	40	42	40	55	65	60	85	110	95
	>16~25	—	—	—	45	45	45	55	72	65	85	110	105
9	≥1~3.5	24	24	25	32	38	36	45	65	55	—	—	—
	>3.5~6.3	25	25	30	38	38	36	45	65	55	90	100	95
	>6.3~10	30	30	32	45	45	40	48	65	60	95	110	100
	>10~16	32	32	36	45	45	45	48	70	65	95	120	100
	>16~25	—	—	—	48	48	48	60	75	70	95	120	115
10	≥1~3.5	25	25	28	36	42	40	48	65	60	—	—	—
	>3.5~6.3	28	28	32	42	42	40	50	70	60	95	110	105
	>6.3~10	32	32	36	48	48	45	50	70	65	105	115	110
	>10~16	36	36	40	48	50	48	60	80	70	105	130	110
	>16~25	—	—	—	50	50	50	65	85	80	105	130	125

七、锥齿轮的齿厚及齿高

表 8-122　非变位直齿锥齿轮分度圆上弦齿厚及弦齿高

$$\overline{S}=m_s K_1;\qquad\qquad \overline{h}=K_2 m_s$$

式中 $K_1=z_v\sin\dfrac{90^\circ}{z_v}$；　$K_2=1+\dfrac{z_v}{2}\left(1-\cos\dfrac{90^\circ}{z_v}\right)$；　$z_v=\dfrac{z}{\cos\delta}$；　δ—分度圆锥角

当量齿数 z_v	K_1	K_2	当量齿数 z_v	K_1	K_2	当量齿数 z_v	K_1	K_2	当量齿数 z_v	K_1	K_2
10	1.5643	1.0616	41	1.5704	1.0150	73		1.0085	106		1.0058
11	1.5655	1.0560	42	1.5704	1.0147	74	1.5707	1.0084	107		1.0058
12	1.5663	1.0514	43		1.0143	75		1.0083	108	1.5707	1.0057
13	1.5670	1.0474	44		1.0140	76		1.0081	109		1.0057
14	1.5675	1.0440	45		1.0137	77		1.0080	110		1.0056
15	1.5679	1.0411	46		1.0134	78	1.5707	1.0079	111		1.0056
16	1.5683	1.0385	47	1.5705	1.0131	79		1.0078	112		1.0056
17	1.5685	1.0362	48		1.0129	80		1.0077	113	1.5707	1.0055
18	1.5688	1.0343	49		1.0126	81		1.0076	114		1.0054
19	1.5690	1.0324	50		1.0123	82		1.0075	115		1.0054
20	1.5692	1.0308	51		1.0121	83	1.5707	1.0074	116		1.0053
21	1.5694	1.0294	52		1.0119	84		1.0074	117		1.0053
22	1.5695	1.0281	53	1.5705	1.0117	85		1.0073	118	1.5707	1.0053
23	1.5696	1.0268	54		1.0114	86		1.0072	119		1.0052
24	1.5697	1.0257	55		1.0112	87		1.0071	120		1.0052
25	1.5698	1.0247	56		1.0110	88	1.5707	1.0070	121		1.0051
26		1.0238	57		1.0108	89		1.0069	122		1.0051
27	1.5699	1.0228	58	1.5706	1.0106	90		1.0068	123	1.5707	1.0050
28		1.0220	59		1.0105	91		1.0068	124		1.0050
29	1.5700	1.0213	60		1.0102	92		1.0067	125		1.0049
30	1.5701	1.0206	61		1.0101	93	1.5707	1.0067	126		1.0049
31		1.0199	62		1.0100	94		1.0066	127		1.0049
32		1.0193	63	1.5706	1.0098	95		1.0065	128	1.5707	1.0048
33	1.5702	1.0187	64		1.0097	96		1.0064	129		1.0048
34		1.0183	65		1.0095	97		1.0064	130		1.0047
35		1.0176	66		1.0094	98	1.5707	1.0063	131		1.0047
36	1.5703	1.0171	67	1.5706	1.0092	99		1.0062	132		1.0047
37		1.0167	68		1.0091	100		1.0061	133	1.5708	1.0047
38		1.0162	69	1.5707	1.0090	101		1.0061	134		1.0046
39	1.5704	1.0158	70		11.0088	102		1.0060	136		1.0046
40		1.0154	71	1.5707	1.0087	103	1.5707	1.0060	140		1.0044
			72	1.5707	1.0086	104		1.0059	145	1.57081	1.0042
						105		1.0059	150		1.0041
									齿条		1.0000

注：1. 用成形铣刀加工锥齿轮时，应标注和测量分度圆弦齿厚和弦齿高；用范成法加工时，则可以标注或测量固定弦齿厚和弦齿高。固定弦齿厚和弦齿高及其偏差见表 8-101 及表 8-120。

2. 固定弦齿厚和弦齿高，以及分度圆弦齿厚和弦齿高的标注或测量均以大端为基准。

8.9　圆柱蜗杆、蜗轮精度(GB/T 10089—1988)

本标准适用于轴交角 Σ 为 $90°$，模数 $m \geqslant 1\text{mm}$ 的圆柱蜗杆、蜗轮及传动，其蜗杆分度圆直径 $d_1 \leqslant 400\text{mm}$，蜗轮分度圆直径 $d_2 \leqslant 4000\text{mm}$；基准蜗杆可为阿基米德蜗杆(ZA 蜗杆)、渐开线蜗杆(ZI 蜗杆)、法向直廓蜗杆(ZN 蜗杆)、锥面包络圆柱蜗杆(ZK 蜗杆)和圆弧圆柱蜗杆(ZC 蜗杆)。

一、定义及代号

蜗杆、蜗轮的误差，以及传动的误差和侧隙的定义、代号见表 8-123。

表 8-123　蜗杆、蜗轮及传动的误差和侧隙的定义、代号

序号	名　　称	代号	定　　义
1	蜗杆轴向齿距偏差 蜗杆轴向齿距极限偏差 　上偏差 　下偏差	Δf_{px} $+f_{px}$ $-f_{px}$	在蜗杆轴向截面上实际齿距与公称齿距之差
2	蜗杆轴向齿距累积误差 蜗杆轴向齿距累积公差	Δf_{pxl} f_{pxl}	在蜗杆轴向截面上的工作齿宽范围(两端不完整齿部分应除外)内，任意两个同侧齿面间实际轴向距离与公称轴向距离之差的最大绝对值
3	蜗杆齿形误差 蜗杆齿形公差	Δf_{f1} f_{f1}	在蜗杆轮齿给定截面上的齿形工作部分内，包容实际齿形且距离为最小的两条设计齿形间的法向距离。 　当两条设计齿形线为非等距离的曲线时，应在靠近齿体内的设计齿形线的法线上确定其两者间的法向距离

序号	名　　称	代号	定　　义
4	蜗杆齿槽径向跳动 蜗杆齿槽径向跳动公差	Δf_r f_r	在蜗杆任意一转范围内,测头在齿槽内与齿高中部的齿面双面接触,其测头相对于蜗杆轴线径向距离的最大变动量
5	蜗杆齿厚偏差 蜗杆齿厚极限偏差 　　上偏差 　　下偏差 蜗杆齿厚公差	ΔE_{s1} E_{ss1} E_{si1} T_{s1}	在蜗杆分度圆柱上,法向齿厚的实际值与公称值之差
6	蜗轮切向综合误差 蜗轮切向综合公差	$\Delta F'_i$ F'_i	被测蜗轮与理想精确的测量蜗杆[1]在公称轴线位置上单面啮合时,在被测蜗轮一转范围内实际转角与理论转角之差的总幅度值,以分度圆弧长计
7	蜗轮一齿切向综合误差 蜗轮一齿切向综合公差	$\Delta f'_i$ f'_i	被测蜗轮与理想精确的测量蜗杆[2]在公称轴线位置上单面啮合时,在被测蜗轮一齿距角范围内实际转角与理论转角之差的最大幅度值,以分度圆弧长计

注:[1]允许用配对蜗杆代替测量蜗杆进行检验,这时,也即为蜗杆副的的误差。
　　[2]同[1]注。

续表 8-123

序号	名　称	代号	定　义
8	蜗轮径向综合误差 蜗轮径向综合公差	$\Delta F''_i$ F''_i	被测蜗轮与理想精确的测量蜗杆双面啮合时,在被测蜗轮一转范围内,双啮中心距的最大变动量
9	蜗轮一齿径向综合误差 蜗轮一齿径向综合公差	$\Delta f''_i$ f''_i	被测蜗轮与理想精确的测量蜗杆双面啮合时,在被测蜗轮一齿距角范围内双啮中心距的最大变动量
10	蜗轮齿距累积误差 蜗轮齿距累积公差	ΔF_p F_p	在蜗轮分度圆上③,任意两个同侧齿面间的实际弧长与公称弧长之差的最大绝对值
11	蜗轮 k 个齿距累积误差 蜗轮 k 个齿距累积公差	ΔF_{pk} F_{pk}	在蜗轮分度圆上③ k 个齿距内同侧齿面间的实际弧长与公称弧长之差的最大绝对值。 　　k 为 2 到小于 $z_2/2$ 的整数

序号	名　　　称	代号	定　　　义
12	蜗轮齿圈径向跳动 蜗轮齿圈径向跳动公差	ΔF_r F_r	在蜗轮一转范围内,测头在靠近中间平面的齿槽内与齿高中部的齿面双面接触,其测头相对于蜗轮轴线径向距离的最大变动量
13	蜗轮齿距偏差 蜗轮齿距极限偏差 　　上偏差 　　下偏差	Δf_{pt} $+f_{pt}$ $-f_{pt}$	在蜗轮分度圆上[③],实际齿距与公称齿距之差。 用相对法测量时,公称齿距是指所有实际齿距的平均值
14	蜗轮齿形误差 蜗轮齿形公差	Δf_{f2} f_{f2}	在蜗轮轮齿给定截面上的齿形工作部分内,包容实际齿形且距离为最小的两条设计齿形间的法向距离。 当两条设计齿形线为非等距离曲线时,应在靠近齿体内的设计齿形线的法线上确定其两者间的法向距离
15	蜗轮齿厚偏差 蜗轮齿厚极限偏差 　　上偏差 　　下偏差 蜗轮齿厚公差	ΔE_{s2} E_{ss2} E_{si2} T_{s2}	在蜗轮中间平面上,分度圆齿厚的实际值与公称值之差

注:③允许在靠近中间平面的齿高中部进行测量。

续表 8-123

序号	名　　称	代号	定　　义
16	蜗杆副的接触斑点		对安装好的蜗杆副,在轻微力的制动下,蜗杆与蜗轮啮合运转后,在蜗轮齿面上分布的接触痕迹。接触斑点以接触面积大小、形状和分布位置表示。 接触面积大小按接触痕迹的百分比计算确定: 沿齿长方向——接触痕迹的长度 $b''^{④}$ 与工作长度 b' 之比,即 $\frac{b''}{b'} \times 100\%$。 沿齿高方向——接触痕迹的平均高度 h'' 与工作高度 h' 之比,即 $\frac{h''}{h'} \times 100\%$。 接触形状以齿面接触痕迹总的几何形状的状态确定。 接触位置以接触痕迹离齿面啮入、啮出端或齿顶、齿根的位置确定
17	蜗轮副的中心距偏差	Δf_a	在安装好的蜗杆副中间平面内,实际中心距与公称中心距之差
	蜗杆副的中心距极限偏差 {上偏差 / 下偏差}	$+f_a$ / $-f_a$	
18	蜗杆副的中间平面偏移	Δf_x	在安装好的蜗杆副中,蜗轮中间平面与传动中间平面之间的距离
	蜗杆副的中间平面极限偏差 {上偏差 / 下偏差}	$+f_x$ / $-f_x$	

注:④在确定接触痕迹长度 b'' 时,应扣除超过模数值的断开部分。

序号	名　　称	代号	定　　义
19	蜗杆副的轴交角偏差 实际轴交角 公称轴交角 Δf_{Σ} 蜗杆副轴交角极限偏差　上偏差 　　　　　　　　　　　下偏差	Δf_{Σ} $+f_{\Sigma}$ $-f_{\Sigma}$	在安装好的蜗杆副中,实际轴交角与公称轴交角之差。 偏差值按蜗轮齿宽确定,以其线性值计
20	蜗杆副的侧隙 　圆周侧隙 j_t 　法向侧隙 N　　N $N-N$ j_n 最小圆周侧隙 最大圆周侧隙 最小法向侧隙 最大法向侧隙	j_t j_n $j_{t\min}$ $j_{t\max}$ $j_{n\min}$ $j_{n\max}$	在安装好的蜗杆副中,蜗杆固定不动时,蜗轮从工作齿面接触到非工作齿面接触所转过的分度圆弧长。 在安装好的蜗杆副中,蜗杆和蜗轮的工作齿面接触时,两非工作面齿间的最小距离

二、精度等级

蜗杆、蜗轮和蜗杆传动规定 12 个精度等级:第 1 级的精度最高,第 12 级的精度最低,其中最常用的为 7、8、9 级精度。按照公差的特性对传动性能的主要保证作用,将蜗杆、蜗轮和蜗杆传动的公差分为三个公差组,见表 8-124。根据使用要求不同,允许各公差组选用不同的精度等级组合,但在同一公差组中,各项公差与极限偏差应保持相同的精度等级。

通常,蜗杆和配对蜗轮取成相同的精度等级。

表 8-124　蜗杆、蜗轮和蜗杆传动各项公差的分组

公 差 组		第 Ⅰ 公差组	第 Ⅱ 公差组	第 Ⅲ 公差组
检测对象	蜗杆		$f_h, f_{hl}, f_{px}, f_{pxl}, f_r$	f_{f1}
	蜗轮	$F'_i, F''_i, F_p, F_{pk}, F_r$	f'_i, f''_i, f_{pt}	f_{f2}
	传动	F'_{ic}	f_{ic}	接触斑点, f_a, f_Σ, f_x
误差特性		以一转为周期的误差	一转内多次重复出现的周期误差	齿向线误差
对传动性能影响		传递运动的准确性	传动的平稳性、噪声、振动	载荷分布的均匀性

三、齿坯要求

蜗杆、蜗轮的加工、检验、安装时的径向、轴向基准面应尽可能一致,并应在相应零件工作图上注出。蜗杆、蜗轮的齿坯尺寸和形状公差见表 8-125,基准面的径向和端面跳动公差见表 8-126。

表 8-125　蜗杆、蜗轮齿坯尺寸和形状公差

精 度 等 级		7	8	9	10
孔	尺寸公差		IT7		IT8
	形状公差		IT6		IT7
轴	尺寸公差		IT6		IT7
	形状公差		IT5		IT6
齿顶圆直径公差			IT8		IT9

注:1. 当三个公差组的精度等级不同时,按最高精度等级确定公差。

　　2. 当齿顶圆不作测量齿厚基准时,尺寸公差按 IT11 确定,但不得大于 0.1 mm。

　　3. IT 为标准公差,见表 8-27。

表 8-126　蜗杆、蜗轮齿坯基准面径向和端面跳动公差　　　　　　　　　　μm

基准(端)面直径 d（mm）	精 度 等 级			
	7	8	9	10
≤31.5	7	7	10	10
>31.5~63	10	10	16	16
>63~125	14	14	22	22
>125~400	18	18	28	28
>400~800	22	22	36	36
>800~1600	32	32	50	50

注:当三个公差组的精度等级不同时,按最高精度等级确定公差。

　　2. 当以齿顶圆作为测量基准时,也即为蜗杆、蜗轮的齿坯基准面。

四、蜗杆、蜗轮的检验与公差

根据蜗杆传动的工作要求和生产规模,在各公差组中选定一个检验组来评定和验收蜗杆、蜗轮的精度。各公差组的检验组见表 8-127。蜗杆、蜗轮及传动公差数值的规定,见表 8-128 ~ 表 8-135。

表 8-127 蜗杆、蜗轮和蜗杆传动公差组的检验组

公差组	蜗 杆	蜗 轮	传 动
I		$\Delta F'_i$ $\Delta F_p,\Delta F_{pK}$ ΔF_p(用于 5~12 级) ΔF_r(用于 9~12 级) $\Delta F''_i$(用于 7~12 级)	$\Delta F'_{ic}$
II	$\Delta f_h,\Delta f_{hl}$(用于单头蜗杆) $\Delta f_{px},\Delta f_{hl}$(用于多头蜗杆) $\Delta f_{px},\Delta f_{pxl},\Delta f_r,$ $\Delta f_{px},\Delta f_{pxl}$(用于 7~9 级) Δf_{px} (用于 10~12 级)	$\Delta f'_i$ $\Delta f''_i$(用于 7~12 级) Δf_{pt}(用于 5~12 级)	$\Delta f'_{ic}$
III	Δf_{f1}	Δf_{f2}(对接触斑点有要求时,可不检验)	接 触 斑 点, Δf_a、 Δf_x、Δf_Σ

注:1. 各检验项目的公差值或极限偏差值,分别见表 8-128、表 8-129、表 8-130、表 8-131、表 8-132、表 8-133、表 8-134、表 8-135。

2. 蜗轮的 F'_i、f'_i 值,按下列关系式计算确定:$F'_i=F_p+f_{f2}$ $f'_i=0.6(f_{pt}+f_{f2})$

3. 对 5 级和 5 级精度以下的传动,允许用 $\Delta F'_i$、$\Delta f'_i$ 代替 $\Delta F'_{ic}$、$\Delta f'_{ic}$ 的检验,或以蜗杆、蜗轮相应公差组的检验组中最低结果评定传动的第 I、II 公差组的精度等级。

五、蜗杆副侧隙

蜗杆传动的最小法向侧隙分为八种:a、b、c、d、e、f、g 和 h,以 a 的最小法向侧隙为最大,其余依次减小,至 h 为零(见图 8-12),侧隙种类与精度等级无关,最小法向侧隙 $j_{n\min}$ 值见表 8-136。

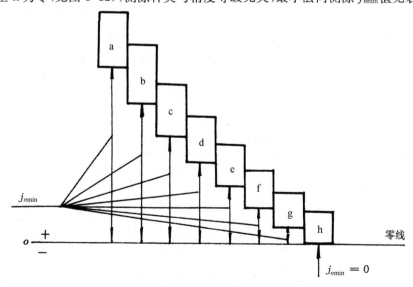

图 8-12 最小法向侧隙分类

传动的最小法向侧隙由蜗杆齿厚的减薄量来保证，即取蜗杆齿厚上偏差 $E_{ss1} = -\left(\dfrac{j_{nmin}}{\cos\alpha_n} + E_\Delta\right)$，齿厚下偏差 $E_{si1} = E_{ss1} - T_{s1}$，$E_\Delta$ 为制造误差的补偿部分。最大法向侧隙由蜗杆、蜗轮齿厚公差 T_{s1}、T_{s2} 确定。蜗轮齿厚上偏差 $E_{ss2} = 0$，下偏差 $E_{si2} = -T_{s2}$。T_{s1}、E_Δ 和 T_{s2} 值分别见表 8-137～表 8-139。

六、图样标注

蜗杆、蜗轮工作图上，应作如下标注（示例）：

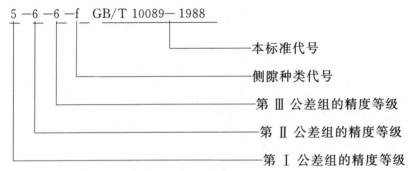

5 —6 —6 —f GB/T 10089— 1988

本标准代号
侧隙种类代号
第 Ⅲ 公差组的精度等级
第 Ⅱ 公差组的精度等级
第 Ⅰ 公差组的精度等级

对蜗杆则无第Ⅰ公差组。当各公差组精度相同，则用一个数字表示。当蜗轮齿厚极限偏差为非标准值时，则相配侧隙种类代号改用具体偏差值表示，并加括号，

对于传动，标注（示例）如下：

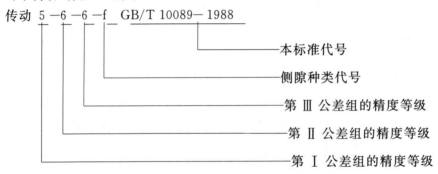

传动 5 —6 —6 —f GB/T 10089— 1988

本标准代号
侧隙种类代号
第 Ⅲ 公差组的精度等级
第 Ⅱ 公差组的精度等级
第 Ⅰ 公差组的精度等级

若侧隙为非标准值时，则改用最小、最大圆周侧隙或最小、最大法向侧隙值表示，例如：

$$\text{传动} 5-6-6 \begin{pmatrix} 0.03 \\ 0.06 \end{pmatrix} t \quad \text{GB/T } 10089-1988$$

若为法向侧隙，则略去字母 t。

表 8-128　蜗杆的公差和极限偏差 f_{px}、f_{pxl}、f_{f1} 值 μm

代号		$\pm f_{px}$					f_{pxl}					f_{f1}				
模数 m (mm)		≥1 ～3.5	>3.5 ～6.3	>6.3 ～10	>10 ～16	>16 ～25	≥1 ～3.5	>3.5 ～6.3	>6.3 ～10	>10 ～16	>16 ～25	≥1 ～3.5	>3.5 ～6.3	>6.3 ～10	>10 ～16	>16 ～25
精度等级	6	7.5	9	12	16	22	13	16	21	28	40	11	14	19	25	36
	7	11	14	17	22	32	18	24	32	40	53	16	22	28	36	53
	8	14	20	25	32	45	25	34	45	56	75	22	32	40	53	75
	9	20	25	32	46	63	36	48	63	80	100	32	45	53	75	100
	10	28	36	48	63	85	—	—	—	—	—	45	60	75	100	140

表 8-129　蜗杆齿槽径向跳动公差 f_r 值　　　　　　　　单位：μm

分度圆直径 d_1 (mm)	$\leqslant 10$	>10 ~ 18	>18 ~ 31.5	>31.5 ~ 50	>50 ~ 80	>80 ~ 125	>125 ~ 180	>180 ~ 250	>250 ~ 315	>315 ~ 400
模数 m (mm)	$\geqslant 1$ ~ 3.5	$\geqslant 1$ ~ 3.5	$\geqslant 1$ ~ 6.3	$\geqslant 1$ ~ 10	$\geqslant 1$ ~ 16	$\geqslant 1$ ~ 16	$\geqslant 1$ ~ 25	$\geqslant 1$ ~ 25	$\geqslant 1$ ~ 25	$\geqslant 1$ ~ 25
精度等级 6	11	12	12	13	14	16	18	22	25	28
7	14	15	16	17	18	20	25	28	32	36
8	20	21	22	23	25	28	32	40	45	53
9	28	29	30	32	36	40	45	53	63	71
10	40	41	42	45	48	56	63	75	90	100

表 8-130　蜗轮径向综合公差 F''_i 及蜗轮相邻齿径向综合公差 f''_i 值　　　　单位：μm

分度圆直径 d_2 (mm)	模数 m (mm)	F''_i 精 度 等 级				f''_i 精 度 等 级			
		7	8	9	10	7	8	9	10
$\leqslant 125$	$\geqslant 1 \sim 3.5$	56	71	90	112	20	28	36	45
	$>3.5 \sim 6.3$	71	90	112	140	25	36	45	56
	$>6.3 \sim 10$	80	100	125	160	28	40	50	63
$>125 \sim 400$	$\geqslant 1 \sim 3.5$	63	80	100	125	22	32	40	50
	$>3.5 \sim 6.3$	80	100	125	160	28	40	50	63
	$6.3 \sim 10$	90	112	140	180	32	45	56	71
	$10 \sim 16$	100	125	160	200	36	50	63	80
$>400 \sim 800$	$\geqslant 1 \sim 3.5$	90	112	140	180	25	36	45	56
	$>3.5 \sim 6.3$	100	125	160	200	28	40	50	63
	$>6.3 \sim 10$	112	140	180	224	32	45	56	71
	$>10 \sim 16$	140	180	224	280	40	56	71	90
	$>16 \sim 25$	180	224	280	355	50	71	90	112
$>800 \sim 1600$	$\geqslant 1 \sim 3.5$	100	125	160	200	28	40	50	63
	$>3.5 \sim 6.3$	112	140	180	224	32	45	56	71
	$6.3 \sim 10$	125	160	200	250	36	50	63	80
	$10 \sim 16$	140	180	224	280	40	56	71	90
	$>16 \sim 25$	180	224	280	355	50	71	90	112

表 8-131　蜗轮齿距累积公差 F_p 及 K 个齿距累积公差 F_{pK} 值　　　　单位：μm

分度圆弧长 L (mm)	$\leqslant 11.2$	>11.2 ~ 20	>20 ~ 32	>32 ~ 50	>50 ~ 80	>80 ~ 160	>160 ~ 315	>315 ~ 630	>630 ~ 1000	>1000 ~ 1600	>1600 ~ 2500
精度等级 6	11	16	20	22	25	32	45	63	80	100	112
7	16	22	28	32	36	45	63	90	112	140	160
8	22	32	40	45	50	63	90	125	160	200	224
9	32	45	56	63	71	90	125	180	224	280	315
10	45	63	80	90	100	125	180	250	315	400	450

注：1. F_p 和 F_{pK} 按分度圆弧长 L 查表：查 F_p 时，取 $L=\frac{1}{2}\pi d_2=\frac{1}{2}\pi m z_2$；查 F_{pK} 时，取 $L=k\pi m$（K 为 2 到小于 $z_2/2$ 的整数）。

2. 除特殊情况外，对于 F_{pK}，K 值规定取为小于 $z_2/6$ 的最大整数。

表 8-132　蜗轮齿圈径向跳动公差 F_r、蜗轮齿距极限偏差 f_{pt} 及蜗轮齿形公差 f_{f2} 值　　单位:μm

分度圆直径 d_2(mm)	模数 m (mm)	F_r				$\pm f_{pt}$					f_{f2}				
		精　度　等　级													
		7	8	9	10	6	7	8	9	10	6	7	8	9	10
≤125	≥1~3.5	40	50	63	80	10	14	20	28	40	8	11	14	22	36
	>3.5~6.3	50	63	80	100	13	18	25	36	50	10	14	20	32	50
	>6.3~10	56	71	90	112	14	20	28	40	56	12	17	22	36	56
>125~400	≥1~3.5	45	56	71	90	11	16	22	32	45	9	13	18	28	45
	>3.5~6.3	56	71	90	112	14	20	28	40	56	11	16	22	36	56
	>6.3~10	63	80	100	125	16	22	32	45	63	13	19	28	45	71
	10~16	71	90	112	140	18	25	36	50	71	16	22	32	50	90
>400~800	≥1~3.5	63	80	100	125	13	18	25	36	50	12	17	25	40	63
	>3.5~6.3	71	90	112	140	14	20	28	40	56	14	20	28	45	71
	>6.3~10	80	100	125	160	18	25	36	50	71	16	24	36	56	90
	>10~16	100	125	160	200	20	28	40	56	80	18	26	40	63	100
	>16~25	125	160	200	250	25	36	50	71	100	24	36	56	90	140
>800~1600	≥1~3.5	71	90	112	140	14	20	28	40	56	17	24	36	56	90
	>3.5~6.3	80	100	125	160	16	22	32	45	63	18	28	40	63	100
	>6.3~10	90	112	140	180	18	25	36	50	71	20	30	45	71	112
	>10~16	100	125	160	200	20	28	40	56	80	22	34	50	80	125
	>16~25	125	160	200	250	25	36	50	71	100	28	42	63	100	160

表 8-133　传动接触斑点的要求

精度等级	接触面积的百分比(%)		接触形状	接　触　位　置
	沿齿高不小于	沿齿长不小于		
7 和 8	55	50	不作要求	接触斑点趋近齿面中部,允许略偏于啮入端,但不允许在齿顶和啮入、啮出端的棱边接触
9 和 10	45	40		

注:采用修形齿面的蜗杆传动,接触斑点的要求可不受本标准规定的限制。

表 8-134　传动轴交角极限偏差±f_Σ 值　　单位:μm

蜗轮齿宽 b_2 (mm)	精　度　等　级				
	6	7	8	9	10
≤30	10	12	17	24	34
>30~50	11	14	19	28	38
>50~80	13	16	22	32	45
>80~120	15	19	24	36	53
>120~180	17	22	28	42	60
>180~250	20	25	32	48	67
>250	22	28	36	53	75

表 8-135　传动中心距极限偏差±f_a 值及传动平面极限偏差±f_x 值　　　　　　　单位: μm

传动中心距 a (mm)	±f_a			±f_x		
	精　度　等　级					
	6	7～8	9～10	6	7～8	9～10
≤30	17	26	42	14	21	34
>30～50	20	31	50	16	25	40
>50～80	23	37	60	18.5	30	48
>80～120	27	44	70	22	36	56
>120～180	32	50	80	27	40	64
>180～250	36	58	92	29	47	74
>250～315	40	65	105	32	52	85
>315～400	45	70	115	36	56	92
>400～500	50	78	125	40	63	100
>500～630	55	87	140	44	70	112
>630～800	62	100	160	50	80	130
>800～1000	70	115	180	56	92	145
>1000～1250	82	130	210	66	105	170
>1250～1600	97	155	250	78	125	200

表 8-136　传动最小法向侧隙 j_{nmin} 值　　　　　　　单位: μm

传动中心距 a (mm)	侧　隙　种　类							
	h	g	f	e	d	c	b	a
≤30	0	9	13	21	33	52	84	130
>30～50	0	11	16	25	39	62	100	160
>50～80	0	13	19	30	46	74	120	190
>80～120	0	15	22	35	54	87	140	220
>120～180	0	18	25	40	63	100	160	250
>180～250	0	20	29	46	72	115	185	290
>250～315	0	23	32	52	81	130	210	320
>315～400	0	25	36	57	89	140	230	360
>400～500	0	27	40	63	87	155	250	400
>500～630	0	30	44	70	110	175	280	440
>630～800	0	35	50	80	125	200	320	500
>800～1000	0	40	56	90	140	230	360	560
>1000～1250	0	46	66	105	165	260	420	660
>1250～1600	0	54	78	125	195	310	500	780

注: 传动的最小圆周侧隙 $j_{tmin}=j_{nmin}/\cos r' \cdot \cos\alpha_n$

r'—蜗杆节圆柱导程角。α_n—蜗杆法向齿形角。

表 8-137　蜗杆齿厚公差 T_{s1} 值　　　　　　　单位: μm

模数 m (mm)	第Ⅱ公差组精度等级				
	6	7	8	9	10
≥1～3.5	36	45	53	67	95
>3.5～6.3	45	56	71	90	130
>6.3～10	60	71	90	110	160
>10～16	80	95	120	150	210
>16～25	110	130	160	200	280

表 8-138 蜗杆齿厚上偏差 (E_{ss1}) 中的误差补偿部分 $E_{s\Delta}$ 值 单位:μm

精度等级	模数 m (mm)	传动中心距 a mm														
		≤30	>30 ~50	>50 ~80	>80 ~120	>120 ~180	>180 ~250	>250 ~315	>315 ~400	>400 ~500	>500 ~630	>630 ~800	>800 ~1000	>1000 ~1250	>1250 ~1600
6	≥1~3.5	30	30	32	36	40	45	48	50	56	60	65	75	85	100
	>3.5~6.3	32	36	38	40	45	48	50	56	60	63	70	75	90	100
	>6.3~10	42	45	45	48	50	52	56	60	63	68	75	80	90	105
	>10~16	—	—	—	58	60	63	65	68	71	75	80	85	95	110
	>16~25	—	—	—	—	75	78	80	85	85	90	95	100	110	120
7	≥1~3.5	45	48	50	56	60	71	75	80	85	95	105	120	135	160
	>3.5~6.3	50	56	58	63	68	75	80	85	90	100	110	125	140	160
	>6.3~10	60	63	65	71	75	80	85	90	95	105	115	130	140	165
	>10~16	—	—	—	80	85	90	95	100	105	110	125	135	150	170
	>16~25	—	—	—	—	115	120	120	125	130	135	145	155	165	185
8	≥1~3.5	50	56	58	63	68	75	80	85	90	100	110	125	140	160
	>3.5~6.3	68	71	75	78	80	85	90	95	100	110	120	130	145	170
	>6.3~10	80	85	90	90	95	100	100	105	110	120	130	140	150	175
	>10~16	—	—	—	110	115	115	120	125	130	135	140	155	165	185
	>16~25	—	—	—	150	155	155	160	160	170	175	180	190	210
9	≥1~3.5	75	80	90	95	100	110	120	130	140	155	170	190	220	260
	>3.5~6.3	90	95	100	105	110	120	130	140	150	160	180	200	225	260
	>6.3~10	110	115	120	125	130	140	145	155	160	170	190	210	235	270
	>10~16	—	—	—	160	165	170	180	185	190	200	220	230	255	290
	>16~25	—	—	—	—	215	220	225	230	235	245	255	270	290	320
10	≥1~3.5	100	105	110	115	120	130	140	145	155	165	185	200	230	270
	>3.5~6.3	120	125	130	135	140	145	155	160	170	180	200	210	240	280
	>6.3~10	155	160	165	170	175	180	185	190	200	205	220	240	260	290
	>10~16	—	—	—	210	215	220	225	230	235	240	260	270	290	320
	>16~25	—	—	—	—	280	285	290	295	300	305	310	320	340	370

注:精度等级按蜗杆的第Ⅱ公差组确定。

表 8-139 蜗轮齿厚公差 T_{s2} 值 单位:μm

分度圆直径 d_2 (mm)	模数 m (mm)	数度等级				
		6	7	8	9	10
≤125	≥1~3.5	71	90	100	130	160
	>3.5~6.3	85	110	130	160	190
	>6.3~10	90	120	140	170	210
>125~400	≥1~3.5	80	100	120	140	170
	>3.5~6.3	90	120	140	170	210
	>6.3~10	100	130	160	190	230
	>10~16	110	140	170	210	260
	>16~25	130	170	210	260	320
>400~800	≥1~3.5	85	110	130	160	190
	>3.5~6.3	90	120	140	170	210
	>6.3~10	100	130	160	190	230
	>10~16	120	160	190	230	290
	>16~25	140	190	230	290	350
>800~1600	≥1~3.5	90	120	140	170	210
	>3.5~6.3	100	130	160	190	230
	>6.3~10	110	140	170	210	260
	>10~16	120	160	190	230	290
	>16~25	140	190	230	290	350

注:1. 精度等级按蜗轮第Ⅱ公差组确定。 2. 在最小法向侧隙能保证的条件下,T_{S2}公差带允许采用对称分布。

表 8-140　蜗杆分度圆法向弦齿厚及弦齿高

法向剖面

表中数据按下式定出：

$$\bar{S}_n \approx \frac{\pi m_s}{2}\cos\lambda;\ \bar{h} \approx m_s \qquad \tan\lambda = \frac{z_1}{q} = \frac{z_1 m_s}{d}$$

式中：m_s—轴向模数　d—蜗杆分度圆直径

λ—蜗杆螺旋线升角　z_1—蜗杆头数

m_s (mm)	$q=\dfrac{d}{m_s}$	d (mm)	不同蜗杆头数下齿厚(mm)				任何头数 z_1
			1	2	3	4	
			$\bar{S}_n$				$\bar{h}$
1	28	28	1.57	1.57	1.56	1.55	
	20	20	1.57	1.56	1.55	1.54	1.00
	14	14	1.57	1.55	1.54	1.51	
	9	9	1.56	1.53	1.49	1.44	
1.5	28	42	2.35	2.35	2.34	2.33	
	20	30	2.35	2.34	2.33	2.31	1.50
	14	21	2.35	2.33	2.30	2.26	
	9	13.5	2.34	2.30	2.24	2.15	
2	26	52	3.14	3.13	3.12	3.10	
	19	38	3.14	3.12	3.10	3.07	2.00
	13	26	3.13	3.10	3.06	3.02	
	9	13	3.12	3.07	2.98	2.87	
2.5	24	60	3.92	3.91	3.90	3.88	
	18	45	3.92	3.90	3.88	3.83	2.50
	12	30	3.91	3.88	3.81	3.72	
	8	20	3.90	3.81	3.68	3.51	
3	22	66	4.71	4.69	4.67	4.64	
	17	51	4.70	4.68	4.64	4.56	3.00
	12	36	4.70	4.66	4.57	4.47	
	8	24	4.68	4.57	4.41	4.21	
4	19	76	6.27	6.25	6.21	6.15	
	15	60	6.27	6.23	6.16	6.07	4.00
	11	44	6.26	6.18	6.06	5.90	
	7	28	6.22	6.09	5.78	—	
5	18	90	7.84	7.80	7.77	7.67	
	14	70	7.83	7.77	7.68	7.55	5.00
	10	50	7.82	7.70	7.52	7.29	
	7	35	7.77	7.55	7.22	—	
6	17	102	9.41	9.36	9.28	9.17	
	13	78	9.40	9.32	9.18	9.01	6.00
	9	54	9.37	9.20	8.94	8.61	
	7	42	9.33	9.06	9.66	—	
8	15	120	12.54	12.46	12.32	12.14	
	11	88	12.51	12.36	12.12	11.81	8.00
	8	64	12.47	12.19	11.77	11.24	
	6	48	12.40	11.92	11.24	—	
10	15	150	15.67	15.57	15.40	15.18	
	11	110	15.64	15.45	15.15	14.76	10.00
	8	80	15.59	15.24	14.71	14.05	
	6	60	15.49	14.90	14.05	—	

注：1. 本表适用于阿基米德螺线蜗杆。

2. 为便于检验，蜗杆螺牙的最小减薄量和齿厚公差，须和蜗杆螺牙的法向弦齿厚及弦齿高一并注在蜗杆工作图中。

8.10　滚子链及其链轮

表 8-141　滚子链基本参数和尺寸(自 GB/T 1243－2006)

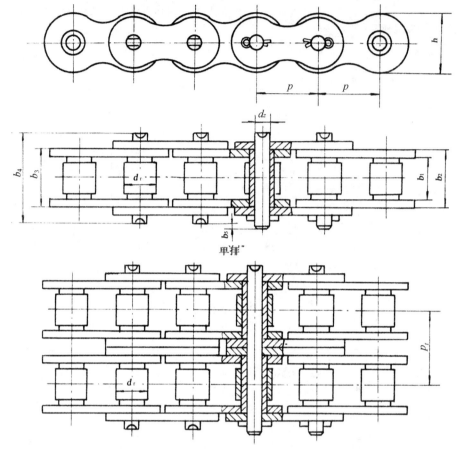

标记示例:链号为 08A、单排、87 个链节长的滚子链标记为:08A－1×87GB/T 1243－2006

链号	节距 p	滚子直径 d_r max	内链节内宽 b_1 min	内链节外宽 b_2 max	外链节内宽 b_3 min	销轴直径 d_z max	套筒孔径 min	内链板高度 h max	链条通道高度 min	销轴长度 b_4 max	止锁端加长 b_5 max	排距 p_t	单排抗拉载荷 Q
					mm								kN
05B	8.00	5.00	3.00	4.77	4.90	2.31	2.36	7.11	7.37	8.6	3.1	5.64	4.4
06B	9.525	6.35	5.72	8.53	8.66	3.28	3.33	8.26	8.52	13.5	3.3	10.24	8.9
08A	12.7	7.92	7.85	11.17	11.23	3.98	4	12.07	12.33	17.8	3.9	13.92	13.9
08B	12.7	8.51	7.75	11.30	11.43	4.45	4.5	11.81	12.07	17.0	3.9	14.38	17.8
10A	15.875	10.16	9.40	13.84	13.89	5.09	5.12	15.09	15.35	21.8	4.1	18.11	21.8
12A	19.05	11.91	12.57	17.75	17.81	5.96	5.98	18.10	18.34	26.9	4.6	22.78	31.3
16A	25.4	15.88	15.75	22.60	22.66	7.94	7.96	24.13	24.39	33.5	5.4	29.29	55.6
20A	31.75	19.05	18.90	27.45	27.51	9.54	9.56	30.17	30.48	41.1	6.1	35.76	87
24A	38.10	22.23	25.22	35.45	35.51	11.11	11.14	36.20	36.55	50.8	6.6	45.44	125
28A	44.45	25.40	25.22	37.18	37.24	12.71	12.74	42.23	42.67	54.9	7.4	48.87	169
32A	50.80	28.58	31.55	45.21	45.26	14.29	14.31	48.26	48.74	65.5	7.9	58.55	223
40A	63.50	39.68	37.85	54.88	54.94	19.85	19.87	60.33	60.93	80.3	10.2	71.55	347

注: 本表仅列出 GB/T 1243－2006 中部分链号。

2. 对于多排链,除 05B、06B、08B 外,其抗拉载荷按表列单排链的数值乘以排数 m 计算,其销轴长度可查 GB/T 1243－2006。

3. 链条通道高度由内链板高度 h 加适量间隙得出。

表 8-142　滚子链链轮轴向齿形尺寸(GB/T 1243－2006)

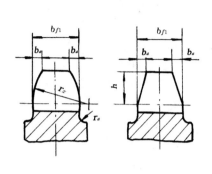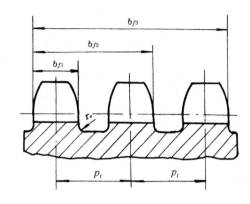

单位:mm

名　　　称		符号	计算公式		备　　注
			$p\leqslant12.7$	$p\leqslant12.7$	
齿宽	单排	b_{f1}	$0.93b_1$	$0.95b_1$	$p>12.7$ 时,经制造厂同意,亦可使用 $p\leqslant12.7$ 时的齿宽。b_1—内链节内宽,查表 8-141
	双排、三排		$0.91b_1$	$0.93b_1$	
齿侧倒角		b_a	$b_{a公称}=0.06p$		适用于 081、083、084 及 085 规格链条(表 8-141 未列出)
			$b_{a公称}=0.13p$		适用于其余 A 或 B 系列链条
齿侧半径		r_x	$r_{x公称}=p$		
齿全宽		b_{fm}	$b_{fm}=(n-1)p_t+b_{f1}$		n—排数
齿侧凸缘(或排间槽)圆角半径		r_a	$r_a=0.04p$		

表 8-143　滚子链链轮齿根圆直径极限偏差

(GB/T 1243－2006)

齿根圆直径 d_f	极限偏差	备　　注
$d_f\leqslant127$	0 −0.25	齿根圆直径下偏差为负值。它可用量柱法间接测量、见下表。h_{11} 见 GB/T 1801～1802
$127<d_f\leqslant250$	0 −0.30	
$d_f>250$	h_{11}	

表 8-144 　滚子链链轮的量柱测量距 M_R（GB/T 1243—2006）

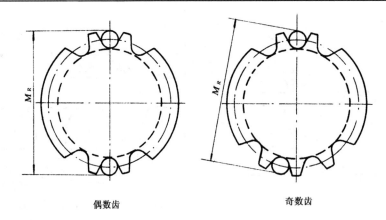

偶数齿　　　　　　　　　　　奇数齿

项　　目		符　号	计　算　公　式
量柱测量距	偶数齿	M_R	$M_R = d + d_R$
	奇数齿		$M_R = d\cos\dfrac{90°}{z} + d_R$

注：量柱直径 d_R＝滚子外径 d_r，量柱的技术要求为：极限偏差为 $^{+0.1}_{0}$；圆度、圆柱度等公差不超过直径公差之半；表面粗糙度 R_a 为 1.6μm；表面硬度为 55～60HRC。

表 8-145 　滚子链链轮齿宽偏差 Δb_{f1} 或 Δb_{fn}

节距 p	9.525	12.70	15.875	19.05	25.40	31.75	38.10	44.45	50.80	63.50
齿宽偏差 Δb_{f1} 或 Δb_{fn}	0 −0.20	0 −0.25	0 −0.25	0 −0.30	0 −0.30	0 −0.35	0 −0.40	0 −0.40	0 −0.45	0 −0.45

表 8-146 　滚子链链轮齿根圆径向圆跳动和端面圆跳动
（GB/T 1243—2006）

项　　目	项　目　定　义	偏　差　范　围
径向圆跳动	链轮孔和根圆直径之间的径向跳动量	应小于 $(0.0008d_f + 0.08)$ mm 或 0.15mm，最大不超过 0.76mm
端面圆跳动	轴孔到链轮齿侧平直部分的端面圆跳动量	应小于 $(0.0009d_f + 0.008)$ mm，最大不超过 1.14mm

d_f—链轮齿根圆直径

表 8-147 　链轮轮坯公差（GB/T 1243—2006）

项　　目	符　号	公差带	备　　注
孔　径	d_k	H_8	GB/T 1800.2—2009
齿顶圆直径	d_a	h_{11}	
齿　宽	b_f	m 级	见表 8-28 或表 8-145

8.11 同步带及其带轮

表 8-148　梯形齿标准同步带(节距制)的齿形尺寸(摘自 GB/T 11616)　　　　单位:mm

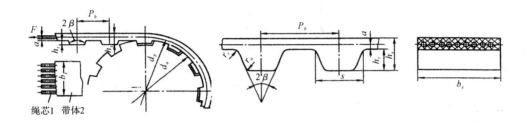

带型		MXL	XXL	XL	L	H	XH	XXH
节距 P_b		2.032	3.175	5.080	9.525	12.70	22.225	31.750
齿形尺寸	齿形角 $2\beta(°)$	40	50	50	40	40	40	40
	齿根厚 s	1.14	1.73	2.57	4.65	6.12	12.57	19.05
	齿高 h_t	0.51	0.76	1.27	1.91	2.29	6.35	9.53
	单面带高 h_s	1.14	1.52	2.30	3.60	4.30	11.20	15.70
	半径 r_r	0.13	0.20	0.38	0.51	1.02	1.57	2.29
	r_a	0.13	0.30	0.38	0.51	1.02	1.19	1.52
	节根距 a	0.254	0.254	0.254	0.381	0.686	1.397	1.524
宽度(系列见表 8-194)范围		3~6.4	3~6.4	6.4~10	13~25	20~76	50~100	50~127
推荐最小带轮节径 d_{pmin}		6	10	16	36	63	125	220

带型含义:MXL—最轻型,XXL—超轻型,XL—特轻型,L—轻型,H—重型,XH—特重型,XXH—超重型。

表 8-149　梯形齿标准同步带(节距制)的节线长度(摘自 GB/T 11616)

长度代号	节线长 L_P (mm) 公称尺寸	MXL	XXL	XL	L	H
		齿数 z_b				
36.0	91.44	45				
40.0	101.6	50				
44.0	111.76	55				
48.0	121.92	60				
56.0	142.24	70				
60.0	152.4	75	48	30		
64.0	162.56	80	—	—		
70	177.8	—	56	35		
72.0	182.88	90		—		
80.0	203.2	100	64	40		
88.0	223.52	110		—		
90	228.6	—	72	45		
100.0	254	125	80	50		
110	279.4	—	88	55		
112.0	284.48	140				
120	304.8	—	96	60		
124	314.33	—		—	33	
124.0	314.96	155		—		
130	330.2	—	104	65	—	
140.0	355.6	175	112	70	—	
150	381	—	120	75	40	
160.0	406.4	200	128	80	—	
170	431.8	—		85	—	
180.0	457.2	225	144	90	—	
187	476.25	—		—	50	
190	482.6	—		95	—	
200.0	508	250	160	100	—	
210	533.4			105	56	
220	558.8		176	110	—	
225	571.5			—	60	
230	584.2			115	—	
240	609.6			120	64	48
250	635			125	—	—
255	647.7			—	68	—
260	660.4			130	—	—
270	685.8				72	54
285	723.9				76	—
300	762				80	60

长度代号	节线长 L_P (mm) 公称尺寸	L	H	XH	XXH
		齿数 z_b			
322	819.15	86	—		
330	838.2	—	66		
345	876.3	92	—		
360	914.4	—	72		
367	933.45	98	—		
390	990.6	104	78		
420	1066.8	112	84		
450	1143	120	90		
480	1219.2	128	96		
507	1289.05	—	—	58	
510	1295.4	136	102	—	
540	1371.6	144	108	—	
560	1422.4	—	—	64	
570	1447.8	—	114		
600	1524	160	120		
630	1600.2	—	126	72	
660	1676.4		132	—	
700	1778		140	80	56
750	1905		150	—	—
770	1955.8		—	88	—
800	2032		160	—	64
840	2133.6		—	96	—
850	2159		170	—	
900	2286		180	—	72
980	2489.2		—	112	
1000	2540		200	—	80
1100	2794		220	—	
1120	2844.8		—	128	
1200	3048				96
1250	3175		250	—	
1260	3200.4		—	144	
1400	3556		280	160	112
1540	3911.6		—	176	
1600	4064		—	—	128
1700	4318		340	—	
1750	4445			200	—
1800	4572				144

标记示例:节线长 1066.8mm、轻型、节距 9.525mm、带型 12.7mm;标记为 420 L 050 GB/T 11616

表 8-150　梯形齿同步带轮的直径(摘自 GB/T 11361)　　　　　　　　单位:mm

带轮齿数 $z_{1,2}$	标准直径													
	MXL		XXL		XL		L		H		XH		XXH	
	d_p	d_a	d_p	d_a	d_p	d_a	d_p	d_a	d_p	d_a	d_p	d_a	d_p	d_a
10	6.47	5.96	10.11	9.60	16.17	15.66								
11	7.11	6.61	11.12	10.61	17.79	17.28								
12	7.76	7.25	12.13	11.62	19.40	18.90	36.38	35.62						
13	8.41	7.90	13.14	12.63	21.02	20.51	39.41	38.65						
14	9.06	8.55	14.15	13.64	22.64	22.13	42.45	41.69	56.60	55.23				
15	9.70	9.19	15.16	14.65	24.26	23.75	45.48	44.72	60.64	59.27				
16	10.35	9.84	16.17	15.66	25.87	25.36	48.51	47.75	64.68	63.31				
17	11.00	10.49	17.18	16.67	27.49	26.98	51.54	50.78	68.72	67.35				
18	11.64	11.13	18.19	17.68	29.11	28.60	54.57	53.81	72.77	71.39	127.34	124.55	181.91	178.86
19	12.29	11.78	19.20	18.69	30.72	30.22	57.61	56.84	76.81	75.44	134.41	131.62	192.02	188.97
20	12.94	12.43	20.21	19.70	32.34	31.83	60.64	59.88	80.85	79.48	141.49	138.69	202.13	199.08
(21)	13.58	13.07	21.22	20.72	33.96	33.45	63.67	62.91	84.89	83.52	148.56	145.77	212.23	209.18
22	14.23	13.72	22.23	21.73	35.57	35.07	66.70	65.94	88.94	87.56	155.64	152.84	222.34	219.29
(23)	14.88	14.37	23.24	22.74	37.19	36.68	69.73	68.97	92.98	91.61	162.71	159.92	232.45	229.40
(24)	15.52	15.02	24.26	23.75	38.81	38.30	72.77	72.00	97.02	95.65	169.79	166.99	242.55	239.50
25	16.17	15.66	25.27	24.76	40.43	39.92	75.80	75.04	101.06	99.69	176.86	174.07	252.66	249.61
(26)	16.82	16.31	26.28	25.77	42.04	41.53	78.83	78.07	105.11	103.73	183.94	181.14	262.76	259.72
(27)	17.46	16.96	27.29	26.78	43.66	43.15	81.86	81.10	109.15	107.78	191.01	188.22	272.87	269.82
28	18.11	17.60	28.30	27.79	45.28	44.77	84.89	84.13	113.19	111.82	198.08	195.29	282.98	279.93
(30)	19.40	18.90	30.32	29.81	48.51	48.00	90.96	90.20	121.28	119.90	212.23	209.44	303.19	300.14
32	20.70	20.19	32.34	31.83	51.74	51.24	97.02	96.26	129.36	127.99	226.38	223.59	323.40	320.35
36	23.29	22.78	36.38	35.87	58.21	57.70	109.15	108.39	145.53	144.16	254.68	251.89	363.83	360.78
40	25.37	25.36	40.43	39.92	64.68	64.17	121.28	120.51	161.70	160.33	282.98	280.18	404.25	401.21
48	31.05	30.54	48.51	48.00	77.62	77.11	145.53	144.77	194.04	192.67	339.57	336.78	485.10	482.06
60	38.81	38.30	60.64	60.13	97.02	96.51	181.91	181.15	242.55	241.18	424.47	421.67	606.38	603.33
72	46.57	46.06	72.77	72.26	116.43	115.92	218.30	217.53	291.06	289.69	509.36	506.57	727.66	724.61
84							254.68	253.92	339.57	338.20	594.25	591.46	848.93	845.88
96							291.06	290.30	388.08	386.71	679.15	676.35	970.21	967.16
120							363.83	363.07	485.10	483.73	848.93	846.14	1212.76	1209.71
156							630.64	629.26						

注:括号中的齿数为非优先的直径尺寸。

表 8-151　同步带轮的挡圈尺寸　　　　　　　　　　　单位:mm

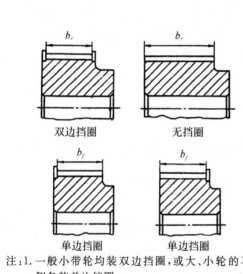

带型	MXL	XXL	XL	L	H	XH	XXH
K_{min}	0.5	0.8	1.0	1.5	2.0	4.8	6.1
t	0.5~1.0	0.5~1.5	1.0~1.5	1.0~2.0	1.5~2.5	4.0~5.0	5.0~6.5
r	0.5~1						
d_w	$d_w=(d_a+0.38)\pm0.25(d_a—带轮外径)$						
d_e	$d_e=d_w+2K$						

图中标注:8°min, 25°max, 倒圆

表 8-152　梯形齿同步带轮的宽度(摘自 GB/T 11361)　　　　单位:mm

双边挡圈　　无挡圈　　单边挡圈　　单边挡圈

槽型	宽度		带轮的最小宽度 b_f	
	代号	带基本尺寸	有挡圈	无挡圈
MXL XXL	012	3.0	3.8	5.6
	019	4.8	5.3	7.1
	025	6.4	7.1	8.9
XL	025	6.4	7.1	8.9
	031	7.9	8.6	10.4
	037	9.5	10.4	12.2
L	050	12.7	14.0	17.0
	075	19.1	20.3	23.3
	100	25.4	26.7	29.7
H	075	19.1	20.3	24.8
	100	25.4	26.7	31.2
	150	38.1	39.4	43.9
	200	50.8	52.8	57.3
	300	76.2	79.0	83.5
XH	200	50.8	56.6	62.6
	300	76.2	83.8	89.8
	400	101.6	110.7	116.7
XXH	200	50.8	56.6	64.1
	300	76.2	83.8	91.3
	400	101.6	110.7	118.2
	500	127.0	137.7	145.2

注:1.一般小带轮均装双边挡圈,或大、小轮的不同侧各装单边挡圈。

2.轴间距 $a>8d_1$ (d_1—小带轮节径),两轮均装双边挡圈。

3.轮轴垂直水平面时,两轮均应装双边挡圈;或至少主动轮装双边挡圈,从动轮下侧装单边挡圈。

表 8-153　渐开线齿形带轮加工刀具——齿条刀具齿廓的尺寸和公差(摘自 GB/T 11361)　单位:mm

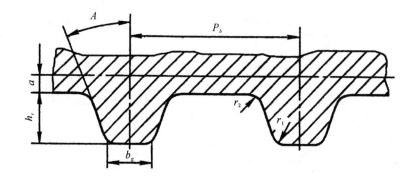

项　目	槽　型						
	MXL	XXL	XL	L	H	XH	XXH
带轮齿数 z	≥10　≥24	≥10	≥10	≥10	14~19　≥20	≥18	≥18
节距 P_b	2.032 ±0.01	3.175 ±0.01	5.080 ±0.01	9.525 ±0.012	12.700 ±0.016	22.225 ±0.02	31.750 ±0.025
齿形角 A±0.12°	28　20	25	25	20	20	20	20
齿高 $h_r{}^{+0.05}_0$	0.64	0.84	1.40	2.13	2.59	6.88	10.29
齿顶厚 $b_g{}^{+0.05}_0$	0.61　0.67	0.96	1.27	3.10	4.24	7.59	11.61
齿顶圆角半径 r_1±0.03	0.30	0.30	0.61	0.86	1.47	2.01	2.69
齿根圆角半径 r_2±0.03	0.23	0.28	0.61	0.53	1.04　1.42	1.93	2.82
节根距 $2a$	0.508	0.508	0.508	0.762	1.372	2.794	3.048

8.12　轴系零件的紧固件

表 8-154　小圆螺母(GB/T 810－1988)、圆螺母(GB/T 812－1988)

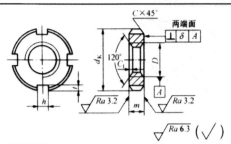
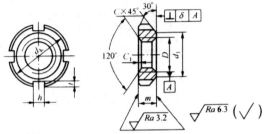

标记示例：
螺纹规格 D＝M16×1.5、材料为 45 钢、槽或全部热处理硬度 35～45HRC、表面氧化的小圆螺母标记为
螺母 GB/T 810 M16×1.5

标记示例：
螺纹规格 D＝M16×1.5、材料为 45 钢、槽或全部热处理硬度 35～45HRC、表面氧化的圆螺母标记为
螺母 GB/T 812 M16×1.5

mm

螺纹规格 $D×p$	GB/T 810－1988						GB/T 812－1988						
	d_k	m	h min	t min	c	c_1	d_k	d_1	m	h min	t min	c	c_1
M10×1	20						22	16					
M12×1.25	22						25	19					
M14×1.5	25		4	2			28	20		4	2		
M16×1.5	28	6					30	22	8			0.5	
M18×1.5	30				0.5		32	24					
M20×1.5	32						35	27					
M22×1.5	35						38	30					
M24×1.5	38						42	34					
M25×1.5*	38		5	2.5						5	2.5		
M27×1.5	42						45	37					
M30×1.5*	45					0.5	48	40				1	
M33×1.5	48						52	43					
M35×1.5*	48	8							10				0.5
M36×1.5	52						55	46					
M39×1.5	55						58	49		6	3		
M40×1.5*	55		6	3									
M42×1.5	58						62	53					
M45×1.5	62						68	59					
M48×1.5	68				1		72	61					
M50×1.5*	68												
M52×1.5	72						78	67					
M55×2*	72												
M56×2	78						85	74					
M60×2	80	10	8	3.5			90	79	12	8	3.5		
M64×2	85						95	84					
M65×2*	85												
M68×2	90						100	88					
M72×2	95						105	93				1.5	
M75×2*	95												
M76×2	100					1	110	98					
M80×2	105	12	10	4			115	103					
M85×2	110						120	108	15	10	4		
M90×2	115						125	112					1
M95×2	120				1.5		130	117					
M100×2	125						135	122					
M105×2	130						140	127	18	12	5		
M110×2	135	15	12	5			150	135					
M115×2	140						155	140	22	14	6		
M120×2	145		14	6			160	145					

注：1. 槽数 n：当 $D≤M100×2,n=4$，当 $D≥M105×2,n=6$。

2. * 仅用于滚动轴承锁紧装置。

表 8-155　圆螺母用止动垫圈(GB/T 858－1988)

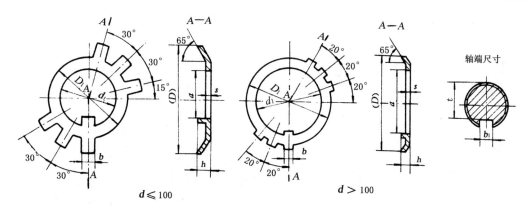

$d \leqslant 100$　　　　　　　$d > 100$

标记示例：

规格为 16mm、材料 Q235－A、经退火、表面氧化的圆螺母用止动垫圈：

垫圈 GB/T 858－1988　16

mm

规格 （螺纹大径）	d_1	(D)	D_1	s	b	a	h	轴　端	
								b_1	t
10	10.5	25	16			8			7
12	12.5	28	19		3.8	9	3	4	8
14	14.5	32	20			11			10
16	16.5	34	22			13			12
18	18.5	35	24			15			14
20	20.5	38	27	1		17			16
22	22.5	42	30		4.8	19	4	5	18
24	24.5	45	34			21			20
25*	25.5	45	34			22			21
27	27.5	48	37			24			23
30	30.5	52	40			27			26
33	33.5	56	43			30			29
35*	35.5	56	43			32			31
36	36.5	60	46			33			32
39	39.5	62	49		5.7	36	5	6	35
40*	40.5	62	49			37			36
42	42.5	66	53			39			38
45	45.5	72	59			42			41
48	48.5	76	61			45			44
50*	50.5	76	61			47			46
52	52.5	82	67			49			48
55*	56	82	67	1.5	7.7	52		8	51
56	57	90	74			53			52
60	61	94	79			57	6		56
64	65	100	84			61			60
65*	66	100	84			62			61
68	69	105	88			65			64
72	73	110	93			69			68
75*	76	110	93		9.6	71		10	70
76	77	115	98			72			70
80	81	120	103			76			74
85	86	125	108			81			79
90	91	130	112			86	7		84
95	96	135	117		11.6	91		12	89
100	101	140	122			96			94
105	106	145	127	2		101			99
110	111	156	135			106			104
115	116	160	140		13.5	111		14	109
120	121	166	145			116			114

注：* 仅用于滚动轴承锁紧装置。

表 8-156　孔用弹性挡圈—A 型(GB/T 893.1—1986)、孔用弹性挡圈—B 型(GB/T 893.2—1986)

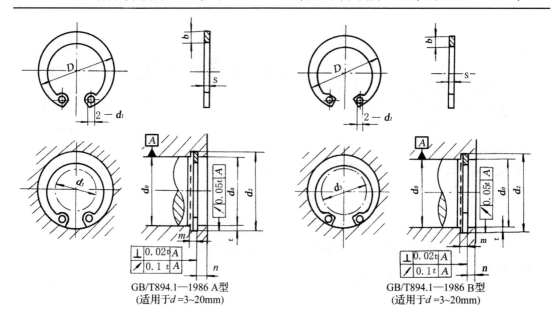

GB/T894.1—1986 A型
(适用于 d =3~20mm)

GB/T894.1—1986 B型
(适用于 d =3~20mm)

标记示例：

　　孔径 d_0 = 40mm、材料为 65Mn、热处理 47～54HRC、经表面氧化处理的 A 型孔用弹性挡圈：

　　挡圈 GB/T 893.1—1986　40

标记示例：

　　孔径 d_0 = 40mm、材料为 65Mn、热处理 47～54HRC、经表面氧化处理的 B 型孔用弹性挡圈：

　　挡圈 GB/T 893.2—1986　40

mm

孔径 d_0	A 型挡圈				B 型挡圈				沟槽(推荐)				$n \geqslant$	轴 $d_3 \leqslant$
									d_2		m			
	D	s	$b\approx$	d_1	D	s	$b\approx$	d_1	基本尺寸	极限偏差	基本尺寸	极限偏差		
8	8.7	0.6	1	1					8.4	+0.09 0	+0.7		0.6	2
9	9.8		1.2						9.4					
10	10.8	0.8	1.7	1.5					10.4		0.9			3
11	11.8								11.4					
12	13								12.5					4
13	14.1				—	—	—	—	13.6	+0.11 0			0.9	
14	15.1								14.6					5
15	16.2		2.1	1.7					15.7					6
16	17.3								16.8		+0.14 0	1.2	7
17	18.3								17.8					8
18	19.5	1							19		1.1			9
19	20.5								20	+0.13 0				10
20	21.5		2.5		21.5		2.5		21				1.5	
21	22.5			2	22.5	1			22					11
22	23.5				23.5			2	23					12
24	25.9				25.9				25.2	+0.21 0	1.3		1.8	13
25	26.9	1.2	2.8		26.9	1.2	2.8		26.2					14
26	27.9				27.9				27.2					15

续表 8-156

孔径 d_0	A型挡圈				B型挡圈				沟槽(推荐)					轴 $d_3 \leqslant$
	D	s	b≈	d_1	D	s	b≈	d_1	d_2 基本尺寸	d_2 极限偏差	m 基本尺寸	m 极限偏差	n≥	
28	30.1	1.2	3.2	2	30.1	1.2	3.2	2	29.4	$^{+0.21}_{0}$	1.3	$^{+0.14}_{0}$	2.1	17
30	32.1				32.1				31.4					18
31	33.4				33.4				32.7					19
32	34.4				34.4				33.7				2.6	20
34	36.5	1.5	3.6	2.5	36.5	1.5	3.6	2.5	35.7	$^{+0.25}_{0}$	1.7			22
35	37.8				37.8				37				3	23
36	38.8				38.8				38					24
37	38.8				39.8				39					25
38	40.8				40.8				40					26
40	43.5		4		43.5		4		42.5					27
42	45.5				45.5				44.5				3.8	29
45	48.5				48.5				47.5					31
47	50.5				50.5				49.5					32
48	51.5		4.7		51.5		4.7		50.5					33
50	54.2	2		3	54.2	2		3	53	$^{+0.30}_{0}$	2.2		4.5	36
52	56.2				56.2				55					38
55	59.2				59.2				58					40
56	60.2		5.2		60.2		5.2		59					41
58	62.2				62.2				61					43
60	64.2				64.2				63					44
62	66.2				66.2				65					45
63	67.2				67.2				66					46
65	69.2	2.5	5.7		69.2	2.5	5.7		68					48
68	72.5				72.5				71					50
70	74.5				74.5				73					53
72	76.5				76.5				75					55
75	79.5		6.3		79.5				78					56
78	82.5				82.5				81					60
80	85.5		6.8		85.5		6.3		83.5	$^{+0.35}_{0}$	2.7		5.3	63
82	87.5				87.5				85.5					65
85	90.5				90.5				88.5					68
88	93.5		7.3		93.5		6.8		91.5					70
90	95.5				95.5				93.5					72
92	97.5				97.5				95.5					73
95	100.5		7.7		100.5		7.3		98.5					75
98	103.5				103.5				101.5					78
100	105.5				105.5				103.5					80
102	108	3	8.1	4	108	3	8.1	4	106		3.2	$^{+0.18}_{0}$	6	82
105	112				112				109					83
108	115		8.8		115		8.8		112	$^{+0.54}_{0}$				86
110	117				117				114					88
112	119				119				116					89
115	122		9.3		122		9.3		119					90
120	127				127				124	$^{+0.63}_{0}$				95

表 8-157　轴用弹性挡圈－A 型(GB/T 894.1－1986)、轴用弹性挡圈－B 型(GB/T 894.2－1986)

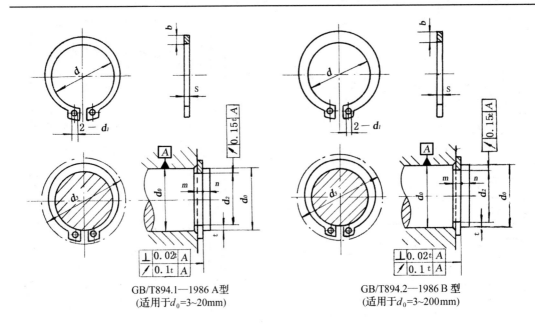

GB/T894.1—1986 A型
(适用于d_0＝3～20mm)

GB/T894.2—1986 B型
(适用于d_0＝3～200mm)

标记示例：

　　轴径 d_0＝50mm、材料为 65Mn、热处理 44～51HRC、经表面氧化处理的 A 型轴用弹性挡圈：

　　挡圈 GB/T 894.1－1986　50

标记示例：

　　轴径 d_0＝50mm、材料为 65Mn、热处理 44～51HRC、经表面氧化处理的 B 型轴用弹性挡圈：

　　挡圈 GB/T 894.2－1986　50　　　　　　mm

轴径	A 型挡圈				B 型挡圈				沟槽（推荐）					孔
									d_2		m			
d_0	d	s	$b\approx$	d_1	d	s	$b\approx$	d_1	基本尺寸	极限偏差	基本尺寸	极限偏差	$n\geqslant$	$d_3\geqslant$
10	9.3		1.44						9.6	0 −0.058			0.6	17.6
11	10.2		1.52	1.5					10.5				0.8	18.6
12	11		1.72						11.5					19.6
13	11.9		1.88						12.4				0.9	20.8
14	12.9								13.4					22
15	13.8		2.00	1.7	—	—	—	—	14.3	−0.11	1.1		1.1	23.2
16	14.7	1	2.32						15.2				1.2	24.4
17	15.7								16.2					25.6
18	16.5		2.48						17					27
19	17.5								18			+0.14		28
20	18.5				18.5				19	0			1.5	29
21	19.5		2.68		19.5	1	2.68		20	−0.13				31
22	20.5				20.5				21					32
24	22.2			2	22.2			2	22.9				1.7	34
25	23.2		3.32		23.2		3.32		23.9	0				35
26	24.2	1.2			24.2	1.2			24.9	−0.21	1.3			36
28	25.9		3.60		25.9		3.60		26.6					38.4
29	26.9		3.72		26.9		3.72		27.6				2.1	39.8
30	27.9				27.9				28.6					42

续表 8-157

轴径 d_0	A型挡圈 d	s	$b\approx$	d_1	B型挡圈 d	s	$b\approx$	d_1	沟槽(推荐) d_2 基本尺寸	d_2 极限偏差	m 基本尺寸	m 极限偏差	$n\geqslant$	孔 $d_3\geqslant$
32	29.6	1.2	3.92		29.6	1.2	3.92		30.3	0 −0.25	1.3	+0.14	2.6	44
34	31.5		4.32		31.5		4.32		32.3					46
35	32.2				32.2				33		1.7		3	48
36	33.2		4.52	2.5	33.2		4.52	2.5	34					49
37	34.2				34.2				35					50
38	35.2	1.5			35.2	1.5			36					51
40	36.5				36.5				37.5					53
42	38.5		5.0		38.5		5.0		39.5				3.8	56
45	41.5				41.5				42.5					59.4
48	44.5				44.5				45.5					62.8
50	45.8	2	5.48		45.8	2	5.48		47	0 −0.30	2.2		4.5	64.8
52	47.8				47.8				49					67
55	50.8				50.8				52					70.4
56	51.8		6.12		51.8		6.12		53					71.7
58	53.8				53.8				55					73.6
60	55.8				55.8				57					75.8
62	57.8				57.8				59					79
63	58.8				58.8				60					79.6
65	60.8				60.8		6.32		62					81.6
68	63.5		6.32	3	63.5			3	65					85
70	65.5				65.5				67					87.2
72	67.5				67.5				69					89.4
75	70.5				70.5				72					92.8
78	73.5	2.5			73.5	2.5	7.0		75					96.2
80	74.5		7.0		74.5				76.5		2.7			98.2
82	76.5				76.5				78.5					101
85	79.5				79.5		7.6		81.5					104
88	82.5				82.5		9.2		84.5	0 −0.35			5.3	107.3
90	84.5		7.6		84.5				86.5					110
95	89.5		9.2		89.5		10.7		91.5					115
100	94.5				94.5		11.3		96.5					121
105	98		10.7		98		12		101	0 −0.54		+0.18 0	6	132
110	103	3	11.3		103	3			106		3.2			136
115	108		12	4	108			4	111					142
120	113				113				116					145

注:1. d_3 为允许套入的最小孔径。

2. A 型系采用板材—冲切工艺制成。B 型系采用线材—冲切工艺制成。

表 8-158　螺钉紧固轴端挡圈(GB/T 891－1986)、螺栓紧固轴端挡圈(GB/T 892－1986)

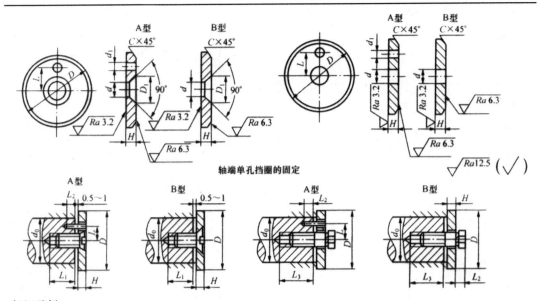

轴端单孔挡圈的固定

标记示例：

　挡圈 GB/T 891 45(公称直径 D＝45mm、材料为 Q235－A、不经表面处理的 A 型螺钉紧固轴端挡圈)

　挡圈 GB/T 891 B45(公称直径 D＝45mm、材料为 Q235－A、不经表面处理的 A 型螺栓紧固轴端挡圈)

mm

轴径 $d_0 \leqslant$	公称直径 D	H	L	d	d_1	c	GB/T 891－1986			GB/T 892－1986			安装尺寸			
							D_1	螺钉尺寸 GB/T 819 －2000 (推荐)	圆柱销尺寸 GB/T 119 －2000 (推荐)	螺栓尺寸 GB/T 5783 －2000 (推荐)	圆柱销尺寸 GB/T 119 －2000 (推荐)	垫圈尺寸 GB/T 93 －1987 (推荐)	L_1	L_2	L_3	h
14	20	4	—													
16	22	4	—													
18	25	4	—	5.5	2.1	0.5	11	M5×12	A2×10	M5×16	A2×10	5	14	6	16	5.1
20	28	4	7.5													
22	30	4	7.5													
25	32	5	10													
28	35	5	10													
30	38	5	10	6.6	3.2	1	13	M6×16	A3×12	M6×20	A3×12	6	18	7	20	6
32	40	5	12													
35	45	5	12													
40	50	5	12													
45	55	6	16													
50	60	6	16													
55	65	6	16	9	4.2	1.5	17	M8×20	A4×14	M8×25	A4×14	8	22	8	24	8
60	70	6	20													
65	75	6	20													
70	80	6	20													
75	90	8	25	13	5.2	2	25	M12×25	A5×16	M12×30	A5×16	12	26	10	28	11.5
85	100	8	25													

注：1. 材料：Q235－A、35、45 号钢。

　　2. 当挡圈装在带螺纹孔的轴端时，紧固用螺钉或螺栓允许加长。

8.13　滑动轴承

表 8-159　整体镶轴套正滑动轴承座型号和尺寸（JB/T 2560－2007）

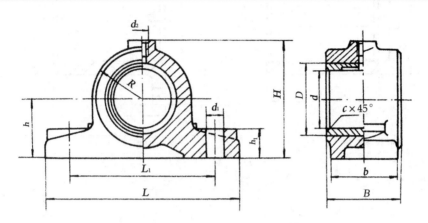

标记示例:

　　$d=30$mm 的整体镶轴套正滑动轴承座: HZ030 轴承座 JB/T 2560－1991

mm

型号	d (H9)	D	R	B	b	L	L_1	$H\approx$	h (h12)	h_1	d_1 孔径	d_1 螺栓	d_2	c	重量 (kg)
HZ020	20	28	26	30	25	105	80	58	30	14	12	M10			0.6
HZ025	25	33		40	35	125	95	68		16	14.5	M12		1.5	0.9
HZ030	30	38	30	50	40	150	110	78	35				M10		1.7
HZ035	35	45	38	55	45	160	120	84	42	20	18.5	M16	×		1.9
HZ040	40	50	40	60	50	165	125	88	45				1	2	2.4
HZ045	45	55		70	60			98							3.6
HZ050	50	60	45	75	65	185	140	100	50	25	24	M20			3.8
HZ060	60	70	55	80	70	225	170	120	60						6.5
HZ070	70	85	65			245	190	140	70	30	28	M24		2.5	9.0
HZ080	80	95	70	100	80	255	200	155	80				M14		10.0
HZ090	90	105	75			285	220	165	85				×		13.2
HZ100	100	115	85	120	90	305	240	180	90	40	35	M30	1.5		15.5
HZ110	110	125	90	140	100	315	250	190	95					3	21.0
HZ120	120	135	100	150	110	370	290	210	105	45	42	M36			27.0
HZ140	140	160	115	170	130	400	320	240	120						38.0

注: 1. 轴承座荐用 HT200 灰口铸铁制造、轴承衬荐用 ZCuAl10Fe3 铝青铜制造, 根据轴承的载荷, 也可用 ZCuSn5Pb5Zn5 锡青铜制造。

　　2. 适用于环境温度 $t\leqslant80℃$ 的工作条件。

表 8-160　烧结圆柱轴套和烧结翻边轴套的基本尺寸（GB/T 18323－2001）　　　单位：mm

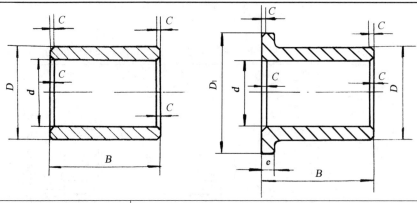

内径 d	圆柱轴套			翻边轴套							倒角 C_{max}	
	外径 D		宽度 B	外径 D		翻边直径 D_1		翻边厚度 e		宽度 B		
	常用	薄壁		常用	薄壁	常用	薄壁	常用	薄壁		常用	薄壁
1	3	—	1.2	3		5		1		2	0.2	0.2
1.5	4			4		6						
2	5		2.3	5		6				3	0.3	0.3
2.5	6		3.3	6		8		1.5				
3	6	5	3.4	6		9				4		
4	8	7	3,4,6	8		12		2		3,4,6		
5	9	8	4,5,8	9		13				4,5,8		
6	10	9	4,6,10	10		14		2.5		4,6,10		
7	11	10	5,8,10	11		15				5,8,10		
8	12	11	6,8,12	12		16				6,8,12		
9	14	12	6,10,14	14		19				6,10,14		
10	16	14	8,10,16	16	14	22	18	3	2	8,10,16	0.4	
12	18	16	8,10,20	18	16	24	20			8,12,20		
14	20	18	10,14,20	20	18	26	22			10,14,20		
15	21	19	10,15,25	21	19	27	23			10,15,25		
16	22	20	12,16,25	22	20	28	24			12,16,25		
18	24	22	12,18,30	24	22	30	26			12,18,30		
20	26	25	15,20,25,30	26	25	32	30		2.5	15,20,25,(30)		
22	28	27	15,20,25,30	28	27	34	32			15,20,25,(30)		
25	32	30	20,25,30,35	32	30	39	35	4	3.5	20,25,30		0.4
28	36	33	20,25,30,40	36		44				20,25,30		
30	38	35	20,25,30,40	38		46				20,25,30		
32	40	38	20,25,30,40	40		48				20,25,30		
35	45	41	25,35,40,50	45		55		6		25,35,40	0.6	
38	48	44	25,35,45,55	48		58				25,35,45		
40	50	46	30,40,50,60	50		60				30,40,50		
42	52	48	30,40,50,60	52		62				30,40,50		
45	55	51	35,45,55,65	55		65				35,45,55		
48	58	55	30,50,70	58		68				35,50	0.7	0.6
50	60	58	30,50,70	60		70				35,50		
55	65	63	40,55,70	65		75				40,55		
60	72	68	50,60,70	72		84				50,60	0.8	

注：1. 内径 $d \geqslant 20$mm 的圆柱轴套,宽度的最后一个值不能用于薄壁轴套。

2. 翻边轴套中,带括号的宽度不能用于薄壁轴套。

3. 圆柱和翻边轴套的各尺寸公差为：

部位		内径 d	外径 D	宽度 B	翻边直径 D_1	翻边厚度 e	同轴度	轴承座孔
D(mm)	$\leqslant 50$	F7,G7	r6,s7	js12	js13	js12	IT9	H7
	>50	F8,G8	r7,s8				IT10	H8

8.14　滚动轴承

一、常用滚动轴承

表 8-161　深沟球轴承(GB/T 276－1994)

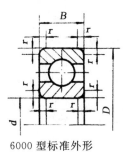
6000 型标准外形

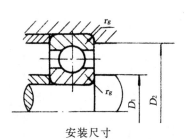
安装尺寸

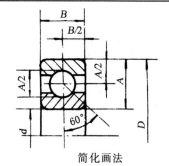
简化画法

标记示例:滚动轴承 6210　GB/T 276－1994

F_a/C_{0r}	e	Y	径向当量动载荷	径向当量静载荷
0.014	0.19	2.30		
0.028	0.22	1.99		
0.056	0.26	1.71		$P_{0r}=F_r$
0.084	0.28	1.55	当 $\dfrac{F_a}{F_r}\leq e,P=F_r$	$P_{0r}=0.6F_r+0.5F_a$
0.11	0.30	1.45		取上列两式计算结果的较大值
0.17	0.34	1.31	当 $\dfrac{F_a}{F_r}>e,P=0.56F_r+YF_a$	
0.28	0.38	1.15		
0.42	0.42	1.04		
0.56	0.44	1.00		

轴承代号	基本尺寸(mm)				安装尺寸(mm)			基本额定动载荷 C_r	基本额定静载荷 C_{0r}	极限转速 (r·min^{-1})	
	d	D	B	r min	D_1 min	D_2 max	r_g max	(kN)	(kN)	脂润滑	油润滑
(1)0 尺寸系列											
6000	10	26	8	0.3	12.4	23.6	0.3	4.58	1.98	20000	28000
6001	12	28	8	0.3	14.4	25.6	0.3	5.10	2.38	19000	26000
6002	15	32	9	0.3	17.4	29.6	0.3	5.58	2.85	18000	24000
6003	17	35	10	0.3	19.4	32.6	0.3	6.00	3.25	17000	22000
6004	20	42	12	0.6	25	37	0.6	9.38	5.02	15000	19000
6005	25	47	12	0.6	30	42	0.6	10.0	5.85	13000	17000
6006	30	55	13	1	36	49	1	13.2	8.30	10000	14000
6007	35	62	14	1	41	56	1	16.2	10.5	9000	12000
6008	40	68	15	1	46	62	1	17.0	11.8	8500	11000
6009	45	75	16	1	51	69	1	21.0	14.8	8000	10000
6010	50	80	16	1	56	74	1	22.0	16.2	7000	9000
6011	55	90	18	1.1	62	83	1	30.2	21.8	6300	8000
6012	60	95	18	1.1	67	88	1	31.5	24.2	6000	7500
6013	65	100	18	1.1	72	93	1	32.0	24.8	5600	7000
6014	70	110	20	1.1	77	103	1	38.5	30.5	5300	6700
6015	75	115	20	1.1	82	108	1	40.2	33.2	5000	6300
6016	80	125	22	1.1	87	118	1	47.5	39.8	4800	6000
6017	85	130	22	1.1	92	123	1	50.8	42.8	4500	5600
6018	90	140	24	1.5	99	131	1.5	58.0	49.8	4300	5300
6019	95	145	24	1.5	104	136	1.5	57.8	50.0	4000	5000
6020	100	150	24	1.5	109	141	1.5	64.5	56.2	3800	4800

续表 8-161

轴承代号	基本尺寸(mm)				安装尺寸(mm)			基本额定动载荷 C_r	基本额定静载荷 C_{0r}	极限转速（r·min⁻¹）	
	d	D	B	r min	D_1 min	D_2 max	r_g max	(kN)	(kN)	脂润滑	油润滑
(0)2 尺寸系列											
6200	10	30	9	0.6	15	25	0.6	5.10	2.38	19000	26000
6201	12	32	10	0.6	17	27	0.6	6.82	3.05	18000	24000
6202	15	35	11	0.6	20	30	0.6	7.65	3.72	17000	22000
6203	17	40	12	0.6	22	33	0.6	9.58	4.78	16000	20000
6204	20	47	14	1	26	41	1	12.8	6.65	14000	18000
6205	25	52	15	1	31	46	1	14.0	7.88	12000	16000
6206	30	62	16	1	36	56	1	19.5	11.5	9500	13000
6207	35	72	17	1.1	42	65	1	25.5	15.2	8500	11000
6208	40	80	18	1.1	47	73	1	29.5	18.0	8000	10000
6209	45	85	19	1.1	52	78	1	31.5	20.5	7000	9000
6210	50	90	20	1.1	57	83	1	35.0	23.2	6700	8500
6211	55	100	21	1.5	64	91	1.5	43.2	29.2	6000	7500
6212	60	110	22	1.5	69	101	1.5	47.8	32.8	5600	7000
6213	65	120	23	1.5	74	111	1.5	57.2	40.0	5000	6300
6214	70	125	24	1.5	79	116	1.5	60.8	45.0	4800	6000
6215	75	130	25	1.5	84	121	1.5	66.0	49.5	4500	5600
6216	80	140	26	2	90	130	2	71.5	54.2	4300	5300
6217	85	150	28	2	95	140	2	83.2	63.8	4000	5000
6218	90	160	30	2	100	150	2	95.8	71.5	3800	4800
6219	95	170	32	2.1	107	158	2.1	110	82.8	3600	4500
6220	100	180	34	2.1	112	168	2.1	122	92.8	3400	4300
(0)3 尺寸系列											
6300	10	35	11	0.6	15	30	0.6	7.65	3.48	18000	24000
6301	12	37	12	1	18	31	1	9.72	5.08	17000	22000
6302	15	42	13	1	21	36	1	11.5	5.42	16000	20000
6303	17	47	14	1	23	41	1	13.5	6.58	15000	19000
6304	20	52	15	1.1	27	45	1	15.8	7.88	13000	17000
6305	25	62	17	1.1	32	55	1	22.2	11.5	10000	14000
6306	30	72	19	1.1	37	65	1	27.0	15.2	9000	12000
6307	35	80	21	1.5	44	71	1.5	33.2	19.2	8000	10000
6308	40	90	23	1.5	49	81	1.5	40.8	24.0	7000	9000
6309	45	100	25	1.5	54	91	1.5	52.8	31.8	6300	8000
6310	50	110	27	2	60	100	2	61.8	38.0	6000	7500

轴承代号	基本尺寸(mm)				安装尺寸(mm)			基本额定动载荷 C_r	基本额定静载荷 C_{0r}	极限转速 (r·min⁻¹)	
	d	D	B	r min	D_1 min	D_2 max	r_g max	(kN)	(kN)	脂润滑	油润滑
(0)3 尺寸系列											
6311	55	120	29	2	65	110	2	71.6	44.8	5300	6700
6312	60	130	31	2.1	72	118	2.1	81.8	51.8	5000	6300
6313	65	140	33	2.1	77	128	2.1	93.8	60.5	4500	5600
6314	70	150	35	2.1	82	138	2.1	105	68.0	4300	5300
6315	75	160	37	2.1	87	148	2.1	112	76.8	4000	5000
6316	80	170	39	2.1	92	158	2.1	122	86.5	3800	4800
6317	85	180	41	3	99	166	2.5	132	96.5	3600	4500
6318	90	190	43	3	104	176	2.5	145	108	3400	4300
6319	95	200	45	3	109	186	2.5	155	122	3200	4000
6320	100	215	47	3	114	201	2.5	172	140	2800	3600
(0)4 尺寸系列											
6403	17	62	17	1.1	24	55	1	22.5	10.8	11000	15000
6404	20	72	19	1.1	27	65	1	31.0	15.2	9500	13000
6405	25	80	21	1.5	34	71	1.5	38.2	19.2	8500	11000
6406	30	90	23	1.5	39	81	1.5	47.5	24.5	8000	10000
6407	35	100	25	1.5	44	91	1.5	56.8	29.5	6700	8500
6408	40	110	27	2	50	100	2	65.5	37.5	6300	8000
6409	45	120	29	2	55	110	2	77.5	45.5	5600	7000
6410	50	130	31	2.1	62	118	2.1	92.2	55.2	5300	6700
6411	55	140	33	2.1	67	128	2.1	100	62.5	4800	6000
6412	60	150	35	2.1	72	138	2.1	108	70.0	4500	5600
6413	65	160	37	2.1	77	148	2.1	118	78.5	4300	5300
6414	70	180	42	3	84	166	2.5	140	99.5	3800	4800
6415	75	190	45	3	89	176	2.5	155	115	3600	4500
6416	80	200	48	3	94	186	2.5	162	125	3400	4300
6417	85	210	52	4	103	192	3	175	138	3200	4000
6418	90	225	54	4	108	207	3	192	158	2800	3600
6420	100	250	58	4	118	232	3	222	195	2400	3200

注:1. 表中 C_r 值适用于轴承为真空脱气轴承钢材料。如为普通电炉钢,C_r 值降低;如为真空重熔或电渣重熔轴承钢,C_r 值提高。

2. r_{min} 为 r 的单向最小倒角尺寸;r_{amax} 为 r_a 的单向最大倒角尺寸。

表 8-162 调心球轴承(GB/T 281－1994)

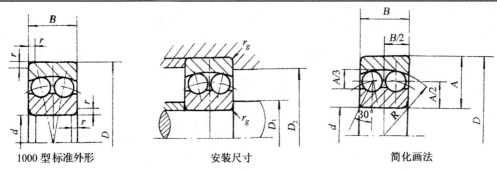

1000 型标准外形　　　　　安装尺寸　　　　　简化画法

标记示例：滚动轴承 1210　GB/T 281－1994

径向当量动载荷：当 $F_a/F_r \leqslant e$，$P_r = F_r + Y_1 F_a$

当 $F_a/F_r > e$，$P_r = 0.65 F_r + Y_2 F_a$

径向当量静载荷：$P_{0r} = F_r + Y_0 F_a$

轴承代号	基本尺寸 (mm)				安装尺寸 (mm)			计算系数				基本额定载荷 (kN)		极限转速 (r·min⁻¹)	
	d	D	B	r	D_1	D_2	r_g	e	Y_1	Y_2	Y_0	C_r	C_{0r}	润滑脂	润滑油
(0)2 尺寸系列															
1200	10	30	9	0.6	15	25	0.6	0.32	2.0	3.0	2.0	5.48	1.20	24000	28000
1201	12	32	10	0.6	17	27	0.36	0.33	1.9	2.9	2.0	5.55	1.25	22000	26000
1202	15	35	11	0.6	20	30	0.6	0.33	1.9	3.0	2.0	7.48	1.75	18000	22000
1203	17	40	12	0.6	22	35	0.6	0.31	2.0	3.2	2.1	7.90	2.02	16000	20000
1204	20	47	14	1	26	41	1	0.27	2.3	3.6	2.4	9.95	2.65	14000	17000
1205	25	52	15	1	31	46	1	0.27	2.3	3.6	2.4	12.0	3.30	12000	14000
1206	30	62	16	1	36	56	1	0.24	2.6	4.0	2.7	15.8	4.70	10000	12000
1207	35	72	17	1.1	42	65	1	0.23	2.7	4.2	2.9	15.8	5.08	8500	10000
1208	40	80	18	1.1	47	73	1	0.22	2.9	4.4	3.0	19.2	6.40	7500	9000
1209	45	85	19	1.1	52	78	1	0.21	2.9	4.6	3.1	21.8	7.32	7100	8500
1210	50	90	20	1.1	58	83	1	0.20	3.1	4.8	3.3	22.8	8.08	6300	8000
1211	55	100	21	1.5	64	91	1.5	0.20	3.2	5.0	3.4	26.8	10.0	6000	7100
1212	60	110	22	1.5	69	101	1.5	0.19	3.4	5.3	3.6	30.2	11.5	5300	6300
1213	65	120	23	1.5	74	111	1.5	0.17	3.7	5.7	3.9	31.0	12.5	4800	6000
1214	70	125	24	1.5	79	116	1.5	0.18	3.5	5.4	3.7	34.5	13.5	4800	5600
1215	75	130	25	1.5	84	121	1.5	0.17	3.6	5.6	3.8	38.8	15.2	4300	5300
1216	80	140	26	2	90	130	2	0.18	3.6	5.5	3.7	39.5	16.8	4000	5000
1217	85	150	28	2	95	140	2	0.17	3.7	5.7	3.9	48.8	20.5	3800	4500
1218	90	160	30	2	100	150	2	0.17	3.8	5.7	4.0	56.5	23.2	3800	4300
1219	95	170	32	2.1	107	158	2.1	0.17	3.7	5.7	3.9	63.5	27.0	3400	4000
1220	100	180	34	2.1	112	168	2.1	0.18	3.5	5.4	3.7	68.5	29.2	3200	3800
(0)3 尺寸系列															
1300	10	35	11	0.6	15	30	0.6	0.33	1.9	3.0	2.0	7.22	1.62	20000	24000
1301	12	37	12	1	18	31	1	0.35	1.8	2.8	1.9	9.42	2.12	18000	22000
1302	15	42	13	1	21	36	1	0.33	1.9	2.9	2.0	9.50	2.28	16000	22000
1303	17	47	14	1	23	41	1	0.33	1.9	3.0	2.0	12.50	3.18	14000	17000
1304	20	52	15	1.1	27	45	1	0.29	2.2	3.4	2.3	12.5	3.38	12000	15000
1305	25	62	17	1.1	32	55	1	0.27	2.3	3.5	2.4	17.8	5.05	10000	13000
1306	30	72	19	1.1	37	65	1	0.26	2.4	3.8	2.6	21.5	6.28	8500	11000
1307	35	80	21	1.5	44	71	1.5	0.25	2.6	4.0	2.7	25.0	7.95	7500	9500
1308	40	90	23	1.5	49	81	1.5	0.24	2.6	4.0	2.7	29.5	9.50	6700	8500
1309	45	100	25	1.5	54	91	1.5	0.25	2.5	3.9	2.6	38.0	12.80	6000	7500
1310	50	110	27	2	60	100	2	0.24	2.7	4.1	2.8	43.2	14.2	5600	6700

轴承代号	基本尺寸 (mm)				安装尺寸 (mm)			计算系数				基本额定载荷 (kN)		极限转速 (r·min⁻¹)	
	d	D	B	r	D_1	D_2	r_g	C	Y_1	Y_2	Y_0	C_r	C_{0r}	润滑脂	润滑油
1311	55	120	29	2	65	110	2	0.23	2.7	4.2	2.8	51.5	18.2	5000	6300
1312	60	130	31	2.1	72	118	2.1	0.23	2.8	4.3	2.9	57.2	20.8	4500	5600
1313	65	140	33	2.1	77	128	2.1	0.23	2.8	4.3	2.9	61.8	22.8	4300	5300
1314	70	150	35	2.1	82	138	2.1	0.22	2.8	4.4	2.9	74.5	27.5	4000	5000
1315	75	160	37	2.1	87	148	2.1	0.22	2.8	4.4	3.0	79.0	29.8	3800	4500
1316	80	170	39	2.1	92	158	2.1	0.22	2.9	4.5	3.1	88.5	32.8	3600	4300
1317	85	180	41	3	99	166	2.5	0.22	2.9	4.5	3.0	97.8	37.8	3400	4000
1318	90	190	43	3	104	176	2.5	0.22	2.8	4.4	2.9	115	44.5	3200	3800
1319	95	200	45	3	109	186	2.5	0.23	2.8	4.3	2.9	132	50.8	3000	3600
1320	100	215	47	3	114	201	2.5	0.24	2.7	4.1	2.8	142	57.2	2800	3400
22 尺寸系列															
2200	10	30	14	0.6	15	25	0.6	0.6	1.0	1.6	1.1	7.12	1.58	24000	28000
2201	12	32	14	0.6	17	27	0.6	—	—	—	—	8.80	1.80	22000	26000
2202	15	35	14	0.6	20	30	0.6	0.5	1.3	2.0	1.3	7.65	1.80	18000	22000
2203	17	40	16	0.6	22	35	0.6	0.5	1.2	1.9	1.3	9.00	2.45	16000	20000
2204	20	47	18	1	26	41	1	0.48	1.3	2.0	1.4	12.5	3.28	14000	17000
2205	25	52	18	1	31	46	1	0.41	1.5	2.3	1.5	12.5	3.40	12000	14000
2206	30	62	20	1	36	56	1	0.39	1.6	2.4	1.7	15.2	4.6	10000	12000
2207	35	72	23	1.1	42	65	1	0.38	1.7	2.6	1.8	21.8	6.65	8500	10000
2208	40	80	23	1.1	47	73	1	0.24	1.9	2.9	2.0	22.5	7.38	7500	9000
2209	45	85	23	1.1	52	78	1	0.31	2.1	3.2	2.2	23.2	8.00	7100	8500
2210	50	90	23	1.1	57	83	1	0.29	2.2	3.4	2.3	23.2	8.45	6300	8000
2211	55	100	25	1.5	64	91	1.5	0.28	2.3	3.5	2.4	26.8	9.95	6000	7100
2212	60	110	28	1.5	69	101	1.5	0.28	2.3	3.5	2.4	34.0	12.5	5300	6300
2213	65	120	31	1.5	74	111	1.5	0.28	2.3	3.5	2.4	43.5	16.2	4800	6000
2214	70	125	31	1.5	77	116	1.5	0.27	2.4	3.7	2.5	44.0	17.0	4500	5600
2215	75	130	31	1.5	84	121	1.5	0.25	2.5	3.9	2.6	44.2	18.0	4300	5300
2216	80	140	33	2	90	130	2	0.25	2.5	3.9	2.6	48.8	20.2	4000	5000
2217	85	150	36	2	95	140	2	0.25	2.5	3.8	2.6	58.2	23.5	3800	4500
2218	90	160	40	2	100	150	2	0.27	2.4	3.7	2.5	70.0	28.5	3600	4300
2219	95	170	43	2.1	107	158	2.1	0.26	2.4	3.7	2.5	82.8	33.8	3400	4000
2220	100	180	46	2.1	112	168	2.1	0.27	2.3	3.6	2.5	97.2	40.5	3200	3800
23 尺寸系列															
2300	10	35	17	0.6	15	30	0.6	0.66	0.95	1.5	1.0	11.0	2.45	18000	22000
2301	12	37	17	1	18	31	1	—	—	—	—	12.5	2.72	17000	20000
2302	15	42	17	1	21	36	1	0.51	1.2	1.9	1.3	12.0	2.88	14000	18000
2303	17	47	19	1	23	41	1	0.52	1.2	1.9	1.3	14.5	3.58	13000	16000
2304	20	52	21	1.1	27	45	1	0.51	1.2	1.9	1.3	17.8	4.75	11000	14000
2305	25	62	24	1.1	32	55	1	0.47	1.3	2.1	1.4	24.5	6.48	9500	12000
2306	30	72	27	1.1	37	65	1	0.44	1.4	2.2	1.5	31.5	8.68	8000	10000
2307	35	80	31	1.5	44	71	1.5	0.46	1.4	2.1	1.4	39.2	11.0	7100	9000
2308	40	90	33	1.5	49	81	1.5	0.43	1.5	2.3	1.5	44.8	13.2	6300	8000
2309	45	100	36	1.5	54	91	1.5	0.42	1.5	2.3	1.6	55.0	16.0	5600	7100
2310	50	110	40	2	60	100	2	0.43	1.5	2.3	1.6	64.5	19.8	5000	6300
2311	55	120	43	2	65	110	2	0.41	1.5	2.4	1.6	75.2	23.5	4800	6000
2312	60	130	46	2.1	72	118	2.1	0.41	1.6	2.5	1.6	86.8	27.5	4300	5300
2313	65	140	48	2.1	77	128	2.1	0.38	1.6	2.6	1.7	96.0	32.5	3800	4800
2314	70	150	51	2.1	82	138	2.1	0.38	1.7	2.6	1.8	110	37.5	3600	4500
2315	75	160	55	2.1	87	148	2.1	0.38	1.7	2.6	1.8	122	42.8	3400	4300
2316	80	170	58	2.1	92	158	2.1	0.39	1.6	2.5	1.7	128	45.5	3200	4000
2317	85	180	60	3	99	166	2.5	0.38	1.7	2.6	1.7	140	51.0	3000	3800
2318	90	190	64	3	104	176	2.5	0.39	1.6	2.5	1.7	142	57.2	2800	3600
2319	95	200	67	3	109	186	2.5	0.38	1.7	2.6	1.8	162	64.2	2800	3400
2320	100	215	73	3	114	201	2.5	0.37	1.7	2.6	1.8	192	78.5	2400	3200

表 8-163　圆柱滚子轴承(GB/T 283-2007)

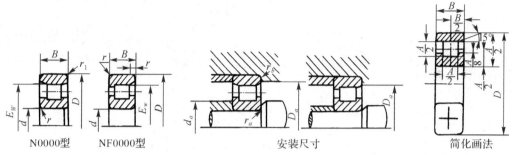

N0000型　　　NF0000型　　　　　　安装尺寸　　　　　　简化画法

标记示例:滚动轴承 N216E　GB/T 283-2007

径向当量动载荷		径向当量静载荷
$P_r = F_r$	对轴向承载的轴承(NF 型 2、3 系列) $P_r = F_r + 0.3F_a (0 \leqslant F_a/F_r \leqslant 0.12)$ $P_r = 0.94F_r + 0.8F_a (0.12 \leqslant F_a/F_r \leqslant 0.3)$	$P_{0r} = F_r$

轴承代号		尺寸(mm)							安装尺寸(mm)				基本额定动载荷 C_r(kN)		基本额定静载荷 C_{0r}(kN)		极限转速 (r·min^{-1})	
		d	D	B	r min	r_1 min	E_w N 型	E_w NF 型	d_a min	D_a min	r_a max	r_b max	N 型	NF 型	N 型	NF 型	脂润油	油润滑
(0)2 尺寸系列																		
N204E	NF204	20	47	14	1	0.6	41.5	40	25	42	1	0.6	25.8	12.5	24.0	11.0	12000	16000
N205E	NF205	25	52	15	1	0.6	46.5	45	30	47	1	0.6	27.5	14.2	26.8	12.8	10000	14000
N206E	NF206	30	62	16	1	0.6	55.5	53.5	36	56	1	0.6	36.0	19.5	35.5	18.2	8500	11000
N207E	NF207	35	72	17	1.1	0.6	64	61.8	42	64	1	0.6	46.5	28.5	48.0	28.0	7500	9500
N208E	NF208	40	80	18	1.1	1.1	71.5	70	47	72	1	1	51.5	37.5	53.0	38.2	7000	9000
N209E	NF209	45	85	19	1.1	1.1	76.5	75	52	77	1	1	58.5	39.8	63.8	41.0	6300	8000
N210E	NF210	50	90	20	1.1	1.1	81.5	80.4	57	83	1	1	61.2	43.2	69.2	48.5	6000	7500
N211E	NF211	55	100	21	1.5	1.1	90	88.5	64	91	1.5	1	80.2	52.8	95.5	60.2	5300	6700
N212E	NF212	60	110	22	1.5	1.5	100	97	69	100	1.5	1.5	89.8	62.8	102	73.5	5000	6300
N213E	NF213	65	120	23	1.5	1.5	108.5	105.5	74	108	1.5	1.5	102	73.2	118	87.5	4500	5600
N214E	NF214	70	125	24	1.5	1.5	113.5	110.5	79	114	1.5	1.5	112	73.2	135	87.5	4300	5300
N215E	NF215	75	130	25	1.5	1.5	118.5	118.3	84	120	1.5	1.5	125	89.0	155	110	4000	5000
N216E	NF216	80	140	26	2	2	127.3	125	90	128	2	2	132	102	165	125	3800	4800
N217E	NF217	85	150	28	2	2	136.5	135.5	95	137	2	2	158	115	192	145	3600	4500
N218E	NF218	90	160	30	2	2	145	143	100	146	2	2	172	142	215	178	3400	4300
N219E	NF219	95	170	32	2.1	2.1	154.5	151.5	107	155	2.1	2.1	208	152	262	190	3200	4000
N220E	NF220	100	180	34	2.1	2.1	163	160	112	164	2.1	2.2	235	168	302	212	3000	3800
(0)3 尺寸系列																		
N304E	NF304	20	52	15	1.1	0.6	45.5	44.5	26.5	47	1	0.6	29.0	18.0	25.5	15.0	11000	15000
N305E	NF305	25	62	17	1.1	1.1	54	53	31.5	55	1	1	38.5	25.5	35.8	22.5	9000	12000
N306E	NF306	30	72	19	1.1	1.1	62.5	62	37	64	1	1	49.2	33.5	48.2	31.5	8000	10000
N307E	NF307	35	80	21	1.5	1.1	70.2	68.2	44	71	1.5	1	62.0	41.0	63.2	39.2	7000	9000
N308E	NF308	40	90	23	1.5	1.5	80	77.5	49	80	1.5	1.5	76.8	48.8	77.8	47.5	6300	8000
N309E	NF309	45	100	25	1.5	1.5	88.5	86.5	54	89	1.5	1.5	93.0	66.8	98.0	66.8	5600	7000
N310E	NF310	50	110	27	2	2	97	95	60	98	2	2	105	76.0	112	79.5	5300	6700
N311E	NF311	55	120	29	2	2	106.5	104.5	65	107	2	2	128	97.8	138	105	4800	6000
N312E	NF312	60	130	31	2.1	2.1	115	113	72	116	2.1	2.1	142	118	155	128	4500	5600

轴承代号		尺寸(mm)						安装尺寸(mm)				基本额定动载荷 C_r (kN)		基本额定静载荷 C_{0r} (kN)		极限转速 (r · min^{-1})	
		d	D	B	r	r_1	E_w		d_a	D_a	r_a	r_b	N 型	NF 型	N 型	NF 型	脂润油	油润滑
					min		N 型	NF 型	min		max							
(0)3 尺寸系列																		
N313E	NF313	65	140	33	2.1		124.5	121.5	77	125	2.1		170	125	188	135	4000	5000
N314E	NF314	70	150	35	2.1		133	130	82	134	2.1		195	145	220	162	3800	4800
N315E	NF315	75	160	37	2.1		143	139.5	87	143	2.1		228	165	260	188	3600	4500
N316E	NF316	80	170	39	2.1		151	147	92	151	2.1		245	175	282	200	3400	4300
N317E	NF317	85	180	41	3		160	156	99	160	2.5		280	212	332	242	3200	4000
N318E	NF318	90	190	43	3		169.5	165	104	169	2.5		298	228	348	265	3000	3800
N319E	NF319	95	200	45	3		177.5	173.5	109	178	2.5		315	245	380	288	2800	3600
N320E	NF320	100	215	47	3		191.5	185.5	114	190	2.5		365	282	425	240	2600	3200
(0)4 尺寸系列																		
N406		30	90	23	1.5		73		39	—	1.5		57.2		53.0		7000	9000
N407		35	100	25	1.5		83		44	—	1.5		70.8		68.2		6000	7500
N408		40	110	27	2		92		50	—	2		90.5		89.8		5600	7000
N409		45	120	29	2		100.5		55	—	2		102		100		5000	6300
N410		50	130	31	2.1		110.8		62	—	2.1		120		120		4800	6000
N411		55	140	33	2.1		117.2		67	—	2.1		128		132		4300	5300
N412		60	150	35	2.1		127		72	—	2.1		155		162		4000	5000
N413		65	160	37	2.1		135.3		77	—	2.1		170		178		3800	4800
N414		70	180	42	3		152		84	—	2.5		215		232		3400	4300
N415		75	190	45	3		160.5		89	—	2.5		250		272		3200	4000
N416		80	200	48	3		170		94	—	2.5		285		315		3000	3800
N417		85	210	52	4		179.5		103	—	3		312		345		2800	3600
N418		90	225	54	4		191.5		108	—	3		352		392		2400	3200
N419		95	240	55	4		201.5		113	—	3		378		428		2200	3000
N420		100	250	58	4		211		118	—	3		418		480		2000	2800

表 8-164　角接触球轴承(GB/T 292－2007)

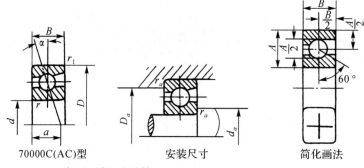

70000C(AC)型　　　　安装尺寸　　　　简化画法

标记示例:滚动轴承　7210C　GB/T 292－2007

iF_a/C_{0r}	e	Y	70000C 型	70000AC 型
0.015	0.38	1.47	径向当量动载荷	径向当量动载荷
0.029	0.40	1.40		当 $F_a/F_r \leqslant 0.68$　$P_r = F_r$
0.058	0.43	1.30	当 $F_a/F_r \leqslant e$　$P_r = F_r$	
0.087	0.46	1.23	当 $F_a/F_r > e$　$P_r = 0.44F_r + YF_a$	当 $F_a/F_r > 0.68$　$P_r = 0.41F_r +$
0.12	0.47	1.19		$0.87F_a$
0.17	0.50	1.12	径向当量静载荷	径向当量静载荷
0.29	0.55	1.02	$P_{0r} = 0.5F_r + 0.46F_a$	$P_{0r} = 0.5F_r + 0.38F_a$
0.44	0.56	1.00	当 $P_{0r} < F_r$ 取 $P_{0r} = F_r$	当 $P_{0r} < F_r$ 取 $P_{0r} = F_r$
0.58	0.56	1.00		

轴 承 代 号		基本尺寸(mm)					安装尺寸(mm)			70000C($\alpha=15°$)			70000AC($\alpha=25°$)			极限转速 (r·min⁻¹)	
		d	D	B	r min	r_1 min	d_a min	D_a max	r_a max	a (mm)	动载荷 C_r (kN)	静载荷 C_{0r} (kN)	a (mm)	动载荷 C_r (kN)	静载荷 C_{0r} (kN)	脂润滑	油润滑
											基本额定			基本额定			
(0)1 尺寸系列																	
7000C	7000AC	10	26	8	0.3	0.15	12.4	23.6	0.3	6.4	4.92	2.25	8.2	4.75	2.12	19000	28000
7001C	7001AC	12	28	8	0.3	0.15	14.4	25.6	0.3	6.7	5.42	2.65	8.7	5.20	2.55	18000	26000
7002C	7002AC	15	32	9	0.3	0.15	17.4	29.6	0.3	7.6	6.25	3.42	10	5.95	3.25	17000	24000
7003C	7003AC	17	35	10	0.3	0.15	19.4	32.6	0.3	8.5	6.60	3.85	11.1	6.30	3.68	16000	22000
7004C	7004AC	20	42	12	0.6	0.15	25	37	0.6	10.2	10.5	6.08	13.2	10.0	5.78	14000	19000
7005C	7005AC	25	47	12	0.6	0.15	30	42	0.6	10.8	11.5	7.45	14.4	11.2	7.08	12000	17000
7006C	7006AC	30	55	13	1	0.3	36	49	1	12.2	15.2	10.2	16.4	14.5	8.85	9500	14000
7007C	7007AC	35	62	14	1	0.3	41	56	1	13.5	19.5	14.2	18.3	18.5	13.5	8500	12000
7008C	7008AC	40	68	15	1	0.3	46	62	1	14.7	20.0	15.2	20.1	19.0	14.5	8000	11000
7009C	7009AC	45	75	16	1	0.3	51	69	1	16	25.8	20.5	21.9	25.8	19.5	7500	1000
7010C	7010AC	50	80	16	1	0.3	56	74	1	16.7	26.5	22.0	23.2	25.2	21.0	6700	9000
7011C	7011AC	55	90	18	1.1	0.6	62	83	1	18.7	37.2	30.5	25.9	35.2	29.2	6000	8000
7012C	7012AC	60	95	18	1.1	0.6	67	88	1	19.4	38.2	32.8	27.1	36.2	31.5	5600	7500
7013C	7013AC	65	100	18	1.1	0.6	72	93	1	20.1	40.0	35.5	28.2	38.0	33.8	5300	7000
7014C	7014AC	70	110	20	1.1	0.6	77	103	1	22.1	48.2	43.5	30.9	45.8	41.5	5000	6700
7015C	7015AC	75	115	20	1.1	0.6	82	108	1	22.7	49.5	46.5	32.2	46.8	44.2	4800	6300
7016C	7016AC	80	125	22	1.5	0.6	89	116	1.5	24.7	58.5	55.8	34.9	55.5	53.2	4500	6000
7017C	7017AC	85	130	22	1.5	0.6	94	121	1.5	25.4	62.5	60.2	36.1	59.2	57.2	4300	5600
7018C	7018AC	90	140	24	1.5	0.6	99	131	1.5	27.4	71.5	69.8	38.8	67.5	66.5	4000	5300
7019C	7019AC	95	145	24	1.5	0.6	104	1.6	1.5	28.1	73.5	73.2	40	69.5	69.8	3800	5000
7020C	7020AC	100	150	24	1.5	0.6	109	141	1.5	28.7	79.2	78.5	41.2	75	74.8	3800	5000

轴承代号		d	D	B	r min	r_1 min	d_a min	D_a max	r_a max	a (mm)	动载荷 C_r (kN)	静载荷 C_{0r} (kN)	a (mm)	动载荷 C_r (kN)	静载荷 C_{0r} (kN)	脂润滑	油润滑
		基本尺寸(mm)					安装尺寸(mm)			70000C($\alpha=15°$) 基本额定			70000AC($\alpha=25°$) 基本额定			极限转速 (r·min⁻¹)	
(0)2 尺寸系列																	
7200C	7200AC	10	30	9	0.6	0.15	15	25	0.6	7.2	5.82	2.95	9.2	5.58	2.82	18000	26000
7201C	7201AC	12	32	10	0.6	0.15	17	27	0.6	8	7.35	3.52	10.2	7.10	3.35	17000	24000
7202C	7202AC	15	35	11	0.6	0.15	20	30	0.6	8.9	8.68	4.62	11.4	8.53	4.40	16000	22000
7203C	7203AC	17	40	12	0.6	0.3	22	35	0.6	9.9	10.8	5.95	12.8	10.5	5.65	15000	20000
7204C	7204AC	20	47	14	1	0.3	26	41	1	11.5	14.5	8.22	14.9	14.0	7.82	13000	18000
7205C	7205AC	25	52	15	1	0.3	31	46	1	12.7	16.5	10.5	16.4	15.8	9.88	11000	16000
7206C	7206AC	30	62	16	1	0.3	36	56	1	14.2	23.0	15.0	18.7	22.0	14.2	9000	13000
7207C	7207AC	35	72	17	1.1	0.6	42	65	1	15.7	30.5	20.0	21	29.0	19.2	8000	11000
7208C	7208AC	40	80	18	1.1	0.6	47	73	1	17	36.8	25.8	23	35.2	24.5	7500	10000
7209C	7209AC	45	85	19	1.1	0.6	52	78	1	18.2	38.5	28.5	24.7	36.8	27.2	6700	9000
7210C	7210AC	50	90	20	1.1	0.6	57	83	1	19.4	42.8	32.0	26.3	40.8	30.5	6300	8500
7211C	7211AC	55	100	21	1.5	0.6	64	91	1.5	20.9	52.8	40.5	28.6	50.5	38.5	5600	7500
7212C	7212AC	60	110	22	1.5	0.6	69	101	1.5	22.4	61.0	48.5	30.8	58.2	46.2	5300	7000
7213C	7213AC	65	120	23	1.5	0.6	74	111	1.5	24.2	69.8	55.2	33.5	66.5	52.5	4800	6300
7214C	7214AC	70	125	24	1.5	0.6	79	116	1.5	25.3	70.2	60.0	35.1	69.2	57.5	4500	6000
7215C	7215AC	75	130	25	1.5	0.6	84	121	1.5	26.4	79.2	65.8	36.6	75.2	63.0	4300	5600
7216C	7216AC	80	140	26	2	1	90	130	2	27.7	89.5	78.2	38.9	85.0	74.5	4000	5300
7217C	7217AC	85	150	28	2	1	95	140	2	29.9	99.8	85.0	41.6	94.8	81.5	3800	5000
7218C	7218AC	90	160	30	2	1	100	150	2	31.7	122	105	44.2	118	100	3600	4800
7219C	7219AC	95	170	32	2.1	1.1	107	158	2.1	33.8	135	115	46.9	128	108	3400	4500
7220C	7220AC	100	180	34	2.1	1.1	112	168	2.1	35.8	148	128	49.7	142	122	3200	4300
(0)3 尺寸系列																	
7301C	7301AC	12	37	12	1	0.3	18	31	1	8.6	8.10	5.22	12	8.08	4.88	16000	22000
7302C	7302AC	15	42	13	1	0.3	21	36	1	9.6	9.38	5.95	13.5	9.08	5.58	1500	20000
7303C	7303AC	17	47	14	1	0.3	23	41	1	10.4	12.8	8.62	14.8	11.5	7.08	14000	19000
7304C	7304AC	20	52	15	1.1	0.6	27	45	1	11.3	14.2	9.68	16.8	13.8	9.10	12000	17000
7305C	7305AC	25	62	17	1.1	0.6	32	55	1	13.1	21.5	15.8	19.1	20.8	14.8	9500	14000
7306C	7306AC	30	72	19	1.1	0.6	37	65	1	15	26.5	19.8	22.2	25.2	18.5	8500	12000
7307C	7307AC	35	80	21	1.5	0.6	44	71	1.5	16.6	34.2	26.8	24.5	32.8	24.8	7500	10000
7308C	7308AC	40	90	23	1.5	0.6	49	81	1.5	18.5	40.2	32.3	27.5	38.5	30.5	6700	9000
7309C	7309AC	45	100	25	1.5	0.6	54	91	1.5	20.2	49.2	39.8	30.2	47.5	37.2	6000	8000
7310C	7310AC	50	110	27	2	1	60	100	2	22	53.5	47.2	33	55.5	44.5	5600	7500
7311C	7311AC	55	120	29	2	1	65	110	2	23.8	70.5	60.5	35.8	67.2	56.8	5000	6700
7312C	7312AC	60	130	31	2.1	1.1	72	118	2.1	25.6	80.5	70.2	38.7	77.8	65.8	4800	6300
7313C	7313AC	65	140	33	2.1	1.1	77	128	2.1	27.4	91.5	80.5	41.5	89.8	75.5	4300	5600
7314C	7314AC	70	150	35	2.1	1.1	82	138	2.1	29.2	102	91.5	44.3	98.5	86.0	4000	5300
7315C	7315AC	75	160	37	2.1	1.1	87	148	2.1	31	112	105	47.2	108	97.0	3800	5000
7316C	7316AC	80	170	39	2.1	1.1	92	158	2.1	32.8	122	118	50	118	108	3600	4800
7317C	7317AC	85	180	41	3	1.1	99	166	2.5	34.6	132	128	52.8	125	122	3400	4500
7318C	7318AC	90	190	43	3	1.1	104	176	2.5	36.4	142	142	55.6	135	135	3200	4300
7319C	7319AC	95	200	45	3	1.1	109	186	2.5	38.2	152	158	58.5	145	148	3000	4000
7320C	7320AC	100	215	47	3	1.1	114	201	2.5	40.2	162	175	61.9	165	178	2600	3600

表 8-165　圆锥滚子轴承(GB/T 297－1994)

30000 型　　　　　　安装尺寸　　　　　　简化画法

径向当量动载荷	当 $\dfrac{F_a}{F_r} \le e$　$P_r = F_r$ 当 $\dfrac{F_a}{F_r} > e$　$P_r = 0.4F_r + YF_a$
径向当量静载荷	$P_{0r} = F_r$　$P_{0r} = 0.5F_r + Y_0 F_a$ 取上列两式计算结果的较大值

标记示例：滚动轴承 30310 GB/T 297－1994

轴承代号	尺寸(mm)								安装尺寸(min)									计算系数			基本额定		极限转速	
	d	D	T	B	C	r min	r₁ min	a ≈	dₐ min	d_b max	Dₐ min	Dₐ max	D_b min	a₁ min	a₂ min	rₐ max	r_b max	e	Y	Y₀	动载荷 Cr	静载荷 C₀r	脂润滑	油润滑
																					(kN)		(r·min⁻¹)	
02 尺寸系列																								
30203	17	40	13.25	12	11	1	1	9.9	23	23	34	34	37	2	2.5	1	1	0.35	1.7	1	20.8	21.8	9000	12000
30204	20	47	15.25	14	12	1	1	11.2	26	27	40	41	43	2	3.5	1	1	0.35	1.7	1	28.2	30.5	8000	10000
30205	25	52	16.25	15	13	1	1	12.5	31	31	44	46	48	2	3.5	1	1	0.37	1.6	0.9	32.2	37.0	7000	9000
30206	30	62	17.25	16	14	1	1	13.8	36	37	53	56	58	2	3.5	1	1	0.37	1.6	0.9	43.2	50.5	6000	7500
30207	35	72	18.25	17	15	1.5	1.5	15.3	42	44	62	65	67	3	3.5	1.5	1.5	0.37	1.6	0.9	54.2	63.5	5300	6700
30208	40	80	19.75	18	16	1.5	1.5	16.9	47	49	69	73	75	3	4	1.5	1.5	0.37	1.6	0.8	63.0	74.0	5000	6300
30209	45	85	20.75	19	16	1.5	1.5	18.6	52	53	74	78	80	3	5	1.5	1.5	0.4	1.5	0.8	67.8	83.5	4500	5600
30210	50	90	21.75	20	17	1.5	1.5	20	57	58	79	83	86	3	5	1.5	1.5	0.42	1.4	0.8	73.2	92.0	4300	5300
30211	55	100	22.75	21	18	2	1.5	21	64	64	88	91	95	4	5	2	1.5	0.4	1.5	0.8	90.8	115	3800	4800
30212	60	110	23.75	22	19	2	1.5	22.3	69	69	96	101	103	4	5	2	1.5	0.4	1.5	0.8	102	130	3600	4500
30213	65	120	24.75	23	20	2	1.5	23.8	74	77	106	111	114	4	5	2	1.5	0.4	1.5	0.8	120	152	3200	4000
30214	70	125	26.25	24	21	2	1.5	25.8	79	81	110	116	119	4	5.5	2	1.5	0.42	1.4	0.8	132	175	3000	3800
30215	75	130	27.25	25	22	2	1.5	27.4	84	85	115	121	125	4	5.5	2	1.5	0.44	1.5	0.8	138	185	2800	3600
30216	80	140	28.25	26	22	2.5	2	28.1	90	90	124	130	133	4	6	2.1	2	0.42	1.4	0.8	160	212	2600	3400
30217	85	150	30.5	28	24	2.5	2	30.3	95	96	132	140	142	5	6.5	2.1	2	0.42	1.4	0.8	178	238	2400	3200
30218	90	160	32.5	30	26	2.5	2	32.3	100	102	140	150	151	5	6.5	2.1	2	0.42	1.4	0.8	200	270	2200	3000
30219	95	170	34.5	32	27	3	2.5	34.2	107	108	149	158	160	5	7.5	2.5	2.1	0.42	1.4	0.8	228	308	2000	2800
30220	100	180	37	34	29	3	2.5	36.4	112	114	157	168	169	5	8	2.5	2.1	0.42	1.4	0.8	255	350	1900	2600
03 尺寸系列																								
30302	15	42	14.25	13	11	1	1	9.6	21	22	36	36	38	2	3.5	1	1	0.29	2.1	1.2	22.8	21.5	9000	12000
30303	17	47	15.25	14	12	1	1	10.4	23	25	40	41	43	3	3.5	1	1	0.29	2.1	1.2	28.2	27.2	8500	11000
30304	20	52	16.25	15	13	1.5	1.5	11.1	27	28	44	45	48	3	3.5	1.5	1.5	0.3	2	1.1	33.0	33.2	7500	9500
30305	25	62	18.25	17	15	1.5	1.5	13	32	34	54	55	58	3	3.5	1.5	1.5	0.3	2	1.1	46.8	48.0	6300	8000
30306	30	72	20.75	19	16	1.5	1.5	15.3	37	40	62	65	66	3	5	1.5	1.5	0.31	1.9	1.1	59.0	63.0	5600	7000
30307	35	80	22.75	21	18	2	1.5	16.8	44	45	70	71	74	3	5	2	1.5	0.31	1.9	1.1	75.2	82.5	5000	6300
30308	40	90	25.25	23	20	2	1.5	19.5	49	52	77	81	84	3	5.5	2	1.5	0.35	1.7	1	90.8	108	4500	5600
30309	45	100	27.25	25	22	2	1.5	21.3	54	59	86	91	94	3	5.5	2	1.5	0.35	1.7	1	108	130	4000	5000
30310	50	110	29.25	27	23	2.5	2	23	60	65	95	100	103	4	6.5	2	2	0.35	1.7	1	130	158	3800	4800
30311	55	120	31.5	29	25	2.5	2	24.9	65	70	104	110	112	4	6.5	2.5	2	0.35	1.7	1	152	188	3400	4300
30312	60	130	33.5	31	26	3	2.5	26.6	72	76	112	118	121	5	7.5	2.5	2.1	0.35	1.7	1	170	210	3200	4000
30313	62	140	36	33	28	3	2.5	28.7	77	83	122	128	131	5	8	2.5	2.1	0.35	1.7	1	195	242	2800	3600
30314	70	150	38	35	30	3	2.5	30.7	82	89	130	138	141	5	8	2.5	2.1	0.35	1.7	1	218	272	2600	3400
30315	75	160	40	37	31	3	2.5	32	87	95	139	148	150	5	9	2.5	2.1	0.35	1.7	1	252	318	2400	3200
30316	80	170	42.5	39	33	3	2.5	34.4	92	102	148	158	160	5	9.5	2.5	2.1	0.35	1.7	1	278	352	2200	3000
30317	85	180	44.5	41	34	4	3	35.9	99	107	159	166	168	6	10.5	3	2.5	0.35	1.7	1	305	388	2000	2800
30318	90	190	46.5	43	36	4	3	37.5	104	113	165	176	178	6	10.5	3	2.5	0.35	1.7	1	342	440	1900	2600
30319	95	200	49.5	45	38	4	3	40.1	109	118	172	186	185	6	11.5	3	2.5	0.35	1.7	1	370	478	1800	2400
30320	100	215	51.5	47	39	4	3	42.2	114	127	184	201	199	6	12.5	3	2.5	0.35	1.7	1	405	525	1600	2000

轴承代号	尺寸(mm)								安装尺寸(min)									计算系数			基本额定		极限转速	
																						动载荷 C_r	静载荷 C_{0r}	$(r \cdot min^{-1})$	
	d	D	T	B	C	r min	r_1 min	a ≈	d_a min	d_b max	D_a min	D_a max	D_b min	a_1 min	a_2 min	r_a max	r_b max	e	Y	Y_0	(kN)		脂润滑	油润滑
22 尺寸系列																								
32206	30	62	21.25	20	17	1	1	15.6	36	36	52	56	58	3	4.5	1	1	0.37	1.6	0.9	51.8	63.8	6000	7500
32207	35	72	24.25	23	19	1.5	1.5	17.9	42	42	61	65	68	3	5.5	1.5	1.5	0.37	1.6	0.9	70.5	89.5	5300	6700
32208	40	80	24.75	23	19	1.5	1.5	18.9	47	48	68	73	75	3	6	1.5	1.5	0.37	1.6	0.9	77.8	97.2	5000	6300
32209	45	85	24.75	23	19	1.5	1.5	20.1	52	53	73	78	81	3	6	1.5	1.5	0.4	1.5	0.8	80.8	105	4500	5600
32210	50	90	24.75	23	19	1.5	1.5	21	57	57	78	83	86	3	6	1.5	1.5	0.42	1.4	0.8	82.8	108	4300	5300
32211	55	100	26.75	25	21	2	1.5	22.8	64	62	87	91	96	4	6	2	1.5	0.4	1.5	0.8	108	142	3800	4800
32212	60	110	29.75	28	24	2	1.5	25	69	68	95	101	105	4	6	2	1.5	0.4	1.5	0.8	132	180	3600	4500
32213	65	120	32.75	31	27	2	1.5	27.3	74	75	104	111	115	4	6	2	1.5	0.4	1.5	0.8	160	222	3200	4000
32214	70	125	33.25	31	27	2	1.5	28.8	79	79	108	116	120	4	6.5	2	1.5	0.42	1.4	0.8	168	238	3000	3800
32215	75	130	33.25	31	27	2	1.5	30	84	84	115	121	126	4	6.5	2	1.5	0.44	1.4	0.8	170	242	2800	3600
32216	80	140	35.25	33	28	2.5	2	31.4	90	89	122	130	135	5	7.5	2.1	2	0.42	1.4	0.8	198	278	2600	3400
32217	85	150	38.5	36	30	2.5	2	33.9	95	95	130	140	143	5	8.5	2.1	2	0.42	1.4	0.8	228	325	2400	3200
32218	90	160	42.5	40	34	2.5	2	36.8	100	101	138	150	153	5	8.5	2.1	2	0.42	1.4	0.8	270	395	2200	3000
32219	95	170	45.5	43	37	3	2.5	39.2	107	106	145	158	163	5	8.5	2.5	2.1	0.42	1.4	0.8	302	448	2000	2800
32220	100	180	49	46	39	3	2.5	41.9	112	113	154	168	172	5	10	2.5	2.1	0.42	1.4	0.8	340	512	1900	2600
23 尺寸系列																								
32303	17	47	20.25	19	16	1	1	12.3	23	24	39	41	43	3	4.5	1	1	0.29	2.1	1.2	35.2	36.2	8500	11000
32304	20	52	22.25	21	18	1.5	1.5	13.6	27	26	43	45	48	3	4.5	1.5	1.5	0.3	2	1.1	42.8	46.2	7500	9500
32305	25	62	25.25	24	20	1.5	1.5	15.9	32	32	52	55	58	3	5.5	1.5	1.5	0.3	2	1.1	61.5	68.8	6300	8000
32306	30	72	28.75	27	23	1.5	1.5	18.9	37	38	59	65	66	4	6	1.5	1.5	0.31	1.9	1.1	81.5	96.5	5600	7000
32307	35	80	32.75	31	25	2	1.5	20.4	44	43	66	71	74	4	8.5	2	1.5	0.31	1.9	1.1	99.0	118	5000	6300
32308	40	90	35.25	33	27	2	1.5	23.3	49	49	73	81	83	4	8.5	2	1.5	0.35	1.7	1	115	148	4500	5600
32309	45	100	38.25	36	30	2	1.5	25.6	54	56	82	91	93	4	8.5	2	1.5	0.35	1.7	1	145	188	4000	5000
32310	50	110	42.25	40	33	2.2	2	28.2	60	61	90	100	102	5	9.5	2	2	0.35	1.7	1	178	235	3800	4800
32311	55	120	45.5	43	35	2.5	2	30.4	65	66	99	110	111	5	10	2.5	2	0.35	1.7	1	202	270	3400	4300
32312	60	130	48.5	46	37	3	2.5	32	72	72	107	118	122	6	11.5	2.5	2.1	0.35	1.7	1	228	302	3200	4000
32313	65	140	51	48	39	3	2.5	34.3	77	79	117	128	131	6	12	2.5	2.1	0.35	1.7	1	260	350	2800	3600
32314	70	150	54	51	42	3	2.5	36.5	82	84	125	138	141	6	12	2.5	2.1	0.35	1.7	1	298	408	2600	3400
32315	75	160	58	55	45	3	2.5	39.4	87	91	133	148	150	7	13	2.5	2.1	0.35	1.7	1	348	482	2400	3200
32316	80	170	61.5	58	48	3	2.5	42.1	92	97	142	158	160	7	13.5	2.5	2.1	0.35	1.7	1	388	542	2200	3000
32317	85	180	63.5	60	49	4	3	43.5	99	102	150	166	168	8	14.5	3	2.5	0.35	1.7	1	422	592	2000	2800
32318	90	190	67.5	64	53	4	3	46.2	104	107	157	176	178	8	14.5	3	2.5	0.35	1.7	1	478	682	1900	2600
32319	95	200	71.5	67	55	4	3	49	109	114	166	186	187	8	16.5	3	2.5	0.35	1.7	1	515	738	1800	2400
32320	100	215	77.5	73	60	4	3	52.9	114	122	177	201	201	8	17.5	3	2.5	0.35	1.7	1	600	872	1600	2000

注:1. 同表 8-155 中注 1。

2. r_{min}、r_{1min} 分别为 r、r_1 的单向最小倒角尺寸;r_{amax}、r_{bmax} 分别为 r_a、r_b 的单向最大尺寸。

表 8-166　单向推力球轴承(GB/T 301-1995)

标记示例：

滚动轴承 51201

GB/T 301-1995

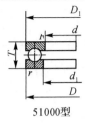

51000型

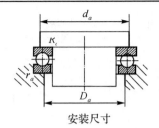

安装尺寸

轴向当量动载荷：$P_a = F_a$

轴向当量静载荷：$P_{0a} = F_a$

最小轴向载荷

$$F_{amin} = A\left(\frac{n}{1000}\right)^2$$

n—转速(r/min)

轴承代号	基本尺寸 (mm)			安装尺寸 (mm)			其他尺寸 (mm)			基本额定 载荷(kN)		最小载 荷常数	极限转速 (r·min⁻¹)	
	d	D	T	d_a min	D_a max	r_a max	d_1 min	D_1 max	r max	C_a	C_{0a}	A	润滑脂	润滑油
11 尺寸系列														
51100	10	24	9	18	16	0.3	11	24	0.3	10.0	14.0	0.001	6300	9000
51101	12	26	9	20	18	0.3	13	26	0.3	10.2	15.2	0.001	6000	8500
51102	15	28	9	23	20	0.3	16	28	0.3	10.5	16.8	0.002	5600	8000
51103	17	30	9	25	22	0.3	18	30	0.3	10.8	18.2	0.002	5300	7500
51104	20	35	10	29	26	0.3	21	35	0.3	14.2	24.5	0.004	4800	6700
51105	25	42	11	35	32	0.6	26	42	0.6	15.2	30.2	0.005	4300	6000
51106	30	47	11	40	37	0.6	32	47	0.6	16.0	34.2	0.007	4000	5600
51107	35	52	12	45	42	0.6	37	52	0.6	18.2	41.5	0.010	3800	5300
51108	40	60	13	52	48	0.6	42	60	0.6	26.8	62.8	0.021	3400	4800
51109	45	65	14	57	53	0.6	47	65	0.6	27.0	66.0	0.024	3200	4500
51110	50	70	14	62	58	0.6	52	70	0.6	27.2	69.2	0.027	3000	4300
51111	55	78	16	69	64	0.6	57	78	0.6	33.8	89.2	0.043	2800	4000
51112	60	85	17	75	70	1	62	85	1	40.2	108	0.063	2600	3800
51113	65	90	18	80	75	1	67	90	1	40.5	112	0.070	2400	3600
51114	70	95	18	85	80	1	72	95	1	40.8	115	0.078	2200	3400
51115	75	100	19	90	85	1	77	100	1	48.2	140	0.11	2000	3200
51116	80	105	19	95	90	1	92	105	1	48.5	145	0.12	1900	3000
51117	85	110	19	100	95	1	87	110	1	49.2	150	0.13	1800	2800
51118	90	120	22	108	102	1	92	120	1	65.0	200	0.21	1700	2600
51120	100	135	25	121	114	1	102	135	1	85.0	268	0.37	1600	2400
12 尺寸系列														
51200	10	26	11	20	16	0.6	12	26	0.6	12.5	17.0	0.002	6000	8000
51201	12	28	11	22	18	0.6	14	28	0.6	13.2	19.0	0.002	5300	7500
51202	15	32	12	25	22	0.6	17	32	0.6	16.5	24.8	0.003	4800	6700
51203	17	35	12	28	24	0.6	19	35	0.6	17.0	27.2	0.004	4500	6300
51204	20	40	14	32	28	0.6	22	40	0.6	22.2	37.5	0.007	3800	5300
51205	25	45	15	38	34	0.6	27	47	0.6	27.8	50.5	0.013	3400	4800
51206	30	52	16	43	39	0.6	32	52	0.6	28.0	54.2	0.016	3200	4500
51207	35	62	18	51	46	1	37	62	1	39.2	78.2	0.033	2800	4000
51208	40	68	19	57	51	1	42	68	1	47.0	98.2	0.050	2400	3600
51209	45	73	20	62	56	1	47	73	1	47.8	105	0.059	2200	3400
51210	50	78	22	67	61	1	52	78	1	48.5	112	0.068	2000	3200
51211	55	90	25	76	69	1	57	90	1	67.5	158	0.13	1900	3000
51212	60	95	26	81	74	1	62	95	1	73.5	178	0.16	1800	2800
51213	65	100	27	86	79	1	67	100	1	74.8	188	0.18	1700	2600
51214	70	105	27	91	84	1	72	105	1	73.5	188	0.19	1600	2400
51215	75	110	27	96	89	1	77	110	1	74.8	198	0.21	1500	2200

轴承代号	基本尺寸 (mm)			安装尺寸 (mm)			其他尺寸 (mm)			基本额定 载荷(kN)		最小载 荷常数	极限转速 (r · min⁻¹)	
	d	D	T	d_a min	D_a max	r_a max	d_1 min	D_1 max	r max	C_a	C_{0a}	A	润滑脂	润滑油
51216	80	115	28	101	94	1	82	115	1	83.8	222	0.27	1400	2000
51217	85	125	31	109	101	1	88	125	1	102	280	0.41	1300	1900
51218	90	135	35	117	108	1	93	135	1.1	115	315	0.52	1200	1800
51220	100	150	38	130	120	1	103	150	1.1	132	375	0.75	1100	1700
13 尺寸系列														
51304	20	47	18	36	31	1	22	47	1	35.0	55.8	0.016	3600	4500
51305	25	52	18	41	36	1	27	52	1	35.5	61.5	0.021	3000	4300
51306	30	60	21	48	42	1	32	60	1	42.8	78.5	0.033	2400	3600
51307	35	68	24	55	48	1	37	68	1	55.2	105	0.059	2000	3200
51308	40	78	26	63	55	1	42	78	1	69.2	135	0.096	1900	3000
51309	45	85	28	69	61	1	47	85	1	75.8	150	0.13	1700	2600
51310	50	95	31	77	68	1	52	95	1.1	96.5	202	0.21	1600	2400
51311	55	106	35	85	75	1	57	105	1.1	115	242	0.31	1500	2200
51312	60	110	35	90	80	1	62	110	1.1	118	262	0.35	1400	2000
51313	65	115	36	95	85	1	67	115	1.1	115	262	0.38	1300	1900
51314	70	125	40	103	92	1	72	125	1.1	148	340	0.60	1200	1800
51315	75	135	44	111	99	1.5	77	135	1.5	162	380	0.77	1100	1700
51316	80	140	44	116	104	1.5	82	140	1.5	160	380	0.81	1000	1600
51317	85	150	49	124	111	1.5	88	150	1.5	208	495	1.28	950	1500
51318	90	155	50	129	116	1.5	93	155	1.5	205	495	1.34	900	1400
51320	100	170	55	142	128	1.5	103	170	1.5	235	595	1.88	800	1200
14 尺寸系列														
51405	25	60	24	46	39	1	27	60	1	55.5	89.2	0.044	2200	3400
51406	30	70	28	54	46	1	32	70	1	72.5	125	0.082	1900	3000
51407	35	80	32	62	53	1	37	80	1.1	86.8	155	0.13	1700	2600
51408	40	90	36	70	60	1	42	90	1.1	112	205	0.22	1500	2200
51409	45	100	39	78	67	1	47	100	1.1	140	262	0.36	1400	2000
51410	50	110	43	86	74	1.5	52	110	1.5	160	302	0.50	1300	1900
51411	55	120	48	94	81	1.5	57	120	1.5	182	355	0.68	1100	1700
51412	60	130	51	102	88	1.5	62	130	1.5	200	395	0.88	1000	1600
51413	65	140	56	110	95	2	68	140	2	215	448	1.14	900	1400
51414	70	150	60	118	102	2	73	150	2	255	560	1.71	850	1300
51415	75	160	65	125	110	2	78	160	2	268	615	2.00	800	1200
51416	80	170	68	133	117	2.1	83	170	2.1	292	692	2.55	750	1100
51417	85	180	72	141	124	2.1	88	177	2.1	318	782	3.24	700	1000
51418	90	190	77	149	131	2.1	93	187	2.1	325	825	3.71	670	950
51420	100	210	85	165	145	2.5	103	205	3	400	1080	6.17	600	850

表 8-167　双向推力球轴承(GB/T 301—1995)

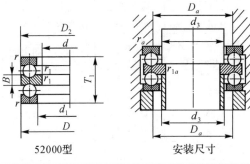

52000型　　　安装尺寸

轴向当量动载荷:$P_a = F_a$

轴向当量静载荷:$P_{0a} = F_a$

最小轴向载荷 $F_{a min} = A\left(\dfrac{n}{1000}\right)^2$

n—转速(r/min)

标记示例:滚动轴承 52204

GB/T 301—1995

轴承代号	基本尺寸 (mm)			安装尺寸(mm)				其他尺寸(mm)					基本额定 载荷(kN)		最小载 荷常数	极限转速 (r·min⁻¹)	
	d	D	T_1	d_3 max	D_a min	r_a	r_{1a}	d_1 min	D_2 max	B	r min	r_1 min	C_a	C_{0a}	A	润滑脂	润滑油
22 尺寸系列																	
52202	10	32	22	15	22	0.6	0.3	17	32	5	0.6	0.3	16.5	24.8	0.003	4800	6700
52204	15	40	26	20	28	0.6	0.3	22	40	6	0.6	0.3	22.2	27.5	0.007	3800	5300
52205	20	47	28	25	34	0.6	0.3	27	47	7	0.6	0.3	27.8	50.5	0.013	3400	4800
52206	25	52	29	30	39	0.6	0.3	32	52	7	0.6	0.3	28.0	54.2	0.016	3200	4500
52207	30	62	34	35	46	1	0.3	37	62	8	1	0.3	39.2	78.2	0.033	2800	4000
52208	30	68	36	40	51	1	0.6	42	68	9	1	0.6	47.0	98.2	0.050	2400	3600
52209	35	73	37	45	56	1	0.6	47	73	9	1	0.6	47.8	105	0.059	2200	3400
52210	40	78	39	50	61	1	0.6	52	78	9	1	0.6	48.5	112	0.068	2000	3200
52211	45	90	45	55	69	1	0.6	57	90	10	1	0.6	67.5	158	0.13	1900	3000
52212	50	95	46	60	74	1	0.6	62	95	10	1	0.6	73.5	178	0.16	1800	2800
52213	55	100	47	65	79	1	0.6	67	100	10	1	0.6	74.8	188	0.18	1700	2600
52214	55	105	47	70	84	1	1	72	105	10	1	1	73.5	188	0.19	1600	2400
52215	60	110	47	75	89	1	1	77	110	10	1	1	74.8	198	0.21	1500	2200
52216	65	115	48	80	94	1	1	82	115	10	1	1	83.8	222	0.27	1400	2000
52217	70	125	55	85	109	1	1	88	125	12	1	1	102	280	0.41	1300	1900
52218	75	135	62	90	108	1	1	93	135	14	1.1	1	115	315	0.52	1200	1800
52220	85	150	67	100	120	1	1	103	150	15	1.1	1	132	375	0.75	1100	1700
23 尺寸系列																	
52305	20	52	34	25	36	1	0.3	27	52	8	1	0.3	35.5	61.5	0.021	3000	4300
52306	25	60	38	30	42	1	0.3	32	60	9	1	0.3	42.8	78.5	0.033	2400	3600
52307	30	68	44	35	48	1	0.3	37	68	10	1	0.3	55.2	105	0.059	2000	3200
52308	30	78	49	40	55	1	0.6	42	78	12	1	0.6	69.2	135	0.098	1900	3000
52309	35	85	52	45	61	1	0.6	47	85	12	1	0.6	75.8	150	0.13	1700	2600
52310	40	95	58	50	68	1	0.6	52	95	14	1.1	0.6	96.5	202	0.21	1600	2400
52311	45	105	64	55	75	1	0.6	57	105	15	1.1	0.6	115	242	0.31	1500	2200
52312	50	110	64	60	80	1	0.6	62	110	15	1.1	0.6	118	262	0.35	1400	2000
52313	55	115	65	65	85	1	0.6	67	115	15	1.1	0.6	115	262	0.38	1300	1900
52314	55	125	72	70	92	1	0.6	72	125	16	1.1	1	148	340	0.60	1200	1800
52315	60	135	79	75	99	1.5	1	77	135	18	1.5	1	162	380	0.77	1100	1700
52316	65	140	79	80	104	1.5	1	82	140	18	1.5	1	160	380	0.81	1000	1600
52317	70	150	87	85	114	1.5	1	88	150	19	1.5	1	208	495	1.28	950	1500
52418	75	155	88	90	116	1.5	1	93	155	19	1.5	1	205	495	1.34	900	1400
52320	85	170	97	100	128	1.5	1	103	170	21	1.5	1	235	595	1.88	800	1200

轴承代号	基本尺寸 (mm)			安装尺寸(mm)				其他尺寸(mm)					基本额定 载荷(kN)		最小载 荷常数	极限转速 (r·min⁻¹)	
	d	D	T_1	d_3 max	D_a min	r_a	r_{1a}	d_1 min	D_2 max	B	r min	r_1 min	C_a	C_{0a}	A	润滑脂	润滑油
24 尺寸系列																	
52406	20	70	52	30	46	1	0.6	32	70	12	1	0.6	72.5	125	0.082	1900	3000
52407	25	80	59	35	53	1	0.6	37	80	14	1.1	0.6	86.8	155	0.13	1700	2600
52408	30	90	65	40	60	1	0.6	42	90	15	1.1	0.6	112	205	0.22	1500	2200
52409	35	100	72	45	67	1	0.6	47	100	17	1.1	0.6	140	262	0.36	1400	2000
52410	40	110	78	50	74	1.5	0.6	52	110	18	1.5	0.6	160	302	0.50	1300	1900
52411	45	120	87	55	81	1.5	0.6	57	120	20	1.5	0.6	182	355	0.68	1100	1700
52412	50	130	93	60	88	1.5	0.6	62	130	21	1.5	0.6	200	395	0.88	1000	1600
52413	50	140	101	65	95	2	1	68	140	23	2	1	215	448	1.14	900	1400
52414	55	150	107	70	102	2	1	73	150	24	2	1	255	560	1.71	850	1300
52415	60	160	115	75	110	2	1	78	160	26	2	1	268	615	2.00	800	1200
52416	65	170	120	80	117	2.1	1	83	170	27	2.1	1	292	692	2.55	750	1100
52417	65	180	128	85	124	2.1	1	88	179.5	29	2.1	1.1	318	782	3.24	700	1000
52418	70	190	135	90	131	2.1	1	93	189.5	30	2.1	1.1	325	825	3.71	670	950
52420	80	210	150	100	145	2.1	1	103	209.5	33	3	1.1	400	1080	6.17	600	850

二、滚动轴承的配合(GB/T 275－1993)

表 8-168　向心轴承和轴的配合、轴公差带代号

圆 柱 孔 轴 承					
运转状态		载荷状态	深沟球轴承、调心球轴承和角接触球轴承	圆柱滚子轴承和圆锥滚子轴承	调心滚子轴承	公差带
说　明	举　例		轴承公称内径　（mm）			
旋转的内圈载荷及摆动载荷	一般通用机械、电动机、机床主轴、泵、内燃机、正齿轮传动装置、铁路机车车辆轴箱、破碎机等	轻载荷	≤18 >18～100 >100～200 —	— ≤40 >40～140 >140～200	— ≤40 >40～100 >100～200	h5 j6① k6① m6①
		正常载荷	≤18 >18～100 >100～140 >140～200 >200～280 —	— ≤40 >40～100 >100～140 >140～200 >200～400	— ≤40 >40～65 >65～100 >100～140 >140～280 >280～500	j5、js5 k5② m5② m6 n6 p6 r6
		重载荷	>50～140 >140～200 >200 —	>50～100 >100～140 >140～200 >200	n6 p6③ r6 r7	
固定的内圈载荷	静止轴上的各种轮子、张紧轮、绳轮、振动筛、惯性振动器	所有载荷	所有尺寸			f6 g6① h6 j6
仅有轴向载荷		所有尺寸				j6、js6
圆 锥 孔 轴 承						
所有载荷	铁路机车车辆轴箱	装在退卸套上的所有尺寸				h8(IT6)④⑤
	一般机械传动	装在紧定套上的所有尺寸				h9(IT7)④⑤

注：①凡对精度有较高要求的场合，应用 j5、k5……代替 j6、k6……

②圆锥滚子轴承、角接触球轴承配合对游隙影响不大，可用 k6、m6 代替 k5、m5。

③重载荷下轴承游隙应选大于 0 组。

④凡有较高精度或转速要求的场合，应选用 h7(IT5) 代替 h8(IT6) 等。

⑤IT6、IT7 表示圆柱公差数值。

表 8-169　向心轴承和外壳孔的配合、孔公差带代号

运 转 状 态		载荷状态	其 他 情 况	公差带[1]	
说　明	举　例			球轴承	滚子轴承
固定的外圈载荷	一般机械、铁路机车车辆轴箱、电动机、泵、曲轴主轴承	轻、正常、重	轴向易移动，可采用剖分式外壳	$H7$、$G7$[2]	
		冲击	轴向能移动，可采用整体或剖分式外壳	$J7$、$Js7$	
摆动载荷		轻、正常			
		正常、重		$K7$	
		冲击	轴向不移动，采用整体式外壳	$M7$	
旋转的外圈载荷	张紧滑轮、轮毂轴承	轻		$J7$	$K7$
		正常		$K7$、$M7$	$M7$、$N7$
		重		—	$N7$、$P7$

①并列公差带随尺寸的增大从左到右选择，对旋转精度有较高要求时，可相应提高一个公差等级。

②不适用于剖分式外壳。

表 8-170　推力轴承和轴的配合、轴公差带代号

运转状态	载荷状态	推力球和推力滚子轴承	推力调心滚子轴承[2]	公差带
		轴 承 公 称 内 径 （mm）		
仅有轴向载荷		所有尺寸		$j6$、$js6$
固定的轴圈载荷	径向和轴向联合载荷	—	≤250	$j6$
		—	>250	$js6$
旋转的轴圈载荷或摆动载荷		—	≤200	$k6$[1]
		—	>200～400	$m6$
		—	>400	$n6$

①要求较小过盈时，可分别用 $j6$、$k6$、$m6$ 代替 $k6$、$m6$、$n6$。

②也包括推力圆锥滚子轴承、推力角接触球轴承。

表 8-171　推力轴承和外壳的配合、孔公差带代号

运转状态	载荷状态	轴承类型	公差带	备　注
仅有轴向载荷		推力球轴承	$H8$	
		推力圆柱、圆锥滚子轴承	$H7$	
		推力调心滚子轴承		外壳孔与座圈间间隙为 $0.001D$（D 为轴承公称外径）
固定的座圈载荷 旋转的座圈载荷或摆动载荷	径向和轴向联合载荷	推力角接触球轴承、推力调心滚子轴承、推力圆锥滚子轴承	$H7$	
			$K7$	普通使用条件
			$M7$	有较大径向载荷时

三、滚动轴承座

表 8-172　SN2、SN3 型滚动轴承座(GB/T 7813－2008)

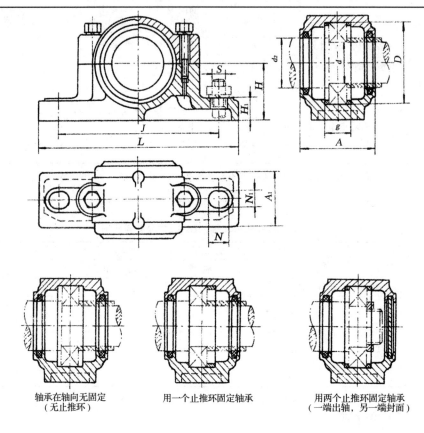

轴承在轴向无固定
（无止推环）

用一个止推环固定轴承

用两个止推环固定轴承
（一端出轴，另一端封面）

mm

型号	d	d_2	D	g	A max	A_1	H	H_1 max	L	J	S 螺栓	N_1	N	质量 $\approx$ kg
SN205	25	30	52	25	67	46	40		165	130				1.3
SN206	30	35	62	30	77	52	50	22	185	150	M12	15	20	1.8
SN207	35	45	72	33	82									2.1
SN208	40	50	80	33	85									2.6
SN209	45	55	85	31		60	90	25	205	170	M12	15	20	2.8
SN210	50	60	90	33	90									3.1
SN211	55	65	100	33	95	70	70	28	255	210				4.3
SN212	60	70	110	38	105			30			M16	18	23	5.0
SN213	65	75	120	43	110	80	80	30	275	230				6.3
SN214	70	80	125	44	115									6.1

型号	d	d_2	D	g	A max	A_1	H	H_1 max	L	J	S 螺栓	N_1	N	质量 $\approx$kg
SN215	75	85	130	41	115	80	80	30	280	230	M16	18	23	7.0
SN216	80	90	140	43	120	90	95	32	315	260	M20	22	27	9.3
SN217	85	95	150	46	125				320					9.8
SN218	90	100	160	62.4	145	100	100	35	345	290				12.3
SN305	25	30	62	34	180	52	50	22	185	150	M12	15	20	1.9
SN306	30	35	72	37										2.1
SN307	35	45	80	41	90	60	60	25	205	170				3.0
SN308	40	50	80	41	95									3.3
SN309	45	55	100	46	105	70	70	28	255	210	M16	18	23	4.6
SN310	50	60	110	50	115			30						5.1
SN311	55	65	120	53	120	80	80	30	275	230				6.5
SN312	60	70	130	56	125				280					7.3
SN313	65	75	140	58	130	90	95	32	315	260	M20	22	27	9.7
SN314	70	80	150	61	130				320					11.0
SN315	75	85	160	65	140	100	100	35	345	290				14.0
SN316	80	90	170	68	145		112							13.8
SN317	85	95	180	70	155	110	112	40	380	320	M24	26	32	15.8

注：1. 本表所列等径孔两螺柱轴承座，适用于调心球轴承和调心滚子轴承。

　　2. 标记示例：轴承座 SN210　　GB/T 2183—2008

　　　　　　　　　　　　　└── 内径尺寸代号（表示方法与轴承同）

　　　　　　　　　　　└── 直径系列或尺寸系列代号（表示方法与轴承同）

　　即 SN210 表示适用调心球轴承 1210 或 2210；调心滚子轴承 22210C。

8.15　润滑及密封

表 8-173　常用润滑油的性能及用途

名称与牌号	粘度等级（按 GB/T 3141—1994）	运动粘度（mm²/s）（40℃）	运动粘度（mm²/s）（100℃）	粘度指数	闪点（开口）（℃）≥	倾点（℃）≤	主　要　用　途
L-AN 全损耗系统用油（原机械油）（GB 443—1989）	5	4.14～5.06			80	−5	用于转速大于 15000r/min 的高速轻载机械,如细纱锭子
	7	6.12～7.48			110	−5	用于转速大于 8000r/min 的高速轻载机械,如车床、磨床主轴,供润滑和冷却用
	10	9.1～11.0			130	−5	用于转速 5000～8000r/min 的高速轻载机械,以及 5000r/min 的小型电机等设备
	15	13.5～16.5			150	−5	用于转速 150～5000r/min 的轻载机械和纺织机械,以及油环给油的小型电机、鼓风机,也可用作淬火油和液压油
	22	19.8～24.2			150	−5	用于 100kW 以下电机轴承、中小型机床齿轮箱、液压系统、滑动速度 0.5m/s 的机床导轨,也可用作淬火油
	32	28.8～35.2			150	−5	
	46	41.4～50.6			160	−5	用于一般机床齿轮变速箱、中小型机床导轨,以及 100kW 以上电机轴承
	68	61.2～74.8			160	−5	主要用于大型机床
	100	90.0～110			180	−5	主要用于低速重载的纺织机械及重型机床、锻压、铸造设备上的润滑和冷却
	150	135～165			180	−5	
主轴油（SH/T0017—1990）	N3	2.9～3.5			70	−15	主要适用于精密机床主轴轴承的润滑及其他以压力、油浴、油雾润滑的滑动轴承或滚动轴承的润滑,其中 N5、N7 号可作为高速锭子用油,N10 号可作为普通轴承和缝纫机用油,N15、N22 也可用于液压系统和其他精密机械
	N5	4.2～5.1			80	−15	
	N7	6.2～7.5			90	−15	
	N10	9.0～11.0			100	−15	
	N15	13.5～16.5			110	−15	
	N22	19.8～24.2			120	−15	
导轨油（SH0361—1998）	N32	28.8～35.2		70	150	−9	适用于各种精密机床导轨的润滑,以及冲击振动载荷摩擦点的润滑,特别适合于工作台导轨,在低速滑动时能减少其"爬行"现象
	N46	41.4～50.6		70	160	−9	
	N68	61.2～74.8		70	180	−9	
	N100	90～110		70	180	−9	
	N150	135～165		70	180	−9	
	N220	198～242		70	180	−3	
	N320	288～352		70	180	−3	

名称与牌号		粘度等级（按 GB/T 3141—1994）	运动粘度（mm²/s）		粘度指数	闪点（开口）（℃）≥	倾点（℃）≤	主 要 用 途
			（40℃）	（100℃）				
10 号仪表油(SH/T 0138 —1994)	一等品	—	9～11			130	−52	适用于控制测量仪表(包括低温下操作的仪表)的润滑
	合格品	—	9～11			120	−50	
普通开式齿轮油 (SH/T 0363 —1998)	1 号	68		65～75	—	200	—	主要适用于开式齿轮传动、链条和钢丝绳的润滑
	2 号	100		90～110	—	200	—	
	3 号	150		135～165	—	200	—	
	4 号	220		200～245	—	210	—	
	5 号	320		290～350	—	210	—	
工业闭式齿轮油 (GB 5903 —2011) (合格品)	L-CKC 一等品	68	61.2～74.8		90	180	−8	保持在正常或中等恒定油温和载荷下运转的齿轮
		100	90～110		90	180	−8	
		150	135～165		90	200	−8	
		220	198～242		90	200	−8	
		320	288～352		90	200	−8	
		460	414～506		90	200	−8	
		680	612～748		90	200	−5	
蜗轮蜗杆油 (SH/T 0094 —1998)	L-CKE （轻载荷蜗轮油）一级品	220	198～242		90	200	−6	用于铜—钢配对的圆柱型和双包络等类型的承受轻载荷、传动平稳无冲击的蜗杆蜗轮副,包括该设备的齿轮及滑动轴承、汽缸、离合器等部件的润滑,及在潮湿环境下工作的其他机械设备的润滑,在传动过程中应防止局部过热和油温在 100℃ 以上时长期运转
		320	288～352		90	200	−6	
		460	414～506		90	220	−6	
		680	612～748		90	220	−6	
		1000	900～1000		90	220	−6	
蜗轮蜗杆油 (SH/T 0094 —1998)	L-CKE/P （重载荷蜗轮油）一级品	220	198～242		90	200	−12	用于铜—钢配对的圆柱型承受重载荷、传动中有振动和冲击的蜗杆蜗轮副,包括该设备的齿轮和直齿圆柱齿轮等部件的润滑,如果要用于双包络等类型的蜗杆蜗轮副,必须有油品生产厂的说明
		320	288～352		90	200	−12	
		460	414～506		90	220	−12	
		680	612～748		90	220	−12	
		1000	900～1000		90	220	−12	
轴承油 (SH/T 0017 —1998)	L-FC 一等品 L-FD 一级品	2	1.98～2.42		—	(70)	−18	适用于锭子、轴承、液压系统、齿轮和汽轮机等工业机械设备的润滑。L-FC 还可用于离合器,括号内闪点为闭口闪点值
		3	2.88～3.52		—	(80)	−18	
		5	4.14～5.06		—	(90)	−18	
		7	6.12～7.48		报告	115	−18	
		10	9.00～11.0		报告	140	−12	
		15	13.5～16.5		报告	140	−12	
		22	19.8～24.2		报告	140	−12	

表 8-174 常用润滑脂的性能和用途

名 称	稠度等级 (NLGI)	外观	针入度 25℃时 (1/10mm)	滴点(℃) 不低于	最高使 用温度 (℃)	主 要 用 途
钙基润滑脂 (GB/T 491 —2008)	1 号	从淡黄 色到暗 褐色均 匀油膏	310～340	80	55	用于轻载、高速的中小型滚动轴承、 冶金、交通运输机械
	2 号		265～295	85	55	
	3 号		220～250	90	60	中载、中速的摩擦部件
	4 号		175～205	95	60	低速、重载的滚动轴承及汽车、电 机、纺织机械
复合钙基 润滑脂 (SH/T0370 —1995)	1 号	—	310～340	200	140	具有良好的抗水性，机械安定性，适 用于工作温度－10～150℃及潮湿条 件下摩擦部件的润滑
	2 号		265～295	210	160	
	3 号		220～250	230	180	
钠基润滑脂 (GB492 —1991)	2 号	深黄色 到暗褐 色	265～295	160	110	工业设备、拖拉机及其他机械摩擦 部件(避免水和湿气)在中等载荷条件 下的润滑
	3 号		220～250	160	110	
通用锂基润滑脂 (GB/T·324 —2011)	1 号	浅黄色 到褐色 光滑油 膏	310～340	170	120	适用于温度－20～＋120℃范围内 各种机械设备的滚动和滑动摩擦部位 的润滑，其中1号用于集中给脂系统
	2 号		265～295	175	120	
	3 号		220～250	180	120	
合成锂基 润滑脂 (SH/T0380 —1992)	1 号	浅褐色 到暗褐 色均匀 软膏	310～340	170	120	同锂基润滑脂，但抗磨性好，使用寿 命长，但抗水性、机械安定性不及上一 种，适合于集中润滑系统
	2 号		265～295	175		
	3 号		220～250	180		
	4 号		175～205	185		
滚动轴承润滑脂 (SH/T0386—1992)	—	黄色到 深褐色 均匀 油膏	250～290	120	80	用于电机及其他机械的滚动轴承润滑
精密机床主 轴润滑脂 (SH/T0382 —1992)	2 号	—	265～295	180	—	主要用于精密机床和磨床高速磨头 主轴的长期润滑
	3 号		220～250	180		
二硫化钼极压 锂基润滑脂 (SH/T0587—1994)	0 号	—	355～385	170		适用于工作温度在－20～120℃范 围内工作的轧钢机械、矿山机械、重型 起重机械等重载荷齿轮和轴承的润 滑，并能使用于有冲击载荷的部件
	1 号		310～340	170		
	2 号		265～295	175		
食品机械润滑脂 (GB 15179—1994)		白色光 滑油膏 无异味	265～295	135	100	适用于与食品接触的加工、包装、输 送设备的润滑
压延机用润滑脂 (SH/T0113—1992)	1 号	—	310～355	80		适用于在集中输送润滑剂的压延机轴 上使用
	2 号		250～295	80		
3 号仪表润滑脂 (SH0385—1992)		均匀无 块凡士 林状 油膏	230～265	60	120	适用于精密仪器、仪表的轴承及摩 擦部件上，作为润滑和防护剂

表 8-175　直通式压注油杯(JB/T 7940.1－1995)

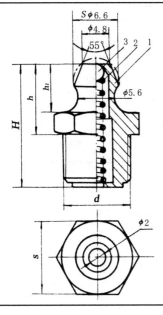

标记示例：

联接螺纹 M10×1 直通式压注油杯：

油杯 M10×1JB/T 7940.1－1995

材料：

1——Q235(或黄铜、铝合金)

2——弹簧钢丝

3——GCr6

mm

d	H	h	h_1	S	球直径(按 GB/T 308－2002)
M6	13	8	6	$8^0_{-0.22}$	
M8×1	16	9	6.5	$10^0_{-0.22}$	3
M10×1	18	10	7	$12^0_{-0.22}$	

表 8-176　接头式压注油杯(JB/T 7940.2－1995)

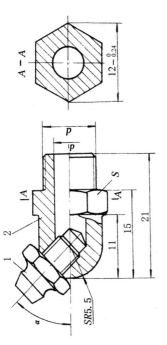

标记示例：

联接螺纹 M10×1，α 为 45°接头式压注油杯：

油杯 45°M10×1　JB/T 7940.2－1995

尺寸(mm)		α	s	材　　料
d	d_1			
M6	3	45°、		1—Q235(或其他合金材料)
M8×1	4	90°	$11^0_{-0.22}$	2—Q235(或其他合金材料)
M10×1	5			

　　直接式压注油杯按 JB/T 7940.1－1995 接头体只适用与 JB/T 7940.1 中的联接螺纹 M6 和 M10×1 相配

表 8-177　压配式压注油杯(JB/T 7940. 4－1995)

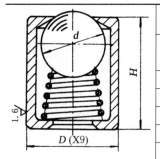

			mm
标记示例:直径 D＝6mm 压配式压注油杯: 油杯 6 JB/T 7940. 4－1995			
$D(X9)$	H	球直径(按 GB/T 308－2002)	材　料
6	6	4	杯体 1－Q235(或其他合金材料) 弹簧 2－弹簧钢丝 球阀 3－GCr6
8	10	5	
10	12	6	
16	20	11	
25	30	13	

表 8-178　旋盖式油杯(JB/T 7940. 3－1995)

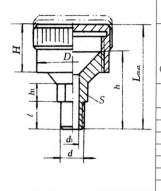

最小容量 (cm^3)	A 型 尺 寸 (mm)										
									D		S(六角扳手 开口尺寸)
	d	l	H	h	h_1	d_1	L_{max}	A 型	B 型	
标记示例: 容量 25cm³ A 型旋盖式油杯标记为:油杯 A25JB/T 7940. 3－1995										
1. 5	M8×1	8	14	22	7	3	33	16	18	$10^{0}_{-0.22}$
3	M10×1		15	23	8	4	35	20	22	$13^{0}_{-0.27}$
6			17	26			40	26	28	
12	M14×1. 5	12	20	30	10	5	47	32	34	$18^{0}_{-0.27}$
18			22	32			50	36	40	
25			24	34			55	41	44	
50	M16×1. 5		30	44			70	51	54	$21^{0}_{-0.33}$
100			38	52			85	68	68	

注:材料:杯体和杯盖为 Q235、粉末冶金(铝合金、工程塑料);括号内有色金属材料尽量不用。

表 8-179　毡圈油封形式和尺寸(JB/ZQ4606－1997)

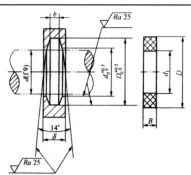

标记示例:d＝50mm 的毡圈油封:

毡圈 50　JB/ZQ4606－1997

mm

轴径	毡 圈			沟 槽					轴径	毡 圈			沟 槽				
							δ_{min}									δ_{min}	
d	D	d_1	B	D_0	d_0	b	用于钢	用于铸铁	d	D	d_1	B	D_0	d_0	b	用于钢	用于铸铁
16	29	14	6	28	16	5	10	12	60	80	58	8	78	61	7	12	15
20	33	19		32	21				65	84	63		82	66			
25	39	24	7	38	26	6	12	15	70	90	68		88	71			
30	45	29		44	31				75	94	73		92	77			
35	49	34		48	36				80	102	78	9	100	82	8	15	18
40	53	39		52	41				85	107	83		105	87			
45	61	44	8	60	46	7			90	112	88		110	92			
50	69	49		68	51				95	117	93	10	115	97			
55	74	53		72	56				100	122	98		120	102			

注:毡圈油封适用于线速度 v＜5m/s。

表 8-180 O 形橡胶密封圈(GB/T 3452.1－2005) 单位:mm

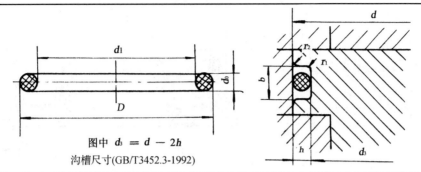

图中 $d_3 = d - 2h$

沟槽尺寸(GB/T3452.3-1992)

d_0	$b^{+0.25}$	h	d_3 偏差值	r_1	r_2
1.8	2.2	1.38	0 / −0.04	0.2～0.4	
2.65	3.4	2.07	0 / −0.05	0.4～0.8	0.1～0.3
3.55	4.6	2.74	0 / −0.06		
5.3	6.9	4.19	0 / −0.07	0.8～1.2	
7	9.3	5.67	0 / −0.09		

标记示例:O 形圈内径 $d_1=50$mm,截面直径 $d_0=1.8$mm;O 形密封圈 $50×1.8$ GB/T 3452.1－2005

内径 d_1	极限偏差	1.8 ±0.08	2.65 ±0.09	3.55 ±0.1	5.3 ±0.13	内径 d_1	极限偏差	1.8 ±0.08	2.65 ±0.09	3.55 ±0.1	5.3 ±0.13	内径 d_1	极限偏差	1.8 ±0.08	2.65 ±0.09	3.55 ±0.1	5.3 ±0.13
10	±0.14	*	*			31.5		*	*	*		58			*	*	*
10.6		*	*			32.5		*	*	*		60			*	*	*
11.2		*	*			33.5		*	*	*		61.5			*	*	*
11.8		*	*			34.5		*	*	*		63	±0.45		*	*	*
12.5		*	*			35.5		*	*	*		65			*	*	*
13.2	±0.17	*	*			36.5		*	*	*		67			*	*	*
14		*	*			37.5		*	*	*		69			*	*	*
15		*	*			38.7		*	*	*		71			*	*	*
16		*	*			40	±0.30	*	*	*	*	73			*	*	*
17		*	*			41.2		*	*	*	*	75			*	*	*
18		*	*	*		42.5		*	*	*	*	77.5			*	*	*
19		*	*	*		43.7		*	*	*	*	80			*	*	*
20		*	*	*		45		*	*	*	*	82.5				*	*
21.2		*	*	*		46.2		*	*	*	*	85				*	*
22.4		*	*	*		47.5		*	*	*	*	87.5				*	*
23.6	±0.22	*	*	*		48.7		*	*	*	*	90			*	*	*
25		*	*	*		50		*	*	*	*	92.5	±0.65			*	*
25.8		*	*	*		51.5			*	*	*	95				*	*
26.5		*	*	*		53	±0.45		*	*	*	97.5				*	*
28		*	*	*		54.5			*	*	*	100			*	*	*
30				*		56			*	*	*	103				*	*

注:表中有 * 号为有此规格产品。

表 8-181　内包骨架旋转轴唇形油封尺寸系列(GB/T 13871—2007)

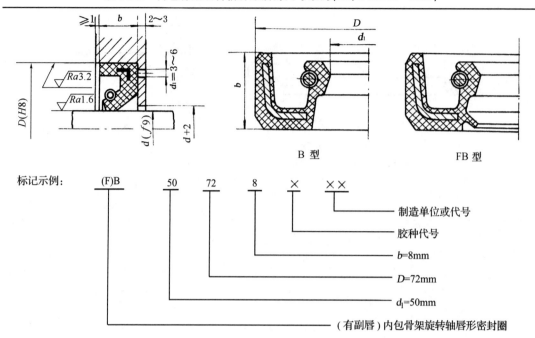

B 型　　　　　　　FB 型

标记示例：

（F)B　　50　72　8　×　××

- 制造单位或代号
- 胶种代号
- $b=8\text{mm}$
- $D=72\text{mm}$
- $d_1=50\text{mm}$
- （有副唇）内包骨架旋转轴唇形密封圈

mm

轴的基本内径 d	外　径　D	宽度 b	轴的基本内径 d	外　径　D	宽度 b
16	(28)、30、(35)	7±0.3	50	68、(70)、72	8±0.3
18	30、35、(40)		(52)	72、75、80	
20	35、40、(45)		55	72、(75)、80	
22	35、40、47		60	80、85、90	
25	40、47、52		65	85、90、(95)	
28	40、47、52		70	90、95、(100)	10±0.3
30	42、47、(50)、52		75	95、100	
32	45、47、(50)、52		80	100、(105)、110	
35	50、52、55	8±0.3	85	(105)、110、120	12±0.4
38	55、58、62		90	(110)、(115)、120	
40	55、(60)、62		95	120、(125)、(130)	
42	55、62、(65)		100	125、(130)、(140)	
45	62、65、(70)		(105)	130、140	

注：1. 括号内尺寸尽量不采用。2. 为方便内拆卸密封圈，在壳体上应有 d_1 孔 3～4 个。3. 在一般情况下（中速）采用胶种为 B—丙烯酸酯橡胶(ACM)。4. B 型为单唇，BG 型为双唇。

表 8-182　油沟式间隙密封槽(JB/ZQ4245—2006)　　　　　　　单位：mm

轴径 d	10～50	>50～80	>80～120	>120～180	>180
R	1	1.5	2	2.5	3
t	3	4.5	6	7.5	9
a	4	4	5	6	7
d_1	$d+0.4$	$d+1$			
$B_{\min}$	$nt+R$				

注：1. n—油沟数，一般 $n=2\sim4$，常用 $n=3$。2. 表中轴径 $d=10\sim50$ 的数据为非 JB/ZQ4245—2006 标准。

8.16　联轴器

表 8-183　凸缘联轴器(GB/T 5843—2003)　　　　　　　　　　　　单位:mm

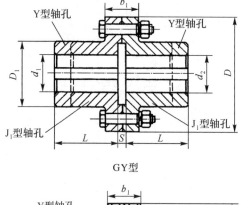

GY型

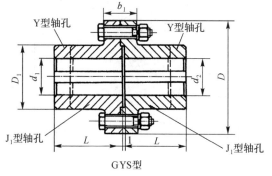

GYS型

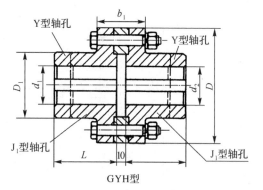

GYH型

标记示例:

GY3 联轴器 $\dfrac{J_1 24\times 38}{YB28\times 62}$　GB/T 5843—2003

主动端:J_1 型轴孔,A 型键槽 $d=24$mm

　　　　$L=38$mm

从动端:Y 型轴孔,B 型键槽,$d=28$mm

　　　　$L=62$mm

型号	公称转矩 T_n(N·m)	许用转速 $[n]$(r/min)	轴孔直径 d_1、d_2	轴孔长度 L		D	D_1	b	b_1	S	转动惯量 I (kg·m²)	质量 m (kg)
				Y 型	J_1 型							
GY1 GYS1 GYH1	25	12000	12、14	32	27	80	30	26	42	6	0.0008	1.16
			16、18、19	42	30							
GY2 GYS2 GYH2	63	10000	16、18、19	42	30	90	40	28	44	6	0.0015	1.72
			20、22、24	52	38							
			25	62	44							
GY3 GYS3 GYH3	112	9500	20、22、24	52	38	100	45	30	46	6	0.0025	2.38
			25、28	62	44							
GY4 GYS4 GYH4	224	9000	25、28	62	44	105	55	32	48	6	0.003	3.15
			30、32、35	82	60							

续表 8-183

型号	公称转矩 T_n(N·m)	许用转速 $[n]$(r/min)	轴孔直径 d_1、d_2	轴孔长度 L		D	D_1	b	b_1	S	转动惯量 I (kg·m²)	质量 m (kg)
				Y 型	J_1 型							
GY5			30、32、35、38	82	60							
GYS5	400	8000				120	68	36	52	8	0.007	5.43
GYH5			40、42	112	84							
GY6			38	82	60							
GYS6	900	6800	40、42、45、48、50	112	84	140	80	40	56	8	0.015	7.59
GYH6												
GY7			48、50、55、56	112	84							
GYS7	1600	6000				160	100	40	56	8	0.031	13.1
GYH7			60、63	142	107							
GY8			60、63、65、70、71、75	142	107							
GYS8	3150	4800				200	130	50	68	10	0.103	27.5
GYH8			80	172	132							
GY9			75	142	107							
GYS9	6300	3600	80、85、90、95	172	132	260	160	66	84	10	0.319	47.8
GYH9			100	212	167							
GY10			90、95	172	132							
GYS10	10000	3200	100、110、120、125	212	167	300	200	72	90	10	0.720	82.0
GYH10												
GY11			120、125	212	167							
GYS11	25000	2500	130、140、150	252	202	380	260	80	98	10	2.278	162.2
GYH11			160	302	242							
GY12			150	252	202							
GYS12	5000	2000	160、170、180	302	242	460	320	92	112	12	5.923	285.6
GYH12			190、200	352	282							
GY13			190、200、220	352	282							
GYS13	100000	1600				590	400	110	130	12	19.978	611.9
GYH13			240、250	410	330							

表 8-184　LT 型弹性套柱销联轴器 (GB/T 4323－2002)　　　　　　　　单位:mm

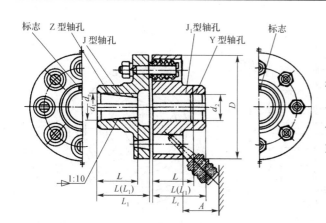

标记示例:LT3 弹性套柱销联轴器

主动端:Z 型轴孔,C 型键槽,$d_2=16$,$L=30$

从动端:J 型轴孔,B 型键槽,$d_2=18$,$L=42$

LT3 联轴器 $\dfrac{ZC\ 16\times30}{JB\ 18\times42}$GB/T 4323－2002

型号	公称转矩 T_n (N·m)	许用转速 $[n]$ (r/min)	轴孔直径 d_1、d_2、d_z	轴孔长度			D	A	质量 m (kg)	转动惯量 I (kg·m²)
				Y 型 L	J、J_1、Z 型 L	L_1				
						$L_{推荐}$				
LT1	6.3	8800	9	20	14		25	71	0.82	0.0005
			10、11	25	17	—				
			12、14	32	20			18		
LT2	16	7600	12、14	32	20		35	80	1.20	0.0008
			16、18、19	42	30	42				
LT3	31.5	6300	16、18、19	42	30		38	95	2.20	0.0023
			20、22	52	38	52		35		
LT4	63	5700	20、22、24				40	106	2.84	0.0037
			25、28	62	44	62				
LT5	125	4600	25、28				50	130	6.05	0.0120
			30、32、35	82	60	82		45		
LT6	250	3800	30、32、35				55	160	9.57	0.0280
			40、42							
LT7	500	3600	40、42、45、48	112	84	112	65	190	14.01	0.0550
LT8	710	3000	45、48、50、55、56				70	224	23.12	0.1340
			60、63	142	107	142		65		
LT9	1000	2850	50、55、56	112	84	112	80	250	30.69	0.2130
			60、63、65、70、71	142	107	142				
LT10	2000	2300	63、65、70、71、75				100	315	80	61.40	0.6600
			80、85、90、95	172	132	172				
LT11	4000	1800	80、85、90、95				115	400	100	120.70	2.1220
			100、110	212	167	212				
LT12	8000	1450	100、110、120、125				135	475	130	210.34	5.3900
			130	252	202	252				
LT13	16000	1150	120、125	212	167	212	160	600	180	419.36	17.5800
			130、140、150	252	202	252				
			160、170	302	242	302				

注:1. 优先选用 $L_{推荐}$ 轴孔长度,如选用其余长度请与生产厂联系。

2. 联轴器质量、转动惯量按材料为铸钢,最大轴孔,$L_{推荐}$ 轴孔长度计算的近似值。联轴器短时过载不得超过公称转矩的二倍。

3. 表中 L—与轴伸配合的轴孔长度;L_1—半联轴器长度。

对 Y 型和 J_1 型(无沉孔、短圆柱孔),$L=L_1$

对 J 型(有沉孔、短圆柱孔)、Z 型(有沉孔,圆锥形孔),$L_1>L$。

4. 两轴相对位移许用补偿量

型号 LT	1	2	3	4	5	6	7	8	9	10	11	12	13
径向 Δy(mm)		0.2				0.3			0.4		0.5		0.6
角向 $\Delta\alpha$(°)		1°30′				1°00′				0°30′			

表 8-185　LX 型弹性柱销联轴器 (GB/T 5014 - 2003)　　　　　　　　　　单位:mm

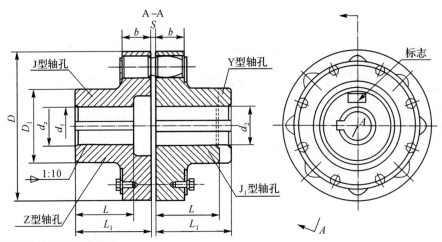

标记示例:LX7 弹性柱销联轴器

主动端:Z 型轴孔,C 型键槽,d_z=75,L=107

从动端:J 型轴孔,B 型键槽,d_2=70,L=107

记为 LX7 联轴器 $\dfrac{\text{ZC }75\times107}{\text{JB }70\times107}$ GB/T 5014-2003

型号	公称转矩 T_n (N·m)	许用转速 $[n]$ (r/min)	轴孔直径 d_1、d_2、d_z	轴孔长度			D	D_1	b	S	转动惯量 I (kg·m²)	质量 m (kg)
				Y 型	J、J₁、Z 型							
				L	L	L_1						
LX1	250	8500	12、14	32	27	—	90	40	20	2.5	0.002	2
			16、18、19	42	30	42						
			20、22、24	52	38	52						
LX2	560	6300	20、22、24	52	38	52	120	55	28	2.5	0.009	5
			25、28	62	44	62						
			30、32、35	82	60	82						
LX3	1250	4750	30、32、35、38	82	60	82	160	75	36	2.5	0.026	8
			40、42、45、48	112	84	112						
LX4	2500	3870	40、42、45、48、50、55、58	112	84	112	195	100	45	3	0.109	22
			60、63	142	107	142						
LX5	3150	3450	50、55、56	112	84	112	220	120	45	3	0.191	30
			60、63、65、70、71、75	142	107	142						
LX6	6300	2720	60、63、65、70、71、75	142	107	142	280	140	56	4	0.543	53
			80、85	172	132	172						
LX7	11200	2360	70、71、75	142	107	142	320	170	56	4	1.314	98
			80、82、90、95	172	132	172						
			100、110	212	167	212						

型号	公称转矩 T_n (N·m)	许用转速 $[n]$ (r/min)	轴孔直径 d_1、d_2、d_z	轴孔长度 Y 型 L	J、J_1、Z 型 L	L_1	D	D_1	b	S	转动惯量 I (kg·m^2)	质量 m (kg)
LX8	1600	2120	80、85、90、95	172	132	172	360	200	56	5	2.023	119
			100、110、120、125	212	167	212						
LX9	22400	1850	100、110、120、125	212	167	212	410	230	63	5	4.386	197
			130、140	252	202	252						
LX10	35500	1600	110、120、125	212	167	212	480	280	75	6	9.760	322
			130、140、152	252	202	252						
			160、170、180	302	242	302						
LX11	50000	1400	130、140、150	252	202	252	540	340	75	6	20.05	520
			160、170、180	302	242	302						
			190、200、220	352	282	352						
LX12	80000	1220	160、170、180	302	242	302	630	400	90	7	37.71	714
			190、200、220	352	282	352						
			240、250、260	410	330	—						
LX13	12500	1080	190、200、220	352	282	352	710	465	100	8	71.37	1057
			240、250、260	410	330	—						
			280、300	470	380	—						
LX14	180000	950	240、250、260	410	330	—	800	530	110	8	170.6	1956
			280、300、320	470	380	—						
			340	550	450	—						

注:1. 联轴器质量与转动惯量按钢半联轴器最小轴孔直径,最大轴孔长度计算的近似值。

2. L、L_1 的说明见前表注 3。

3. 两轴相对位移许用补偿量:

型号	1	2	3	4	5	6	7	8	9	10	11	12	13	14
径向 Δy(mm)			0.15					0.2				0.25		
轴向 Δx(mm)	0.5		1		1.5			2				2.5		3
角向 $\Delta \alpha$(°)							0°30′							

表 8-186　　UL 型轮胎式联轴器 (GB/T 5844－2002)　　　　　　　　单位:mm

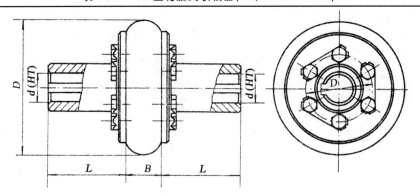

标记示例:

UL5 轮胎式联器:主动端:Y 型轴孔、A 型键槽,$d=28$mm,$L=62$mm。

　　　　　主动端:J_1 型轴孔、B 型键槽,$d=32$mm,$L=60$mm。

记为 UL5 联轴器 $\dfrac{28\times62}{J_1 B32\times60}$ GB/T 5844－2002

UL10 轮胎式联轴器:主动端:J 型轴孔、B 型键槽,$d=50$mm,$L=84$mm。

　　　　　　从动端:Y 型轴孔、A 型键槽,$d=60$mm,$L=142$mm。

记为 UL10 联轴器 $\dfrac{JB50\times84}{60\times142}$ GB/T 5844－2002

型号	公称转矩 T_n (N·m)	瞬时最大转矩 T_{max} (N·m)	许用转速 $[n]$ (r/min)	轴孔直径 d(H7)	轴孔长度 L		D	B	D_1	质量 m (kg)	转动惯量 I (kg·m²)
					J、J_1 型	Y 型					
UL1	10	31.5	5000	11	22	25	80	20	42	0.7	0.0003
				12、14	27	32					
				16、18	30	42					
UL2	25	80	5000	14	27	32	100	26	51	1.2	0.0008
				16、18、19	30	42					
				20、22	38	52					
UL3	63	180	4800	18、19	30	42	120	32	62	1.8	0.0022
				20、22、24	38	52					
				25	44	62					
UL4	100	315	4500	20、22、24	38	52	140	38	69	3.0	0.0044
				25、28	44	62					
				30	60	82					
UL5	160	500	4000	24	38	52	160	45	80	4.6	0.0084
				25、28	44	62					
				30、32、35	60	82					
UL6	250	710	3600	28	44	62	180	50	90	7.1	0.0164
				30、32、35、38	60	82					
				40	84	112					

型号	公称转矩 T_n (N·m)	瞬时最大转矩 T_{max} (N·m)	许用转速 $[n]$ (r/min)	轴孔直径 d(H7)	轴孔长度 L J、J_1 型	Y 型	D	B	D_1	质量 m (kg)	转动惯量 I (kg·m²)
UL7	315	900	3200	32、35、38	60	82	200	56	104	10.9	0.029
				40、42、45、48	84	112					
UL8	400	1250	3000	38	60	82	220	63	110	13	0.0448
				40、42、45、48、50	84	112					
UL9	630	1800	2800	42、45、48、50、55、56	84	112	250	71	130	20	0.0898
				60	107	142					
UL10	800	2240	2400	45*、48*、50、55、56	84	112	280	80	148	30.6	0.1596
				60、63、65、70	107	142					
UL11	1000	2500	2100	50*、55*、56*	84	112	320	90	165	39	0.2792
				60、63、65、70、71、75	107	142					
UL12	1600	4000	2000	55*、56*	84	112	360	100	188	59	0.5356
				60*、63*、65*、70、71、75	107	142					
				80、85	132	172					
UL13	2500	6300	1800	60*、65*、70*、71*、75*	107	142	400	100	210	81	0.896
				80、85、90、95	132	172					

注：1. 轴孔直径有 * 号者为结构允许制成 J 型轴孔。

2. 联轴器质量和转动惯量是各型号中最大值的计算近似值。

3. 两轴相对位移许用补偿量

型号	1	2	3	4	5	6	7	8	9	10	11	12	13
径向 Δy(mm)	1.0			1.6			2.0	2.5		3.0		3.6	4.0
轴向 Δx(mm)	1.0			2.0			2.5	3.0		3.6		4.0	4.5
角向 $\Delta\alpha$(°)	1							1.5					

表 8-187 滑块联轴器

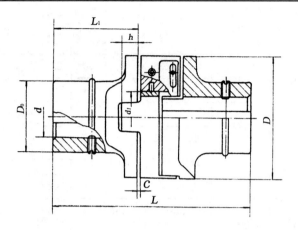

mm

d	计用转短 （N·m）	最高转速 （r/min）	D_0	D	L	L_1	C	h	d_1
15,17,18	120	250	32	70	95	40		10	18,20,22
20,25,30	250	250	45	90	115	50		12	25,30,34
36,40	500	250	60	110	160	70		16	40,45
45,50	800	250	80	130	200	90	$0.5^{+0.3}$	20	50,55
55,60	1200	250	95	150	240	110		25	60,65
65,70	2000	250	105	170	275	125		30	70,75
75,80	3200	250	115	190	310	140		34	80,85
85,90	5000	250	130	210	355	160		38	90,95
95,100	8000	250	140	240	395	180		42	100,105
110,120	10000	100	170	280	435	200	$1.0^{+0.5}$	45	115,130
130,140	16000	100	190	320	485	220		55	140,150
150	20000	100	210	340	550	250		55	160

注：两轴许用相对径向位移 $\Delta y \leqslant 0.04d$，角位移 $\Delta \alpha \leqslant 30'$。

8.17　制 动 器

表 8-188　YWZ2、YWZB 系列电力液压块式制动器

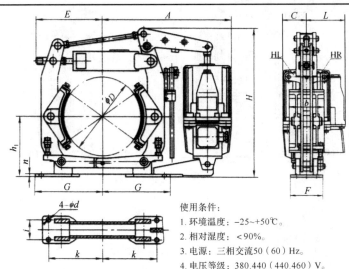

使用条件：

1. 环境温度：-25~+50℃。

2. 相对湿度：<90%。

3. 电源：三相交流50（60）Hz。

4. 电压等级：380.440（440.460）V。

5. 适应的工作制：连续（S1）和断续（53%~60%，操作频率 <1200/h）工作制。

mm

制动器型号	推动器型号	制动转矩（N·m）	安装及外表尺寸													质量/kg
			D	h_1	k	i	d	n	b	F	G	E	H	A	L	C	
YWZ2系列																	
YWZ2-100/10	MYT2-10/2.5	20~40	100	100	110	40	13	8	70	70	125	130	335	290	89	65	22
YWZ2-200/25	MYT2-25/4	100~200	200	170	175	60	17	8	90	100	195	170	470	420	117	80	33
YWZ2-300/25	MYT2-25/4	160~320	300	240	250	80	22	10	140	130	275	275	590	525	117	80	65
YWZ2-300/50	MYT2-50/5	315~630											580		157	97	86
YWZ2-400/50	MYT2-50/6	500~1000	400	320	325	130	22	12	180	180	350	350	745	660	157	97	111
YWZ2-400/100	MYT2-100/6	800~1600											800				115
YWZ2-400/125	MYT2-125/6	1000~2000											810	620	148	112	133
YWZ2-500/125	MYT2-125/10	1250~2500	500	400	380	150	22	16	200	200	405	410	915	730	148	112	212
YWZ2-600/200	MYT2-200/12	2500~5000	600	475	475	170	26	18	240	220	500	455	1070	840	148	112	309
YWZ2-700/200	MYT2-200/12	4000~8000	700	550	540	200	34	25	280	270	575	550	1255	960	148	112	430
YWZ2-800/200	MYT2-200/12	5000~10000	800	600	620	240	34	25	320	310	655	655	1370	930	148	112	590
YWZ2-800/300	MYT2-300/12	6300~12500															595
YWZB系列																	
YWZB-200/30	YTD300-50	100~200	200	170	175	60	17	8	90	100	195	170	470	420	117	80	33
YWZB-300/30	YTD300-50	160~320	300	240	250	80	22	10	140	130	275	275	590	525	117	80	65
YWZB-300/50	YTD500-60	315~630											580		157	97	86
YWZB-400/50	YTD500-60	500~1000	400	320	325	130	22	12	180	180	350	350	745	660	157	97	111
YWZB-400/80	YTD800-60	800~1600											800				115
YWZB-400/125	YTD1250-60	1000~2000											810	620	148	112	133
YWZB-500/125	YTD1250-60	1250~2500	500	400	380	150	22	16	200	200	405	410	915	730	148	112	212
YWZB-600/200	YTD2000-120	2500~5000	600	475	475	170	26	18	240	220	500	455	1070	840	148	112	309
YWZB-700/200	YTD2000-120	4000~8000	700	550	540	200	34	25	280	270	575	550	1255	960	148	112	430
YWZB-800/200	YTD2000-120	5000~10000	800	600	620	240	34	25	320	310	655	655	1370	930	148	112	590
YWZB-800/300	YTD3000-120	6300~12500															595

注：1. 制动器符合 JB/ZQ4388－1997 和 JB6406.2－1992 标准，可取代 YWZ 系列老产品；推动器符合 DIN15430。

　　2. 生产厂家为江西华伍起重电器有限公司。

表 8-189　　YWZ6、YWZF 系列电力液压块式制动器

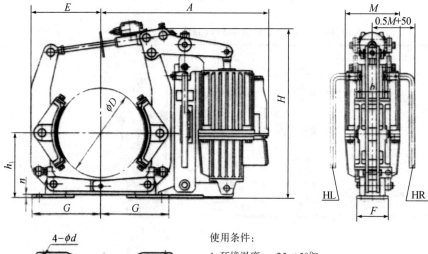

使用条件：

1. 环境温度：−25~+50℃。

2. 相对湿度：≤90%。

3. 电源：三相交流50（60）Hz。

4. 电压等级：380（440）V 50Hz. 460（440）V 60Hz。

5. 适应的工作制：连续（S1）和断续（53%~60%，操作频率小于等于1200/h）工作制。

mm

制动器型号	推动器型号	制动转矩（N·m）	安装及外表尺寸													质量/kg
			D	h_1	k	i	d	n	b	F	G	E	H	A	M	
YWZ6(F)-200/30	YTD(Ed)300-50	140~280	200	170	175	60	17	8	90	100	195	170	480	450	160	38
YWZ6(F)-300/30	YTD(Ed)300-50	160~320	300	240	250	80	22	10	140	130	275	252	630	570	160	68
YWZ6(F)-300/50	YTD(Ed)500-60	315~630											595		194	
YWZ6(F)-400/50	YTD(Ed)500-60	500~1000	400	320	325	130	22	12	180	180	350	305	750	655	194	108
YWZ6(F)-400/80	YTD(Ed)800-60	625~1250														110
YWZ6(F)-400/125	YTD(Ed)1250-60	1000~2000											820	700	240	120
YWZ6(F)-500/125	YTD(Ed)1250-60	1250~2500	500	400	380	150	22	16	200	200	405	370	925	770	240	208
YWZ6(F)-600/200	YTD(Ed)2000-120(60)	2500~5000	600	475	475	170	26	18	240	220	500	460	1023	860	240	281
YWZ6(F)-700/200	YTD(Ed)2000-120(60)	4000~8000	700	550	540	200	34	25	280	270	575	520	1120	935	240	470
YWZ6(F)-800/200	YTD(Ed)2000-120(60)	5000~10000	800	600	620	240	34	25	320	310	655	598	1260	980	240	650
YWZ6(F)-800/300	YTD(Ed)3000-120(60)	6300~12500														650

注：1. 制动器符合 JB/ZQ4388—1997 和 JB6406.2—1992 标准，可取代 YWZ 系列老产品。Ed 推动器符合 DIN 15430 标准。600 以上规格制动器带 WC 功能时使用短行程推动器。

2. 生产厂家同表 8-182 注 2。

8.18　电动机

表 8-190　Y 系列(IP44)封闭式三相异步电动机技术数据(JB/T 10391—2008)

同步转速 3000r/min ‖ 同步转速 1500r/min

型号	额定功率(kW)	满载转速(r/min)	堵转转矩/额定转矩	最大转矩/额定转矩	质量(kg)	型号	额定功率(kW)	满载转速(r/min)	堵转转矩/额定转矩	最大转矩/额定转矩	质量(kg)
Y801-2	0.75	2830	2.2	2.3	17	Y801-4	0.55	1390	2.4	2.3	17
Y802-2	1.1	2830			18	Y802-4	0.75	1390			17
Y90S-2	1.5	2840			22	Y90S-4	1.1	1400	2.3		25
Y90L-2	2.2	2840			25	Y90L-4	1.5	1400			26
Y100L-2	3.0	2870			34	Y100L1-4	2.2	1430			34
Y112M-2	4.0	2890			45	Y100L2-4	3.0	1430			35
Y132S1-2	5.5	2900			67	Y112M-4	4.0	1440	2.2		47
Y132S2-2	7.5	2900			72	Y132S-4	5.5	1440		2.3	68
Y160M1-2	11		2.0		115	Y132M-4	7.5	1440			79
Y160M2-2	15	2930			125	Y160M-4	11	1460			122
Y160L-2	18.5	2930		2.2	147	Y160L-4	15	1460			142
Y180M-2	22	2940			173	Y180M-4	18.5	1470	2.0		174
Y200L1-2	30	2950			232	Y180L-4	22	1470			192
Y200L2-2	37	2950			250	Y200L-4	30	1470			253
Y225M-2	45				312	Y225S-4	37		1.9	2.2	294
Y250M-2	55	2970			387	Y225M-4	45	1480			327
Y280S-2	75	2970			515	Y250M-4	55	1480	2.0		381
Y280M-2	90	2970			566	Y280S-4	75	1480			535
						Y280M-4	90		1.9		634

同步转速 1000r/min ‖ 同步转速 750r/min

型号	额定功率(kW)	满载转速(r/min)	堵转转矩/额定转矩	最大转矩/额定转矩	质量(kg)	型号	额定功率(kW)	满载转速(r/min)	堵转转矩/额定转矩	最大转矩/额定转矩	质量(kg)
Y90S-6	0.75	910	2.0	2.2	23						
Y90L-6	1.1	910			25	Y132S-8	2.2	710	2.0	2.0	63
Y100L-6	1.5	940			33	Y132M-8	3.0	710			79
Y112M-6	2.2	940			45	Y160M1-8	4.0	720			118
Y132S-6	3.0	960			63	Y160M2-8	5.5	720			119
Y132M1-6	4.0	960			73	Y160L-8	7.5				145
Y132M2-6	5.5	960			84	Y180L-8	11		1.7		184
Y160M-6	7.5				119	Y200L-8	15	730	1.8		250
Y160L-6	11	970		2.0	147	Y225S-8	18.5	730	1.7	2.0	266
Y180L-6	15	970			195	Y225M-8	22				292
Y200L1-6	18.5		1.8		220	Y250M-8	30		1.8		405
Y200L2-6	22				250	Y280S-8	37	740			520
Y225M-6	30		1.7		292	Y280M-8	45	740			592
Y250M-6	37	980			408						
Y280S-6	45	980	1.8		536						
Y280M-6	55	980			595						

注：1. Y—异步电动机，IP—防护等级表征字母，IP44：前 4—防护>1mm 的固体，后 4—防水溅；S、M、L—分别为短、中、长机座，1、2—分别代表同一机座和转速下不同的功率。横线后的数字代表电动机的极数。

　　2. 安装型式见表 8-192。

表 8-191　Y 系列(IP23)防护式三相异步电动机技术数据(JB/T 5271—2010)

型号	额定功率(kW)	满载转速(r/min)	堵转转矩/额定转矩	最大转矩/额定转矩	质量(kg)	型号	额定功率(kW)	满载转速(r/min)	堵转转矩/额定转矩	最大转矩/额定转矩	质量(kg)
同步转速 3000r/min						同步转速 1000r/min					
Y160M—2	15	2928	1.7			Y160M—6	7.5	971	2.0		150
Y160L1—2	18.5	2929	1.8		160	Y160L—6	11	971	2.0		150
Y160L2—2	22	2928	2.0			Y180M—6	15	974	1.8		215
Y180M—2	30	2938	1.7		220	Y180L—6	18.5	975	1.8		215
Y180L—2	37	2939	1.9			Y200M—6	22	978	1.7		295
Y200M—2	45	2952	1.9	2.2	310	Y200L—6	30	975	1.7	2.0	295
Y200L—2	55	2950	1.9			Y225M—6	37	982	1.8		360
Y225M—2	75	2955	1.8		380	Y250S—6	45	983	1.8		465
Y250S—2	90	2966	1.7		465	Y250M—6	55	983	1.8		465
Y250M—2	110	2965	1.7			Y280S—6	75	986	1.8		820
Y280M—2	132	2967	1.6		750	Y280M—6	90	986	1.8		820
同步转速 1500r/min						同步转速 750r/min					
Y160M—4	11	1459	1.9		160	Y160M—8	5.5	723	2.0		150
Y160L1—4	15	1458	2.0		160	Y160L—8	7.5	723	2.0		150
Y160L2—4	18.5	1458	2.0		160	Y180M—8	11	727	1.8		215
Y180M—4	22	1467	1.9		230	Y180L—8	15	726	1.8		215
Y180L—4	30	1467	1.9		230	Y200M—8	18.5	728	1.7		295
Y200M—4	37	1473	2.0	2.2	310	Y200L—8	22	729	1.8	2.2	295
Y200L—4	45	1475	2.0		310	Y225M—8	30	734	1.7		360
Y225M—4	55	1476	1.8		380	Y250S—8	37	735	1.6		465
Y250S—4	75	1480	2.0		490	Y250M—8	45	736	1.8		465
Y250M—4	90	1480	2.2		490	Y280S—8	55	740	1.8		820
Y280S—4	110	1482	1.7		820	Y280M—8	75	740	1.8		820
Y280M—4	132	1483	1.8		820						

注:1. IP23 表示防护等级为:2—防护大于 12mm 的固体,3—防水淋

　　2. 其余代号意义见表 8-190。

表 8-192　常用异步电动机的安装结构型式和代号

类型	代号	示意图	结构特点	安装型式	类型	代号	示意图	结构特点	安装型式
基本安装型	B3		机座上有底脚,无凸缘	借底脚安装在基础构件上	由B5派生安装型	V1		无底脚,端盖上带凸缘,凸缘有通孔	借凸缘在底部安装
	B5		无底脚,端盖上带凸缘,凸缘有通孔	借端盖上凸缘安装		V3		无底脚,端盖上带凸缘,凸缘有通孔	借凸缘在顶部安装
	B35		有底脚,端盖上带凸缘,凸缘有通孔	借底脚安装在基础构件上,并附用凸缘安装	由B3派生安装型	V5		有底脚,无凸缘,轴伸向下有底脚、无凸缘,轴伸向上	安装在垂直面上或基础构件上
由B3派生安装型	B6		与B3同,但端盖需转90°(如系套筒轴承)	安装在垂直面上,从传动端看,底脚在左边		V6		有底脚,无凸缘,轴伸向上	安装在垂直面上或基础构件上
	B7		与B3同,但端盖需转180°(如系套筒轴承)	安装在垂直面上,从传动端看,底脚在右边	由B35派生安装型	V15		端盖上带凸缘,凸缘有通孔或螺孔并有或无止口,轴伸向下	安装在垂直面上并附用凸缘在底部安装
	B8		与B3同,但端盖需转90°(如系套筒轴承)	安装在顶面(天花板)上		V36		端盖上带凸缘,凸缘有通孔,轴伸向上	安装在垂直面上或基础构件上并附用凸缘在顶部安装

单位:mm

表 8-193　Y 系列(IP44)封闭式三相异步电动机的外形和安装尺寸

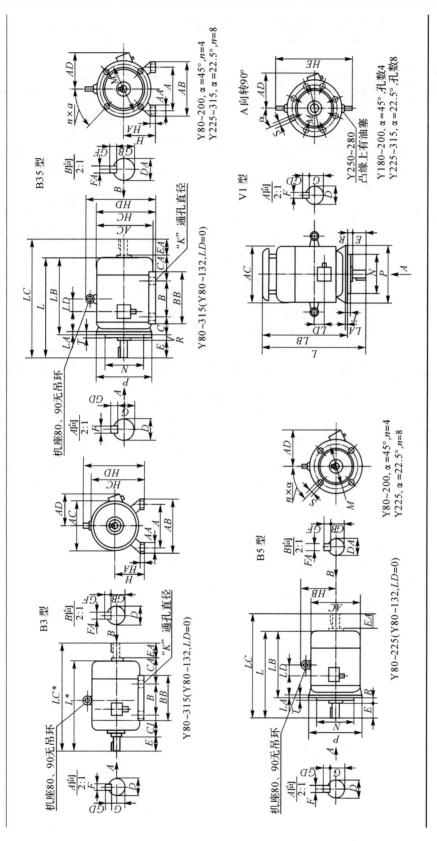

B35 型

Y80~200, α=45°, n=4
Y225~315, α=22.5°, n=8

A 向转90°

Y180~200, α=45°, 孔数4
Y225~315, α=22.5°, 孔数8

V1 型

Y250~280
凸缘上有油塞

Y80~315(Y80~132,LD=0)

机座80、90无吊环

B3 型

Y80~315(Y80~132,LD=0)

机座80、90无吊环

Y80~200, α=45°, n=4
Y225, α=22.5°, n=8

B5 型

Y80~225(Y80~132,LD=0)

机座80、90无吊环

续表 8-193

注：L、LC 列数值对应"2极 / 4,6,8,10极"，仅 225S、225M 两极与 4,6,8,10 极取值不同（以"2极/4,6,8,10极"列出）。

机座号	A	AA	AB	AC	AD	B	BB	C(CI)	CA	H	HA	HB	HC	HD	HE	K	L	LC	LA	LB	M	N	P	R	S	T	LD
80	125	37	165	165	150	100	135	50	100	$80^{0}_{-0.5}$	13	—	170	170		10	285			245	165	130j6	200		4~φ12	3.5	—
90S	140	39	180	175	155	100	135	56	110	$90^{0}_{-0.5}$	13	—	170	190		10	310		12	260	165	130j6	200		4~φ12	3.5	—
90L	140	39	180	175	155	125	160	56	110	$90^{0}_{-0.5}$	13	—	190	190		10	335		12	285	165	130j6	200		4~φ12	3.5	—
100L	160	40	205	205	180	125	180	63	120	$100^{0}_{-0.5}$	15	—	190	245		10	380		12	320	165	130j6	200		4~φ12	3.5	—
112M	190	52	245	230	190	140	185	70	133	$112^{0}_{-0.5}$	18	145		265		12	400	463	14	340	215	180j6	250		4~φ15	4	—
132S	216	63	280	270	210	178	205	89	168	$132^{0}_{-0.5}$	20	160		315		12	470	557	14	395	265	230j6	300		4~φ15	4	—
132M	216	63	280	270	210	178	243	89	168	$132^{0}_{-0.5}$	20	160		315		12	508	595	14	435	265	230j6	300		4~φ15	4	—
160M	254	73	330	325	255	210	275	108	184	$160^{0}_{-0.5}$	22	178		385		15	600	722	16	490	300	250j6	350		4~φ19	5	55
160L	254	73	330	325	255	254	320	108	184	$160^{0}_{-0.5}$	22	178		385		15	645	766	16	535	300	250j6	350		4~φ19	5	86
180M	279	73	355	360	285	241	315	121	203	$180^{0}_{-0.5}$	24	215		430	500	15	670	785	18	560	300	250j6	350		4~φ19	5	105
180L	279	73	355	360	285	279	353	121	203	$180^{0}_{-0.5}$	24	215		430	500	15	710	823	18	600	300	250j6	350		4~φ19	5	102
200L	318	73	395	400	310	305	380	133	224	$200^{0}_{-0.5}$	27	250		475	550	15	770	882	18	665	350	300js6	400		4~φ19	5	103
225S	356	83	435	450	435	286	375	149	244	$225^{0}_{-0.5}$	30	280		530	610	19	810/815	929/964	20	680	400	350js6	450		4~φ19	5	116
225M	356	83	435	450	435	311	400	149	244	$225^{0}_{-0.5}$	30	280		530	610	19	840	989	20	705	400	350js6	450		4~φ19	5	131
250M	406	88	490	495	385	349	460	168	273	$250^{0}_{-0.5}$	32	298		575	650	24	925	1070	22	790	500	450js6	550		8~φ19	5	168
280S	457	90	550	555	410	368	525	190	306	$280^{0}_{-1.0}$	38			640	720	24	1000	1144	22	860	500	450js6	550		8~φ19	5	194
280M	457	90	550	555	410	419	576	190	306	$280^{0}_{-1.0}$	38			640	720	24	1050	1195	22	910	500	450js6	550		8~φ19	5	

续表 8-193

机座号	D (2极)	D (4、6、8、10极)	DA (2极)	DA (4、6、8、10极)	E (2极)	E (4、6、8、10极)	EA (2极)	EA (4、6、8、10极)	F (2极)	F (4、6、8、10极)	FA (2极)	FA (4、6、8、10极)	G (2极)	G (4、6、8、10极)	GB (2极)	GB (4、6、8、10极)	GD (2极)	GD (4、6、8、10极)	GF (2极)	GF (4、6、8、10极)
80	19j6	19j6	19j6	19j6	40	40	40	40	6	6	6	6	15.5	15.5	15.5	15.5	6	6	6	6
90S	24j6	24j6	24j6	24j6	50	50	50	50	8	8	8	8	20	20	20	20	7	7	7	7
90L	24j6	24j6	24j6	24j6	50	50	50	50	8	8	8	8	20	20	20	20	7	7	7	7
100L	28j6	28j6	28j6	28j6	60	60	60	60	10	10	10	10	24	24	24	24	8	8	8	8
112M	28j6	28j6	28j6	28j6	60	60	60	60	10	10	10	10	24	24	24	24	8	8	8	8
132S	38k6	38k6	38k6	38k6	80	80	80	80	12	12	12	12	33	33	33	33	8	8	8	8
132M	38k6	38k6	38k6	38k6	80	80	80	80	12	12	12	12	33	33	33	33	8	8	8	8
160M	42k6	42k6	42k6	42k6	110	110	110	110	14	14	14	14	37	37	37	37	8	8	8	8
160L	48k6	48k6	48k6	48k6	110	110	110	110	14	14	14	14	42.5	42.5	42.5	42.5	8	8	8	8
180M	48k6	48k6	48k6	48k6	110	110	110	110	16	16	14	14	42.5	42.5	42.5	42.5	9	9	9	9
180L	48k6	48k6	48k6	48k6	110	110	110	110	16	16	14	14	42.5	42.5	42.5	42.5	9	9	9	9
200L	55m6	55m6	55m6	55m6	110	140	110	140	16	18	14	16	49	49	42.5	49	—	10	9	10
225S	55m6	60m6	55m6	60m6	140	140	140	140	18	18	16	16	49	53	42.5	49	10	11	9	10
225M	55m6	60m6	55m6	60m6	140	140	140	140	16	18	14	16	49	53	42.5	49	10	11	9	10
250M	60m6	65m6	60m6	65m6	140	140	140	140	18	20	16	16	53	58	49	49	11	11	10	10
280S	65m6	75m6	65m6	75m6	140	140	140	140	18	20	18	18	58	67.5	49	53	11	12	10	11
280M	65m6	75m6	65m6	75m6	140	140	140	140	18	20	18	18	58	67.5	49	53	11	12	10	11

表 8-194　Y 系列（IP23）防护式三相异步电动机（B3、B6、B7、B8、V6）外形和安装尺寸

单位：mm

机座号	A	B	C	D（2级）	D（4极及以上）	E（2级）	E（4极及以上）	F×GD（2级）	F×GD（4极及以上）	G（2级）	G（4极及以上）	H	K	AA	AB	AC	AD	BB	HA	HD	L（2级）	L（4极及以上）
160M	254	210	108	48k6	48k6	110	110	14×9	14×9	42.5	42.5	$160^{0}_{-0.5}$	15	70	330	380	290	270	20	440		676
160L	254	254	108	48k6	48k6	110	110	14×9	14×9	42.5	42.5	$160^{0}_{-0.5}$	15	70	330	380	290	315	20	440		676
180M	279	241	121	55m6	55m6	110	110	16×10	16×10	49	49	$180^{0}_{-0.5}$	15	70	350	420	325	315	22	505		726
180L	279	279	121	55m6	55m6	110	110	16×10	16×10	49	49	$180^{0}_{-0.5}$	15	70	350	420	325	350	22	505		726
200M	318	267	133	60m6	60m6	140	140	18×11	18×11	53	53	$200^{0}_{-0.5}$	19	80	400	465	350	355	25	570		820
200L	318	305	133	60m6	60m6	140	140	18×11	18×11	53	53	$200^{0}_{-0.5}$	19	80	400	465	350	395	25	570		886
225M	356	311	149	60m6	65m6	140	140	18×11	18×11	53	58	$225^{0}_{-0.5}$	19	90	450	520	395	395	28	640		880
250S	406	311	168	65m6	75m6	140	140	18×11	20×12	58	67.5	$250^{0}_{-0.5}$	24	100	510	550	410	420	30	710		930
250M	406	349	168	65m6	75m6	140	140	18×11	20×12	58	67.5	$250^{0}_{-0.5}$	24	100	510	550	410	455	30	710		960
280S	457	368	190	65m6	80m6	140	170	18×11	22×14	58	71	$28^{0}_{-0.5}$	24	110	570	610	485	530	35	785		1090
280M	457	419	190	65m6	80m6	140	170	18×11	22×14	58	71	$28^{0}_{-0.5}$	24	110	570	610	485	585	35	785		1140

表 8-195　电动机滑轨的安装尺寸及外形尺寸

单位:mm

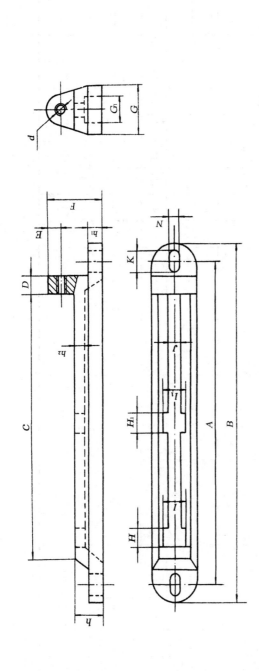

A	B	C	D	E	F	G	G_1	H	H_1	I	I_1	J	h	h_1	h_2	K	N	d	配电机 (kW)
450	530	365	30	40	105	70	43	30		28		14	50	22	13	26	18	M12	0.6~2
500	570	400				75	50	38		30					15	27			2.5~4
560	630	460	35		110	80		40		34		16	60		17	30	20		4.5~7
610	680	510			120	100	57	42		40				26					7.5~10
710	780	610		43	130	102	60					18	65		20	32	24	M16	10.5~15
760	830	660	40			110										36			15.5~20
900	1000	760		50	150	116	70		40		45	24	86	36	22	40	32	M18	20.5~30
1040	1140	890	54	55		130	78		43		55		90	50	24	42			30.5~40
1140	1280	1000	65		160	142	96					26	95	55	26			M24	40.5~55

第9章

智能设计

9.1　智能设计概述

智能设计是指在设计过程中运用人工智能技术和手段,使计算机能有效地处理设计过程中各种复杂任务,在未来智能设计技术及工具将成为设计人员重要的设计辅助手段。

机械设计领域中的智能设计是以设计方法学为指导,设计方法学对设计本质、设计过程思维特征以及工程设计实践的深入研究是智能设计模拟人工设计的基本依据。以人工智能技术和云服务为基础,借助其在数据、算力和算法的强大功能,为设计方案的产生和优化,提供了更多、更好的可能性。智能设计具备人机交互功能,设计者对智能设计过程的干预,使人与人工智能融合成为可能,设计效率和设计质量将得到进一步提高。

本章以 Autodesk 提供的设计技术和工具为例,对基于智能标准件的参数化设计校核、基于形状优化的智能设计和基于衍生式设计的智能设计等 3 种常用的智能设计方法进行简要的介绍。

9.2　基于标准件的参数化设计校核

一、设计加速器的概念和意义

从第一次工业革命开始,制造行业经过两百多年的积累沉淀,很多零件已经成为全球通用的标准件,譬如齿轮变速箱里面的大部分零件,其实都是标准件,都是有规则可循的,数字化技术可以把对应的规则融入设计,工程师就可以从繁重的查表工作里解脱,可以集中精力完成产品本身的设计改良。

设计加速器是 Autodesk Inventor 特有的加速设计进程的智能模块,该模块包含《工程师手册》的相关基础知识及计算公式。所以,设计加速器代表了功能设计的一个重要组件。它提供了工程计算和决策支持,可以识别标准零部件或创建基于标准的几何图元。设计加速器命令简化了设计流程。它们自动实现选择和几何图元的创建,通过验证是否符合设计要求改进了初始设计质量,并为相同任务选择相同零部件,从而提高了标准化程度。

设计加速器提供一组生成器和计算器,使用它们可以通过输入简单或详细的机械属性来自动创建符合机械原理的零部件。

二、设计加速器应用案例——减速器的生成

现以同步带-齿轮减速器的设计过程为例,介绍设计加速器应用。

1. 轴承选用

Autodesk 资源中心提供了标准化的模型和数据,能够直接调用而不需要自己去创建标准模型。在装配过程中,选取任何一个标准件,把光标放置在准备安装的孔或轴附近,会根据感应到的孔或轴的直径去自动选取合适的标准件装配到部件中。

扫描二维码可查看轴承选择、装配的详细设计步骤(见图 9-1)。

01	打开"齿轮箱_02.iam"。 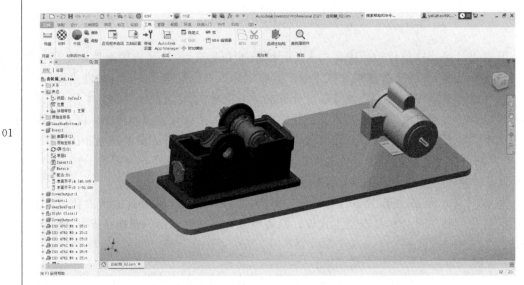
02	在工具栏中,选择"从资源中心载入"。 

03	在资源中心浏览器中选择"角接触球轴承",在列表中选择"滚动轴承 GB/T 292-2007 70000AC"。 
04	挪动鼠标选择最佳自适应放置结果,然后将轴承放置在齿轮箱上。单击鼠标左键以确定放置位置,然后点击 AutoDrop 菜单中的"对号"。 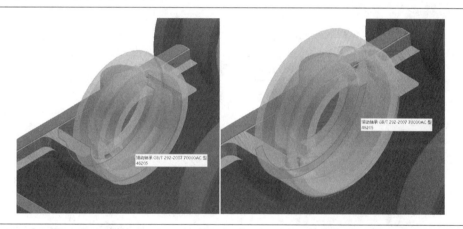
05	检查轴承放置位置。 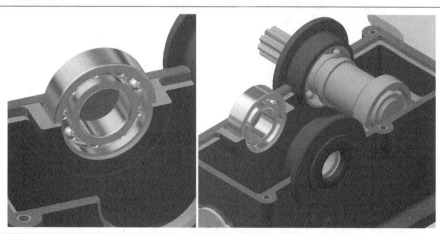

图 9-1　轴承选用过程

2. 螺栓联接设计

设计加速器可以为工程师在设计过程中提供决策支持和设计计算。输入机械设计的原始条件参数,可自动创建符合机械设计需要的结构。螺栓联接设计生成器,可以自动插入螺栓联接的全套构成。基于标准的自动化样式开发设计,节省了部件和零件造型时间。

扫描二维码可查看螺栓联接的详细设计步骤。

3. 轴设计

轴某种意义上也是一种标准件,包括它的几何尺寸,各种槽和键都是有对应的标准件和国家标准,传统的设计主要依赖机械设计手册,在设计加速器里,把机械设计手册的规则融入程序当中,所以只需要选型,然后对其强度进行校核,就可以得到符合设计条件的设计方案。扫描二维码可查看轴的详细设计步骤(见图 9-2)。

01	从工具面板中,点击"设计"选项卡,点击"轴"。 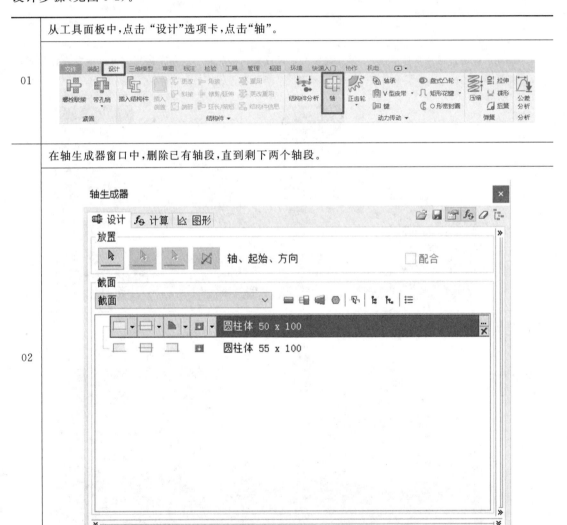
02	在轴生成器窗口中,删除已有轴段,直到剩下两个轴段。

02	双击轴段，设置轴的主径和截面长度，点击"确定"。 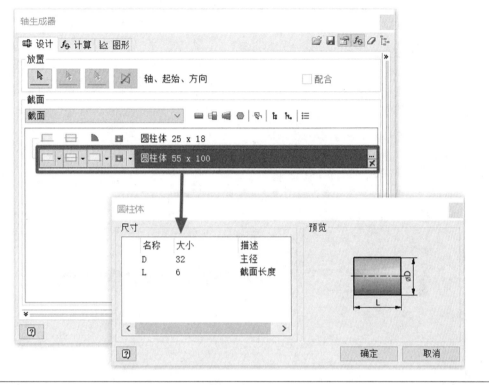
03	点击"装配"选项卡，使用"插入"约束，将轴装配进轴承孔内。 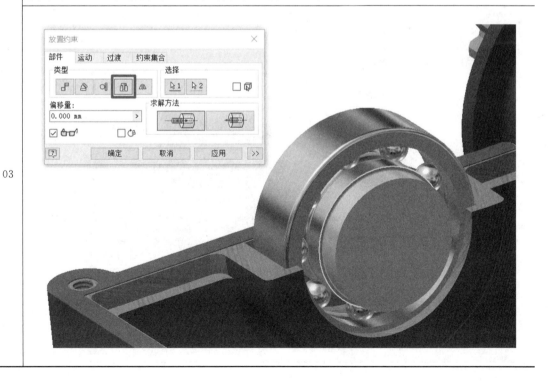

04	左键点击选中轴，从右键菜单中选择"使用设计加速器进行编辑"，打开轴生成器窗口。点击"插入圆柱"按钮，添加新的轴段，分别设置每段轴的主径和截面长度。 
05	点击确定，查看轴设计效果。 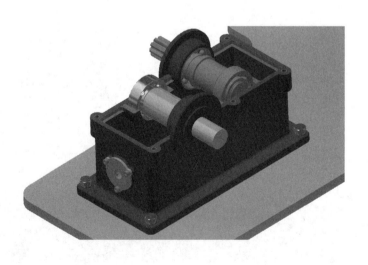

左键点击轴,从右键菜单中打开设计加速器,选择"计算"选项卡。在载荷和支承选项中选择"支承",
将自由支撑类型拖动到后段轴的中心。

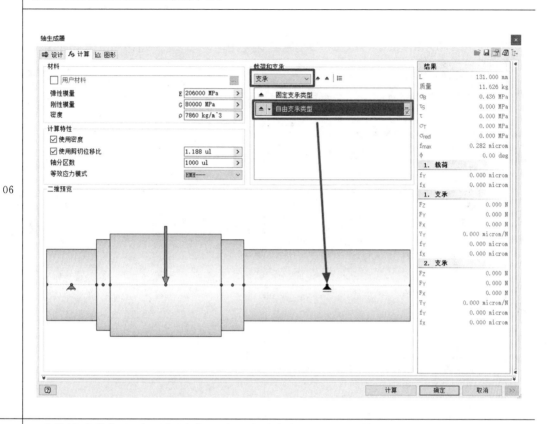

06

双击"固定支撑类型",打开"固定支承"窗口,解除自定义选项,选择轴承。

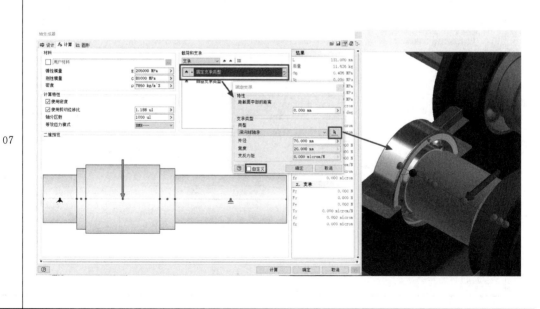

07

08	点击"图形"选项卡,查看默认载荷为 100N 情况下的分析数据。 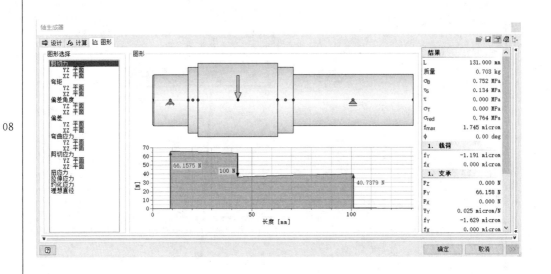
09	双击载荷符号,将载荷从 100N 改为 500N。 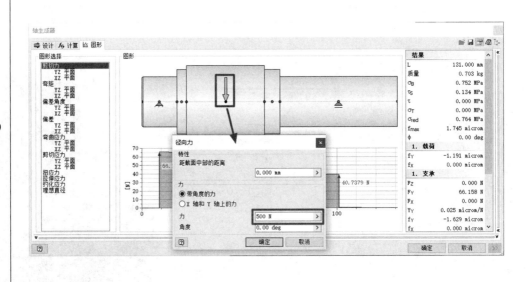

09	再次查看计算结果。 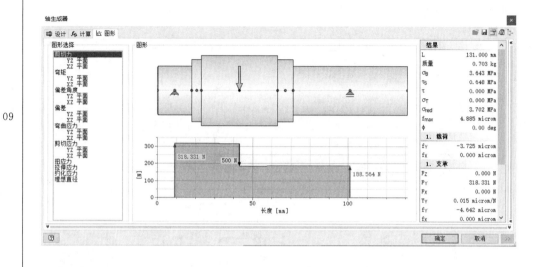
10	点击右上角的"结果"按钮,在浏览器中打开计算结果详细页面。 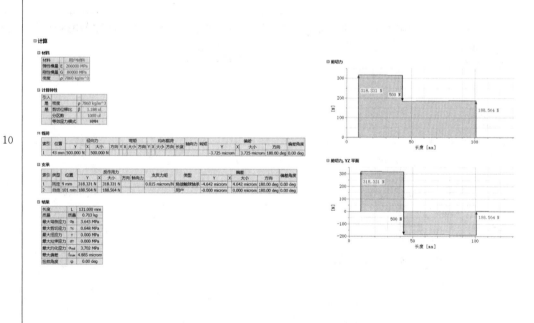

11	回到"设计"选项卡,选中第三段轴"圆柱体 36×40"。点击"分割所选截面",将 L1 和 D2 分别改为 35mm 和 40mm,点击"确定"。 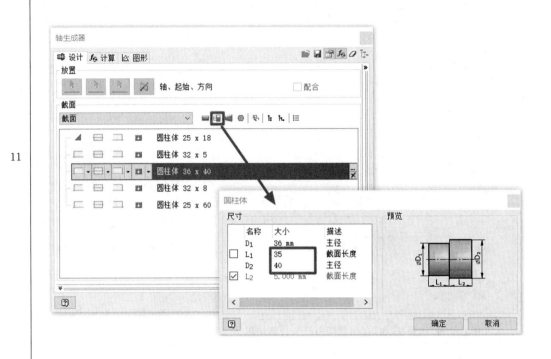
12	为分割后的第三段轴添加一个退刀槽。选中"圆柱体 36×35",在第三列的下拉菜单中,选择"退刀槽(SI 单位)→退刀槽－A(SI 单位)",点击"确定"接受默认数据。 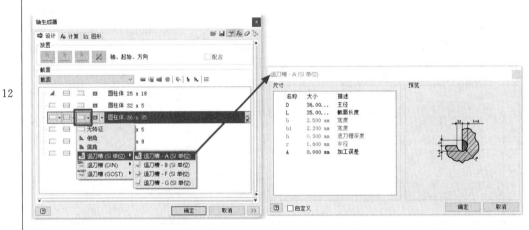

13	为最后一段轴添加一个单圆头键槽。选择"圆柱体 25×60",在第三列的下拉菜单中,选择"单圆头键槽",在弹出的对话框中,修改键槽长度 L 值为 36,点击"确定"。 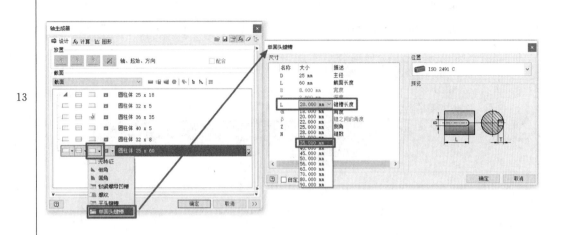
14	在右侧添加一个内孔挡圈。在截面下拉菜单中选择"右侧的内孔",点击"插入圆柱内孔"按钮。 

14	为内孔"添加挡圈"。根据实际需要编辑内孔和挡圈的尺寸,点击"确定"。 
15	完成轴的设计,查看设计效果。 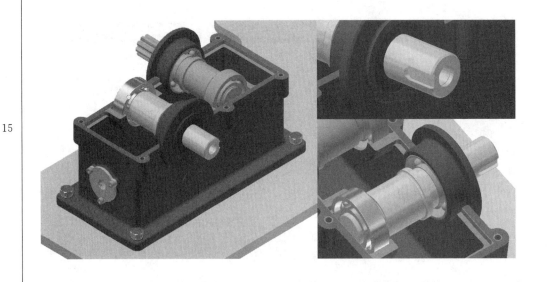

图 9-2　轴的设计过程

4. 齿轮设计

齿轮是应用广泛的机械传动件,在设计加速器中,可以很方便地绘制齿轮模型,充分展现它的结构特征;齿轮的设计计算则能够验证在设计过程中齿轮的强度、材料等,能否达到设计要求。将校验计算、材料设计和几何图元设计相结合,在很大程度上提高了齿轮设计效率。

扫描二维码获取齿轮设计的详细设计步骤(见图 9-2)。

01	从工具面板中,点击"设计"选项卡,选择"正齿轮"。 
02	在"正齿轮零部件生成器"窗口中调整参数。设计向导选择"齿数",传动比为 2,模数为 2,中心距为 80mm。螺旋角为 30°,齿宽 34mm。将齿轮创建为"零部件"。 

03	点击齿轮 1 的"圆柱面"按钮,选择第一根轴表面。

04	点击齿轮 2 的"圆柱面"按钮,选择第二根轴表面。
	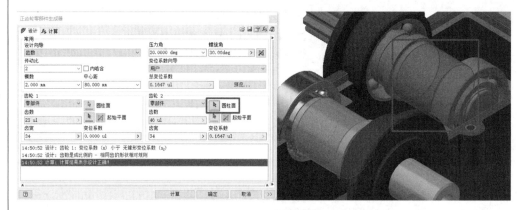
05	点击齿轮 2 的"起始平面"按钮,选择轴端面。
	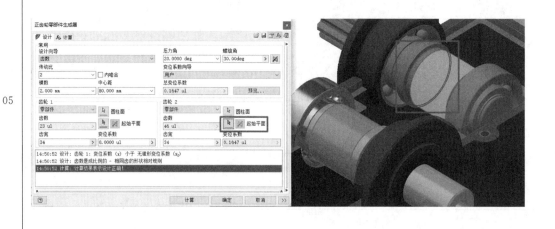

点击"计算"选项卡，显示计算界面。

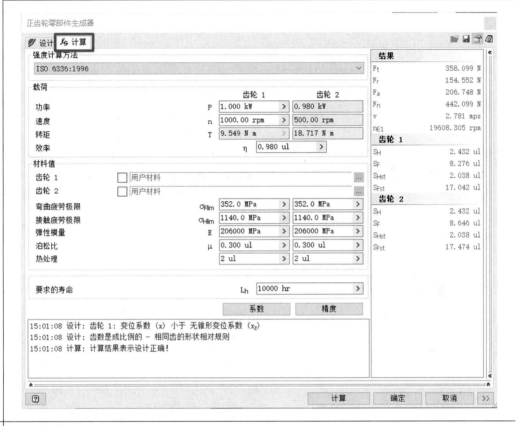

06

从"强度计算方法"下拉菜单中选择计算方法。

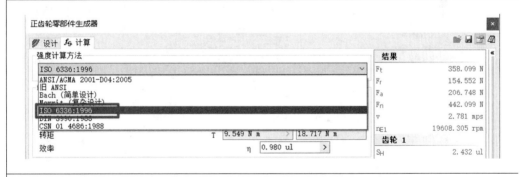

07

点击"更多"，选择载荷计算类型为"功率、速度→扭矩"，强度计算类型为"校验计算"。

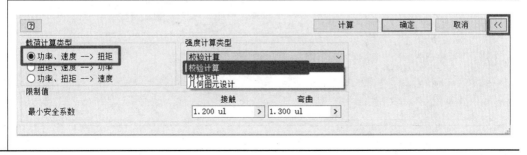

08	在材料值中,勾选"齿轮1"选项,弹出"齿轮材料"窗口,从系统库中选择材料"ENC60"。同理,为齿轮2选择材料。 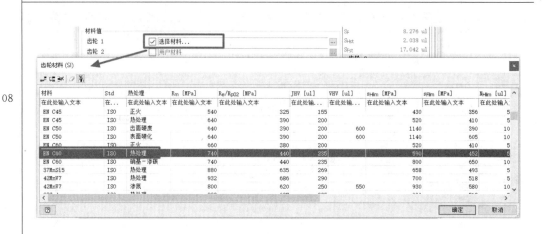
09	设置好齿轮计算的参数,点击"计算"。然后点击右上角"结果"按钮。 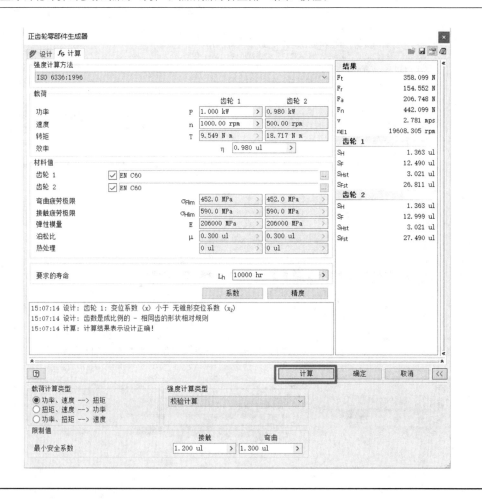

在浏览器中打开计算结果详细页面。

□ 项目信息

□ 向导

　　设计向导 - 齿数
　　变位系数向导 - 用户
　　载荷计算类型 - 根据指定的功率和速度计算转矩
　　强度计算类型 - 校验计算
　　强度计算方法 - ISO 6336:1996

□ 常见参数

传动比	i	2.0000 ul
传动比	i_{in}	2.0000 ul
模数	m	2.000 mm
螺旋角	β	30.0000 deg
压力角	α	20.0000 deg
中心距	a_w	80.000 mm
产品中心距	a	79.674 mm
总变位系数	Σx	0.1647 ul
周节	p	6.283 mm
基圆周节	p_{tb}	6.689 mm
工作压力角	α_w	20.7227 deg
切向压力角	α_t	22.7959 deg
切向工作压力角	α_{tw}	23.3446 deg
基圆螺旋角	β_b	28.0243 deg
切向模数	m_t	2.309 mm
切向周节	p_t	7.255 mm
啮合系数	ε	4.0501 ul
横向啮合系数	ε_α	1.3445 ul
搭接比	ε_β	2.7056 ul
轴平行度极限偏差	f_x	0.0120 mm
轴平行度极限偏差	f_y	0.0060 mm

□ 强度计算

□ 附加载荷系数

应用系数	K_A	1.200 ul	
动态系数	K_{Hv}	1.081 ul	1.081 ul
面载荷系数	$K_{H\beta}$	1.827 ul	1.595 ul
横向载荷系数	$K_{H\alpha}$	1.830 ul	1.830 ul
一次过载系数	K_{AS}	1.000 ul	

□ 接触系数

弹性系数	Z_E	189.812 ul	
区域系数	Z_H	2.194 ul	
啮合系数	Z_ε	0.862 ul	
单对齿接触系数	Z_B	1.000 ul	1.000 ul
使用寿命系数	Z_N	1.000 ul	1.000 ul
润滑系数	Z_L	0.937 ul	
粗糙度系数	Z_R	1.000 ul	
速度系数	Z_v	0.936 ul	
螺旋角系数	Z_β	0.931 ul	
尺寸系数	Z_x	1.000 ul	1.000 ul
加工硬化系数	Z_W	1.000 ul	

□ 弯曲系数

形状系数	Y_{Fa}	2.479 ul	2.192 ul
应力校正系数	Y_{Sa}	1.661 ul	1.832 ul
带有磨削切口的齿的系数	Y_{Sag}	1.000 ul	1.000 ul
螺旋角系数	Y_β	0.750 ul	
啮合系数	Y_ε	0.685 ul	
交变载荷系数	Y_A	1.000 ul	1.000 ul
生产技术系数	Y_T	1.000 ul	1.000 ul
使用寿命系数	Y_N	1.000 ul	1.000 ul
开槽敏感系数	Y_δ	1.165 ul	1.182 ul
尺寸系数	Y_x	1.000 ul	1.000 ul
齿根表面系数	Y_R	1.000 ul	

完成齿轮设计,查看设计结果。用鼠标拖动齿轮进行旋转,两个齿轮将互相啮合随拖动进行旋转。

图 9-3　齿轮设计与校核

5.同步带设计

同步带传动设计的设计内容是确定带的型号、节距、带长、带宽、齿数等参数。同步皮带传动零部件生成器,用于设计和分析在工业中使用的机械动力传动。它是一个适用于各种同步带传动的造型工具,能产生真实的带模型。

扫描二维码获取同步带设计的详细设计步骤。

6.运动模拟

在完成同步带－齿轮减速器装置所有零件设计及装配体设计后,得到了如图 9-4 所示的同步带－齿轮减速装置三维模型。工程师可以根据需求,在该模型上进行运动模拟和分析。

图 9-4　同步带－齿轮减速装置

扫描二维码可查看运动模拟的详细设计步骤。

9.3　基于形状优化的智能设计

一、形状优化的概念和意义

形状优化(也称拓扑优化)是指一种根据给定的负载情况、约束条件和性能指标,在给定的区域内对材料分布进行优化的数学方法。形状优化(Shape Optimization):在保持结构的拓扑关系不变的情况下,调整结构设计域的形状和内边界尺寸,寻求结构最理想的几何形状。

二、形状优化应用案例——张紧轮支架的优化

下面采用 Autodesk Fusion360,以图 9-5 所示的同步带张紧轮支架为设计对象,应用其形状生成器对张紧轮支架进行优化,形状生成器是设计轻型结构零件的新方法。

扫描二维码可以查看张紧轮支架结构优化的详细步骤。

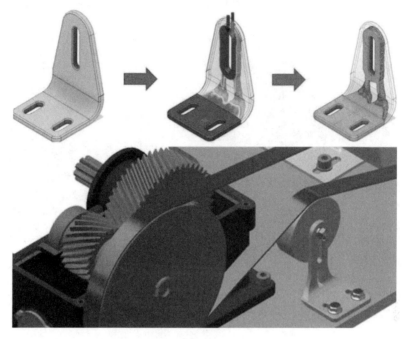

图 9-5 同步带张紧轮支架

9.4 基于衍生式设计的智能设计

一、衍生式设计的概念和意义

衍生式设计(Generative Design)是基于大数据、云计算与人工智能技术,设计师为计算机指定相关的规范和约束,由计算机代替人工进行计算、判断,探索所有可行的解决方案,而很多可能是设计师从未想到过的设计方案。

衍生式设计与传统的拓扑优化有着很大的区别。一般而言,拓扑优化是基于现有设计,尝试通过后处理算法对它进行"优化"。拓扑优化最常用的方法是从设计中剔除材料,然后通过仿真进行验证、迭代。

衍生式设计利用云计算来探索每个几何选项,根据材料、制造工艺和性能要求返回大量可行的设计方案,供设计师优选。

衍生式设计可以帮助设计师实现 4 个方面的目标:1)零件合并:将多个组件合并为实体零件,从而降低零件加工与装配成本;2)轻量化:最大限度地减少材料使用量,同时保持高性能标准和工程约束;3)性能增强:使用衍生式设计帮助提高和优化产品耐久性,并消除薄弱环节;4)可持续性:通过轻质化、最大程度减少浪费以及选择更多可持续性材料,实现可持续性目标。

二、衍生式设计的应用

1. 空客 A320 机舱隔板设计

机舱隔板是机组人员和乘客之间的一道"墙",很薄但至关重要,其中包括收纳医疗担架的空间,还装有起飞和降落时机组人员用的折叠座椅。致力于到 2050 年将温室气体排放量减半的远景目标,空客公司对其 A320 飞机机舱隔板基于衍生式技术进行了创新设计,这是衍生式设计领域最早的探索案例之一。

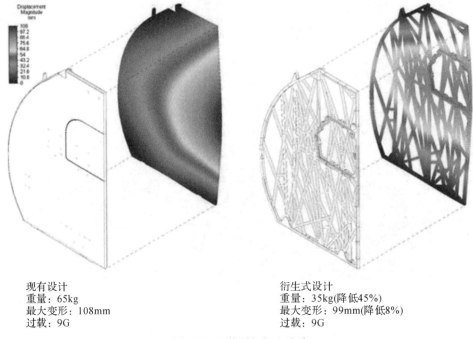

现有设计
重量:65kg
最大变形:108mm
过载:9G

衍生式设计
重量:35kg(降低45%)
最大变形:99mm(降低8%)
过载:9G

图 9-6 机舱隔板衍生设计

目的是在减少重量的同时维持飞机结构的整体性和安全,按初始限制条件,衍生式设计软件生成了超过 1 万种的设计方案。然后,空客公司依靠大数据分析来缩小范围,选出其中的佼佼者,最后选出性能最佳的一个设计,并付诸生产。空客得以把隔板的重量减少了 45%。

2. 设计制造综合优化

衍生式设计不仅适用于增材制造(3D 打印),它还可以生成适用于铸造和数控加工的零部件。在数控加工里,其实工件的价格和加工时间是成正比的,所以衍生式设计可以生成适用于2.5 轴加工的零部件对于广大企业的广泛适用是起到关键性作用的。从图 9-1 可以看出 2.5轴+衍生式设计是最有效率的设计制造一体化设计方法。

设计方法	传统设计	衍生式设计(2.5轴铣削)	衍生式设计(3轴铣削)
设计时间	210min	20min	20min
安全系数	5.7	3.0	3.0
零件重量	389.7g	204.2g	186.7g
加工时间	51min	35min	123min

图 9-7 设计制造综合优化

3. 航空发动机支架

发动机支架是喷气式飞机发动机的重要零部件。在运行过程中,支架必须支撑发动机的重量,而不会断裂或弯曲。支架很少使用,但它们会一直放置在发动机上,包括在飞行期间。与所有航空零件一样,减少重量而不损失强度和性能非常重要。如图 9-8 展示了传统的结构和采用衍生设计获得的结构,图 9-9 为其设计流程。

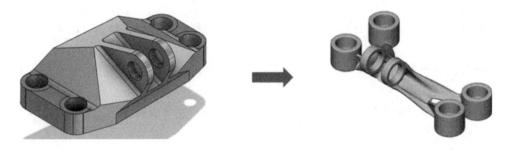

图 9-8　航空发动机支架衍生式设计

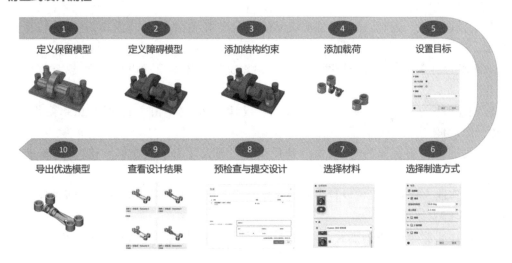

图 9-9　航空发动机支架衍生式设计流程

扫描二维码可以查看航空发动机支架衍生设计的具体过程。

附录　机械设计课程设计深化、巩固思考题

1. 机械设计课程设计的目的是什么？你所进行的机械设计课程设计题目的内容和任务是什么？

2. 课程设计中你应如何正确认识和处理参考已有资料与独立进行设计、继承与创新之间的辩证关系？

3. 总体方案设计的内涵是什么？你认为总体方案设计应考虑哪些问题？为什么说它在整个设计过程中具有重要意义？

4. 如何实现设计题目规定的运动和动力要求？试对你的总体方案设计作出说明和分析。

5. 你所知常用的原动机有哪些？选择原动机应考虑哪些问题？你的设计中选用什么型号原动机？为什么这样选？

6. 确定传动机构的类型、顺序和布局以及传动比分配应考虑哪些问题？试对你设计的传动系统作出阐述。

7. 结合课程设计题目，试述机械应满足的基本要求、机械设计的内涵、一般过程及其展望与拓展。

8. 机械设计中标准化、规范化、标准件有何意义？试述本设计中标准化、规范化和标准件的应用。

9. 设计齿轮减速器的输入、输出是什么？设计中你如何"由主到次"、"由粗到细"、"边计算、边画图、边修改"？

10. 设计齿轮变速器的输入、输出是什么？它与设计齿轮减速器相比，具有哪些共性与特性？

11. 工作能力计算在机械设计中有何重要意义？阐述本设计中针对机件何种失效所进行的各种工作能力计算。

12. 试述摩擦、磨损的内涵及其对机械正面和负面的影响。本设计中哪些机件存在摩擦、磨损？

13. 本设计中从原动机到工作执行机的总效率如何确定？提高机械总效率有何意义？本设计对此有何考虑？

14. 安全装置、制动装置以及人机工程设计在机械中有何意义？本设计中对此有哪些体现和进一步考虑？

15. 润滑和密封对机械有何意义？试述选择润滑剂、润滑和密封的方式与原则及其在本设计中的体现。

16. 以本设计为例，阐述机械装配图的内涵和作用。为何一般需经装配草图设计绘制和装配工作图绘制与总成设计两个阶段进行。

17. 以减速器为例，阐述装配草图设计的准备工作和大致步骤；为什么说装配草图设计在设计过程中"交替进行、反复优化"的重要阶段？

18. 以本设计为例，阐述结构设计的内涵，涉及的有关方面和在机械设计中的重要作用。

19.试述机械结构设计及其改进、创新应注意的一些共性问题。在本次设计中你有否考虑过这些问题？

20.试述在本设计中如何考虑便于装配和拆卸的设计。

21.试述在本设计中如何考虑便于制造和检测的设计。

22.试述在本设计中如何考虑提高经济和价值的设计。

23.试述在本设计中如何考虑安全、使用、维护和人机工程的设计。

24.试述在本设计中如何考虑提高精度、效率、强度、刚度等工作能力的设计。

25.试述在本设计中如何考虑节约材料、能源和工时的设计。

26.试述在本设计中有否进一步考虑增加功能、提高质量和可持续拓展创新的设计。

27.以本设计为例,阐述阶梯轴轴系组合设计的过程、轴承及其组合调整、固定的设计过程。

28.箱体、机架设计应综合考虑哪些问题？以本设计为例阐述其设计过程,特别是其内壁、凸缘和凸合设计。

29.减速器箱体有哪些结构形式？其各自的特点如何？剖分式箱体通常具有哪些附件,以本设计为例,讲述这些附件实现的功能及其结构尺寸、位置布局等的确定。

30.本设计中采用了哪些联接和联接件？试述其实现的功能及其结构尺寸、位置布局等的确定。

31.零件工作图的内涵、作用及其要求是什么？以本设计为例阐述具体轴零件工作图的设计和绘制。

32.以本设计为例,阐述部件装配图和总装配图绘制与总成设计的各项内容和要求。

33.课程设计答辩前,你对自己的设计图纸,设计计算说明书有否逐一认真细致自我检查和小结？

34.试对本次设计中的优点和不足进行自我评估并进一步提出改进提升的设想和意见。

35.随着人工智能、大数据高科技的应用日益增多,你对机械、机械设计的发展与创新有什么新的认知和思考？

参考书目

[1] 国家教育委员会高等教育司.高等教育面向 21 世纪教学内容和课程体系改革经验汇编(Ⅱ).北京:高等教育出版社,1997

[2] 陈秀宁,施高义.机械设计课程设计.4 版.杭州:浙江大学出版社,2012

[3] 龚溎义.机械设计课程设计课程设计指导书.北京:高等教育出版社,1990

[4] 陈秀宁,顾大强.机械设计.2 版.杭州:浙江大学出版社,2017

[5] 中国国务院.新一代人工智能发展规划.北京:科技导报,2017

[6] 濮良贵,陈国定,吴立言.机械设计.9 版.北京:高等教育出版社,2013

[7] 杨可桢,程光蕴.机械设计基础.4 版.北京:高等教育出版社,2006

[8] 陈秀宁.机械设计基础.4 版.杭州:浙江大学出版社,2017

[9] 吴克坚,于晓红,钱瑞明.机械设计.北京:高等教育出版社,2003

[10] 陈秀宁.机械基础.2 版.杭州:浙江大学出版社,2009

[11] 吴宗泽.机械结构设计.北京:机械工业出版社,1988

[12] 陈秀宁.机械优化设计.2 版.杭州:浙江大学出版社,2010

[13] 吴宗泽,王忠祥,卢颂峰.机械设计禁忌 800 例.2 版.北京:机械工业出版社,2006

[14] 吴宗泽.机械结构设计设计准则与实例.北京:机械工业出版社,2006

[15] 潘兆庆,周济.现代设计方法概论.北京:高等教育出版社,1991

[16] 赵延年,张奇鹏.机电一体化机械系统设计.北京:机械工业出版社,1996

[17] 张锡昌.机械创造方法与专利设计实例.北京:人民邮电出版社,2005

[18] 浙江大学机械原理与设计教研室.机械创新设计.杭州:浙江大学教材,1996

[19] 许大先.机械设计手册.5 版.北京:化学工业出版社,2008

[20] 施高义等编.联轴器.北京:机械工业出版社,1988

[21] 封立耀,肖尧生.机械设计基础实例教程.北京:北京航空航天大学出版社,2007

[22] 陈秀宁.现代机械工程基础实验教程.2 版.北京:高等教育出版社,2009

[23] 姜琪.机械运动方案及机构设计.北京:高等教育出版社,1999

[24] 马江彬.人机工程学及其应用.北京:机械工业出版社,1993

[25] 龚溎义.机械零件课程设计图册.北京:高等教育出版社,1989

[26] 闻邦椿.机械设计手册.北京:机械工业出版社,2010

[27] 闻邦椿.现代机械设计师手册.北京:机械工业出版社,2012

[28] 陈秀宁.机械设计基础学习指导和考试指导.杭州:浙江大学出版社,2003

[29] [美]J.E.希格利,L.D.米切尔著.机械工程设计.4 版.全永昕,等译.北京:高等教育出版社,1988

[30] [苏]Д.B.切尔尼列夫斯基著.机械零件课程设计.汪一麟译.上海:上海科学技术出版社,1985

[31] 中岛尚正著.机械设计.东京:东京大学出版会,1993

[32] Gilbert Kivenson. The Art and Science of Inventing (2nd ed). VNR Co. 1982

[33] 陈伯雄.Inventor 机械设计应用技术.北京:人民邮电出版社,2002

[34] 赵明岩.大学生机械设计竞赛指导.杭州:浙江大学出版社,2008

[35] 谢黎明.机械工程与技术创新.北京:化学工业出版社,2005

[36] [美]大卫 G.乌尔曼.机械设计过程.黄靖远,等译.北京:机械工业出版社,2006